Wald. Mensch. Heimat.

Eine Forstgeschichte Bayerns

Joachim Hamberger
Otto Bauer

Laubsänger-Verlag, Freising

Titelbild: Sich verjüngender Mischwald, verfremdet.
Bayern ist symbolisch als Holzland dargestellt.

Druckfehlerberichtigung:

In den Tabellen auf den Seiten 15, 41, 63, 85, 109, 137 und 165 ist die Maßeinheit der Gesamtflächen und der Waldflächen der jeweiligen Regierungsbezirke falsch angegeben. Die richtige Einheit ist nicht Quadratmeter sondern Hektar. (Z.B. Unterfranken, S. 15: 853 099 ha und 349 665 ha ist korrekt.)

Impressum

Titelgestaltung / Layout: graphic design Gerd Rothe, Wang

Druck: Druckerei Birkeneck, Hallbergmoos

ISBN: 978-3-945630-08-2

1. Auflage

Hergestellt mit chlorfrei gebleichtem Papier aus nachhaltiger Waldbewirtschaftung.

Kontakt Laubsänger-Verlag

Laubsängerweg 7 | 85356 Freising
Tel: 0176-63270373
info@laubsaenger-verlag.de | www.laubsaenger-verlag.de

Inhalt

Grußwort

„Ganz am Ende der Landschaftsgeschichte wurden alle sie prägenden Faktoren von einem sehr entscheidenden überlagert: In den letzten Jahrtausenden bestimmte der Mensch in immer stärker werdendem Maße das Bild seiner Umwelt. Und in diesen Jahrtausenden entstand die Kulturlandschaft, die uns heute umgibt." Hans-Jörg Küster (1995).

Die Geschichte des Waldes, seiner Bewirtschaftung, ist seit ungefähr 150 Jahren eng auch mit dem Forstverein verbunden. Die forstliche Fortbildung, der Erfahrungsaustausch untereinander, war sein ursprüngliches Ziel. Um miteinander und voneinander zu lernen, hatten sich in verschiedenen deutschen Regionen, so auch in Bayern, Privatwaldbesitzer und im Wald Tätige zusammengetan, was 1899 zur Gründung des Deutschen Forstvereins führte. Aus der Sicht der Mitglieder ist dies heute noch die zentrale Aufgabe des Forstvereins.

Der Forstverein übt forstpolitisch Einfluss aus mit dem Ziel der Erhaltung des Waldes und der Förderung der nachhaltigen und multifunktionalen Forstwirtschaft. Innerhalb der vielen am Wald ausgerichteten Vereine und Interessensverbände nimmt der Forstverein eine besondere Stellung ein, weil er unabhängig von Berufsgruppen und Besitzarten ist, einen spezifisch forstwissenschaftlichen Hintergrund hat und sein Aufgabenfeld fachspezifisch breit und umfassend sieht.

Bei einem derart langlebigen Objekt, mit dem Forstleute und Waldbesitzer zu tun haben, ist es enorm wichtig, neben den Gegebenheiten der Natur wie Klima, Standort, Ansprüche der Baumarten, die Entstehungsgeschichte zu kennen. Dass immer wieder der „Kampf" um die Waldflächen und um den Rohstoff Holz geführt wird, zeigt den Stellenwert, den Wald, Forst- und Holzwirtschaft in der Gesellschaft hatten und bis heute haben.

Die 68. Tagung des Deutschen Forstvereins 2017 in Bayern gibt den feierlichen Rahmen, die Waldgeschichte in Bayern zu beleuchten. Gästen aus ganz Deutschland und den Nachbarländern wollen wir ein Buch an die Hand geben, das die regionaltypischen Gegebenheiten, die unterschiedlichen Bewirtschaftungsformen, vom Alpenraum bis in den Spessart, vom bayerisch-böhmischen Grenzgebirge bis ins schwäbische Schotterriedelland, zeigt. Die Waldeigentümer und Wirtschafter haben über Jahrhunderte sorgsam die ihnen anvertrauten Wälder gepflegt und die reizvolle bayerische Landschaft geprägt, laufend den rechten Weg zwischen Ökologie und Ökonomie gesucht, ohne in konservativen Sackgassen stecken zu bleiben oder sich auf ideologische Holzwege zu verirren.

Carsten Wilke
Präsident des Deutschen Forstvereins

Gudula Lermer
Vorsitzende des Bayerischen Forstvereins

Bayern hat sieben Regierungsbezirke. Sie haben vielfältige Landschaften, unterschiedliche Wälder und eine reiche Geschichte. Die Farben führen durch dieses Buch.

Einführung

Am Anfang war der Wald! Er hat unsere Landschaft gestaltet und unsere Kultur geprägt. Die Wälder sind ein wesentlicher Teil unserer bayerischen Heimat. Wer sie durchwandert erlebt ihre Schönheit; er kann sich freuen an Farben, Düften und dem „Geräusch der Stille". Der Wald hat direkten Zugang zu unserer Seele; in seinem Atem spüren wir die heilende Kraft der Natur. Unaufdringlich erzählt der Wald, erzählen die Einzelbäume, ihre eigene Geschichte. Aber nur für den, der still ist und zu sehen und zu hören weiß, öffnen sich die Zusammenhänge.

Das Schicksal der Menschen ist eng mit dem Wald verbunden. Über lange Zeiträume war er die Grundlage für das Überleben der Menschheit. Die Wälder, die wir heute so selbstverständlich als Teil unserer Umwelt wahrnehmen, sind nicht das Ergebnis einer natürlichen Entwicklung, sondern die Folge der Jahrtausende langen Beeinflussung durch den Menschen. Die Ansprüche, die an den Wald gestellt wurden, haben sich mit der Entwicklung der Gesellschaft und der Wirtschaft tiefgreifend verändert. Bis ins 19. Jahrhundert war Holz der wichtigste Bau- und Werkstoff und der nahezu einzige Energieträger. Die Landwirtschaft war zu erheblichen Teilen auf den Wald angewiesen. Waldweide, Schweinemast im Wald und Nutzung der Waldstreu trugen wesentlich zum Überleben bei. Die Waldbestände wurden häufig weit stärker genutzt, als sie auf Dauer ohne schwere Beeinträchtigungen ertragen konnten. Angesichts der regellosen Waldnutzung und der immer lichter werdenden Bestände wuchs die Sorge, die Holzversorgung könne gefährdet sein. Die Menschen machten sich zunehmend Gedanken, wie man eine stetige Holznutzung sicherstellen und ertragreiche Bestände schaffen könne, um auch den Nachkommen die gleichen Nutzungen aus dem Wald zu sichern. Dabei reifte nach und nach das Prinzip der forstlichen Nachhaltigkeit: Der Grundsatz, das Holzkapital zu erhalten, nur den Zuwachs abzuschöpfen und immer wieder neue Bestände zu pflanzen und zu pflegen und so für die Zukunft vorzusorgen. Nachhaltigkeit wurde so zur Leitidee der Forstwirtschaft und zum Berufsethos der Forstleute.

Lange war die Lieferung möglichst großer Holzmengen das wichtigste Ziel der Waldbewirtschaftung. Angesichts der wachsenden Ansprüche an den Wald entwickelte die Forstwirtschaft die im Begriff der Nachhaltigkeit zusammengefassten Grundsätze kontinuierlich weiter. Heute ist Waldbewirtschaftung in Bayern darauf ausgerichtet, *alle* wirtschaftlichen, ökologischen und sozialen Funktionen des Waldes zum Nutzen gegenwärtiger und künftiger Generationen zu gewährleisten.

Die Zeitspanne von der Begründung eines Bestandes bis zu seiner Ernte umfasst mehrere Menschengenerationen. Was wir heute ernten, haben unsere Vorfahren begründet; Bäume, die wir heute pflanzen, werden erst unsere Enkel nutzen. Diese extreme Langfristigkeit der Waldentwicklung führt dazu, dass jede waldbauliche Maßnahme Auswirkungen hat, die weit in die Zukunft reichen. Der gegenwärtige Zustand der Waldbestände wurde durch die Entscheidungen früherer Generationen von Waldbesitzern und Forstleuten geprägt. Welche Ziele und welche Zwänge haben unsere Vorgänger aber veranlasst, den Bestand, in dem ich heute stehe, so anzulegen und zu pflegen? Und warum hat er sich gerade so entwickelt? Was muss ich tun, um die Erfüllung künftiger Ansprüche an den Wald, der mir anvertraut ist, bestmöglich zu sichern? Zu sichern für eine ferne Zukunft, deren Umweltbedingungen und gesellschaftlichen Bedürfnisse ich kaum vorhersehen kann? Karl Gayer hat die Verpflichtung des heute Handelnden in dieser Situation wie folgt umrissen: „Alles waldbauliche Wirken muß auf naturwissenschaftliches Denken gegründet sein; ...Der Waldbau ist Sache des Localbeamten: dessen Tugenden sind Geduld und das Bewußtsein, daß das Ziel seiner Arbeit in der fernen Zukunft und nicht in der Gegenwart liegt."[1]

Für die sachgerechte Beurteilung eines Bestandes und die richtige Entscheidung über seine weitere Bewirtschaftung, möglichst bis in die „ferne Zukunft", ist deshalb nicht nur biologisches und technisches Wissen erforderlich, sondern auch Kenntnis der vom Menschen geprägten historischen Entwicklung unserer Wälder. Denn bei aller Dynamik der Natur zeigen sich im Wald die geschehenen Dinge im Bleibenden: in Form und Wachstum der Bäume, in der Fruchtbarkeit und der Oberfläche des Bodens. Man kann diese „stillen" Zeichen sehen, wenn man sie im Wald zu lesen weiß. Auch das lehrt die Forstgeschichte.

Dieses Buch lädt ein zu einer Wanderung durch die Forstgeschichte Bayerns. Es will, wissenschaftlich fundiert, in die Wälder der Vergangenheit führen und zeigen, wie die Menschen sie genutzt, verwüstet aber auch um ihre nachhaltige Bewirtschaftung gerungen haben. Es soll forstgeschichtliche Themen in griffiger Form vorstellen, aber auch den Zusammenhang der Forstgeschichte mit der Kulturgeschichte, der Siedlungs-, Sozial- und Wirtschaftsgeschichte vermitteln und die Verflechtung mit den geistigen Strömungen der Zeiten erklären.

In mosaikartiger Gesamtschau sollen in diesem Buch die forstlichen Besonderheiten der einzelnen Landesteile, aber auch die Verhältnisse und Entwicklungen im gesamten Land gezeigt werden. Der Text orientiert sich an den sieben Regierungsbezirken Bayerns. Zudem sind die vorgesehenen Themen jeweils mit einer Landschaft, einem Waldgebiet oder einer Siedlung verbun-

Alles im Wald wurde in der Forstgeschichte genutzt, oft hochintensiv: Holz, La Funktionen für Ökologie und Erholung werden inzwischen sehr geschätzt.

den. Jede forstgeschichtliche Frage wird nur einmal behandelt. Bei forstgeschichtlichen Themen, die nicht nur für eine Region charakteristisch sind, sondern überall Bedeutung haben (wie zum Beispiel forstliche Ausbildung oder Waldweide), dient jeweils ein Regierungsbezirk als Informationsträger.

Die Anbindung eines Themas an eine bestimmte Region möchte zwei Ziele gleichzeig erreichen: Zum einen sollen allgemeine forstgeschichtliche Sachverhalte vermittelt werden; andererseits wird versucht, Regionalgeschichte zu bieten. Beide Ziele konkurrieren gelegentlich miteinander. Die Autoren haben die geschilderte Gliederung dennoch gewählt, weil sie der

Wasser, Steine.... Heute wird schonender vorgegangen und auch seine

Meinung sind, dass geschichtliche Prozesse am Beispiel konkreter Orte am besten zu verstehen sind. Am Ende jeder Darstellung eines Regierungsbezirks findet sich eine Zusammenfassung, in der die forstgeschichtlichen Besonderheiten der Region für den schnellen Leser gebündelt sind.

Der Leitgedanke, der dieses Buch prägt, ist der Grundsatz der Nachhaltigkeit. Julius Speer, Forstprofessor und Rektor der Universität München, hat ihn 1960 als „kategorischen Imperativ forstwirtschaftlichen Handelns" und als „Ethos der Forstwirtschaft" bezeichnet.[2] Inzwischen hat sich die Nachhaltigkeit vom Prinzip der Forstwirtschaft zur Leitlinie für weltweites Handeln – sustainable development – entwickelt: Die heute Lebenden haben nicht das Recht, die Umwelt auf Kosten der Menschen in anderen Gebieten der Erde und zu Lasten künftiger Generationen zu nutzen.

Dieses Buch wendet sich zunächst an Studierende, für die die Forstgeschichte ein wichtiger Zugang zum Verständnis des Waldes ist. Es möchte der forstlichen Jugend auch die Erfahrung vermitteln, dass erfolgreiche und persönlich befriedigende Berufstätigkeit im Wald weit über die rein rationale Bewältigung der gestellten Aufgaben hinausgeht und innere Anteilnahme, ja Herzblut, erfordert. Aber auch die im Beruf stehenden Waldbesitzer und Forstleute, die ihre Kenntnisse vertiefen und ihr Verständnis weiten wollen, sollen angesprochen werden. Das Buch wendet sich aber auch an alle Bürgerinnen und Bürger, die den Wald besser verstehen wollen. So sollen alle Waldliebhaber den Wald auch in seiner historischen Dimension bewusst erleben und motiviert werden, ihn als wertvolles Gut für kommende Generationen zu bewahren.

Ein Buch entsteht nicht nur durch die Arbeit der Autoren. Zahlreiche Persönlichkeiten haben zum Gelingen beigetragen, denen wir herzlich danken möchten: für erteilte Auskünfte, für zur Verfügung gestellte Bilder (hinter denen viel Recherche-, Scan- und Bearbeitungszeit steht), für schwieriges Korrekturlesen, für anstrengendes Eintippen, für kreative Layout-Ideen und noch vieles Helfendes mehr. Durch die große Hilfsbereitschaft haben uns unsere Unterstützer sehr motiviert und deshalb großen Anteil am Erfolg des Projektes „Forstgeschichte Bayerns".

Dafür ganz herzlichen Dank!

Freising und Ottobrunn im April 2017

Joachim Hamberger *Otto Bauer*

Oben links Unterfranken: Die Eiche ist der Baum Unterfrankens. Seit Jahrhunderten werden hier Eichenwälder gesät und gepflegt.

Oben Mitte Mittelfranken: Im Nürnberger Reichswald wächst unter dem „Steckerleswald" der Kiefer die Eiche heran.

Oben rechts Oberfranken: Im Fichtelgebirge prägt Granit das Landschaftsbild. Vogelbeere, Tanne und vor allem die Fichte sind hier die typischen Baumarten.

Mitte links Oberpfalz: Die Mühlweiher und die Kiefernwälder sind das Gesicht der Region.

Mitte rechts Niederbayern: Der Blick vom Rachel zeigt die Weite und Schönheit des Bayerischen Waldes.

Unten links Oberbayern: Im Bergmischwald des Nationalparks Berchtesgaden finden sich Werden und Vergehen nebeneinander.

Unten rechts Schwaben: Die wirtschaftlich wichtigste Baumart ist hier die Fichte. Mit Vorausverjüngung aus Buche und Tanne werden die Bestände ökologisch aufgewertet und stabiler gemacht.

Bayerns Landschaften und Wälder

Bayerns Landschaften erstrecken sich über geologisch und klimatisch sehr unterschiedliche Räume. Überall prägt der Wald das Land: Die Eichen im Spessart zeichnen das Gesicht Bayerns genauso wie die Buchen im Steigerwald, die Kiefern in der Oberpfalz oder die Fichten im Allgäu.

Fünf geologische Großeinheiten werden in Bayern unterschieden: die Bayerischen Alpen, das Molassebecken, der Jura, das Schwäbisch-Fränkische Schichtstufenland und das Grundgebirge in Nord- und Ostbayern. Daraus haben sich ganz unterschiedliche Böden entwickelt. Auch das Klima variiert sehr stark: Von den trockenen, warmen Weinbaugebieten in Unterfranken bis zum kalten Gebirgsklima in Berchtesgaden. Die Niederschläge nehmen nach Süden, zu den Alpen hin, stark zu. Weil der Naturraum so vielfältig ist, konnte sich eine Fülle von Kulturlandschaften entwickeln, die alle ihre eigene Geschichte haben. Sie machen die Regionen unverwechselbar, sie prägen die Heimat und tragen zur lokalen und regionalen Identität bei.

Mehr als ein Drittel der Fläche Bayerns ist bewaldet. In der Waldverteilung gibt es aber regional erhebliche Unterschiede. Nahezu geschlossene Waldlandschaften, wie der Spessart oder die ostbayerischen Mittelgebirge mit Waldanteilen von 60 Prozent und mehr, wechseln sich ab mit waldarmen Gebieten, wie im südlichen Niederbayern (20 Prozent) oder im nördlichen Schwaben (26 Prozent). Der Bergwald bedeckt mit rund 250 000 Hektar knapp die Hälfte des bayerischen Alpenraums und hat als Schutzwald in großen Teilen eine besondere Bedeutung.

Von Natur aus würden überwiegend Buchen- und Buchenmischwälder das Landschaftsbild Bayerns bestimmen. Nur in den höheren Gebirgs- und Mittelgebirgslagen kämen Fichtenwälder natürlich vor. Weil die Bevölkerung seit dem Mittelalter stetig zunahm und damit der Bedarf an Brenn-, Bau- und Werkholz anstieg, waren die Wälder Ende des 18. Jahrhunderts stark übernutzt und ausgelichtet. Die Lücken in den ausgeplünderten Wäldern und die Ödländer wurden überwiegend mit Fichte und Kiefer aufgeforstet, denn sie schlossen die Bestandeslöcher schnell und ließen gute Erträge erwarten. Zudem waren diese Nadelbäume weniger empfindlich gegen Frost, Trockenheit und Wildverbiss als das Laubholz und deshalb leicht einzubringen. Fast das ganze 19. Jahrhundert stand im

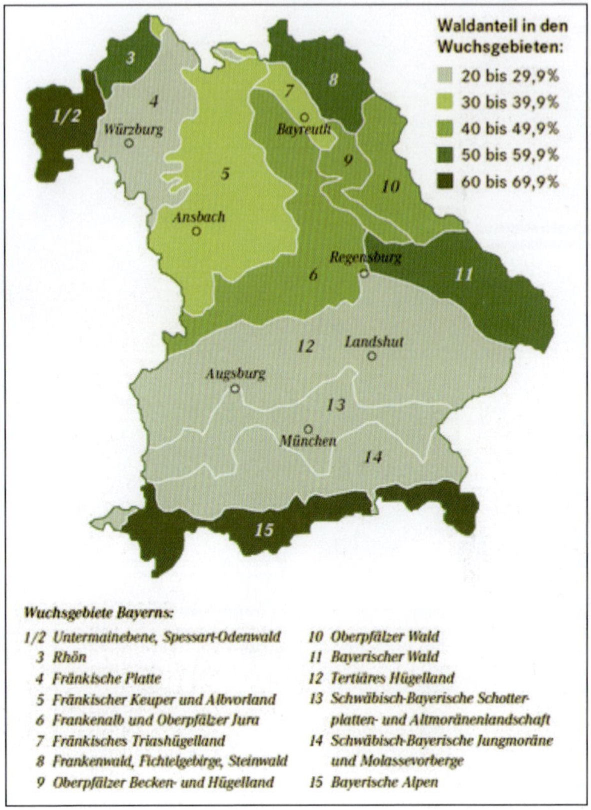

Der Waldanteil ist regional sehr unterschiedlich. In dieser Karte ist er auf die 15 Wuchsgebiete in Bayern bezogen.

Zeichen der damals modernen Nadelholzkultivierung: es war als Bauholz in der beginnenden Industrialisierung sehr gefragt. Erst große Sturm- und Insektenkalamitäten am Ende des 19. Jahrhunderts zeigten, dass die Anlage von (Nadelholz-)Plantagen der falsche Weg war. So wurde der Mischwaldgedanke (wieder-)geboren und brachte die Laubbäume in die nadelholzdominierten Waldbestände zurück.

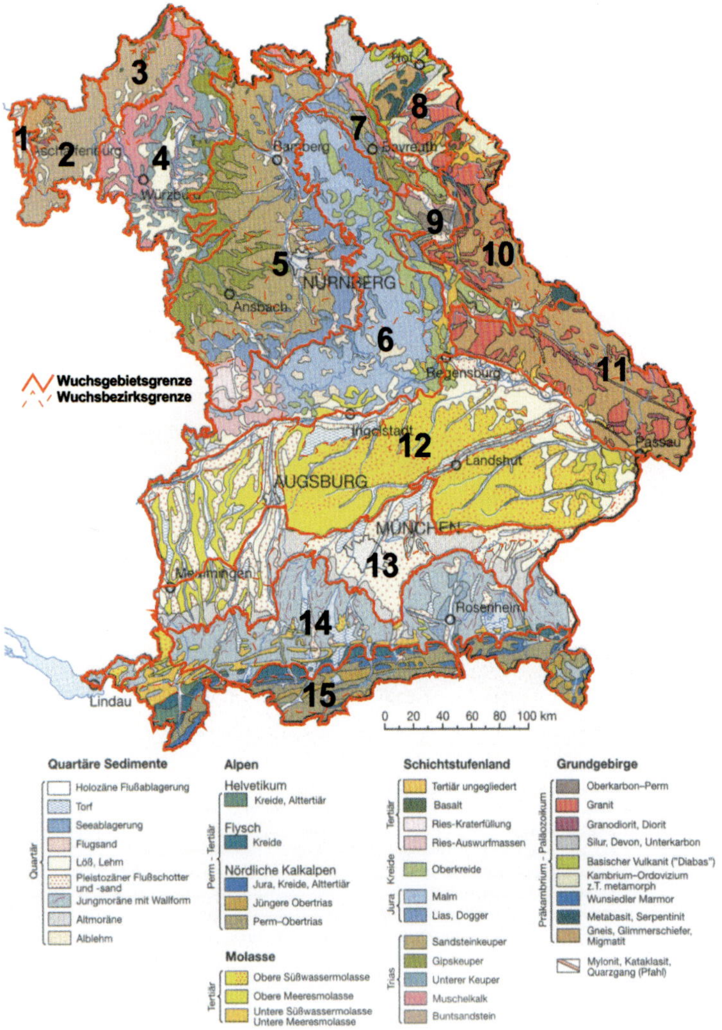

Heute orientieren sich Staatswald, Kommunalwald und viele Großprivatwaldbesitzer am Leitbild naturnaher Forstwirtschaft, die weitgehend natürliche Prozesse nutzt. Zunehmend wählen auch die Besitzer kleinerer Waldflächen diesen Weg: Stabile und standortangepasste Mischbestände aus Nadel- und Laubbaumarten sollen den wertvollen Rohstoff Holz auf umweltfreundliche und ökologische Art erzeugen, um auch die Vielfalt tierischen und pflanzlichen Lebens zu erhalten.

Bayerns Wälder befinden sich in den Händen von rund 700 000 Waldbesitzern. 56 Prozent der Waldfläche sind im privaten Eigentum. Einen hohen Anteil daran hat der „Kleinprivatwald" mit Besitzgrößen unter 20 Hektar. 30 Prozent des Waldes stehen im Eigentum des Freistaates Bayern. 12 Prozent der Wälder sind Körperschaftswald und damit Eigentum von Städten und Gemeinden. 2 Prozent der Waldfläche, meist Truppenübungsplätze, gehören dem Bund.

Nach der dritten Bundeswaldinventur von 2012[1] sind 85 Prozent der Waldflächen Bayerns Mischwälder.[2] Seit 1971 hat sich der Nadelholzanteil von 78 Prozent auf 64 Prozent verringert.[3] Der Anteil der Laubbäume nahm in der gleichen Zeit entsprechend zu; sie haben heute einen Flächenanteil von 36 Prozent.[4] Hier zeigt sich im Wald das Umdenken, die verstärkte Ausrichtung auf die natürliche Baumartenzusammensetzung, die sich zeitverzögert auswirkt.

Bayern hat eine vielfältige Geologie und deshalb sehr unterschiedliche Böden. Zusammen mit dem Klima bewirken sie unterschiedliche Wuchsbedingungen für die Vegetation. Das Land ist in 15 Forstliche Wuchsgebiete eingeteilt.

	2002	2012	Veränderung
Fichte	44,6%	41,8%	-2,8%
Kiefer	19,1%	17,1%	-2,0%
Tanne	2,1%	2,3%	+0,3%
Douglasie	0,6%	0,8%	+0,2%
Lärche	2,1%	2,1%	+0,0%
Summe Nadelholz	**68,4%**	**64,3%**	**-4,2%**
Buche	12,4%	13,9%	+1,5%
Eichen	6,2%	6,8%	+0,6%
Sonstiges Laubholz	13,0%	15,0%	+2,1%
Summe Laubholz	**31,6%**	**35,7%**	**+4,2%**

Von der Bundeswaldinventur (BWI) 2 auf die BWI 3 hat der Nadelholzanteil um 4,2 Prozent abgenommen. Vor allem Buche und sonstiges Laubholz haben zugenommen (gerundet BWI-Daten).

Die Waldeigentümer schätzen inzwischen das Laubholz als ökologische Aufwertung, die zur Klimarobustheit der Bestände und zur ökonomischen Flexibilität beiträgt. Dabei bleibt die Beteiligung von Nadelbaumarten, wie Fichte und Kiefer, in gemischten Beständen auf geeigneten Standorten auch weiter ein wichtiges Ziel der Forstwirtschaft.

Die Wälder in Bayern enthalten einen Holzvorrat von nahezu einer Milliarde Vorratsfestmetern;[5] mit durchschnittlich 396 Vorratsfestmetern je Hektar steht Bayern damit an der Spitze aller Bundesländer.[6] Jeder vierte Hektar des deutschen Waldes liegt in Bayern; hier stockt aber fast jeder dritte Festmeter Holz! Die durchschnittlichen Vorräte variieren sehr stark nach dem Waldeigentum; die höchsten finden sich im Kleinprivatwald.

Das Durchschnittsalter der bayerischen Wälder stieg von 2002 auf 2012 an: von 79 auf 83 Jahre. Jährlich wachsen in Bayern rund 29,5 Millionen Vorratsfestmeter Holz zu; genutzt werden im Schnitt nur 28,1 Millionen Vorratsfestmeter. Die Nutzung liegt also unterhalb des Zuwachses.

Rund 449 000 Hektar Wald befinden sich in Bayern in Natura-2000-Gebieten[7], etwa 945 000 Hektar in Naturparken und über 7 000 Hektar Naturwaldreservaten.[8] Diese wertvollen Wälder verdanken wir wesentlich einer aktiven Waldbewirtschaftung durch diejenigen Waldbesitzer, die die Belange des Naturschutzes in die Bewirtschaftung integriert haben. Die Forstgeschichte zeigt, dass sich eine nachhaltige und naturnahe Nutzung des Waldes und die Erhaltung eines intakten Naturhaushaltes nicht ausschließen, sondern einander bedingen. Die Wälder sind nicht „trotz" der Bewirtschaftung in einem guten Zustand, sondern „ihretwegen". Forstverwaltung, Bayerische Staatsforsten, Waldbesitzerverband und Forstverein, die wichtigsten forstlichen Akteure Bayerns, sind sich einig, einen integrativen Ansatz bei der Waldbewirtschaftung zu verfolgen: Schutz und Nutzfunktion auf derselben Fläche.

Eine multifunktionale nachhaltige Waldbewirtschaftung sichert die vielfältigen Funktionen des Waldes und erzeugt den höchsten Gesamtnutzen. Sie ist die Voraussetzung dafür, dass die Wälder den Herausforderungen der Zukunft gewachsen sind. Der Freistaat stellt gemeinsam mit den Vertretern der Waldbesitzer und des Clusters Forst und Holz[9] die Leistungen der Waldbewirtschaftung aktiv und transparent dar, um naturnahe Forstwirtschaft in der Mitte der Gesellschaft zu verankern.

1 Unterfranken

Von Mittelwald und Laubholzwirtschaft geprägt

Unterfranken wird von Ost nach West vom Main durchflossen. Südlich des Maintals liegt der Steigerwald; hier hat sich auf den Lehmen und Sanden des Keupers ein Buchenwaldgebiet erhalten. In ihm stoßen die drei fränkischen Regierungsbezirke in einem Punkt zusammen. Nördlich des Mains erstreckt sich das Schwestergebirge des Steigerwaldes, die Haßberge. Hier prägt Mischwald mit einem hohen Buchenanteil die Landschaft.

Gegen Westen umfließt der Main in einem Dreieck die waldarme fränkische Platte. Sie besteht aus Muschelkalk, der weithin von fruchtbarem Löss überdeckt ist. Hier gedeihen selten gewordene und wärmeliebende Baumarten, wie Speierling, Elsbeere, Edelkastanie und Nussbaum.

Den Westen und Nordwesten Unterfrankens prägen die Buntsandstein-Gebirge Spessart und Rhön. Kuppelförmige Einzelberge der Rhön, wie der Kreuzberg, sind durch Vulkanismus entstanden. Der Spessart stand mehr als 800 Jahre lang unter dem Forst- und Jagdbann der Kurmainzer Erzbischöfe. Im Hoch- und Südspessart blieb eines der größten Laubwaldgebiete Mitteleuropas mit naturnahen Eichen- und Buchenwäldern erhalten. Im Nordspessart dagegen, den Kurmainz zur Holznutzung für Glashütten und zur Trift frei gab, gewannen Fichte und Kiefer große Anteile an der Bestockung. Die Rhön, die früher von Buchenwäldern bedeckt war, ist in den Hochlagen wegen der langjährigen intensiven Nutzung als Weidefläche waldfrei; Wind, Schnee und Eis ließen keine Bestockung mehr aufkommen.

Die Fürstbischöfe von Würzburg haben in der Rhön, auf der Fränkischen Platte und im Steigerwald 1000 Jahre lang die Waldgeschichte des Landes geprägt. Im Spessart waren es die Mainzer Fürstbischöfe. Zahlreich waren die Besitzungen der Reichsritter, die dem Kaiser unmittelbar unterstellt waren. Nach Säkularisation und Mediatisierung kam das Gebiet des heutigen Unterfranken zu Beginn des 19. Jahrhunderts an Bayern.

Anders als in Altbayern wurde die Allmende am Ende des alten Reiches in der Regel nicht geteilt,

Fläche	853 099 m^2
Waldfläche	349 665 m^2
Waldanteil	41,0%
davon Laubholz	*63%*
davon Nadelholz	*37%*
Einwohner	1,31 Mio.
Waldfläche je Einwohner	2677 m^2

sondern den neuen politischen Gemeinden übergeben; der Kommunalwald hat deshalb in Unterfranken einen hohen Anteil an der Waldfläche. Der Privatwald wurde fränkisch geteilt, das heißt, wieder und wieder zu gleichen Teilen an die Kinder vererbt (Realteilung). So entstanden häufig kleinstteilige, sehr ungünstig geformte Privatwaldflächen.

1.1 Aschaffenburg: Ausbildung

Die erste Station auf unserer forstlichen Wanderung ist Aschaffenburg. Dort wurden fast 100 Jahre lang bayerische Forstleute ausgebildet. Die Forstschule vermittelte die Grundlagen für den Aufbau einer wirksamen Forstverwaltung und für die fachgerechte Bewirtschaftung der Wälder im neuzeitlichen Bayern.

In der zweiten Hälfte des 18. Jahrhunderts war auch in Bayern die Sorge gewachsen, es könne in naher Zukunft nicht mehr möglich sein, das für Wirtschaft und Gesellschaft nötige Holz zu beschaffen.[1] Der Landesherr war zudem bemüht, seine Einnahmen zu erhöhen, also auch die Erträge aus dem Wald zu steigern. Der Wiederaufbau und die pflegliche Nutzung der in großen Teilen übernutzten Wälder erforderte aber qualifiziertes Personal, das langfristig dachte und loyal zu den Zielen des Staates stand. Damit wurde die fachgerechte Ausbildung der Forstleute zu einer dringenden Aufgabe.

Die Fachkenntnisse und damit die Leistungsfähigkeit der in Bayern tätigen Forstbeamten waren bis zum Beginn des 19. Jahrhunderts sehr unterschiedlich. Die meisten hatten eine eher handwerkliche Ausbildung bei Lehrmeistern erhalten, wobei der Jagd weit größere Bedeutung zugemessen wurde, als dem Forstwesen. Angesichts des befürchteten Holzmangels verlangte man vom Jagdpersonal aber nun zunehmend auch forstliche Kenntnisse: Aus den „hirschgerechten Jägern" entwickelten sich die „holzgerechten Jäger". Aber auch sie erfüllten die wachsenden Ansprüche an die Bewirtschaftung der Wälder nur unzureichend.[2]

Angesichts dieser Mängel war es notwendig, die forstliche Ausbildung grundsätzlich zu reformieren. Bereits 1786 hatte der Kurfürst angeordnet, „künftig keinen Forstbediensteten mehr ohne vorherige Examina anzustellen".[3] In den nächsten Jahren wurde zusätzlich zu den Prüfungen die Bewährung in der Praxis als Voraussetzung für Beförderungen betont und eine Art Laufbahnverordnung eingeführt.[4] Praktische Erfahrungen außerhalb der eigenen Verwaltung wurden den Forstleuten positiv angerechnet.[5] Für die angeordneten Prüfungen der Bewerber um eine Stelle in der Forstverwaltung war die oberste Dienstbehörde zuständig. Die erhaltenen Examensprotokolle („Examinations Protokolla im Cameral Fach, dann in den Forst Wissenschaften auch Geometrie") aus der Zeit vor Einrichtung der Forstschule bieten deutliche Hinweise auf den recht mäßigen allgemeinen und fachlichen Bildungsstand der für die unteren Dienststellen vorgesehenen Forstleute.[6]

Die kurfürstliche Verwaltung erkannte, dass die Ausbildung der jungen Forstleute bei Lehrmeistern trotz der eingeführten Prüfungen nicht genügte, um die Qualifikation des Forstpersonals in einem überschaubaren Zeitraum den gewachsenen Ansprüchen entsprechend zu verbessern. Im Jahr 1790 billigte der Kurfürst daher den Plan seiner obersten Forstbehörde, in

Im 18. Jahrhundert gibt es noch keine forstliche Ausbildung, es sind Jäger, die sich um den Wald kümmern.

München eine Forstschule einzurichten.[7] „Die Forstschule muß von allen jenen besucht werden, welche in unsere Forstdienste eintreten wollen, indem künftig keiner zu einem Forstdienst angestellt werden soll, der nicht wenigstens drey Jahre in der Forstschule zugebracht haben wird, und von da ein bewährtes Zeugniß seines Fleißes, seiner Wissenschaft und seiner guten Aufführung ausweisen kann."[8]

Der für die Forstschule festgelegte Lehrplan zeigt, dass mathematische, technische und kameralistische Lehrinhalte überwogen. Aber auch die damaligen Bemühungen der kurfürstlichen Forstverwaltung um einen raschen Ausbau der Forstvermessung und der Forsteinrichtung sind erkennbar. Für die Forstschüler war, wie für die bereits in der Praxis tätigen Forstbeamten, eine eigene Uniform vorgeschrieben.[9]

Der Forstschulunterricht fand zunächst im Jägerhaus im Münchener Stadtteil Lehel statt. Da in München kein eigenes Gebäude für die Forstschule bereitgestellt werden konnte, verlegte man sie im Jahr 1803 nach Freising-Weihenstephan und brachte sie im säkularisierten Kloster unter. Mit der Forstschule wurden eine Musterlandwirtschaft und eine Landwirtschaftsschule verbunden.[10] Damit entstand in Weihenstephan das erste „Grüne Zentrum". An der Forstschule Weihenstephan sollten in vier Semestern Kandidaten für den Försterdienst ausgebildet werden; für Oberförster, Forsttaxatoren und Forstdirektionsbeamte waren sechs Semester vorgeschrieben. Weil die meisten Forstschüler Kriegsdienst leisten mussten, wurde die Schule aber im April 1807 schon wieder aufgelöst.[11] Trotzdem wirkte sich diese Entscheidung bis ins 20. Jahrhundert aus. Als fast alle forstlichen Ausbildungs- und Forschungseinrichtungen Bayerns in Freising konzentriert wurden, wollte man an diesen Ursprung anknüpfen.

Im Jahr 1819 übernahm das Königreich Bayern eine seit 1807 in Aschaffenburg bestehende Forstschule und erhob sie zur Königlich Bayerischen Nationalforstlehranstalt.[12] Dort wurden die Anwärter für den „niederen" (bis zum Revierförster) und für den „höheren" Dienst (vom Forstmeister an) ausgebildet.

Zunächst bestanden gewisse Bedenken gegen Aschaffenburg als Standort der Schule, weil es im äußersten Nordwesten des Königreichs lag. Schließlich entschied man sich aber doch für diesen Standort, weil im nahen Spessart große Staatswaldflächen für die Ausbildung zur Verfügung standen. Sie waren 800 Jahre unter dem Forst- und Jagdbann der Kurmainzer Erzbischöfe gestanden. Deshalb hatte sich dort ein großes Laubwaldgebiet mit naturnahen Eichen- und Buchenwäldern erhalten. Es war besonders geeignet, den jungen Forstleuten die Fähigkeit zu vermitteln, sich in die Natur einzufühlen. Unter mehrhundertjährigen Eichen war es auch nicht schwierig, den Grundsatz der Nachhaltigkeit zu erläutern: dem naturalen Erbe der Vorgänger verpflichtet zu sein und gleichzeitig auf den Nutzen der nachfolgenden Generationen verantwortungsvoll hinzuarbeiten.

Der Forstschulunterricht dauerte drei Jahre und war in vier Kurse gegliedert: Die Anwärter für den einfachen Dienst hatten die beiden unteren Kurse zu besuchen, für den höheren Dienst waren zusätzlich die beiden oberen vorgesehen.[13] Der theoretische Unterricht wurde durch praktische Übungen und Exkursionen ergänzt.[14] Als Dozenten wurden einige Forstleute

Das Titelbild eines Lehrbuchs zeigt einen pflanzenden „pfalzbairischen Förster"; das ist das neue Leitbild für das 19. Jahrhundert.

aus der Praxis nach Aschaffenburg versetzt.[15]

Die Forststudenten spielten im Gesellschaftsleben Aschaffenburgs eine wichtige Rolle: Im Volksmund hießen sie Forst-Pollacken, denn sie trugen als Wichs[16] die auffälligen, bunten Ulanen-Uniformen mit Litzen, wie die polnischen Offiziere. „Der Trieb, sich zur Erreichung irgendwelcher Zwecke, sie mögen nun geselliger, politischer, wissenschaftlicher oder sonstiger Natur sein", zusammen zu schließen sei in der studentischen Jugend Aschaffenburg stark ausgeprägt gewesen, berichtet Hermann Fürst, der spätere Leiter der Aschaffenburger Anstalt. Man habe „die mannigfachsten Verbindungen und Vereine" gebildet.[17] Nicht nur in Aschaffenburg entwickelten sich, vor allem in der Studentenschaft, freiheitliche und vaterländische Bestrebungen; man forderte einen deutschen Nationalstaat. Die vor den napoleonischen Kriegen in den Deutschen Staaten geltenden Herrschaftsverhältnisse waren durch den Wiener Kongress der Jahre 1814/15 aber weitgehend wiederhergestellt worden. Um den liberalen Bewegungen entgegen zu treten, erließ der Deutsche Bund[18] 1819 eine Reihe von Gesetzen zur Zensur der Presse, zur Beschränkung der Meinungsfreiheit, zur Überwachung der Universitäten, zum Verbot der Burschenschaften und zur Entlassung liberal und national gesinnter Professoren.[19] Im Jahr 1823 verbot man in Bayern alle Verbindungen und Vereine an den Universitäten, aber auch an der Forstlehranstalt Aschaffenburg. Im Zuge dieser Repressalien wurde die Aschaffenburger Anstalt 1832 geschlossen – mit der Begründung, sie entspreche nicht den in sie gesetzten Erwartungen.[20]

Die Anwärter für den höheren Forstdienst hatten nun an der Universität München zu studieren; zwei Aschaffenburger Dozenten wurden dorthin versetzt. Für den niederen Dienst (die Förster) genügte eine zweijährige praktische Ausbildung in einem Forstre-

Das Gebäude der Forstlehranstalt Aschaffenburg wurde 1845/46 errichtet.

vier.[21] Diese eingeschränkten Ausbildungsmöglichkeiten konnten die wachsenden Ansprüche, die an die Forstleute gestellt wurden, aber nur unzureichend erfüllen. In den Wäldern fehlte qualifiziertes Personal; man brauchte dringend eine forstliche Ausbildungsstätte.

Im Jahr 1844 wurde deshalb die Forstlehranstalt Aschaffenburg wieder eröffnet. Sie war – trotzdem auch Anwärter für den höheren Dienst aufgenommen wurden – vor allem eine Ausbildungsstätte für die Revierförster (die damals noch zum niederen Dienst gehörten). Lehrprogramm, Aufnahmebedingungen und Disziplinarordnung zeigen, dass man das wissenschaftliche Niveau der Anstalt beschränken wollte. Die Studienzeit war auf zwei Jahre begrenzt, die Zahl der Unterrichtsstunden auf 20 bis 22 pro Woche festgesetzt. Offenbar bestand die Absicht, die Ausbildung der Anwärter für den höheren Forstdienst der Universität zu übertragen.[22] Es kam aber erst 1858 zu einer grundlegenden Reform des forstlichen Unterrichtswesens.

1846 errichtete die Stadt Aschaffenburg ein Gebäude für die Forstlehranstalt; später legte man auch einen forstbotanischen Garten an. Das neue Gebäude

Das Hirschhaupt aus Bronze schmückte die Forstlehranstalt Aschaffenburg. Heute ist es in der Fasanerie, dem früheren Botanischen Garten der Forstakademie aufgestellt.

der Aschaffenburger Hochschule war mit einem Hirschhaupt aus Bronze, Abguss eines 26-Enders, geschmückt, der heute in der Fasanerie aufgestellt ist, dem früheren botanischen Garten der Forstlichen Hochschule.[23]

Die Studenten der neu eröffneten Forstschule standen unter einer strengen Disziplinarordnung. Studierende, die an „unerlaubten Verbindungen" teilnahmen, wurden mit der Entlassung aus der Anstalt bedroht.[24] Trotz dieses Verbotes entstanden in den Jahren 1844 bis 1847 mit den Corps Arminia, Hercynia und Hubertia geheime Zusammenschlüsse von Studenten. Auf nachdrückliche Bitten der Anstaltsleitung und mit der Begründung, die Verbindungen hätten „geradezu einen günstigen Einfluß auf das Verhalten der Eleven" wurden die drei Verbindungen 1849 – also nach der Revolution von 1848 – vom Ministerium genehmigt.[25] Sie sind bis heute unter den in München Studierenden aktiv.

Die weitere Entwicklung der Ausbildung wurde vor allem durch die Veränderungen in der bayerischen Forstorganisation und der Stellung des äußeren Forstpersonals in der zweiten Hälfte des 19. Jahrhunderts bestimmt. Den Revierförstern wurden erweiterte Zuständigkeiten übertragen; sie erhielten die Amtsbezeichnung Oberförster. Im Jahr 1885 wurden sie Forstmeister und Forstamtsleiter (Beamte des „höheren Dienstes").[26] Vom Jahr 1858 an forderte man von den Anwärtern des höheren Dienstes (zu dem jetzt auch die ehemaligen Revierförster gehörten) als Voraussetzung für das Studium in Aschaffenburg das Abitur und eine achtmonatige praktische Vorlehre.[27] Man erhöhte die Zahl der Professoren, erweiterte das Lehrangebot und schrieb zusätzliche Übungen und Exkursionen vor. „Durch diese erhöhte Vor- und Ausbildung wurde die Gleichwertigkeit der Forstverwaltungsbeamten innerhalb der bayerischen Beamtenhierarchie den anderen Zweigen gegenüber in die Wege geleitet und das öffentliche Ansehen des Forstfaches wesentlich gehoben", berichtet Keiper.[28] Dem Bemühen um Rangerhöhung und Hochschulcharakter diente wohl auch die

Lehrgang für Revierförster 1910/11 der damaligen Waldbauschule Lohr a. M.

Erhebung des Aschaffenburger Instituts zur Centralforstlehranstalt für das Königreich Bayern.

Im Jahr 1878 wurde die forstliche Ausbildung zwischen der Forsthochschule Aschaffenburg und der Universität München geteilt. Die ersten beiden stark praxisbezogenen Jahre des Studiums waren in Aschaffenburg, die beiden folgenden an der Universität München abzuleisten. Franz von Baur, Ernst Ebermayer, Karl Gayer, Robert Hartig und Gustav Heyer wurden 1878 zu ordentlichen Professoren in der staatswissenschaftlichen Fakultät der Universität München ernannt. Dort hatte bereits seit 1859 Karl Friedrich Roth gelehrt. Mit dieser Neuorganisation schuf man die Grundlage für eine dauerhafte forstwissenschaftliche Ausbildung und eine intensive forstliche Forschung in München. Seit 1899 hieß die Aschaffenburger Anstalt Forstliche Hochschule. Ab 1909 fand der gesamte forstliche Unterricht für den höheren Dienst an der Universität München statt; die traditionsreiche Forsthochschule Aschaffenburg wurde geschlossen.

Die Forstlehranstalt in Aschaffenburg bildete in erster Linie bayerische Forstleute aus, war aber – für jene Zeit durchaus nicht selbstverständlich – international vernetzt: Ihre Absolventen waren auch in Österreich, Rumänien, Bulgarien, Griechenland und Deutsch-Ostafrika tätig; sogar nach Japan bestanden Kontakte.

Die Aschaffenburger Forsthochschule hat auch an der Entwicklung des forstlichen Versuchswesens (die 1872 zur Gründung des Vereins deutscher forstlicher Versuchsanstalten führte) regen Anteil genommen. Seit 1866 hatte Prof. Ebermayer acht forstmeteorologische Stationen errichtet und 1869 die landesweite Einrichtung klimatologischer und phänologischer Beobachtungsstationen veranlasst.[29] Er betreute zudem die 87 Streunutzungs-Versuchsflächen, deren Anlage man 1866 angeordnet hatte.[30] Seit 1870 war Prof. Gayer für die Durchforstungsversuche verantwortlich, die man im ganzen Königreich anlegte.[31] Die Fortführung dieser Versuche ist bei der Neuorganisation der Forstlehranstalt 1878 an die Forstliche Versuchsanstalt München übergegangen.

Die Forstschule in Lohr a. M. ist heute wichtige Ausbildungsstätte für den Forstdienst.

Die Revierförster, die viele Jahrzehnte zur niederen Laufbahn gehört hatten, waren nach der Intensivierung ihrer Ausbildung in der zweiten Hälfte des 19. Jahrhunderts in den höheren Dienst aufgestiegen und 1885 zu Forstamtsleitern bestellt worden. Die früheren Forstgehilfen und Forstwärter hatten allmählich die Aufgaben der ehemaligen Revierförster übernommen (Revierförster neuer Art). Auch für sie genügte die 1832 eingeführte rein praktische Ausbildung immer weniger. Man richtete deshalb 1888 in Lohr a. M., Kelheim, Wunsiedel, Kaufbeuren und Trippstadt sogenannte Waldbauschulen ein. Für die Aufnahme in diese Ausbildungsstätten genügte der Volksschulabschluss. An den Waldbauschulen wurden Generationen von tüchtigen Revierförstern ausgebildet und deren Berufsbild entscheidend geprägt. Nachdem man die Waldbauschulen zwischen 1916 und 1925 sukzessive eine nach der anderen geschlossen hatte, war der Zugang zur Försterlaufbahn bis 1930 gesperrt. 1931 gründete man eine für ganz Bayern zuständige Ausbildungsstätte für die Revierförster: die Forstschule in Lohr am Main. Voraussetzung für die Zulassung zur Försterausbildung war nun die „mittlere Reife". Die Schulzeit war zunächst auf ein Jahr festgelegt, wurde aber später auf zwei Jahre verlängert.

Der Wandel des Berufsbildes des Revierförsters („Revierleiter") und die allgemeine Bildungspolitik blieben um die Mitte des 20. Jahrhunderts nicht ohne Einfluss auf die forstliche Ausbildung. Es setzte sich die Meinung durch, die beruflichen Aufgaben der Förster erforderten überwiegend technische Kenntnisse. Deshalb leitete man die Försterausbildung in eine technische Laufbahn über, die mit einer verwaltungsexternen Ausbildung verbunden war. Am 1. Oktober 1972 wurde an der Fachhochschule Freising-Weihenstephan der Studiengang Forstingenieurwesen eröffnet und damit die Revierförsterausbildung in Lohr beendet.[32]

1.2 Biebelried: Nieder- und Mittelwald

Nieder - und Mittelwälder[33] nehmen heute nur noch etwa ein Prozent der Waldfläche Deutschlands ein, waren aber früher, besonders im 17. und 18. Jahrhundert, die vorherrschende Wirtschaftsweise in unseren Laubwaldgebieten. Besonders in Unterfranken hat sich diese einst so weit verbreitete historische Form der Waldnutzung bis heute erhalten. Ein Beispiel dafür ist der Gemeindewald Biebelried,[34] in dem der Mittelwald heute noch nach der klassischen Methode bewirtschaftet wird. Niederwälder sind aus Stockausschlag entstandene niedrige Gehölze, zusammengesetzt meist aus Eiche, Hainbuche, Linde, Ahorn, Esche und Hasel, die nach 15 bis 25 Jahren „auf den Stock gesetzt", also eingeschlagen werden. Nach dem Hieb ähneln Niederwaldflächen zunächst Kahlschlägen. Aus den Stöcken schlagen aber rasch neue Reiser aus, die wegen des vorhandenen Wurzelwerkes besonders schnell und kräftig heranwachsen. Die Niederwälder dienten überwiegend zur Gewinnung von Brennholz; man erzeugte dort aber auch Lohrinde,[35] Weinbergpfähle und Holzkohle.

Niederwald gliedert den Wald zeitlich und räumlich in gleiche Teile. Weil alljährlich gleiche Flächen genutzt werden, ist eine stetige Versorgung mit Brennholz sichergestellt.

Um bei der Niederwaldbewirtschaftung eine geregelte Holzversorgung sicherzustellen, teilte man den Wald in Flächen gleicher Größe ein, die in einem bestimmten, periodisch wiederkehrendem Rhythmus geerntet wurden. Man stelle sich am besten ein Schachbrett mit 5 x 5 Feldern vor. Die jüngste der 25 Flächen ist gerade kahl geschlagen, der Bestand auf der zweiten Parzelle ist ein Jahr alt usw. Die letzte Fläche ist seit 25 Jahren bestockt und reif für den Hieb. Die Niederwaldwirtschaft wird also durch Stockausschlag (Vegetativvermehrung), strikte Flächeneinteilung und periodische Wiederkehr des Einschlags geprägt. In Unterfranken war sie in erster Linie entlang des Mains verbreitet; man findet sie heute aber auch noch an Iller und Lech, an Isar und Donau.

Niederwälder gab es bereits bei den Römern. Erste Hinweise auf Niederwaldwirtschaft in Bayern stammen aus der Lex Baiuvariorum, der Aufzeichnung des Bayerischen Stammesrechtes aus dem 8. Jahrhundert.[36]

Im Niederwald werden in relativ kurzer Zeit große Mengen an Brennholz geringen Durchmessers erzeugt. Da man neben dem Brennholz aber dringend auch Bauholz benötigte, entwickelte sich aus dem Niederwald die Nutzungsform des Mittelwaldes. Er besteht aus zwei Baumschichten: dem Oberholz aus großen Einzelbäumen verschiedenen Alters und den darunter wachsenden Stockausschlägen, dem Unterholz. Das Unterholz wird, wie im Niederwald, regelmäßig geschlagen. Dabei werden einzelne Kernwüchse, die „Lassreitel", vom Hieb ausgenommen und bilden das künftige Oberholz. Sie haben dadurch einen Vorsprung von zum Beispiel 25 Jahren gegenüber dem neu ausschlagenden Folgebestand und werden von ihm um-

Mittelwald ist in Ober- und Unterschicht gegliedert. Die Unterschicht liefert Brennholz, die Oberschicht Bauholz.

wachsen. Lässt man die für das Oberholz ausgewählten Stämme mehrere Umtriebszeiten des Unterholzes stehen, wachsen im Futteral der dünnen, für Brennholz bestimmten Reiser, Stämme heran, die nach vier oder fünf Umtrieben für Bauholz tauglich sind. Der Mittelwald erzeugt also Brenn- und Stammholz!

Der Mittelwald der Gemeinde Biebelried (ca. 50 ha) stockt auf guten, lössüberlagerten Standorten, ist oberholzreich (besonders Eiche) und verjüngt sich sehr üppig mit Bergahorn, Esche und Hainbuche. Die Nachzucht der Eiche ist wegen der Vorwüchsigkeit dieser drei Baumarten kaum mehr möglich. Der Stockhieb (Einschlag des Unterholzes) erfolgt alljährlich auf einer Fläche von zwei Hektar; die Umtriebszeit der Unterschicht beträgt also 25 Jahre. Das Unterholz steht im Mittelwald von Biebelried den Rechtlern zu, das Oberholz wird von der Gemeinde verwertet.[37] Auch in den Mittelwäldern um Iphofen wird schon seit Jahrhunderten das Unterholz von privaten Rechtlern genutzt, während das Oberholz der politischen Gemeinde zusteht.

Nieder- und Mittelwälder sind die früheste Form planmäßiger und nachhaltiger Waldnutzung. Indem man jährlich gleich große Flächen nutzt, liefert man alljährlich annähernd gleiche Holzerträge und sichert dadurch die Nachhaltigkeit der Waldbewirtschaftung.[38] Eine ethische Begründung für die nachhaltige Waldnutzung findet sich bereits in einem der ältesten erhaltenen Rechts-Beschriebe im Stadtarchiv Iphofen von 1583: „Damitt der waldt alß daß fürnembste Cleinodt und Schatz dieser Stadt Iphoven mit Sehung der Hegreiser, Abhebung der Dörner und Raumung des gegeben Laibholtz zu gesatzter Zeitt heglich und höblich gehaldten werdt, auff daß wir unsern Nachfahrn nichts wenigers, als unsere Vorfahren unß gelassen, unsern Fleiß gleich Inen undt ein mereres, wo müglich, befinden möchten."[39] Der Wald wird als das Kleinod der Stadt bezeichnet; es wird verlangt, ihn schonend zu bewirtschaften. Zudem wird die Leistung der Vorfahren gewürdigt und die Vorsorge für die Nachfahren eingefordert. Das ist eine klassische, emotionale Formulierung der Nachhaltigkeit! Das Prinzip der forstlichen Nachhaltigkeit hat also eine ganz wesentliche Wurzel auch in der Nieder- und Mittelwaldwirtschaft der bäuerlichen Allmende.[40] Auch in zahlreichen von den Landesherren erlassenen Forstordnungen wurde Mittelwaldwirtschaft vorgeschrieben.

Die Mittelwaldwirtschaft fördert in der Oberschicht vor allem die Eiche. Anders als die Eichen des Spessarts, die relativ dicht im Verband erwachsen sind und lange Schäfte und kleine Kronen haben, wachsen die Eichen des Mittelwaldes mit weitem Abstand auf und haben kurze Schäfte und große Kronen. Dadurch wird zwar weniger Stammholz erzeugt, aber in den lichtgestellten Kronen können sich reichlich Eicheln entwickeln. Viele

Rechtler nutzen das Unterholz im Mittelwald. Durch den kurzen Umtrieb wird gesichert, dass die Stöcke wieder ausschlagen.

Jahrhunderte lang waren die Früchte der Eichen unentbehrlich für die bäuerliche Schweinemast, aber auch als Saatgut für Kernwüchse, die für das künftige Oberholz benötigt wurden.

Um die Mitte des 19. Jahrhunderts gewannen die Bereitstellung von Nutzholz für Gewerbe und Industrie und eine möglichst hohe Verzinsung des im Wald investierten Kapitals (Gewinnmaximierung) zunehmend an Bedeutung. An Stelle „bloßer Laubholzwirtschaft" sollte möglichst viel wertvolles Stammholz erzogen werden. Man gab die Niederwaldwirtschaft deshalb weitgehend auf; die Mittelwälder wurden zunehmend durch schlagweisen Hochwald ersetzt.[41] Dabei wurde der vorhandene Bestand meist radikal kahl geschlagen und durch Saat oder Pflanzung eine völlig neue Bestockung begründet (Umwandlung). In den neuen Beständen überwogen oft Fichte und Kiefer (nicht zuletzt wegen der hohen Wildschäden). In neuerer Zeit bemühte man sich, Mittelwald durch die waldbauliche Maßnahme der „Überführung" (eine allmähliche Umgestaltung), vor allem durch die Förderung von Kernwüchsen aus der Unterschicht, in Hochwald umzuformen. Diese Entwicklung vollzieht sich aber sehr langsam: In der Struktur vieler Hochwaldbestände ist auch noch nach vielen Jahrzehnten zu erkennen, dass sie aus Mittelwald entstanden sind.[42]

Mittelwälder werden durch Buche, Eiche und Hainbuche geprägt, enthalten oft aber auch seltene Baumarten, wie Feldahorn, Kirsche, Elsbeere und Speierling. Sie sind wegen ihrer vielfältigen Struktur, besonders des starken Lichtwechsels auf kleinem Raum, sehr artenreich, sowohl an Tieren, als auch an Pflanzen. Deshalb gehören sie aus der Sicht des Biotop- und Artenschutzes zu den wertvollsten Lebensräumen.[43] Naturschutzfachlich, kulturhistorisch und forstgeschichtlich sind diese geringen Reste früherer Waldwirtschaft sehr bedeutsam. Deshalb bemüht man sich heute sehr, diese Zeugen einer anderen Zeit zu erhalten.

1.3 Hellmitzheim: Hutewald

Bis ins 18. Jahrhundert bildete der Wald häufig eine fest verbundene Wirtschaftseinheit mit dem Ackerland. Um die Dörfer, wie Hellmitzheim im südlichen Steigerwald,[44] zog sich ein Gürtel gemeinsam genutzter

Flurteile, bald Wald, bald Offenland. Wald und Feld waren damals noch nicht so scharf und in klaren Linien voneinander getrennt, wie wir es heute kennen. Es gab vielmehr saumartige Übergangsbereiche zwischen geschlossenem Wald und offener Flur, die als Hutung genutzt wurden.

Der Hutewald sah ganz anders aus, als wir es von den heutigen, forstwirtschaftlich genutzten Wäldern kennen. Er wurde durch große Altbäume beherrscht, deren Früchte als Viehfutter genutzt wurden. Da die Bäume (meist Eichen) hier sehr locker standen, konnten sie breite Kronen ausbilden und reichlich Mast ansetzen. Trotzdem fiel immer noch so viel Licht auf den Boden, dass sich auch eine Kraut- und Grasschicht entwickeln konnte. Ab dem Frühjahr wurden diese Flächen mit Rindern, Schafen und Ziegen beweidet; im Herbst wurden Schweine auf die Flächen getrieben, um sie mit den Eicheln zu mästen. Die Hirten (großer Hirte für Rind und Pferd, kleiner Hirte für Schaf, Ziege und Schwein) hatten mit der Aufsicht über die Tiere eine verantwortungsvolle Aufgabe. Die Tiere waren ja zum einen wertvolle Nahrungsgrundlage, die es zu schützen galt; zum anderen waren die Herden aber auch eine Gefahr für die Feldfrüchte und die jungen Waldbäume, von denen sie fernzuhalten waren.

Hutewälder, wie hier bei Hellmitzheim, dienten der Viehweide. Die Bäume - meist Eichen – stehen weit auseinander; die Kronen berühren sich nicht. So reifen viele Früchte und es kommt Licht auf den Boden, das Gras wachsen lässt.

Huteweide ist uralt. Schon im Mittelalter wurden Nutztiere in den Wald getrieben, um die Gräser und Kräuter auf dem Waldboden und die Baumfrüchte zu nutzen. Hutewälder entstanden oft ungeplant, durch intensive Beweidung des Waldes; in der Zeit der Aufklärung wurden sie aber auch gezielt angelegt. Bis ins 19. Jahrhundert hinein waren sie eine wertvolle Grundlage für die Viehzucht.

Heute hat die extensive Viehwirtschaft in den Hutewäldern keine ökonomische Bedeutung mehr. Die wenigen verbliebenen Hutewälder bieten aber wegen ihrer Strukturvielfalt eine Heimstätte für viele seltene und gefährdete Tier- und Pflanzenarten. In Hellmitzheim (Gemeinde Iphofen) wurde deshalb auf 18 Hektar eine Hutung nach historischem Vorbild angelegt. Auf zwei kleinen Flächen waren die Alteichen eines ehemaligen Hutewaldes noch erhalten. Sie wurden durch die schematische Pflanzung von 300 Eichen und Obstbäumen ergänzt. Beweidet wird die eingezäunte Fläche von Fränkischem Gelbvieh und von Rotwild.[45] Die Flächen sind wegen der biologischen Vielfalt Teil des europaweiten Schutzgebietsnetzes Natura 2000.

1.4 Rhön: Wüstung

Der Name Rhön (Roino) ist keltischen Ursprungs und bedeutet Gebirge. Von Natur aus war die Rhön mit Buchenwäldern bedeckt; das bestätigen uns Pollenanalysen aus Hochlagenmooren. Auch die im Mittelalter gebräuchliche Bezeichnung Buchonia spricht dafür, dass in der Rhön die Buche heimisch war. Ihr waren Eiche, Birke, Erle, Salweide und anderes Laubholz beigemischt; der Anteil der Nadelbäume war gering.

Siedlungen gab es in der Rhön seit der Jungsteinzeit, aber nur an den warmen Rändern und entlang der fruchtbaren Flussläufe. Urwälder und Moore in einer unberührten Landschaft prägten bis ins 8. Jahrhundert weithin ihr Bild. Erst unter den Franken wurde dieser Landstrich systematisch besiedelt. Mit der karolingischen Besitzergreifung wurden zentrale Königshöfe über das Land verteilt (Villikationsverfassung).[46] Kaum besiedelte Gebiete wie die Rhön wurden jetzt Königswald. Kaiser Karl der Grosse übergab 777 das befestigte Hammelburg mit den dazugehörigen Wäldern und einigen Weinbergen der Abtei Fulda, um den Landausbau zu fördern und um sich die Hilfe der Abtei in Reichsangelegenheiten zu sichern. Schon um das Jahr 1000 betrieb die Abtei auf der Wasserkuppe Hochweiden.[47] An der fränkischen Saale lag die königliche Pfalz Salz, die Karl der Grosse und mehrere seiner Nachfolger besuchten. Im Jahr 1000 übergab Kaiser Otto III. dem Bischof von Würzburg den Salzforst samt Bannrechten und Gerichtsbarkeit. Auch der Mellrichstädter Reichswald kam 1031 mit dem Wildbann an das Hochstift Würzburg, das damit Einfluss und Gestaltungsmacht in diesem Raum gewann.

Unter der neuen Herrschaft begann im hohen Mittelalter eine Phase intensiver Siedlungserweiterung. Die Würzburger Bischöfe jener Zeit waren aus finanziellen

Die Rhön, hier im Winterkleid, ist eine vom Menschen geprägte Kulturlandschaft. Der Boden ist karg und das Klima rau. Grünland, Hecken und Streuobstwiesen prägen das Bild der Hohen Rhön.

Gründen an der Intensivierung der landwirtschaftlichen und forstlichen Nutzung sehr interessiert. Daher siedelten sie abhängige Bauern zur Bewirtschaftung des Bodens an, die im Lauf der Zeit oft zu zinspflichtigen Eigentümern des von ihnen bebauten Landes wurden.[48] Auch der niedere Adel vergab Grundbesitz zur Rodung an Siedler, um sich durch Einnahmen von den abhängigen Bauern eine Rente zu sichern.[49]

Mit wachsender Bevölkerung wurden auch Flächen in höheren Lagen urbar gemacht und besiedelt. Die Zunahme der Siedlungen auf den Höhenzügen und Bergrücken, der wachsende Holzbedarf sowie die Waldweide in der Umgebung der Rodungsinseln führten zur Verlichtung der Wälder. Das raue Klima und der starke Verbiss durch Vieh und Wild verhinderten die Verjüngung der Laubhölzer. „Neben den Rodern sind es hauptsächlich die Köhler und Muldenmacher, die den Holzbestand arg verwüsten und besonders am Dammersfeld hausen. [...] Sie verschwendeten unglaublich viel Holz; nur was sich bequem spalten ließ, verarbeiteten sie; alles andere blieb liegen und verdarb. Allenthalben also Rodungen und wüste Plätze, da und dort verbotene Bauten außerhalb der bestehenden Siedlungen, Unordnung und Willkür an allen Orten und Enden."[50]

Vom Beginn des 14. Jahrhunderts an wurde das Siedlungswachstum jäh unterbrochen. Eine Klimaverschlechterung[51] verursachte Missernten und führte zu einer Agrarkrise. Das brachte Einkommensverluste für die Bauern und Hungersnöte für die Bevölkerung.[52] Der schwarze Tod, die Pest, die seit 1348 auftrat, raffte ein Drittel der Bevölkerung dahin; die Einwohnerzahl ging zurück. Es begann eine negative Siedlungsperiode, eine Wanderbewegung der Landbevölkerung in niedriger gelegene Siedlungen. Viele Höfe und Dörfer wurden aufgegeben. In Deutschland wurden schätzungsweise 40 000 Siedlungen verlassen, also rund jede vierte. Als Regel gilt: Zuerst wurden die Siedlungen geräumt, die zuletzt begründet worden waren. Besonders jene, die man in Zeiten höchsten Bevölkerungswachstums auf armen Grenzertragsböden oder unter den klimatisch schwierigen Bedingungen der Mittelgebirgslagen angelegt hatte. Die landwirtschaftlich genutzte Fläche Deutschlands ging in kurzer Zeit um 23 Prozent zurück;[53] in der Hohen Rhön wurden sogar 70 Prozent der im hohen Mittelalter gegründeten Orte verlassen.[54] Die Katastrophe für die Menschen war eine Atempause für die Natur. Auf einem Teil der verlassenen Felder wuchsen Sträucher und Bäume zu geschlossenen Wäldern heran. Die Gebäude verfielen; was an Baumaterial brauchbar war, wurde abgetragen und an anderer Stelle wieder verwendet. Der Wald ergriff wieder Besitz von diesen verlassenen Flächen.

Manche Orte verschwanden ganz; ihre Namen sind nur noch in Flurbezeichnungen erhalten oder aus Urkunden bekannt. Reste alten Ackerbaus lassen sich aber auch heute noch im Gelände erkennen: an Ackerterrassen, die einst Erosion verhinderten, an Feldsteinhaufen, die früher Grenzen markierten oder an den Rainen, die einst Felder trennten. Manchmal blieb auch die ehemalige Kirche als Kapelle mitten im Wald erhalten.[55]

Bremersdorf, 1122 erstmals erwähnt, wurde auf ackerbaulich ungünstigen Buntsandsteinböden angelegt. Im 14. Jahrhundert wurde es wieder aufgegeben. Es finden sich noch Überreste von Kirche, Brunnenstube, Hohlwegen und Ackerbauterrassen.

Die Bauern zogen hinab in die tieferen Lagen, in die breiten Flusstäler und in die Ebenen. Aber auch die wachsenden Städte übten eine große Anziehungskraft auf die verarmte Landbevölkerung aus. Sie boten den Menschen als Arbeiter oder Handwerker eine Lebensweise, die Dörfer nicht bieten konnten.[56] „Stadtluft macht frei" bedeutete aber auch, den Dienstpflichten und Zinsforderungen des Grundherrn zu entkommen.

Ein Grund dafür, dass in erster Linie kleine und wenig geschützte Siedlungen aufgegeben wurden, war auch die unsichere Zeit. Es fällt auf, dass in den Gebieten um Kissingen und Fladungen-Bischofsheim die Zahl der spätmittelalterlichen Dorfbefestigungen zunahm, während gleichzeitig Höhenburgen verlassen wurden. Zahlreiche reichsunmittelbare Ritterschaften hatten Probleme, Anschluss an die moderne Zeit zu finden: Die aufkommende Geldwirtschaft, selbstbewusste Forderungen der Untertanen, neue Militärtechnik, die auf Söldner setzte und mangelnde Bildung führten diesen Stand in eine Krise.[57] Es entwickelten sich die berühmten Raubritterprobleme, was zum Bau von Landwehren und zu Landfriedensbündnissen führte. Rechtsunsicherheit und die Zunahme von Fehden schufen Zustände, die der Chronist als „heillos" bezeichnet.[58] Das förderte die Abwanderung.

Die so entstandenen Wüstungsfluren auf den Bergrücken der Rhön wurden von den Zurückgebliebenen als Viehweiden genutzt.[59] Manche Flächen, in günstigeren Lagen, konnte der Wald zurückerobern. Auf den Bergkuppen der Hochrhön konnte sich aber kein Wald mehr ansiedeln. Schnee und Eis, vor allem aber der stürmische Rhönwind, verhinderten eine natürliche Wiederbewaldung.

Auch die im 20. Jahrhundert vorangetriebenen Bemühungen zur Aufforstung der Hohen Rhön scheiterten. Während der nationalsozialistischen Herrschaft plante der NSDAP-Gauleiter und Regierungspräsident Dr. Otto Hellmuth Bauernhöfe im „Rhönnotstandsgebiet" anzulegen und die landwirtschaftliche Nutzung zu intensivieren. Voraussetzung dafür war die Schaffung eines ausreichenden Windschutzes auf den Hochflächen. 488 Hektar wurden aufgeforstet – zu einem Drittel mit Laubhölzern („Hellmuth-Aufforstungen"). Die mit hohem finanziellem Einsatz gepflanzten Laubhölzer sind fast vollständig ausgefallen. Überlebt haben fast ausschließlich die Fichten – allerdings schwer gezeichnet von immer wiederkehrenden Sturm- und Schneebruchschäden.[60] So entstand das Bild, das heute für die Hohe Rhön typisch ist: weite, offene Flächen, die von Schafen beweidet werden.

1.5 Iphofen: Körperschaftswald

Nach dem Bayerischen Waldgesetz von 2005[61] ist „Körperschaftswald derjenige Wald, der im Alleineigentum oder Miteigentum ausschließlich von kommunalen Gebietskörperschaften und von ihnen verwalteten öffentlichen Stiftungen steht, soweit sie der Aufsicht des Freistaates Bayern unterstehen". In Bayern nimmt der Körperschaftswald 12,4 Prozent der Waldfläche ein.[62]

In den Funktionen der Gemeinschafts- und späteren Gemeindewälder vollzog sich seit dem Mittelalter ein grundsätzlicher Wandel. Jahrhundertelang waren diese Waldungen eng mit der Landwirtschaft verbunden und erfüllten die Bedürfnisse der ländlichen Bevölkerung. Dann wurden sie zum Bestandteil des Gemeindevermögens. Heute dienen sie weitgehend dem Wohl der Gemeindebürger: oft als Wasserschutzwald, zur Verbesserung des Klimas und als Naherholungsgebiet.

Das Rödelseer Tor ist ein Wahrzeichen Iphofens und ein Symbol für jahrhundertelangen Fachwerkbau mit Eichenbalken aus dem Mittelwald der Stadt.

Diese Entwicklung lässt sich eindrucksvoll am Stadtwald Iphofen (Landkreis Kitzingen) verfolgen.[63]

Der Körperschaftswald ist meist aus den Allmende- und Markwaldungen entstanden, die das Leben auf dem Land bestimmt hatten.[64] Viele Jahrhunderte lang konnte die Bevölkerung den Wald unbegrenzt nutzen. Im Lauf der Zeit entwickelten sich Eigentumsverhältnisse, die sich grundlegend von den heute geltenden unterscheiden. Nur verhältnismäßig geringe Flächen in der Nähe der Siedlung waren Sondereigentum einzelner Hofbesitzer. Weite Flurteile standen dagegen im Gemeinbesitz der Dorfbewohner und wurden gemeinsam genutzt: die Allmende. Dazu gehörten Weide, Ödland und Gewässer, aber auch viele Waldflächen. Wald und Weide waren damals nicht scharf gegeneinander abgegrenzt, sondern gingen ineinander über. Der Wald diente nicht nur zur Holznutzung, sondern ganz wesentlich auch als Weidegebiet (Hutewald).[65]

Im hohen Mittelalter zwangen die Bevölkerungszunahme und der damit einhergehende gestiegene Nahrungsbedarf zur Ausdehnung der Ackerfläche; immer mehr Waldflächen wurden gerodet. Auch die Veränderungen in der Landwirtschaft (Fruchtwechselwirtschaft, Stallhaltung des Viehs) machten die Vergrößerung der Äcker zu Lasten der Allmende nötig. Die vielen holzverarbeitenden Gewerbe hatten einen wachsenden Holzbedarf. Es wurde deshalb zunehmend schwieriger, die Versorgung der Dorfbewohner mit Holz aus der verringerten Waldfläche zu sichern.

Da immer weniger Weide- und Waldflächen zur Verfügung standen, wurde es notwendig, die gemeinsame Bewirtschaftung zu regeln. Es bildeten sich Markgenossenschaften,[66] „um die Marknutzung nach Art und Umfang, gegebenenfalls auch nach Ort und Zeit so zu regeln, daß durch sie der laufende Bedarf der bäuerlichen Betriebe gesichert werden konnte".[67] Es galt, die Bedürfnisse der Markgenossen und die Nutzungsmöglichkeiten bestmöglich in Einklang zu bringen. Wichtige Entscheidungen über den gemeinsamen Besitz traf die Märkerversammlung, die Gemeinschaft der Nutzungsberechtigten. Aus den von ihnen über Jahrhunderte hinweg zunächst mündlich festgelegten Regeln der beiderseitigen Rechte und Pflichten entstanden regional geltende Waldordnungen, die sogenannten Weistümer.[68]

Dennoch kam es im 17. und 18. Jahrhundert vermehrt zu Auseinandersetzungen über den Kreis der Berechtigten, die räumliche Abgrenzung der Rechte für die einzelnen Gemeinden und Dorfbewohner und über die Art der Rechtsausübung. Manche Berechtigten – so wird berichtet – nahmen gegen Bezahlung Vieh von auswärtigen Bauern an und trieben es mit ihrem eigenen auf die Weide. Den für die Aufsicht über den Ge-

Bürgermeister Josef Mend macht im Stadtwald von Iphofen sein Rechtlerholz. In den Präsidien des Bayerischen Gemeindetags und des Bayerischen Waldbesitzerverbandes engagiert er sich für den Kommunalwald.

meinschaftswald angestellten, schlecht bezahlten Forstknechten wurde vorgeworfen, Nichtberechtigte zur Waldnutzung zuzulassen und für einzelne Rechtler mehr Holz auszuzeichnen, als ihnen zustand und dem Wald zuträglich war, um ihre Einnahmen aus dem Anweisgeld zu erhöhen. Oft missachtete man die von den Landesherren erlassenen Anordnungen zur Nutzung der Allmendewaldungen. Viele Wälder wurden durch Überweidung und übertriebene Holznutzung erheblich herabgewirtschaftet.[69]

Der im 18. Jahrhundert aufkommende Liberalismus lehnte gemeinschaftlichen Besitz ab und sah den Fortschritt allein in der freien Entfaltung des Einzelnen und in der Aufhebung wirtschaftlichen Zwangs. Der Grund für Misswirtschaft und Raubbau in den Markwaldungen sei – davon war man überzeugt – der Gemeinbesitz. Deshalb müsse man Markgenossenschaft und Allmende beseitigen, um rational zu geordneten Verhältnissen zu gelangen. Angesichts dieser Überlegungen wurde im 18. und zu Beginn des 19. Jahrhunderts der gemeinschaftliche Waldbesitz zum größten Teil aufgehoben.[70] Die Auflösung der Gemeinschaftswaldungen führte zu unterschiedlichen Eigentumsverhältnissen. In den meisten Regionen Bayerns, hauptsächlich in Altbayern, wurde der Allmendewald durch Teilung und Übereignung an die bisherigen Markgenossen zum Privatwald.[71] Der Wald der Allmende konnte aber auch der Gemeinschaft der bisherigen Markgenossen zugesprochen werden; es entstand dadurch Realgemeindewald.[72] Besonders in den heute gemeindewaldreichen Gebieten Bayerns leitete man den Allmendewald dagegen ungeteilt in das Eigentum der politischen Gemeinden über.[73]

Der Anteil des Kommunalwaldes an der Waldfläche in Unterfranken ist heute noch mit rund 47 Prozent fast viermal so hoch wie im Durchschnitt Bayerns.[74] Diese besondere Entwicklung vom Allmende- zum Gemeindewald in Unterfranken lässt sich anschaulich am Stadtwald Iphofens (Landkreis Kitzingen) verfolgen. In Altbayern hatte man die Selbstverwaltung der Gemeinden durch die Gemeindeedikte von 1808 weitgehend beseitigt.[75] In den Fürstentümern Aschaffenburg und Würzburg (die von der Säkularisation von 1803 bis zum endgültigen Anschluss an Bayern 1814 gut eine Dekade als souveräne Staaten bestanden) wurde die Entstehung der politischen Gemeinden dagegen intensiv gefördert. Als Unterfranken 1814 an Bayern kam, war die Bildung dieser politischen Gemeinden deshalb dort bereits weit fortgeschritten.

Seit dem Mittelalter war die Dorfgemeinschaft eine Markgenossenschaft, eine wirtschaftliche Gemeinschaft mit gemeinsamem Besitz. Der Einzelne war über Rechte und Pflichten eingebunden in die Nutzung und Pflege der gemeinsamen Mark. Neben der dörflichen Agrargenossenschaft hatte sich aber die politische Gemeinde als Zusammenschluss aller Ortseinwohner gebildet.[76] Durch Zuweisung öffentlich-rechtlicher Aufgaben wurde die Gemeinde mehr und mehr zu einem staatlichen Organ. Sie übernahm neben der Erledigung öffentlicher Aufgaben auch die Verwaltung des ehemaligen Markwaldes. Dadurch „wurde der Boden vorbereitet für den schon nach Ende des Mittelalters einsetzenden Übergang vom Markbesitz an die aufkommenden politischen Gemeinden".[77] Während der Wald bis dahin allein den Bedürfnissen der berechtigten Dorfgenossen gedient hatte, konnte von nun an die politische Gemeinde darüber verfügen.[78] Statt der Märkerversammlung entschied jetzt der Rat der Stadt

Mittelwald liefert wertvolles Eichenstammholz, eine wesentliche Einnahmequelle unterfränkischer Kommunen.

Augsburg	7680 ha	Schwaben
München	5000 ha	Oberbayern
Lohr	4100 ha	Unterfranken
Burgsinn	3100 ha	Unterfranken
Weißenburg	2580 ha	Mittelfranken
Alzenau	2710 ha	Unterfranken
Iphofen	2200 ha	Unterfranken
Aschaffenburg	2060 ha	Unterfranken
Amberg*	1990 ha	Oberpfalz
Schweinfurt*	1850 ha	Unterfranken
Gemünden	1800 ha	Unterfranken
Ingolstadt	1520 ha	Oberbayern
Donauwörth	1050 ha	Schwaben
Würzburg	1000 ha	Unterfranken
Bamberg*	1360 ha	Oberfranken
Landshut*	790 ha	Niederbayern

Viele Kommunen, vor allem unterfränkische Gemeinden, haben große Waldflächen (= mit erheblichen Anteilen von Stiftungswäldern). Div. Quellen des Internets.*

(mit dem Bürgermeister an der Spitze) über den ehemaligen Markbesitz.[79] Die früher zur Nutzung des Markwaldes Berechtigten sahen in diesem Eigentumsübergang zunächst eher Vorteile: ihre Verpflichtungen übernahm jetzt die politische Gemeinde; ihre Rechte hielten sie dagegen für ungeschmälert.

Das änderte sich, als Unterfranken bayerisch geworden war. Nun erhielten die Gemeinden die Stellung einer juristischen Person; die Allmende wurde zum Eigentum der politischen Gemeinde erklärt. Dadurch wurden die bisherigen Nutzungsrechte von Eigentumsanteilen zu Rechten an einer fremden Sache abgewertet.[80] Der neue Staat bestimmte, dass Gemeindevermögen und auch der daraus erwirtschaftete Ertrag ausschließlich für öffentliche Bedürfnisse der Gemeinde zu verwenden sei.[81] Diese Regelung führte dazu, dass der Staat im Wesentlichen nur dingliche Rechte am Gemeindevermögen anerkannte; nur Rechte, die auf Haus und Hof ruhten, wurden bestätigt.[82] Die ehemaligen Markgenossen verloren dadurch das Recht auf den Bezug von Bauholz, das bisher personenbezogen an erstmals Bauende abgegeben worden war. Sie behielten nur noch das auf ihren Häusern ruhende Laubholzrecht; das Oberholz der Mittelwälder wurde durch die Gemeinde verwertet.[83] Durch das Entstehen der politischen Gemeinde waren die ehemaligen Markgenossen nicht mehr Miteigentümer des Waldes, sondern nur noch Nutzungsberechtigte an fremdem Grund und Boden.[84]

Die meisten der neu entstandenen Kommunalwälder waren wegen ihrer Herkunft aus dem Gemeinschaftseigentum mit Forstrechten (meist Holz- und Weiderechten) belastet – Rechten, die oft schon seit Jahrhunderten galten. Dieser Umstand behinderte die fachgerechte Bewirtschaftung der Gemeindewälder erheblich. Die Kommunen sind deshalb bis in unsere Zeit bestrebt, die Nutzungsrechte abzulösen. Häufig entschädigte man die Rechtler durch die Übereignung von Waldflächen und begründete damit zusätzlichen Privatwald.[85]

Das Forstgesetz von 1852 hat die Bewirtschaftung der Gemeinde- und Stiftungswälder unter die Oberaufsicht der Staatsregierung gestellt. Sie sollte nach § 1 der Vollzugsverordnung zum Gesetz darüber wachen, dass „die Gemeinden keine der Nachhaltigkeit der Waldnutzung schädlichen Übergriffe machen und keine den Fortbestand des Waldes gefährdende unpflegliche Behandlung desselben eintreten lassen". Die damit geschaffene Rechtslage wurde bis 1975 nicht wesentlich geändert. Das Betriebsleitungsgebot, also die Verpflichtung, den Wald mit forstlichem Fachpersonal zu bewirtschaften, blieb bestehen; ebenso die Regelung, dass die Gemeinden die Betriebsleitung gegen Entgelt den staatlichen Forstämtern übertragen konnten.[86]

Das Waldgesetz für Bayern von 1975[87] erteilt den Auftrag, den Wald nachhaltig zu bewirtschaften, damit er seine Leistungen für das Wohl der Allgemeinheit dauerhaft erbringen kann. Aus diesem Grundsatz ergeben sich für den Kommunalwald die nahezu gleichen Verpflichtungen, wie für den Staatswald.[88] Über forstliche Förderprogramme können die Kommunen auf Antrag finanzielle Zuschüsse für bestimmte waldbauliche Maßnahmen und für den Forstwegebau erhalten.

1.6 Würzburg: Forstrecht

Das Bistum Würzburg, 742 von Bonifatius gegründet, war ein wesentlicher Machtfaktor im römisch-deutschen Reich, weil es von Kaisern und Königen mit umfangreichem Landbesitz ausgestattet worden war.[89] 1574 erließ Julius Echter von Mespelbrunn[90] eine erste Forstordnung für das Hochstift.[91] Sie galt fast 250 Jahre lang, bis zur Auflösung des Hochstifts Würzburg und seiner Angliederung an Bayern zu Beginn des 19. Jahrhunderts.[92] Für die Nutzung der Wälder wurde Mittelwaldwirtschaft vorgeschrieben.

Die von alters her bestehenden Weideberechtigungen der Bevölkerung schränkte man ein, weil sie dem Wald oft schweren Schaden zufügten; Verstöße gegen die neuen Bestimmungen wurden mit Strafe bedroht. Eisenhämmer und Glashütten, die für viele Waldverwüstungen verantwortlich waren, mussten schließen.

Das Wasserschloss Mespelbrunn ist der Geburtsort des Würzburger Fürstbischofs Julius Echter.

Julius Echter von Mespelbrunn regierte von 1573-1617 das Fürstbistum Würzburg. Seine Forstordnung bestimmte für Jahrhunderte die Bewirtschaftung des Waldes in weiten Teilen Unterfrankens.

Fremde Holzhandwerker hatten das Gebiet zu verlassen, einheimischen legte man Beschränkungen auf. Für den Vollzug und die Überwachung des Reformwerks waren die Forstbeamten des Bischofs verantwortlich. Die vom Fürstbischof angeordnete Waldnutzung enthielt wesentliche Grundsätze, die man heute mit dem Begriff Nachhaltigkeit charakterisierten würde.[93] Die Forstordnung galt für den landesherrlichen Wald, aber als eine Art Rahmengesetz auch für die Wälder der Allmenden und der Gemeinden. Die Maßnahmen Julius Echters zeigen beispielhaft, wie mit dem Erstarken des Absolutismus die bis dahin lokalen Waldordnungen (wie z. B. die Weistümer) durch Forstordnungen ersetzt bzw. ergänzt wurden, die für das ganze Territorium eines Landesherrn und für alle Besitzarten galten.[94]

Viele Jahrhunderte lang konnte die geringe Bevölkerung den grenzenlos erscheinenden Wald unbeschränkt nutzen. Im Mittelalter nahm die Zahl der Menschen zu, der Bedarf an Acker- und Weideland wuchs. Die Waldfläche, die je Einwohner zur Verfügung stand, nahm ab, weil gerodet wurde; gleichzeitig stieg der Holzbedarf stark an. Es war deshalb notwendig, Regelungen für die Nutzung der Wälder einzuführen.

Die älteste bayerische Vorschrift über die Waldnutzung ist die Lex Baiuvariorum, die vom 6. bis zum 8. Jahrhundert entstandene Sammlung des Volksrechts der Bajuwaren. Sie verbot besonders das Fällen fruchttragender Bäume und bedrohte die Beschädigung von Grenzzeichen und den Diebstahl aufgearbeiteten Holzes mit erheblichen Strafen.[95]

Die Weistümer – die frühesten stammen aus dem 11. und 12. Jahrhundert – sind lokale Waldordnungen, die die bäuerliche Wirtschaft in den Allmenden regelten. Sie waren mündlich überlieferte Rechtssätze, aus der gemeinsamen Nutzung entstandenes Gewohnheitsrecht. Häufig entwickelte sich ein Aufsichtsrecht des Landesherrn über die Allmenden und ihre Nutzung. Schließlich wurden die regional gültigen Weistümer durch die Forstordnungen (auch Wald- oder Holzordnungen genannt) zur Regelung der Waldwirtschaft abgelöst.

Im Lauf des Mittelalters übertrugen Kaiser und Könige oft Reichsgebiete großzügig an den hohen Adel, an Städte und an Institutionen der Kirche (Bischöfe, Klöster).[96] Dabei gingen mit der politischen Herrschaft auch die Hoheitsrechte auf die neuen Landesherren über. So entwickelte sich nach Ausbildung der Landesherrlichkeit im 15. und 16. Jahrhundert die Forsthoheit der Landesherren, später auch Forstregal genannt. Sie umfasste das Recht, die Oberaufsicht über alle Waldungen des Herrschaftsgebietes zu führen, ihre Nutzung zu regeln und die Forstgerichtsbarkeit auszuüben.

Die Landesherren begründeten den Erlass von Forstordnungen vor allem mit der Sorge um die Sicherheit der Holzversorgung. Sie waren aber auch daran interessiert, die Nutzungen der Untertanen im herrschaftlichen Wald zu beschränken, um die nachhaltige Holzversorgung ihrer Salinen und der Berg- und Hüttenwerke zu sichern, denen große Bedeutung für den staatlichen Haushalt zukam. Es entstanden umfassende Vorschriften zur Verminderung des Holzverbrauchs und zur besseren Bewirtschaftung der Wälder.[97] Natürlich spiegelten die Forstordnungen neben den wirtschaftlichen auch die jagdlichen Interessen der Landesherren wider.[98]

Damals standen alle Waldungen, ohne Unterschied der Besitzarten, unter landesherrlicher Aufsicht. Das konnte so weit gehen, dass private Waldbesitzer kein Holz schlagen durften, das nicht vorher durch Forstbedienstete der Obrigkeit angewiesen worden war. Die ältesten Forstordnungen im Gebiet des heutigen Bayern wurden 1493 für die Markgrafschaft Brandenburg–Bayreuth, 1499 für die Oberpfalz und 1568 für Altbayern erlassen.[99] Die Forstordnungen galten zum Teil über lange Zeiträume; die für Altbayern fast 300 Jahre, bis zum Inkrafttreten des Forstgesetzes 1852.

Gegen die Forstordnungen mit ihren jagdlichen Vorschriften entwickelte sich häufig deutlicher Widerstand der Untertanen, besonders der Bauern, denn sie litten unter erheblichen Wildschäden und hatten zudem zeitaufwändige Jagdfronen zu leisten. Die Spannungen wurden verstärkt durch das oft recht selbstherrliche Auftreten der Forst- und Jagdbediensteten, ihre Bestechlichkeit und ihre mangelhafte forstliche Ausbildung.[100]

Nach der Französischen Revolution setzte sich das Staatsverständnis des Liberalismus auch in Deutschland durch. Wie oben erwähnt, galt die gesellschaftliche Ansicht, ein Höchstmaß an politischer und wirtschaftlicher Freiheit sei Voraussetzung jeden Fortschritts. Die gewährte Freiheit werde sich zum Wohle des Einzelnen und damit auch des Ganzen auswirken. Der Staat sollte nicht mehr, wie im Absolutismus, durch die unbeschränkte Macht eines Landesherrn (verliehen durch die Gnade Gottes) geprägt werden. Die Obrigkeit hatte vielmehr die Hindernisse zu beseitigen, die der allseitigen Entfaltung des freien Individuums entgegenstehen. Jeder Eigentümer sollte das Recht haben, mit seinem Besitz nach Belieben zu verfahren.

In Bayern waren nach den großen territorialen Veränderungen als Folge der Säkularisation und der Mediatisierung zu Beginn des 19. Jahrhunderts 32 verschiedene, zum Teil noch aus dem 15. Jahrhundert stammende Forstordnungen in Kraft.[101] Erst nach der Revolution von 1848, die die Vorrechte des Adels beseitigte, nach dem Abschluss der Bauernbefreiung und nach der Neuordnung des Bodeneigentums, entstand 1852 ein Forstgesetz[102], das für das gesamte rechtsrheinische Bayern galt. Es atmete ganz den Geist des Liberalismus und vertrat – im Gegensatz zu den alten, dirigistischen Forstordnungen – den Grundsatz der freien Bewirtschaftung des Waldes. Aus heutiger Sicht bestand sein Mangel vor allem darin, dass es die Erhaltung der Waldfläche nicht sicherte. Zwar bedurfte die Rodung zugunsten einer anderen Nutzungsart der Erlaubnis, diese durfte aber im Regelfall nur versagt werden, wenn „die zu rodende Fläche sich für eine volkswirtschaftlich höherwertige Nutzung nicht eignete".[103] Da diese Voraussetzung kaum irgendwo gegeben war, förderte das Gesetz die Rodungen für die Gewinnung von Bauland und Ackerflächen. Die Landnutzung blieb dem freien Spiel der Kräfte überlassen, so dass „ die weniger rentierliche Nutzung also der Gewinn bringenderen zu weichen hat".[104]

Die Bestimmungen des Forstgesetzes von 1852 galten mehr als 120 Jahre lang; sie wurden erst durch das Forstgesetz von 1975 abgelöst. Das Forstgesetz von 1965 stellte nämlich nur eine Neufassung jenes Teils des Forstgesetzes von 1852 dar, der nach der Herauslösung der Rechtsgebiete Forstrechte und Forststrafrecht übrig geblieben war. Entscheidende Änderungen enthielt dieses Gesetz nicht.[105]

Vor allem nach dem Zweiten Weltkrieg änderte sich die Bedeutung des Waldes für Umwelt und Gesellschaft entscheidend. Hoher Flächenverbrauch und zunehmende Erholungsnutzung stellten neue Herausforderungen dar. Um die Mitte der 1960er Jahre sollten beinahe gleichzeitig der Hofoldinger Forst dem Münchener Großflughafen, der Ebersberger Forst einem Protonenbeschleuniger und der Perlacher Forst nach und nach der Wohnbebauung weichen. Die regionalen Gegner dieser Vorhaben schlossen sich zu einer Bewegung unter dem Dach der Schutzgemeinschaft Deutscher Wald zusammen. Diese verstand es, das Interesse zahlreicher auch nicht unmittelbar Betroffener zu wecken und vor allem die Unterstützung der städtischen Bevölkerung zu mobilisieren. Die Erhaltung des Waldes wurde mit Hilfe der Presse rasch zu einem öffentlichen Anliegen. Die politisch Verantwortlichen erkannten, dass diesem Wandel in der Wertschätzung des Waldes durch ein zeitgerechtes Forstgesetz Rechnung getragen werden müsse.[106]

Der Bayerische Landtag verabschiedete deshalb am 24. September 1974 mit großer Mehrheit ein, von Staatsminister Hans Eisenmann geprägtes, moderneres Waldgesetz für Bayern (BayWaldG).[107] Da die außerwirtschaftlichen Funktionen der Wälder entscheidende Bedeutung gewonnen hatten, wurde der Wald nicht mehr in erster Linie als Wirtschaftsobjekt betrachtet. Zentrales Anliegen des Gesetzes war vielmehr eine gesellschaftsorientierte Forstpolitik mit dem Ziel die vielfältigen Funktionen des Waldes auf Dauer zu sichern, die Wälder zu erhalten, sie nachhaltig zu bewirtschaften und der modernen Gesellschaft die unverzichtbaren Leistungen des Waldes zu bieten, die von ihr in hohem

Dr. Hans Eisenmann war Staatsminister für Ernährung, Landwirtschaft und Forsten von 1969-1987. Mit dem Waldgesetz für Bayern richtete er den Umgang mit dem Wald gesellschaftspolitisch neu aus.

Maße beansprucht werden. Damit sind forstpolitisch neue Wege beschritten worden.

Da der Wald aber gleichzeitig auch Grundlage der Existenz für die Waldbesitzer ist, war es ein entschiedenes Anliegen des Forstgesetzes, einen angemessenen Ausgleich zwischen den oft unterschiedlichen Interessen der Waldbesitzer und denen der Allgemeinheit zu finden. Das Waldgesetz verpflichtet die Waldbesitzer zu einer sachgerechten Bewirtschaftung ihrer Wälder.[108] Das schränkt das freie Verfügungsrecht ein, bringt aber Leistungen zugunsten der Gesellschaft. Zum ersten Mal wurden deshalb in einem bayerischen Forstgesetz Grundsätze über die Förderung des privaten und körperschaftlichen Waldes verankert und Entschädigungen bei Einschränkungen seiner Bewirtschaftung im Interesse der Allgemeinheit eingeführt.[109] Gesetzlich verankert wurden auch die geltende Forstorganisation (Einheitsforstamt) und die Aufgaben der Forstbehörden.

Ein wesentliches Anliegen bei der Gestaltung des neuen Waldgesetzes für Bayern war die Verankerung des Begriffes Bannwald. Es wurde festgelegt, dass „Wald, der auf Grund seiner Lage und seiner flächenmäßigen Ausdehnung vor allem in Verdichtungsräumen und waldarmen Bereichen unersetzlich ist und deshalb in seiner Flächensubstanz erhalten werden muss und welchem eine außergewöhnliche Bedeutung für das Klima, den Wasserhaushalt oder für die Luftreinigung zukommt", als Bannwald ausgewiesen wird.[110] Die Rodung des Bannwaldes bedarf der Genehmigung und ist nur zulässig, wenn direkt angrenzend eine Erstaufforstung gewährleistet ist, die hinsichtlich der Ausdehnung und Funktion dem zu rodenden Wald annähernd gleichwertig ist oder gleichwertig werden kann. Die Bewirtschaftung der Bannwälder wurde dagegen nicht eingeschränkt.[111]

Professor Victor Dieterich (1879-1971) entwickelte die Lehre von den vielfachen Funktionen des Waldes. Er gab der Forstwirtschaft, die bis dahin weitgehend auf die Holzerzeugung ausgerichtet war, ein Leitbild und eine neue Ausrichtung.

Der frühere Inhaber des Lehrstuhls für Forstpolitik an der Universität München, Viktor Dieterich, hat in den 1940er und 1950er Jahren die Lehre von den verschiedenen Funktionen des Waldes entwickelt.[112] Seine Waldfunktionslehre betont (neben der Wirtschaftsfunktion) die Schutz- und Erholungsfunktionen der Wälder. Jede Waldfläche erfüllt eine ganze Reihe derartiger Funktionen; deren Bedeutung ist aber nicht gleichrangig, sondern je nach den gegebenen Umständen von unterschiedlichem Gewicht. In Bayern dienen seit 1970 Waldfunktionspläne dazu, die einzelnen Funktionen des Waldes örtlich und regional zu erfassen, ihre Bedeutung im Hinblick auf die Bedürfnisse der Gesellschaft gegeneinander abzuwägen und die Waldbewirtschaftung darauf auszurichten. Das Waldgesetz (Art. 5) schafft die gesetzlichen Grundlagen für die Waldfunktionsplanung und verpflichtet die staatlichen Behörden und die Gebietskörperschaften, bei allen Planungen und Entscheidungen, die den Wald betreffen, die Funktionen des Waldes zu berücksichtigen (Art. 6 und 7). Es ermächtigt zudem die Staatsregierung, über Waldverzeichnisse und Waldinventuren die Wald- und Waldflächenentwicklung zu beobachten und im Bedarfsfall neu zu steuern (Art. 8).[113]

Wälder haben neben ihrer wirtschaftlichen und ökologischen Bedeutung auch einen hohen Wert für die Erholung und Gesundheit der Bevölkerung.

Ich bin der Wald, ich bin uralt,
Ich hege den Hirsch, ich hege das Reh,
Ich schütz euch vor Sturm. ich schütz euch vor Schnee,
Ich wehre dem Frost, ich wahre die Quelle,
Ich hüte die Scholle, bin immer zur Stelle,
Ich bau euch das Haus, ich heiz euch den Herd,
Darum, ihr Menschen, haltet mich wert!

Wandspruch aus dem 17. Jahrhundert an einem niedersächsischen Forsthaus.[114]

Wichtigstes Ziel des Waldgesetzes für Bayern ist die Erhaltung und nachhaltige Bewirtschaftung der Wälder und die dauerhafte Sicherung ihrer Funktionen auf ganzer Fläche. Eine wesentliche Grundlage dafür ist die Erforschung der natürlichen Entwicklung der Waldgesellschaften, um daraus Strategien für die naturnahe Forstwirtschaft und die Erhaltung der biologischen Vielfalt abzuleiten. Man hat deshalb in Bayern mehr als 160 Naturwaldreservate mit einer Fläche von rund 7000 Hektar eingerichtet, die alle vorkommenden natürlichen Waldgesellschaften und ihre Standorte repräsentieren. Dort läuft die natürliche Entwicklung ungestört ab; forstliche Eingriffe finden nicht statt. Die Einrichtung und die Aufgaben der Naturwaldreservate wurden in Art. 12 a des Bayerischen Waldgesetzes geregelt.[115]

Die Bayerische Staatsforstverwaltung wurde ab 1.7.2005 in ein mit der Bewirtschaftung des Staatswaldes beauftragtes Unternehmen (Körperschaft des öffentlichen Rechts) und eine mit den übrigen Aufgaben der bisherigen Staatsforstverwaltung betraute Verwaltung geteilt. Die gesetzlichen Grundlagen für diese entscheidende Reform hat der bayerische Landtag 2005 durch das Gesetz zur Änderung des Waldgesetzes für Bayern (BayWaldG)[116] und das Gesetz zur Errichtung des Unternehmens „Bayerische Staatsforsten" (Staatsforstengesetz)[117] geschaffen. Seither wird der Staatswald von 42 staatlichen Forstbetrieben bewirt-

Das Bayerische Waldgesetz BayWaldG von 2005 beschreibt in Art. 1 den Gesetzeszweck:

1. **Der Wald hat besondere Bedeutung für den Schutz von Klima, Wasser, Luft und Boden, Tieren und Pflanzen, für die Landschaft und den Naturhaushalt.**
2. **Er ist ein wesentlicher Teil der natürlichen Lebensgrundlage und hat landeskulturelle, wirtschaftliche, soziale sowie gesundheitliche Aufgaben zu erfüllen.**
3. **Der Wald ist deshalb nachhaltig zu bewirtschaften, um diese Leistungen für das Wohl der Allgemeinheit dauerhaft erbringen zu können.**

schaftet, 47 Ämter für Ernährung, Landwirtschaft und Forsten kümmern sich um hoheitliche Aufgaben und beraten und fördern private und kommunale Wälder. Die neuen Gesetze sind am 1.7.2005 in Kraft getreten. Die wesentlichen Vorschriften des Waldgesetzes von 1975 blieben unverändert.[118]

Zusammenfassung

Bis gegen Ende des 18. Jahrhunderts wurden die meisten Forstleute bei Lehrmeistern ausgebildet, wobei der Jagd weit größere Bedeutung beigemessen wurde, als dem Forstwesen („Hirschgerechte Jäger"). Der Wiederaufbau der in weiten Teilen übernutzten Wälder erforderte aber qualifiziertes Forstpersonal. Im Jahr 1790 richtete man deshalb in München eine Forstschule ein. Sie wurde 1803 nach Freising Weihenstephan verlegt, jedoch nach wenigen Jahren schon wieder aufgelöst. 1819 eröffnete man in Aschaffenburg die Königlich Bayerische Forstlehranstalt. Im Rahmen der Bemühungen des Staates, liberalen und nationalen Bestrebungen entgegen zu treten, wurde sie 1832 geschlossen. Man brauchte aber dringend eine forstliche Ausbildungsstätte. Deshalb wurde die Forstlehranstalt Aschaffenburg 1844 wieder eröffnet. Seit 1878 waren die ersten beiden Studienjahre in Aschaffenburg, die beiden folgenden an der Universität München abzuleisten. Ab 1909 fand der gesamte Unterricht für den höheren Dienst in München statt; die traditionsreiche Forstlehranstalt Aschaffenburg wurde geschlossen. Für die Revierförster hatte man seit 1888 acht sogenannte Waldbauschulen eingerichtet. 1931 gründete man mit der Forstschule Lohr am Main eine für alle bayerischen Revierförster zuständige Ausbildungsstätte. 1972 wurde an der Fachhochschule Freising-Weihenstephan für die Förster der Studiengang Forstingenieurwesen eröffnet und damit die Försterausbildung in Lohr beendet.

Durch die Einrichtung von Forstschulen und den Ausbau forstlicher Vorlesungen an den Universitäten gelang es, die allgemeine und fachliche Bildung des Forstpersonals wesentlich zu verbessern. Durch angemessene Verbindung von Wissenschaft und Praxis wurde die Fähigkeit zu systematischem, komplexem und langfristigem Denken vermittelt und damit die Grundlage für die nachhaltige Bewirtschaftung des Waldes geschaffen.

Nieder-und Mittelwaldungen waren viele Jahrhunderte lang die vorherrschende Wirtschaftsform in unseren Laubwaldgebieten. Im 19. Jahrhundert stieg der Bedarf an wertvollem Stammholz, zudem sollte das im Wald investierte Kapital möglichst hoch verzinst werden. Man schlug die Laubholzbestände ein und begründete eine völlig neue Bestockung, meist mit Fichte oder Kiefer. Nieder- und Mittelwaldwirtschaft sind Urformen nachhaltiger Nutzung. Sie sind eine kulturelle Leistung, weil in ihnen Regeln, Techniken und Handlungen integriert sind und in Traditionen weitergegeben werden. Mittelwaldwirtschaft ist anschauliche Nachhaltigkeit, weil die jetzige Generation auf genau derselben Fläche nutzen kann, wie die künftige, aber mit dem Oberholz sichtbar Ressourcen aufspart. Hochwald setzt dagegen einen zeitlichen Nutzungsverzicht von 100 Jahren und mehr voraus und verlangt dadurch auch mehr abstraktes Denken und langfristiges Planen.

Durch die Wald- und die Hutweide hat die Bevölkerung über Jahrhunderte Waldformen geschaffen, durch die sie ihre Ernährung bestmöglich sichern konnte. Schon im Mittelalter beweidete man die Wälder im Frühjahr mit Rindern, Schafen und Ziegen; im Herbst wurden Schweine auf die Flächen getrieben, um sie mit

Bucheckern und Eicheln zu mästen. Um Schäden zu vermeiden wurden Regeln für die Beweidung erlassen.

Die Rhön wurde trotz des hohen Bevölkerungsdrucks erst spät besiedelt, denn sie ist besonders unwirtlich für die Landwirtschaft. Wegen der Zunahme der Bevölkerung wurden schließlich auch Flächen in höheren Lagen urbar gemacht. Die Waldweide in der Umgebung der Dörfer führte zur Verlichtung der Wälder; das raue Klima und der Verbiss durch Vieh und Wild verhinderten die Verjüngung der Laubhölzer. Weil sich im ausgehenden Mittelalter das Klima verschlechterte und es zu Pestzügen kam, wurden zahlreiche Siedlungen aufgegeben. Der Wald konnte die von der Landwirtschaft aufgelassenen Flächen oft nicht zurückerobern: Wind, Frost, Weidevieh und Wild waren übermächtige Gegner. So entstanden die weiten offenen Flächen der hohen Rhön.

Die heutigen Kommunalwaldungen waren früher (von Ausnahmen abgesehen) Bestandteile der ländlichen Allmende. Weite Flurteile, auch viele Waldflächen, standen im Gemeinbesitz der Dorfbewohner und wurden gemeinsam genutzt. Unter dem Einfluss liberalistischer Zeitströmungen wurde im 18. und zu Beginn des 19. Jahrhunderts der gemeinschaftliche Waldbesitz aufgelöst. In großen Teilen Bayerns wurde der Allmendewald durch Teilung und Übereignung an die bisherigen Markgenossen zu Privatwald. In den heute gemeindewaldreichen Gebieten Bayerns leitete man den Allmendewald ungeteilt in das Eigentum der politischen Gemeinde über; er wurde damit Kommunalwald. Häufig waren die neu entstandenen Privat- und Gemeindewälder durch umfangreiche Nutzungsrechte zu Gunsten der ehemaligen Eigentümer belastet.

Lange konnten die Menschen den Wald unbeschränkt nutzen. Als die Bevölkerungszahl stark anstieg, wurde es notwendig, die Waldnutzung zu regeln. Erste Vorschriften darüber enthielt die Lex Baiuvariorum, die Sammlung des Volksrechts der Bajuvaren. Seit dem 11. und 12. Jahrhundert regelten die Weistümer als regionale Waldordnungen die bäuerliche Wirtschaft in den Allmenden. Im 15. und 16. Jahrhundert entwickelte sich das Recht der Landesherren, Forstordnungen zu erlassen. Es entstanden zahlreiche Vorschriften zur Verminderung des Holzverbrauchs, zur besseren Bewirtschaftung des Waldes und zur Förderung der herrschaftlichen Jagd. Sie wurden 1852 durch das erste, für ganz Bayern geltende Forstgesetz abgelöst, das mehr als 120 Jahre Bestand hatte. Mit dem Waldgesetz für Bayern von 1975 wurde eine gesellschaftsorientierte Forstpolitik eingeführt. Da die Schutz- und Erholungsfunktionen der Wälder inzwischen entscheidende Bedeutung gewonnen hatten, betrachtete man den Wald nicht mehr vorrangig als Wirtschaftsobjekt. Ziel des Gesetzes war es vielmehr, die zahlreichen Funktionen des Waldes zu sichern, die Wälder zu erhalten, sie nachhaltig zu bewirtschaften und der Gesellschaft die Leistungen des Waldes zu bieten, die von ihr beansprucht wurden. Deshalb enthielt das Gesetz auch die Bestimmungen zur Errichtung von Bannwald und zur Verpflichtung der Behörden, bei allen Planungen die Funktionen der Wälder zu berücksichtigen. Zudem schuf man im Waldgesetz die rechtlichen Grundlagen für die Förderung des Körperschafts- und Privatwaldes.

Im Jahr 2005 wurde die Bewirtschaftung des Staatswaldes und der Staatsjagden einer öffentlich-rechtlichen Körperschaft, den Bayerischen Staatsforsten, übertragen. Die übrigen Aufgaben der bisherigen Staatsforstverwaltung werden von den Ämtern für Ernährung, Landwirtschaft und Forsten übernommen. Forstdirektionen und Forstämter hob man auf.

2 Mittelfranken

Hier wurde die Forstwirtschaft erfunden

Der westliche und nördliche Teil Mittelfrankens gehört zum Keuperhügelland mit leichten Sanden, Lehmen und schweren Tonen. Es sind die Schichtstufen der Frankenhöhe und des südlichen Steigerwaldes. Früher haben Buchen- und Buchen-Eichenwälder die Landschaft geprägt, heute ist die Kiefer die vorherrschende Baumart, örtlich gemischt mit Eiche und Linde.

Die geschäftige Stadt Nürnberg hat wegen ihres hohen Holzbedarfs den sie umgebenden Reichswald stark genutzt. Der Wald wurde hier erstmals systematisch in Nutzungseinheiten eingeteilt und nach der Ernte durch Saat wiederbegründet. Wegen des schnellen Wachstums der Kiefer und des geringen Pflegeaufwandes, den sie erfordert, entstand so ein reiner Kiefernforst („Steckerleswald"), der heute weiträumig mit Eiche und Buche unterbaut ist. Auf den schweren Tonböden des Feuerletten setzten sich neben der Kiefer aber auch Tannen und Eichen durch.

Im Osten und Süden grenzt an das Keuperland die Frankenalb: Eine Landschaft mit typischen Karsterscheinungen. Über dem wasserdurchlässigen Kalkgestein liegen flachgründige Verwitterungsböden von Dolomit oder lehmige Albüberdeckung. Hier ist das Land der Buche, gemischt mit Eiche, Esche, Ahorn und Linde. Fichte und Kiefer, die einst auch hier in größerem Umfang eingebracht wurden, werden heute zu Mischbeständen umgebaut.

Ein vorherrschendes Flusssystem fehlt. Die Pegnitz entwässert nach Norden zu Main und Rhein, die Altmühl nach Süden zur Donau.

Dominierende Herrschaften waren die Markgrafschaft Ansbach und die Freie Reichsstadt Nürnberg, deren Territorium sich bis nach Hersbruck erstreckte. Auch die Reichsstädte Rothenburg ob der Tauber, Weißenburg, Dinkelsbühl und Bad Windsheim besaßen ansehnliche Hoheitsgebiete. Zu Beginn des 19. Jahrhunderts kamen diese Herrschaften an das Königreich Bayern und bildeten den Rezatkreis, später Mittelfranken.

Fläche	724 485 m^2
Waldfläche	239 723 m^2
Waldanteil	33,1 %
davon Laubholz	*36%*
davon Nadelholz	*64%*
Einwohner	1,74 Mio.
Waldfläche je Einwohner	1379 m^2

2.1 Nürnberg: Peter Stromer, der „Tannensäer"

Ein besonderer Ort, an dem bei der Wanderung durch die bayerische Forstgeschichte angehalten werden soll, ist der Nürnberger Reichswald. Dort ist nämlich der erste nachweislich von Menschenhand angelegte Wald entstanden. Er gilt als Geburtsstätte der Forstkultur. Man könnte auch sagen: Hier ist die Nachhaltigkeit erfunden worden. Natürlich gibt es den Begriff erst, seitdem Hans Carl von Carlowitz 1713 seine *Sylvicultura oeconomica* veröffentlicht hat. Aber die ersten Nachrichten vom langfristigen Denken und von der Idee der Zukunftsvorsorge in der Waldnutzung stammen aus dem mittelalterlichen Nürnberg. Vor allem wurden diese Gedanken hier erstmals in die Tat umgesetzt, und das schon im 14. Jahrhundert. Dieses Ereignis ist so bedeutend für die gesamte Forst- und Umweltgeschichte (nicht nur in Bayern, sondern weltweit), dass hier besonders darauf eingegangen werden soll.

Nürnberg ist im 13. und 14. Jahrhundert eine boomende Stadt. Sie liegt günstig an den Handelswegen: von Nord nach Süd zwischen Sachsen und Bayern, von West nach Ost auf der Straße zwischen den großen Städten am Rhein und der Stadt Prag, dem Brückenkopf für den Osthandel. Wegen des Handels ist Nürnberg neben Köln die bedeutendste Metropole des Reiches. Zahlreiche Handwerker aller Art sind in der Stadt tätig: Schmiede, Zimmerer, Steinmetze, Schreiner etc. Hier wird aber auch feines Kunsthandwerk gepflegt; man baut Musikinstrumente und entwickelt neue technische Geräte, wie den Globus und die Taschenuhr. Das blühende Gewerbe hat einen großen Energiebedarf. Dazu kommt der zunehmende Verbrauch der rasch wachsenden Bevölkerung an Bau- und Brennholz.[1]

Peter Stromer war Unternehmer und Erfinder. Er hat mit systematischen Versuchen die Saat von Nadelholz entwickelt. Es ist das erste dokumentierte waldbauliche Eingreifen und damit die Geburtsstunde der Forstwirtschaft.

Deshalb ist die Energieversorgung die Achillesferse der Frankenmetropole. Der Energiebedarf Nürnbergs ist schon im ausgehenden Mittelalter kaum zu decken; ein Umstand, der ganz entscheidend für die Erfindung gewesen sein dürfte, von der hier berichtet werden soll. Die Stadt liegt ja nicht an einem Fluss, von dessen Oberlauf bequem Holz hätte herbeigeführt werden können.[2] Preiswertes Holz, wie in den Städten an Main, Rhein und Donau, das dort auf dem Wasserweg zugeführt wurde, gibt es in Nürnberg nicht.[3] Die waldreichen Mittelgebirge sind weit entfernt und Holz auf dem Landweg über weite Strecken zu transportieren ist auf den damaligen Wegen schwierig und teuer. Eine Lösung der Energieprobleme von außen, durch Holzimporte, ist unter diesen Umständen nicht möglich; es musste ein Ausweg innerhalb des Einzugs- und Wirkungsbereichs Nürnbergs gefunden werden.

Die Wälder um Nürnberg sind um die Mitte des 14. Jahrhunderts kaum noch in der Lage, das für Wirtschaft und Bevölkerung nötige Holz zu liefern. Sie sind seit Jahren übernutzt und verlichtet. König Heinrich VII. und seine Reichsstadt bemühen sich zwar in der ersten Hälfte des 14. Jahrhunderts, der Holzverknappung durch strenge Vorschriften entgegenzuwirken. So soll eine Bannmeile sicherstellen, dass die besonders holzverzehrenden Gewerbe nicht die wertvollen Wälder in Stadtnähe verbrauchen, die für die direkte Versorgung der Bevölkerung besonders wichtig sind. Aber die Wirkung bleibt aus.[4]

Der Nürnberger Patrizier Peter Stromer erkannte, dass Energiemangel die Wirtschaftskraft der Stadt gefährdet. Die Wiederbestockung der Kahlflächen und die Nachzucht von Holz war der Schlüssel für die Prosperität der Stadt. Er experimentierte und fand eine zukunftsweisende Lösung in seinen „Tannensaaten". Damit war er den Traditionen und der Denkweise seiner Zeit weit voraus. Peter Stromer gehörte seit der Mitte des 14. Jahrhunderts zu den Besitzern des Handelshauses Stromer, einem gemischten Konzern für Fernhandel, Berg- und Hüttenwesen, der sich auch mit Bankgeschäften befasste. Die Firma betrieb außerdem Eisenhämmer an der Pegnitz, sowie Bergbau und Eisenhütten in der Oberpfalz und in den Karpaten. Das Handelshaus Stromer brauchte für seine vielfältigen Gewerbe große Mengen Holz und Holzkohle und war zeitweise der größte Holzkunde im Nürnberger Reichswald. Peter Stromer kannte die Energieprobleme also genau.

Die restriktiven Maßnahmen, mit denen die Reichsstadt versucht hatte, die Holzversorgung sicherzustellen, dürfte wohl der Anlass für Peter Stromers systematische Forstkulturversuche gewesen sein. Es war vermutlich auch sein unternehmerisches Interesse, das ihn einen Ausweg aus der Versorgungskrise suchen ließ. Nach genauer Naturbeobachtung und intensiver Vorbereitung gelang es Stromer 1368, eine erfolgreiche Technik der Waldsaat zu entwickeln, die er bis zu seinem Tod praktizierte. Dadurch rettete er die schnell expandierende Wirtschaft seiner Heimatstadt aus einer schweren Notlage. Er entdeckte bisher unbekannte biologische Zusammenhänge und entwickelte, darauf aufbauend, neue technische Verfahren. Zapfen zu sammeln, Samen zu ernten und zu lagern sowie anschließend das Saatgut in einen gepflügten Boden einzusäen, erscheint zunächst trivial. Aber das ist es selbst heute nicht: Das Saatgut ist in der Baumkrone schwer zugänglich, die Ernte muss zum rechten Zeitpunkt erfolgen, nachdem der Samen reif ist, aber noch nicht ausgesamt wurde. Am schwierigsten ist es aber, das wertvolle und sehr anfällige Saatgut keimfähig über

Zapfen werden zu unterschiedlichen Zeitpunkten reif; es ist schwer sie zu ernten und die Samen sachgerecht auszulösen. Hier Zapfen von Tanne, Lärche, Kiefer und Fichte (im Uhrzeigersinn, links unten beginnend).

Die systematische Einteilung in Schläge im Nürnberger Reichswald ist auf diesem Bild von 1516 gut zu erkennen.

den Winter zu bringen, denn es wird von Schimmel, Insektenfraß, Mäusen und Austrocknung bedroht. Diese praktischen Probleme sind nur durch ein forschend-systematisches Vorgehen zu lösen, das für das Mittelalter sehr ungewöhnlich ist. Auch STROMERS langfristiges Planen, der Wille, Ressourcen zu begründen, die erst Nachfolgegenerationen zu Gute kommen, ist für seine Zeit völlig neu.

Wichtigster Beleg für diese Leistung ist ein Hinweis von ULMAN STROMER aus dem letzten Jahrzehnt des 14. Jahrhunderts, der schreibt: *„Peter Stromeier, mein bruder pracht aus, daz man den walt und holtz seet, davon nu gross vil weld kumen sein."*

Das neue Verfahren PETER STROMERS, des „Tannensäers", verbreitet sich schnell. In Nürnberg bildet sich eine Tannensäer-Zunft, die mit großer ökologischer Fachkenntnis (Klima, Böden, Baumarten) Forstkulturen anlegt. Die Tannensäer sanieren europaweit devastierte Wälder, besonders in Gebieten mit Montanindustrie und in der Umgebung von Ballungszentren. Hauptbaumart ist dabei die Kiefer: robust, anspruchslos und in einem weiten ökologischen Rahmen einsetzbar. Es gibt auch Hinweise darauf, dass die Vorwaldbegründung mit Birken bereits unter STROMER begann. Da er Saatgut unterschiedlicher Koniferen verwendete, ist zu vermuten, dass er bereits Darrtechniken[6] anwandte.

PETER STROMER, das ist zu betonen, war nie Amtsträger einer Forstverwaltung des Reiches oder der Stadt. Sein Engagement entsprang den Bedürfnissen seines Handelshauses und seinem Charakter als dynamischer und innovativer Unternehmer. Er hat mit Vorsorge, Umsicht und Beharrlichkeit wichtige Grundlagen für die Erneuerung des Waldes erarbeitet und eine Basis für eine langfristig planende und nachhaltige Bewirtschaftung der Wälder gelegt.[7] Die Nürnberger Nadelwaldsaaten bedeuten einen außergewöhnlichen Fortschritt in der Technik der Urproduktion, der bis heute von Bedeutung für die Forstwirtschaft ist.[8] Deshalb kann PETER STROMER (und das wird bewusst wiederholt) als Begründer des forstlichen Nachhaltigkeitsgedankens gelten, wenngleich er das Wort noch nicht kannte.

Ein entscheidender Bestandteil der Nachhaltigkeit in der Forstwirtschaft ist die Erhaltung der Waldfläche. Kein Waldgebiet in Bayern wurde so sehr als Flächenreserve genutzt und abgenutzt, wie der Reichswald. Von den rund 30.000 Hektar, die Bayern im 19. Jahrhundert von der Freien Reichsstadt Nürnberg übernommen hatte, ging fast ein Drittel verloren: für Forstrechteablösungen, für Infrastruktur (vor allem Eisenbahn und Autobahn), für Stadterweiterung, für Siedlung und Gewerbe. Übrig geblieben ist ein halbmondförmiger Waldkörper von etwas mehr als 20.000 Hektar, vielfach von Verkehrsbändern durchschnitten, der sich im Norden und Osten an die Metropole anschmiegt. Seit 1979 ist der Reichswald Bannwald und damit in seiner Flächensubstanz geschützt.

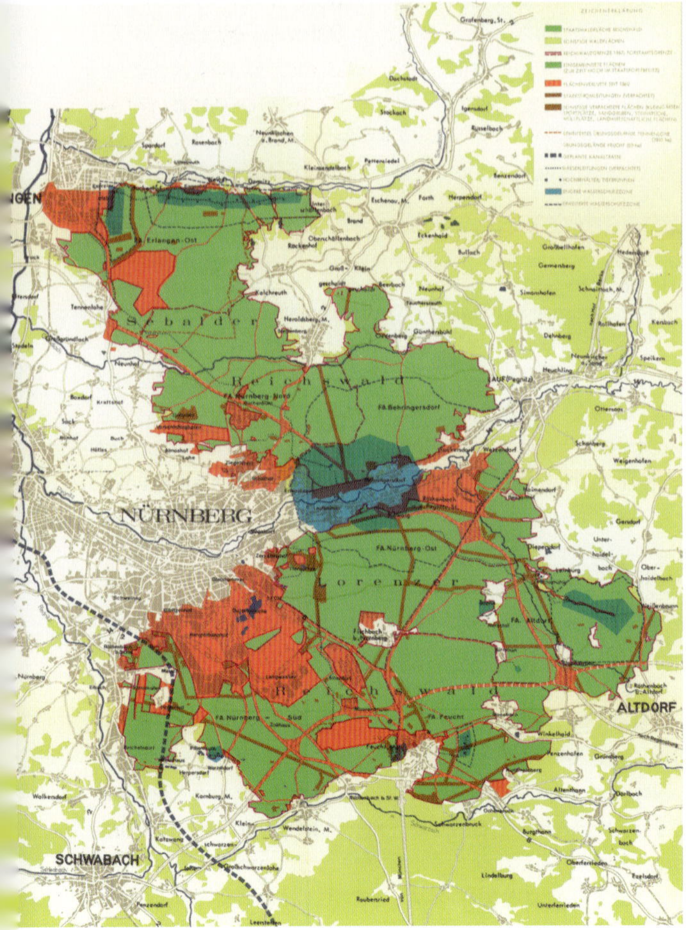

Die erheblichen Flächenverluste des Nürnberger Reichswaldes für Siedlung und Infrastruktur zeigt diese Karte von 1968, Sperber (1968).

Der Nürnberger Reichswald umfasste im 19. Jahrhundert ca. 30.000 Hektar. Die seitherigen wurden durch folgende Ereignisse verursacht:

1820-1900:	700 Hektar Forstrechteablösung
	600 Hektar Eisenbahnnetz
1905:	400 Hektar Rangierbahnhof
1920er J.:	1 000 Hektar Stadterweiterung (Beispiel Buchenbühl: Illegale Siedlung nach dem 1. Weltkrieg)
1935:	2 000 Hektar Reichsparteitagsgelände[9]
	300 Hektar Autobahn
	500 Hektar Truppenübungsplatz
1945–60:	1 500 Hektar Stadterweiterung (Kaufpreis zum Teil 2,85 DM je Quadratmeter)
1960-1970:	1 000 Hektar Stadterweiterung
	600 Hektar Rhein-Main-Donau-Kanal
1970er J.:	400 Hektar Verkehrswege
	400 Hektar Gewerbe
Seit 1979:	Bannwald[10]

Flächen zu erhalten und Holzvorräte in Wäldern aufzubauen ist der Kern nachhaltigen Denkens. Das erfordert, sich ressourcenschonend und ressourcenfördernd zu verhalten, um kommenden Generationen gleiche Chancen zu ermöglichen. Peter Stromer und seine Nachfolger als Tannensäer haben devastierte Flächen wieder in Bestockung gebracht, sie gepflegt und als wertvolles Gut weitergegeben. Das ist eine kulturelle Leistung, die bis heute das Selbstverständnis von Forstleuten und Waldbesitzern prägt.[11]

2.2 Stadtwald Weißenburg: Nachhaltigkeit

Im Jahr 1338 schenkte Kaiser Ludwig der Bayer der Stadt Weißenburg den größten Teil ihres heutigen Stadtwaldes. Die Stadt besitzt, nutzt und pflegt ihren Wald also seit fast sieben Jahrhunderten.[12] Er spiegelt die guten und die schlechten Zeiten, den Wandel der Stadt und ihrer Bürger. 1795 wurde der Wald erstmals beschrieben, 1812 vermessen und beplant. Seitdem ist die naturnahe und wirtschaftliche Entwicklung des Waldes durch regelmäßige Forsteinrichtungen sorgfältig dokumentiert. Um die Wende zum 19. Jahrhundert wird die Nieder- und Mittelwaldwirtschaft aufgegeben; die Bestände werden in Hochwald umgewandelt. Fichte und Kiefer breiten sich dabei aus; der Anteil der Laubhölzer nimmt ab. Der Holzvorrat schwankt, nimmt aber insgesamt stark zu; zu Beginn des 19. Jahrhunderts liefert der Stadtwald 45 Prozent der Gesamteinnahmen der Stadt. Der städtische Wald dient zunächst besonders der Holzversorgung, bildete dann eine wesentliche Einnahmequelle und leistet heute einen immer wichtigeren Beitrag zur Lebensqualität der Bevölkerung. Seit der Mitte des letzten Jahrhunderts bemüht man sich, den Laubholzanteil zu erhöhen, um den Wald ökologisch stabiler, vielfältiger, krisenfester und erholsamer zu machen. Der Stadtwald Weißenburg bietet damit auf beschränkter Fläche ein Bild der Waldentwicklung, wie sie sich ähnlich in den meisten Wäldern Bayerns vollzogen hat.[13]

Viele Wälder waren im 18. und zu Beginn des 19. Jahrhunderts durch den Holzbedarf der Industrie, des Gewerbes und der wachsenden Bevölkerung stark beansprucht; es kam zu Übernutzung und Raubbau. Die Sorge vor einem bevorstehenden Holzmangel zwang dazu, die Begrenztheit der Ressource Holz zu berück-

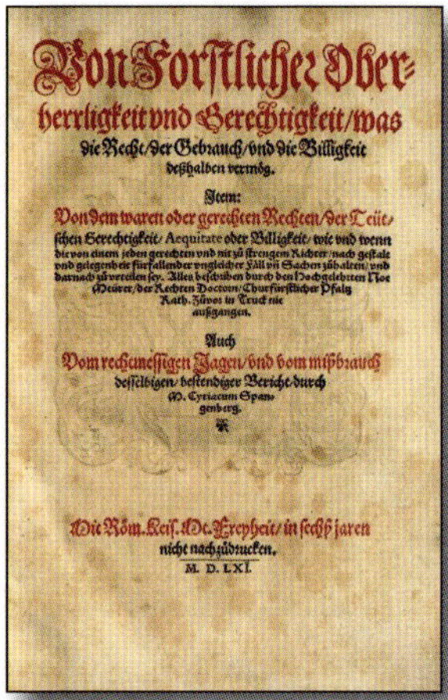

Die beiden Bücher „Von forstlicher Oberherrligkeit" (1560) und „Jag- und Forstrecht" (1576) sind die ersten deutschen Schriften, die sich allein mit Wald und Jagd befassen. Der Autor, der kurpfälzische Rat Noe Meurer, hatte zuvor Forstordnungen für die Oberpfalz und für die Rheinpfalz erarbeitet.

sichtigen. Man erkannte, dass im Wald das Produkt (Jahrring) mit dem Produktionsmittel (Stamm) identisch ist. Das bedeutet, Forstwirtschaft muss mit großen Holzvorräten (Biomassekapital) arbeiten, an das der neue Jahrring sich als „biologischer Zins" anlegen kann. Vereinfacht heißt das: Holz wächst eben nur an Holz. Also begann man das langsame Wachstum der Bäume und die notwendige Erhöhung der Holzvorräte in den Planungen zu berücksichtigen.[14] Bald war allen Experten klar: nur von geschlossenen, vorratsreichen Wäldern, die man viele Jahrzehnte wachsen ließ, konnte die Erzeugung ausreichender Holzmengen erwartet werden.

So wuchs in der Forstwirtschaft die Erkenntnis, dass die Ansprüche des Menschen an die Umwelt nur befriedigt werden können, wenn man bereit ist, die natürlichen Gesetzmäßigkeiten anzuerkennen und nach ihren Regeln zu wirtschaften. Es setzte sich deshalb der Grundsatz durch, die Wälder nur ihrer individuellen Wuchsleistung entsprechend, also *nachhaltig*, zu nutzen.[15] Das Prinzip, nur den Zuwachs abzuschöpfen und das Holzkapital zu erhalten, ist die Geburtsstunde der modernen Forstwirtschaft. Wirtschaftlichkeit (Effizienz), möglichst geringer Rohstoff- und Energieverbrauch (Suffizienz) und Zielvielfalt[16] sind seither Leitbilder der Forstwirtschaft.

Nachhaltigkeit ist nicht plötzlich entstanden; sie ist nicht entdeckt oder erfunden worden. Sie hat sich vielmehr als Vorsorgeprinzip in einem jahrhundertelangen Prozess langsam herausgeschält. Mit entstanden ist dabei ein Berufsstand, der sich besonders der Zukunftsvorsorge und der Bewirtschaftung ferner Ressourcen widmet: Die Forstleute.[17] Sie haben ein spezielles Wissen hervorgebracht und entwickeln es weiter. Die hohe Identifikation mit dem Objekt Wald und den Zielen in ferner Zukunft haben ein besonderes Berufsethos reifen lassen.[18]

Der Begriff der Nachhaltigkeit wurde erstmals von dem sächsischen Oberberghauptmann Hans Carl von Carlowitz (1645-1714) verwendet.[19] Sachsen drohte zu seiner Zeit eine massive Holznot, weil das Erzgebirge für den Bergbau fast ganz kahlgeschlagen worden war. Holz war aber für den Ausbau der Bergwerke (Tragholz), den Abbau des Eisenerzes (mittels Feuersetzens) und besonders für den Betrieb der Schmelzöfen (Holzkohle) unentbehrlich. Carlowitz versucht deshalb die Rohstoffbasis zu sichern und fasst seine Gedanken in dem 1713 erschienenen Werk *Sylvicultura oeconomica oder Haußwirthliche Nachricht und naturmäßige Anweisung zur Wilden Baum-Zucht* zusammen.[20] Darin kritisiert er das auf kurzfristigen Gewinn ausgerichtete Denken und fordert „eine continuierliche beständige und nachhaltende Nutzung". Der Ausdruck „Nachhaltigkeit", der heute als Sustainability weltweite Bedeutung gewonnen hat, kommt in seinem Buch nicht vor. Er hat aber eine „nachhaltende Nutzung" beschrieben und damit den Grundsatz der Nachhaltigkeit formuliert. Sein Werk enthält vor allem folgende Aussagen: Die Produktion des notwendigen Holzes und das Wohler-

Hans Carl von Carlowitz hat mit seinem Buch „Sylvicultura oeconomica, Anweisung zur wilden Baumzucht" die forstliche Nachhaltigkeit erstmals definiert.

gehen der Menschen in einem Staat sind von der Pflege des Waldes und vom aktiven und pfleglichen Umgang mit der Natur abhängig. CARLOWITZ empfiehlt, einen Holzvorrat in den Waldbeständen aufzubauen. Weil die Wälder ausgeplündert sind, muss die gegenwärtige Generation (1713) in die Wälder investieren, damit die Erträge den Nachkommen zu Gute kommen. Es soll also mehr gesät, als geerntet werden. Wir können von der Natur lernen; wir können (nach)helfen und ihre Kräfte gezielt zum Nutzen der Menschheit einsetzen. Wichtig ist CARLOWITZ auch, dass die Wälder nicht nur ein Schutz des Landes sind, sondern auch schön und wichtig für das Landschaftsbild. Denn sie sprechen die Sinne an und dienen der Erholung. Die Natur ist für CARLOWITZ ein großes Buch, in dem man die Größe des Schöpfers erkennen kann.[21]

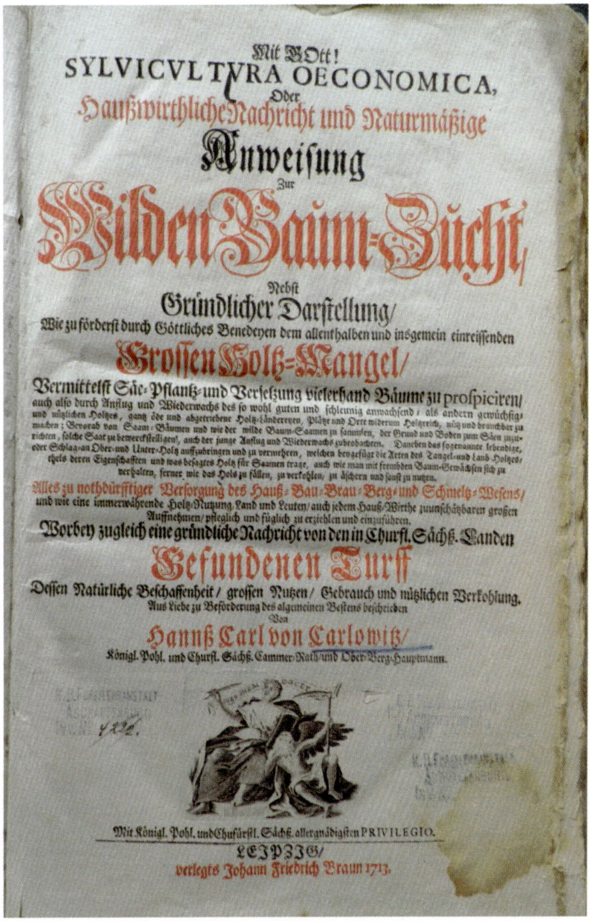

Mit GOtt!
SYLVICVLTVRA OECONOMICA,
Oder
Haußwirthliche Nachricht und Naturmäßige
Anweisung
Zur
Wilden Baum-Zucht,
Nebst
Gründlicher Darstellung/
Wie zuförderst durch Göttliches Benedeyen dem allenthalben und insgemein einreissenden
Grossen Holtz-Mangel/
Vermittelst Säe- Pflantz- und Versetzung vielerhand Bäume zu prospiciren/
auch also durch Anflug und Wiederwachs des so wohl guten und schleunig anwachsend / als andern gewüchsig und nützlichen Holtzes, gantz öde und abgetriebene Holtz-Ländereyen, Plätze und Orte widerum Holtzreich, nütz und brauchbar zu machen; Bevorab von Saam-Bäumen und wie der wilde Baum-Saamen zu sammlen, der Grund und Boden zum Säen zuzurichten, solche Saat zu bewerckstelligen, auch der junge Anflug und Wiederwachs zu beobachten. Daneben das sogenannte lebendige oder Schlag-an Ober- und Unter-Holtz auffzubringen und zu vermehren, welchen beygefügt die Arten des Tangel- und Laub-Holtzes, theils deren Eigenschafften und was besagtes Holtz für Saamen trage, auch wie man mit frembden Baum-Gewächsen sich zu verhalten, ferner wie das Holtz zu fällen, zu verkohlen, zu äschern und sonst zu nutzen.
Alles zu nothdürfftiger Versorgung des Hauß- Bau- Brau- Berg- und Schmeltz-Wesens/
und wie eine immerwährende Holtz-Nutzung, Land und Leuten/ auch jedem Hauß-Wirthe zu unschätzbaren grossen Auffnehmen/ pfleglich und füglich zu erziehlen und einzuführen.
Worbey zugleich eine gründliche Nachricht von den in Churfl. Sächß. Landen
Gefundenen Turff
Dessen Natürliche Beschaffenheit/ grossen Nutzen/ Gebrauch und nützlichen Verkohlung.
Aus Liebe zu Beförderung des algemeinen Bestens beschrieben
Von
Hannß Carl von Carlowitz/
Königl. Pohl. und Churfl. Sächß. Cammer-Rath und Ober-Berg-Hauptmann.

Mit Königl. Pohl. und Chufürstl. Sächß. allergnädigsten PRIVILEGIO.
LEIPZIG/
verlegts Johann Friedrich Braun 1713.

Der Titel des Buches ist gleichzeitig das Programm: „Anweisung zur wilden Baumzucht". Carlowitz hat damit vor 300 Jahren einen wichtigen Grundstein für die Forstwissenschaft gelegt.

Das Bemühen um Nachhaltigkeit beschränkte sich zunächst weitgehend auf die Holzerzeugung und die damit verbundenen Einnahmen. CARLOWITZ hatte aber schon zu Beginn des 18. Jahrhunderts auf die ethische und ästhetische Bedeutung der Wälder, auf ihre Wohlfahrtswirkungen und auf ihren Einfluss auf das Landschaftsbild hingewiesen. Mit erstaunlichem Weitblick hat er damit bereits vor 300 Jahren das heute weltweit diskutierte Leitbild der Nachhaltigkeit entwickelt: Den angemessenen Ausgleich zwischen dem Schutz der natürlichen Umwelt, der sozialen Verantwortung und der wirtschaftlichen Leistungsfähigkeit.[22] Der Zustand der Wälder ist also auch Ausdruck und Maßstab für das ethische Verhalten einer Generation gegenüber den nachfolgenden Generationen.

Außer CARLOWITZ haben sich noch weitere verantwortungsbewusste Persönlichkeiten zum Teil schon sehr früh für die nachhaltige Nutzung von Wäldern eingesetzt. Eineinhalb Jahrhunderte vor CARLOWITZ lebte in der oberschwäbischen Reichsstadt Memmingen MICHAEL SCHWEGELIN. Er wurde 1540 zum „Hofmeister des Unteren Spitals" ernannt. Um den durch Raubbau und Waldweide vollkommen heruntergekommenen Waldbesitz zu sanieren, ließ er ihn vermessen und teilte ihn in Abteilungen ein. In jeder Abteilung legte er das Volumen des Mittelstammes fest und multiplizierte diesen

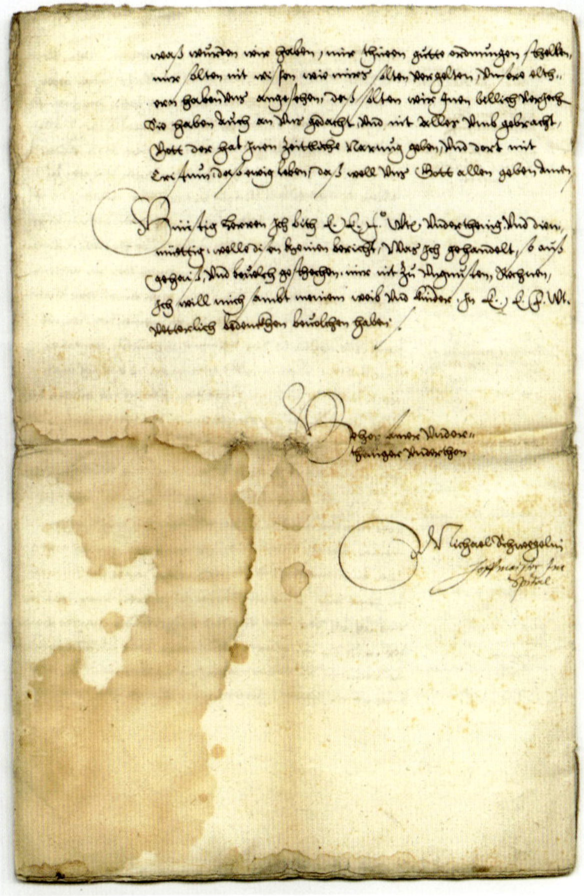

Michael Schwegelin entwickelte in Memmingen schon im 16. Jahrhundert ein System, mit dem er Nachhaltigkeit messbar machte. Hier ein Gutachten mit seiner Unterschrift von 1575, in dem es darum geht, die Wälder des Unteren Spitals in Memmingen wirtschaftlicher zu machen.

Wert mit der Zahl der Stämme in der Abteilung. Den so berechneten Holzvorrat teilte er durch 42 (die von ihm festgesetzte Umtriebszeit) und ermittelte so die Nutzungsmenge, die jährlich gehauen werden durfte. Da er den Zuwachs vernachlässigte, stieg der Vorrat mit der Zeit an. Wenn junge Anpflanzungen durch Weide geschädigt oder wenn zu viel Holz genutzt wurde, verhängte man drastische Strafen. So entwickelte sich der Wald des Unteren Spitals ab 1600 zu besonders wertvollen und vorratsreichen Beständen.[23]

Noe Meurer (zwischen 1525 und 1528 ebenfalls in Memmingen geboren, 1583 in Heidelberg gestorben)[24] ist der Ideengeber der deutschen Waldwirtschaft im 16. Jahrhundert. Er ist der erste Autor, der eigenständige Schriften zu Wald und Jagd (also nicht unter dem Oberthema Landwirtschaft) schrieb. Er bearbeitete Forstordnungen für die kurbayerische Oberpfalz (1565) und für die Rheinpfalz (1576). Am bekanntesten wurden seine Bücher „Von Forstlicher Oberherrligkeit und Gerechtigkeit" (1560) und „Jag- und Forstrecht" (1576). Bereits im ersten Werk von 1560 hatte er die wichtigsten forstwirtschaftlichen Regeln des 16. Jahrhunderts zusammengefasst. Er trat in seinem Buch gegen Waldweide auf und forderte schlagweise Nutzung, Naturverjüngung durch Überhälter und Randbesamung, sowie Laub- und Nadelholzsaaten. Es finden sich hier auch Nachrichten über Bestandspflege in Form von Durchforstungen. Meurer betont dabei ihren günstigen Einfluss auf den Zuwachs des verbleibenden Bestandes. Er verteidigt zwar das herrschaftliche Jagdrecht, kritisiert aber in scharfer Form die Auswüchse der Jagd, vor allem die Wildschäden im Wald und in der Landwirtschaft. In seinem Werk von 1576 behandelt Meurer dann neben der Saat auch die Pflanzung von Gehölzen. Er unterschied zwei Betriebsklassen für Waldbestände, nämlich Bau- und Brennholz, für deren Ausscheidung er Bestockungs- und Standortsverhältnisse heranzieht. Da er den Schriftwechsel des Kurfürsten mit der Reichsstadt Nürnberg über die Saat von Nadelholz kannte, hat er die Nürnberger Erfahrungen, ein damals noch recht exklusives Wissen, zum Teil wörtlich in die

Forstordnungen und in seine Bücher übernommen. Meurer wurde auch deshalb zum bedeutendsten forstlichen Autor des 16. Jahrhunderts, weil er das zu seiner Zeit noch relativ neue Medium des gedruckten Buches nutzte. Zudem schrieb er seine Werke in deutscher Sprache und förderte dadurch die Verbreitung von Waldwissen ganz erheblich. Sein Verdienst liegt darin, dass er die forstlichen Kenntnisse seiner Zeit in „kunstgerechter Weise"[25] zusammenfasste und an die Praktiker vermittelte.

Lange war die Lieferung möglichst großer Holzmengen das wichtigste Ziel der Waldbewirtschaftung. Heute werden die Aufgaben des Waldes weit umfassender und differenzierter gesehen. Aus wirtschaftlichen und technischen Gründen und mit Rücksicht auf den Klimaschutz[26] ist es wichtig, den umweltfreundlichen Rohstoff Holz regional zu erzeugen und zu nutzen.[27] Das nachwachsende Holz stellt zudem einen hohen Vermögenswert dar. Dem Waldbesitzer bietet es Einkommen, finanziellen Rückhalt und soziale Sicherheit. Zahlreiche Menschen (Waldbesitzer und Waldarbeiter) verdanken ihr Arbeitseinkommen dem Wald. Das Cluster Forst und Holz[28] bietet die zweithöchste Zahl an Arbeitsplätzen in Bayern, noch vor dem Autobau und der Elektroindustrie. Beschäftigungspolitisch besonders wertvoll ist, dass diese Arbeitsplätze verteilt sind und vor allem im ländlichen Raum liegen. Das geerntete Holz bildet die unentbehrliche Rohstoffgrundlage für die Erzeugnisse einer hoch entwickelten holzbe- und -verarbeitenden Industrie – vom Papier, auf dem dieser Text geschrieben wurde, bis zum Stuhl, auf dem wir beim Lesen sitzen.

Die Leistungen des Waldes reichen aber weit über die Holzerzeugung hinaus. Wälder – die letzten großen, einigermaßen naturnahen Landökosysteme – sind hoch komplexe, sich selbst regulierende, lebende Organismen. Sie sind Lebensraum für zahllose Kleinlebewesen, Pflanzen und Tiere. Außerdem speichern und reinigen sie Wasser, entlasten die Luft von Schadstoffen, dämpfen Lärm, gleichen das regionale Klima aus und schützen vor Naturkatastrophen (z. B. Bodenerosion, Hochwasser und Lawinen). Wald prägt weithin das Landschaftsbild und ist Bestandteil unserer Kultur und unseres Heimatgefühls. Er ist zudem ein Landschaftsraum, in dem die Natur in ihrer Schönheit, Stille und Ursprünglichkeit erfahren werden kann. Der Wunsch nach unmittelbarem Naturerlebnis und das Bedürfnis nach Erholung im Wald haben mit der Verstädterung der Gesellschaft, mit wachsender Freizeit und mit steigender Mobilität zugenommen. Diese ökologischen, gesellschaftlichen und kulturellen Leistungen der Wälder stellen deshalb einen hohen Wert dar.[29]

Waldbewirtschaftung in Bayern ist heute darauf ausgerichtet, *alle* wirtschaftlichen, ökologischen und sozialen Funktionen des Waldes bestmöglich zur Wirkung zu bringen. Die Forstbetriebe – private wie öffentliche – können diese vielfältigen Ansprüche auf Dauer aber nur dann erfüllen, wenn ihre wirtschaftliche Grundlage gesichert ist. Holznutzung gefährdet die Erfüllung der Wohlfahrtswirkungen nicht.

Forstwirtschaft in Mitteleuropa produziert in Zeiträumen, die mehrere Menschengenerationen umfassen. Das ist ein großer Unterschied zu anderen Wirtschaftszweigen. Die extreme Langfristigkeit der biologischen Produktion führt dazu, dass waldbauliche Entscheidungen weit in die Zukunft reichende Auswirkungen haben. Das Holz, das wir heute ernten, stammt aus Wäldern, die unsere Vorfahren begründet haben; die Waldbestände, die wir heute anlegen, werden frühestens unsere Enkel nutzen. Es gilt also zu bedenken: Welche Umweltbedingungen werden dann herrschen, welchen Bedarf werden die Menschen dann haben?

Wir wissen es nicht und müssen trotzdem entscheiden.

Es ist Aufgabe der Waldbesitzer und Forstleute, Bestände aufzubauen, die möglichst viele Anforderungen erfüllen. Produktivität und Funktionenvielfalt der Wälder, die damit gefordert sind, können am wirksamsten durch eine möglichst naturnahe Bewirtschaftung gesichert werden. Negative Auswirkungen auf die biologische Vielfalt, Vitalität, Stabilität und Schönheit der Wälder werden dadurch am sichersten vermieden. Es hat sich zudem gezeigt, dass die Beachtung biologischer Zusammenhänge und die Nutzung natürlicher Prozesse nicht nur ökologisch sinnvoll, sondern in der Regel auch ökonomisch lohnend sind. Sie trägt nämlich entscheidend dazu bei, dass der Aufwand sinkt, die Erträge steigen und die Risiken vermindert werden. Standortgerechte, naturnahe, artenreiche, wohl strukturierte und zuwachskräftige Waldbestände sind deshalb heute das Ziel nachhaltiger Waldbewirtschaftung.

Die außerwirtschaftlichen Funktionen des Waldes haben an Bedeutung gewonnen,[30] denn in unserem dicht besiedelten Land, in dem Verkehr und Industrie die Umwelt und den Menschen selbst belasten, ist der Wald ökologische und mentale Ausgleichsfläche. So räumt das Forstgesetz für Bayern der Wirtschafts-, der Umwelt- und der Sozialfunktion der Wälder gleichen Wert ein.[31]

Im politischen, wirtschaftlichen und gesellschaftlichen Diskurs hat der Grundsatz der Nachhaltigkeit lange keine Rolle gespielt. Erst seit dem ausgehenden 20. Jahrhundert wird der schonende Umgang mit den natürlichen Ressourcen auch als politische Forderung gesehen. Grund dafür ist, damals wie heute, die Furcht vor einer Versorgungskrise. Vor 200 Jahren war die Sorge allerdings im Wesentlichen auf Energie (Holz) beschränkt, während sie sich gegenwärtig auch noch auf viele andere Ressourcen (z. B. mineralische Rohstoffe, Erdöl, Wasservorräte und Nahrungsmittel, Biodiversität) erstreckt. Zudem ging es damals um eher regionale Probleme, während es sich heute um eine globale Herausforderung handelt, der weit schwieriger zu begegnen ist.

Bereits der Bericht des Club of Rome („Die Grenzen des Wachstums") von 1972[32] hatte großes öffentliches Interesse erregt. Der Bericht der Weltkommission für Umwelt und Entwicklung der Vereinten Nationen (der sogenannten Brundtland-Kommission) von 1987 löste eine lebhafte öffentliche Debatte über die Entwicklungs- und Umweltpolitik aus. Hier wurde erstmals sustainable development – nachhaltige Entwicklung – als neues Leitbild der internationalen Zusammenarbeit gefordert.[33] Die Umweltkonferenz von Rio de Janeiro von 1992 hat sie dann international verbindlich zur Leitlinie für globales Handeln erklärt. So hat sich die Idee nachhaltigen Handelns durchgesetzt, der Grundsatz, dass die heute Lebenden nicht das Recht haben, auf Kosten der Menschen in anderen Gebieten der Erde und zu Lasten künftiger Generationen zu leben. Die Nachhaltigkeit hat sich damit von einem Prinzip der Forstwirtschaft zu einem Leitbild für das 21. Jahrhundert entwickelt!

2.3 Nürnberger Reichswald: Nebennutzungen

Der Nürnberger Reichswald ist eine große zusammenhängende Waldfläche in unmittelbarer Nähe der Frankenmetropole. Heute haben die Wälder um Nürnberg besondere Bedeutung für das Klima, den Wasserhaushalt und für die Erholung der städtischen Bevölkerung. Viele Jahrhunderte lang war es aber die materielle Nutzung des Waldes, die für weite Bevölkerungskreise überlebenswichtig war.

Holz war bis ins 19. Jahrhundert der entscheidende Bau- und Werkstoff und der wichtigste Energieträger. Der Wald bot den Menschen aber neben dem Holzbezug noch zahlreiche weitere Nutzungsmöglichkeiten (heute „Nebennutzungen" genannt). Sie waren zuweilen noch wichtiger als die Ernte von Holz.[34] Heute spielen die meisten Nebennutzungen keine wesentliche Rolle mehr, waren aber viele Jahrhunderte lang sehr bedeutsam, besonders für die Landwirtschaft.

Die *Waldweide mit Hornvieh und Pferden* war in großen Teilen Bayerns ein unentbehrlicher Bestandteil der bäuerlichen Wirtschaft, da die Feldflur zur Deckung des Futterbedarfes des Viehs oft nicht ausreichte. Durch die Umstellung der Landwirtschaft auf Fruchtwechselwirtschaft um 1800 wurde der Wald sogar verstärkt als Weidegebiet in Anspruch genommen, weil Weideflächen in der Feldflur entfielen. Die Brache stand nicht

Viele Familien hielten früher Ziegen. Wurden sie im Wald geweidet schädigte das vor allem die Jungpflanzen.

mehr zur Verfügung, der Anbau von Grünfutter, vorwiegend Klee, setzte sich nur langsam durch. Erst durch die Umstellung auf Stallfütterung wurde der Wald wieder von der Weidenutzung entlastet; allerdings stieg dann die Streunutzung an.

Die Weide belastete den Wald schwer. Die Wiederbestockung der Schlagflächen wurde durch das Vieh häufig auf längere Zeit verhindert, weil oft große Herden – Rinder und Pferde, aber auch Schafe und Ziegen – eingetrieben wurden.[35] Nachteilig war die Waldweide besonders dann, wenn das Vieh nicht von Hirten begleitet wurde. Waldeigentümer und Forstleute lasteten der Waldweide zudem den Rückgang der Wuchsleistung der Bestände, die mangelhafte Verjüngung der Laubhölzer, die Zunahme des Nadelholzes und die Entstehung unbestockter Flächen im Wald an. Sie hielten die Waldweide für eine der wesentlichsten Ursachen des drohenden Holzmangels. „Kuh und Roß, besonders aber Schaf und Ziege, fressen aber nicht nur die Baumfrüchte, sondern auch gleich die Bäume selbst."[36]

Anders sah man die *Schweinemast im Wald*, die „Dächel-" oder „Äckerichnutzung".[37] Weil die Schweine nur Eicheln, Bucheckern und wildes Obst fressen, nicht aber die jungen Bäumchen, wurde sie weniger kritisch beurteilt als die Waldweide. Die Schweinemast spielte jahrhundertelang eine wesentliche Rolle für die Ernährung der Bevölkerung: „Schweinefleisch ist wichtiger als Holz".[38] Das Eintreiben von Schweinen in den Wald, konnte aber auch eine Konkurrenz für die Forstwirtschaft sein. Die kurfürstlichen Forstbeamten wurden 1789 angewiesen, das für die Anlage von Kulturen erforderliche Saatgut zu sammeln, bevor die Schweine eingetrieben wurden.[39] Zu Beginn des 19. Jahrhunderts ging das Eintreiben von Schweinen in den Wald zurück. Grund dafür war die Umstellung der Landwirtschaft auf die Stallhaltung, die neue Mast mit Kartoffeln[40] und

Die Schweinemast im Wald mit Eicheln und Bucheckern war lange Zeit eine wichtige Grundlage der Landwirtschaft.

der Rückgang der masttragenden Laubbäume in den Wäldern, die von den damals „modernen" Forstkulturen mit hohen Nadelholzanteilen zunehmend verdrängt wurden.

Große Bedeutung für die Landwirtschaft hatte auch die *„Streunutzung"*, das Sammeln von herabgefallenem Laub und von Nadeln im Wald. Die Einführung der Fruchtwechselwirtschaft zu Beginn des 19. Jahrhunderts brachte eine Zunahme des Grünfutteranbaus, der die Stallhaltung des Viehs auch im Sommer ermöglichte. Dafür wurden größere Streumengen benötigt. Das führte zur intensiven Nutzung der Bodenstreu in den Wäldern. Man rechte im Herbst abgefallenes Laub zusammen und transportierte es in großen Mengen auf die Bauernhöfe. Die Streu wurde zur Bindung des Tierkots im Stall benötigt und dann als Dünger auf die Felder gefahren. In der Waldstreu sind Nährstoffe enthalten, deshalb wurde Laub- und Nadelstreu auch als zusätzlicher Dünger direkt auf die Felder ausgebracht; das ermöglichte eine intensivere Bewirtschaftung. Den dadurch entstehenden zusätzlichen Streubedarf deckte man aus dem Wald. Wegen der zunehmenden Verbreitung von Klee und Kartoffel ging der Getreideanbau zurück. So fehlte Stroh; noch ein Grund für die verstärkte Streunutzung im Wald.

Die Streunutzung führt zu Nährstoffentzug, so dass insbesondere die ärmeren Böden nachhaltig geschädigt werden. Wenn die Streu intensiv und in kurzen Abständen genutzt wird, mindert das den Holzzuwachs und die Verjüngungskraft des Waldes erheblich, besonders zu Lasten der Laubbaumarten. „Auf die Dauer kann kein Wald Streu und Holz liefern."[42] Durch den Einsatz von Mineraldünger und die zunehmende Verwendung von Stroh als Einstreu ging die Streunutzung zurück; nach dem Zweiten Weltkrieg wurde sie nach und nach aufgegeben.

In großem Umfang wurde die Harznutzung, meist *„Pecheln"* genannt, betrieben. Sie minderte den Zuwachs und schwächte die Vitalität der Bestände.[43]

Waldweide und Streurechen waren die am weitesten verbreiteten und am stärksten belastenden Wald-

Theodor Künkele berichtet 1928 über ein besonderes Argument der mittelfränkischen Bauern für die Streunutzung: „Die Streu beherbergt das Ungeziefer genauso wie ein dicker Pelz die Läuse"; man müsse „begreifen, wenn die Bauern schließlich selber im Staatswald dafür sorgen, dass mit dem Pelz der Streu auch das Ungeziefer aus dem Wald verschwindet."[41]

Streurechen ist schädlich für den Wald, weil es Nährstoffe entzieht.

nutzungen. Darüber hinaus wurde der Wald noch in vielfältiger Weise genutzt. Diese Nutzungsarten waren aber nur örtlich bedeutsam und von geringerem Einfluss auf den Waldzustand. Sie sollen aber hier dennoch kurz dargestellt werden, weil sie wichtige Mosaiksteine sind, um ein Bild von der umfassenden Bedeutung des Waldes in der Vergangenheit zu zeichnen.

Die Bienenzucht im Wald, die *„Zeydelweide"*, war weit verbreitet und stellte im Mittelalter eine wertvolle Waldnutzung dar.[44] Honig war bis ins 19. Jahrhundert der fast einzige Süßstoff; aber auch das Bienenwachs war hoch begehrt, in erster Linie zur Herstellung von Kerzen. Im Nürnberger Reichswald stand die Zeidlerei in hoher Blüte; er galt als „des Reiches Pingarten". Besonders viel Honig benötigte man für die Lebkuchenherstellung; es entstanden 92 Zeidelhöfe.[45]

Eine wichtige Rolle spielte auch die *Gewinnung von Gerbrinde*: im 18. Jahrhundert speziell Eichenrinde, später auch die Rinde der Fichte. Sie war notwendig, um Gerberlohe herzustellen, mit der Tierhäute zu Leder verarbeitet wurden.

Schädlich für den Wald war das *Dachsenstimmeln, auch Schneiteln genannt*. Gemeint ist damit das Abschlagen oder Absägen von grünen Ästen von Laub- und Nadelbäumen zur Gewinnung von Futter oder Streu für das Vieh. Die Burschen kletterten dazu in die Baumkronen und schlugen Äste ab. Dadurch wurden Pilzeintrittspforten geschaffen und der Holzzuwachs vermindert. Die verstümmelten Kronen konnten nur noch schmale Jahrringe bilden.

Auch das *Gras* im Wald wurde genutzt und als Viehfutter verwendet. Das in zeitgenössischen Unterlagen immer wieder auftauchende Verbot des Grasens zeigt, dass es eine wichtige Rolle spielte.

Das *Klaub- und Leseholzsammeln* wurde in den meisten Waldungen den armen Untertanen unentgeltlich gestattet. Allerdings forderte man einen Leseholzschein und beschränkte die Zeiten, in denen man das Holzsammeln erlaubte. Die Verwendung einer „Axt oder Hacke" war bei schwerer Strafe verboten.[46]

Gegen Ende des 18. Jahrhunderts begann man in großem Umfang *Torf* abzubauen. Schon CARLOWITZ hatte ihn als Ersatzbrennstoff bei Holzmangel empfohlen. *Bucheckern* wurden nicht nur für die Schweinemast geschätzt, sondern auch zur Ölgewinnung gesammelt. *Lindenbast* aus dem Wald diente zur Herstellung von Seilen und Matten; später wurde er durch Hanf, Sisal und Kunststoffe ersetzt.

Der *Waldfeldbau* war eine landwirtschaftliche Zwischennutzung, die dazu diente, die schmale Nahrungsbasis der Menschen zu verbessern. Schon im Mittelalter waren die guten Böden für die Landwirtschaft gerodet worden; nur auf den schlechten verblieb Wald. Wurde die Nahrungsbasis wegen Bevölkerungsanstieg, Hungersnöten oder Missernten eng, versuchte man notgedrungen auch aus dem Wald möglichst viel Nahrung herauszuholen. Nach dem Hieb der Bäume lockerte man den Boden zwischen den Stöcken auf und säte Getreide aus, meist Hafer. Nach kurzer Zeit war die

Wuchskraft des Bodens für die Landwirtschaft erschöpft, aber auch für die nachfolgende Waldgeneration erheblich gemindert. Kiefernkrüppelbestände in Teilen der Oberpfalz zeigten noch in den 1950er Jahren, wie der Boden durch diese Mehrfachnutzung damals ausgelaugt und überlastet wurde.[47]

Die Menschen früherer Jahrhunderte bezogen aber noch andere Güter aus dem Wald, die unseren heutigen Vorstellungen recht fern liegen. So regelt die Forstordnung für die Oberpfalz vom Jahr 1600 u. a. die *Ernte von Misteln* und das *Ausnehmen von Vogeleiern und Jungvögeln.* Auch *Birken- und Ahornsaft* wurde in manchen Gegenden gewonnen.[48] Aus dem 18. Jahrhundert wird zudem über *Farbe aus Erlenzapfen, Konservierungsmittel aus Birkenasche*[49] und verschiedene *Heilmittel aus Walderzeugnissen*[50] berichtet.

Die meisten Berechtigungen zur Waldnutzung waren ursprünglich durch den Grundherrn freiwillig eingeräumte Vergünstigungen. Für den an der Erschließung seines Gebietes interessierten Grundbesitzer war die Gewährung von Nutzungen an seinem Wald das wirksamste Angebot, um Kolonisten anzuwerben. Landes- und Grundherren gestatteten den Bewohnern nahe gelegener Siedlungen deshalb oft, Holz und andere Güter aus ihren Waldungen gegen bescheidenes Entgelt zu holen. Sie sicherten sich damit die Abnahme von Waldprodukten und gleichzeitig bestimmte jährliche Einnahmen aus dem Wald. Zuweilen wurden auch Forstnutzungsrechte ohne finanzielle Gegenleistung gewährt, um die Besiedlung von Waldgebieten (z. B. des oberbayerischen Gebirges) oder die Ansiedlung von Handwerk und Industrie (z. B. von Eisenwerken in der Oberpfalz und von Glashütten im Bayerischen Wald) zu fördern. So erhöhten die Landesherren die Zahl ihrer Untertanen und bauten die Wirtschaftskraft ihres Staates aus.

Im Lauf der Zeit gewannen die „aus Gnaden" gewährten Bezüge formalen Rechtscharakter und wurden zu verbrieften Forstrechten. Sie dehnten sich durch Bevölkerungsanstieg und zuweilen auch durch missbräuchliche Ausübung so weit aus, dass sich der Waldzustand verschlechterte, die Holzversorgung gefährdet war und die Einnahmen der Waldbesitzer zurück gingen. Damit wuchs in später Zeit das Bestreben, insbesondere des Landesherrn, die Entstehung neuer Nutzungsrechte zu verhindern und bestehende Rechte einzuschränken oder aufzuheben. Wesentliche Möglichkeiten dazu sah man in der Regelung der Rechtsausübung und einer strengen Forstaufsicht. Bereits seit dem Ende des 18. Jahrhunderts bemühte man sich, Forstrechte abzulösen; in Geld, aber auch durch die Abtretung von Land.

Auch in vorindustrieller Zeit war der Energiebedarf der Gewerbe enorm. Holz wurde in großen Mengen benötigt. Hier wird Kalk vor der Residenzstadt München gebrannt, der zum Bauen notwendig war.

2.4 Rechtlerwald Welbhausen: Allmende – Grenzbildung – Absteinung

Die mittelalterlichen Dorfgemeinschaften lebten und arbeiteten viel enger zusammen, als dies heute vorstellbar ist, denn sie waren arbeitsteilige Überlebensgemeinschaften. Neben relativ kleinen Flächen, die von einzelnen Bürgern genutzt wurden (z. B. als Garten oder Ackerland), gab es weite Bereiche an Wiesen, Feldern und Wald, die im Gemeinbesitz standen, die sog. Allmende. Ein Beispiel für die Probleme, die sich aus dem gemeinschaftlichen Waldbesitz ergaben, bietet heute noch der Rechtlerwald Welbhausen bei Uffenheim.[51] Er umfasst 215 Hektar, von denen etwa 170 Hektar in traditioneller Weise als Mittelwald bewirtschaftet werden. Die 68 Rechtler nutzen den Wald in 30jährigem Umtrieb, also mit einer jährlichen Hiebsfläche von rund 6 Hektar. Die Fläche soll auch künftig als Mittelwald erhalten werden. Die Bemühung, alle Rechtler gleich zu behandeln, führt zu einem komplizierten Verfahren bei der Verteilung der zur Nutzung vorgesehenen Lose und zum intensiven Befahren der empfindlichen Böden.[52] Die Probleme müssen noch weit größer gewesen sein, als die Bewohner mehrerer Dörfer die gleiche Waldfläche nutzten.

Mit dem gewaltigen Bevölkerungsanstieg im Hochmittelalter – Verdreifachung von ca. 4 Millionen Menschen auf 12 Millionen zwischen den Jahren 1 000 und 1 300, auf einem Gebiet, das etwa der Bundesrepublik entspricht – mussten immer wieder Waldflächen gerodet werden, um neue Ackerflächen zur Sicherung der Ernährung zu schaffen. Gleichzeitig war aber aus dem kleiner gewordenen Wald auch der gewachsene Bedarf an Bau- und Brennholz für die größer gewordene Gemeinschaft zu decken. Holz war zum Leben unentbehrlich, und die bisher unerschöpflich erscheinende Ressource Wald wurde deshalb im Mittelalter zum knappen Gut. Manche Waldgebiete wurden von den Bewohnern mehrerer Dörfer als Gemeingut genutzt. Später, als die Besiedlung dichter und die Ressourcen knapper wurden, bemühte man sich, die Mitnutzung durch Ortsfremde zu verhindern. Zunächst entstanden unscharfe Grenzsäume, dann legte man Grenzlinien fest, die durch Zeichen an Bäumen markiert wurden; später steinte man die Grenzen ab. Daraus entwickelten sich schon im ausgehenden Mittelalter zahlreiche Grenzstreitigkeiten, die von den Eigentümern geführt wurden, um die Ressourcen der Dorfgemeinschaft zu sichern. Die Grenzprozesse wurden – meist mit zahlreichen Zeugen, emotionalen Schriftsätzen und heiligen Eiden – bis vor das Reichskammergericht oder den

Grenzsteine scheiden Eigentum; manche zeigen aber Hoheitsgebiet an, wie dieser Stein des Königreiches Bayern.

Reichshofrat getragen. Das Hauptstaatsarchiv München bietet eine Fülle von Aufzeichnungen über derartige Auseinandersetzungen.

Eine eindringliche Art der Ressourcensicherung bestand darin, Kinder auf Grenzbegehungen mitzunehmen und sie bei der Neusetzung von Steinen entweder mit dem Steiß hart auf den Stein zu stoßen oder sie am Ohr zu fassen und dreimal um den neuen Grenzstein herum zu zerren. Sinn dieser brutalen Maßnahme war es, diese Steinsetzung in die Kinderköpfe einzuprägen. So sollte Wissen über den Grenzverlauf für eine möglichst lange Zeit gespeichert werden, damit die Ressource Wald für die Gemeinschaft auf Dauer gesichert sei. In einer weitgehend schriftlosen Welt sollten sich die Kinder an den Grenzverlauf erinnern, wenn sie später bei Grenzstreitigkeiten als Zeugen aufgerufen wurden. Dass man sich unter den hier beschriebenen Bedingungen besonders „gut" an derartige Erlebnisse erinnert, hat inzwischen auch die moderne Hirnforschung bestätigt.

2.5 Tennenlohe: Waldpädagogik

Waldpädagogik ist qualifizierte waldbezogene Umweltbildung. Sie ist nach dem Waldgesetz für Bayern Dienstaufgabe der Forstbehörden.[53] Ihr Ziel ist es, den Menschen ein Bild vom Wald als Ökosystem, von den vielfältigen Schutz- und Erholungswirkungen des Waldes und von der nachhaltigen Forstwirtschaft zu vermitteln.

Um die forstliche Umweltbildung anschaulich zu vermitteln, hat die Bayerische Forstverwaltung Walderlebniszentren eingerichtet. Eines der ältesten ist das Walderlebniszentrum Tennenlohe im Ballungsraum Nürnberg-Fürth-Erlangen.[54] Dort werden Führungen und Schulungen angeboten, im Wald und in Seminarräumen. Ergänzt wird das Bildungsprogramm von einem Naturerlebnispfad, einem Waldlabyrinth und einem forsthistorischen Lehrpfad. Alljährlich vermittelt dieses Bildungszentrum mehr als 30 000 Besuchern ein intensives Walderlebnis.[55]

Als die Mehrzahl der Menschen noch auf dem Land aufgewachsen ist, haben sie die Natur im Alltag nutzen und kennen gelernt. Heute leben schon fast drei Viertel der bayerischen Bürgerinnen und Bürger in Städten oder ihrer näheren Umgebung. Ihre Bindung an die natürliche Umwelt und ihr Wissen über den Wald und dessen Bedeutung für Mensch und Tier sind begrenzt. Drittklässler, die Kühe für lila halten oder neben 16 Automarken nur zwei Baumarten kennen, sind ein sehr deutlicher Ausdruck für dieses Bildungsdefizit.[56] Forstliche Umweltbildung will bei jungen Menschen die Beziehung zu Wald und Natur fördern. Waldpädagogik ist Lehren und Lernen über den Wald; sie vermittelt Kenntnisse über nachhaltige Waldnutzung und weckt damit Verständnis für den rechten Umgang mit den begrenzten Ressourcen unserer Welt.[57] Die Nachhaltigkeit als Schwerpunkt der Waldpädagogik kann dadurch zur Richtlinie für das eigene Leben werden.[58]

Forstliche Umweltbildung soll Freude am Wald wecken und die Informationen auf spielerische Weise vermitteln. Der Wald soll Lernort sein und auch Raum für körperliche Aktivitäten und selbstentdeckendes Lernen bieten. So entstehen emotionale Erfahrungen, die ein Gegengewicht zur technisierten, naturfernen Alltagswelt bilden.[59] Forstliche Bildungsarbeit soll anregen, darüber nach zu denken, wovon und wofür wir leben.

Mangelhaftes Wissen über Wald und Umwelt führt leicht zu der Ansicht, dass Einwirkungen des Menschen auf den Wald immer schädlich seien.[60] Für viele ist der

Das Walderlebniszentrum Tennenlohe bietet Führungen für Kinder und Erwachsene.

Wald Inbegriff verletzlicher Natur, die man am besten in Ruhe lässt. Der Wald ist aus dieser Perspektive nur für die Erholung da – Forstwirtschaft, die mit kreischenden Motorsägen Bäume zerschneidet und aus Sicherheitsgründen Wege sperrt, stört dieses ökologische verengte und schwarz-weiß-machende Wald- und Weltbild.[61]

Deshalb kommt es sehr darauf an, möglichst praxisnah zu vermitteln, was nachhaltiges Handeln im Wald bedeutet. Die Waldpädagogik möchte Bürger zu Freunden des Waldes machen, aber auch Verständnis für dessen nachhaltige Bewirtschaftung vermitteln. Wer als Kind sieht, wie Wald verantwortungsvoll genutzt wird, kann als Erwachsener angemessener abwägen und entscheiden, wenn er im Spannungsfeld wirtschaftlicher, ökologischer und sozialer Interessen Position beziehen muss.[62] Bei der forstlichen Bildungsarbeit mit Kindern und Jugendlichen (gestützt auf Waldkindergärten, Schulklassenführungen, Ferienprogramme und Jugendwaldheime) werden deshalb die Grundlagen dafür gelegt, dass sie als Erwachsene Verständnis für die multifunktionale, nachhaltige Waldnutzung haben und diese mittragen.[63] Denn eine um die Funktionen des Waldes wissende Gesellschaft ist umso eher bereit, sich für den Wald einzusetzen.[64]

Die Umweltkonferenz von Rio de Janeiro von 1992 hat unter dem Begriff „Bildung für nachhaltige Entwicklung" (BNE) eine umfassende Bildungsoffensive in Gang gesetzt.[65] Sie hat den Auftrag erteilt, das Leitbild der Nachhaltigkeit in allen Bereichen der Bildung zu vertreten und zu verankern. Dadurch sind der Waldpädagogik in den letzten Jahrzehnten wichtige zusätzliche Aufgaben erwachsen. Von der klassischen Lehre über den Wald und seine Funktionen hat sie sich zu einem umfassenden Bildungsangebot für nachhaltige Entwicklung gewandelt.

Trotz des Bemühens, weltweites Problembewusstsein zu fördern, darf die Aufgabe der Waldpädagogik, kulturelles Erbe zu vermitteln, nicht übersehen werden. Die Geschichte Bayerns ist eng mit seinen Wäldern verknüpft. Der Wald hat viele Künstler in Literatur, bildender Kunst und Musik zu eindrucksvollen Werken animiert. Regionale Mundarten, Bräuche und Trachten dokumentieren Herkommen und Identität. Bodendenkmäler, Bildstöcke und alte Grenzzeichen sind wertvolle Zeugen der Geschichte. Auch hier können forstliche Bildungsangebote wichtige Verbindungen herstellen.[66] Es entsteht „Heimat", und die ist ein sicherer Standort, wenn es darum geht, Entscheidungen für die Zukunft zu treffen!

Um die hohe Qualität der forstlichen Bildungsarbeit zu sichern, wurde 1994 in Bayern der „Waldpädagogische Leitfaden" entwickelt. Er ist bisher in sieben Auflagen erschienen, hat im deutschen Raum mehr als 25.000 Abnehmer gefunden. Inzwischen ist er in neun Sprachen übersetzt. Zunächst als Arbeitshilfe für Förster gedacht, ist er inzwischen auch unter Umweltexperten und Pädagogen weit verbreitet. Für die inhaltliche Konzeption des Leitfadens und dessen laufende Aktualisierung ist eine Projektgruppe verantwortlich, die aus Vertretern der Bayerischen Forstverwaltung, der Bayerischen Staatsforsten, des Kultusministeriums, des Umweltministeriums und der Wissenschaft besteht. Ein „Umweltbildungskoffer"soll Waldpädagogen unterstützen, ihre Waldführungen erlebnisreich zu gestalten und die Teilnehmer aktiv einzubinden. Er enthält eine große Zahl praktischer Requisiten für Spiele und Demonstrationen im Wald.

2007 wurde das „Zertifikat Waldpädagogik" (ZWP) eingeführt, um den hohen Ansprüchen an die moderne forstliche Umweltbildung gerecht zu werden. Als Voraussetzung für seine Verleihung wurden im Jahr 2013 Kriterien festgelegt.[67] Man verlangt umfassende Kenntnisse über den Wald und die multifunktionale Forstwirtschaft. Zudem werden pädagogisch-didaktische Fähigkeiten gefordert. Künftige Waldpädagogen müssen eine abgeschlossene, berufsqualifizierende Ausbildung vorweisen, aber auch Leitungskompetenz und Empathiefähigkeit haben. Die Ausbildung, die von den Landesforstverwaltungen geleitet wird, umfasst Seminare und ein fachbezogenes Praktikum.

Engagierte Försterinnen und Förster betreuen alljährlich etwa 250.000 bis 300.000 Teilnehmer waldpädagogischer Veranstaltungen. Die Bayerische Forstverwaltung wird bei ihren Bemühungen um die Umweltbildung besonders intensiv von der Schutzgemeinschaft Deutscher Wald – Landesverband Bayern – unterstützt. Die SDW hilft bei Veranstaltungen, erstellt Unterrichtsmaterialien und hilft bei der Pressearbeit. Die wichtigsten Träger der Waldpädagogik sind die zehn Walderlebniszentren (WEZ) in Bayern.[68] Aber auch zahlreiche weitere Einrichtungen tragen zur Förderung der Waldpädagogik bei: Jugendwaldheime, Schulwälder, Waldkindergärten, Waldlehrpfade, Walderlebnispfade und Trimmpfade.

Alljährlich finden bayernweit Veranstaltungen zu waldnahen Schwerpunktthemen statt: Die „Woche des Waldes" lenkt in ganz Bayern mit verschiedenen Aktionen die Aufmerksamkeit auf ein Jahresmotto. 2015 war es Waldnaturschutz, 2014 Pilze im Wald und 2013 wurde der Blick auf 300 Jahre Nachhaltigkeit gelenkt. Der „Baum des Jahres", von einer Stiftung alljährlich ausgerufen,[69] soll den Wert der Bäume für die Gesellschaft herausheben. Zusammen mit der SDW veranstaltet die Landesanstalt für Wald- und Forstwirtschaft jedes Jahr dazu eine Tagung und gibt eine Publikation heraus.

Die ältesten und erfolgreichsten waldpädagogischen Veranstaltungen in Bayern sind die „Waldjugendspiele in Ostbayern". Sie wurden 1970 von Dr. Hans-Heinrich Vangerow (damals Leiter des Forstamtes Allersberg) begründet und werden seitdem von der Bayerischen Forstverwaltung und der Schutzgemeinschaft Deutscher Wald – Landesverband Bayern – gemeinsam organisiert. Nach der Versetzung Dr. Vangerows nach Regensburg finden sie als „Waldjugendspiele in Ostbayern" an durchschnittlich 15 Spielorten in dem weiten Raum zwischen Tirschenreuth, Regensburg, Landshut und Passau statt. Die teilnehmenden Schüler und Schülerinnen aus den dritten Grundschulklassen werden dabei auf einem ca. dreistündigen Waldspaziergang von einem Forstpaten oder einer Forstpatin begleitet, die den Kindern zahlreiche Informationen zu den Themen „Wald" und „naturnahe Forstwirtschaft" vermitteln. Die Forstpaten bereiten sie auch auf die Spiel- und Quizstationen vor, die entlang des Parcours aufgebaut sind. Dort ist neben Waldwissen vor allem auch Teamgeist, Beobachtungsgabe und Geschicklichkeit notwendig, um bei den Wettbewerben (Sterschlichten,[70] Turmbau, Zapfenzielwurf, Tiersuchtafeln u. ä.) erfolgreich zu sein.[71]

Diese Kombination aus Wissensvermittlung, spielerischer Entdeckung der Waldnatur und teamförderndem Wettbewerb begeistert Lehrer und Schüler nun schon seit fast 50 Jahren. Bisher haben rund 550.000 Kinder an den Waldjugendspielen teilgenommen![72] Seit langer Zeit beteiligen sich österreichische und seit einigen Jahren auch tschechische Schulen an dieser Veranstaltung.

Bei den Waldjungendspielen in Niederbayern lernen Kinder wie vernetzt die Natur ist.

Zusammenfassung

Der Bezug von Walderzeugnissen war bis ins 19. Jahrhundert für weite Bevölkerungskreise lebensnotwendig. Namentlich für die Landwirtschaft war das Recht auf Bezug von Holz, zur Nutzung von Waldstreu und zur Waldweide Grundlage ihrer Existenz. Viele handwerkliche und gewerbliche Betriebe waren zwingend auf eine ausreichende Versorgung mit Holz angewiesen. Holz lieferte zudem die für die Menschen unentbehrliche Wärmeenergie. Die vielseitige, aber meist nicht nachhaltige Nutzung führte auf weiten Flächen zu verlichteten und von Kahlflächen durchsetzten Wäldern, vorwiegend in siedlungs- und industrienahen Bereichen.

Im Nürnberger Reichswald kann man die starke Abhängigkeit der Bevölkerung und der Wirtschaft vom stadtnahen Wald, aber auch die Folgen der Übernutzung, deutlich erkennen. Die Stadt hatte einen hohen Bedarf an Energie, der sich aus den umliegenden Wäldern nachhaltig nicht decken ließ. Ein Holzbezug von außen (etwa durch Trift) war nicht möglich. Dadurch entstand ein hoher Druck, eine Lösung innerhalb des ökologischen und wirtschaftlichen Raumes der Stadt Nürnberg zu suchen. In dieser Notsituation fand Peter Stromer die entscheidende Lösung: die Nadelholzsaat.[73] Er legte damit nach dem Urteil Kurt Mantels „den Grundstein für eine spätere gute Entwicklung der Forstkulturtechnik". Seine Erfindung gilt als „forstliche Kulturtat, die in der forstlichen Welt keine Parallele hat".[74] Seiner Zeit weit voraus entwickelt Stromer ein langfristiges Denken und Handeln, dessen Ertrag erst weit jenseits der eigenen Lebensspanne den nachgeborenen Menschen zu Gute kommt. Innovative Geister wie er benötigen Raum, Zeit und Ressourcen, um zu experimentieren und so Lösungen zu finden. An der aus seiner Arbeit hervorgegangenen Zunft der Tannensäer kann man ablesen, dass Tradition und Kultur Voraussetzungen für eine dauerhafte und zielorientierte Forstwirtschaft sind.

Die historischen Quellen bieten zahlreiche Berichte über eine rücksichtslose Waldnutzung und einen weithin unbefriedigenden Waldzustand. Aus der Furcht vor Holzmangel wuchs die Erkenntnis, dass die Ansprüche des Menschen an die Umwelt nur befriedigt werden können, wenn man bereit ist, die natürlichen Gesetzmäßigkeiten anzuerkennen. Die Nachhaltigkeit – eine Balance zwischen dem, was die Natur auf Dauer leisten kann und dem, was der Mensch von ihr braucht, um zu leben – wurde zum obersten Grundsatz der Waldbewirtschaftung. Mit der dichter werdenden Besiedlung unseres Landes, mit der Zunahme von Industrie und Verkehr und mit den damit wachsenden Belastungen der Umwelt haben die außerwirtschaftlichen Funktionen des Waldes entschieden an Bedeutung gewonnen.[75] Die in unserer Zeit geführte intensive Diskussion über die Begrenzung von Bevölkerungswachstum, Produktion und Konsum hat „Nachhaltigkeit" zum weltweit anerkannten Leitbild entwickelt. Man versteht (und fordert) damit eine Entwicklung, die den Bedürfnissen der heutigen Generation entspricht und dabei die Möglichkeiten künftiger Generationen nicht einschränkt. Damit ist das Prinzip Nachhaltigkeit eine wichtige kulturelle Errungenschaft.

Die Berechtigungen zur Waldnutzung durch Weide oder Schweinemast galten meist schon Jahrhunderte und waren deshalb oft nicht klar abgegrenzt. Mit der Verringerung der Waldflächen durch Rodung und der gleichzeitigen Zunahme der Bevölkerung kam es zu Auseinandersetzungen über den Umfang der Rechte, besonders bei der Nutzung der Allmende. Das Ergebnis der zahlreichen Prozesse, die deshalb geführt wurden,

Bildung für eine nachhaltige Entwicklung (BNE) will Wissen, vor allem aber Kompetenzen vermitteln. Hinterfragen, Abwägen, Beurteilen und Beteiligen sind wesentliche Elemente, die Menschen selbstbewusst und mündig machen..

war die Festlegung von Grenzlinien innerhalb der bisher gemeinsam genutzten Flächen.

Die forstliche Umweltbildung (Waldpädagogik) will den Bürgern und Bürgerinnen ein Bild vom Wald als Ökosystem, von seinen vielfältigen Schutz- und Erholungswirkungen und von der nachhaltigen Forstwirtschaft vermitteln. Sie ist nach dem Bayerischen Forstgesetz Dienstaufgabe der Forstbehörden. Die Forstverwaltung erfüllt damit auch den Auftrag der Umweltkonferenz von Rio de Janeiro von 1992, die unter dem Begriff „Bildung für nachhaltige Entwicklung" (BNE) eine umfassende Bildungsoffensive in Gang gesetzt hat. Die Bayerische Forstverwaltung bietet für die forstliche Umweltbildung zahlreiche Einrichtungen an. Die älteste und erfolgreichste Veranstaltung im Rahmen der Waldpädagogik sind wohl die seit fast 50 Jahren stattfindenden Waldjugendspiele in Ostbayern, die eine gelungene Kombination aus Wissensvermittlung, spielerischer Entdeckung der Waldnatur und Wettbewerb für Schulkinder bieten.

3 Oberfranken

Der Wald schwimmt im Fluss

Frankenwald und Fichtelgebirge sind klimatisch raue Rücken aus Schiefer und Urgestein. Saure Böden und kalte Lagen begünstigen, hier im hohen Nord-Osten Oberfrankens, die Fichte. Im Fichtelgebirge entspringt der Main, die nach Westen fließende Lebensader Frankens. Aber auch Saale, Eger und Naab haben hier ihren Ursprung; sie tragen fränkische Wasser nach Norden, Osten und Süden. Den Frankenwald kennzeichnen Hochflächen, die in steilen, mit Fichten bewaldeten Hängen zu den Wiesentälern abfallen. Dunkler Tonschiefer bildet den geologischen Untergrund; er wird als Dachbedeckung verwendet und bestimmt so das Siedlungsbild. Die Rodach entwässert das Gebiet und stößt bei Marktzeuln auf den Main. Hier wurden die schmalen Flöße aus dem Frankenwald zu Großflößen verbunden, die neben dem schwimmenden Rundholz auch bearbeitete Waren als Auflast von Stadt zu Stadt trugen – bis in die Niederlande.

Der Main durchfließt im Anschluss die liebliche Landschaft bei Lichtenfels und Staffelstein, die wegen des milden Klimas und ihrer Fruchtbarkeit Gottesgarten genannt wird. Einige Auwaldreste mit Weide, Erle und Pappel haben sich hier erhalten, wenngleich auch die Mainaue heute stärker von Kies-Weihern geprägt ist, als von Wald.

Bei Bamberg strebt die Regnitz dem Main entgegen, östlich davon erstreckt sich der Hauptsmoorwald mit wertvollen Kiefernbeständen. Im Süden Oberfrankens bestimmt der Fränkische Jura, hier Fränkische Schweiz genannt, die Landschaft. Er trägt zum Teil noch die ursprüngliche Bestockung mit Buche; der heute viel Fichte und Kiefer beigemischt ist.

Der Main verlässt Oberfranken und streicht am nördlichen Steigerwald entlang, wo Buche und Eiche auf Keuperstandorten die hügelige Landschaft prägen. Im westlichen Steigerwald, im Gebiet um Ebrach, ist die Buche führende Baumart.

Landesherren waren im westlichen Teil Oberfrankens die Fürstbischöfe von Bamberg, im östlichen die Markgrafen von Kulmbach-Bayreuth. Wie in den beiden anderen fränkischen Landesteilen gab es auch hier zahlreiche Reichsritter. Nach der Aufhebung der weltlichen und geistlichen Herrschaften zu Beginn des 19. Jahrhunderts wurden diese Gebiete als Obermainkreis, später Oberfranken, Teil des neuen Bayern.

Fläche	723 100 m²
Waldfläche	284 259 m²
Waldanteil	39,3%
davon Laubholz	*31%*
davon Nadelholz	*69%*
Einwohner	1,06 Mio.
Waldfläche je Einwohner	2683 m²

3.1 Fichtelgebirge: Abbau von Zinn, Gold und Eisen

Bereits seit dem frühen Mittelalter wurde im Fichtelgebirge, das als „des deutschen Reiches Erzkasten" galt, nach Zinn, Kupfer, Blei, Eisen und sogar nach Gold gegraben. In Schmelzöfen, in Hammerwerken an den Fichtelgebirgsflüssen und in Schmiedebetrieben wurde das Metall weiter verarbeitet. Die Wälder des Gebirges lieferten das Holz für die zum Schmelzen des Erzes benötigte Holzkohle. Viele Orte, z. B. Weißenstadt, Wunsiedel, Arzberg, Neubau, Fichtelberg und Goldkronach, verdanken ihre Entstehung dem Bergbau. Im 30jährigen Krieg brach der Bergbau ein; zudem waren die Erzlagerstätten weitgehend ausgebeutet. Alexander von Humboldt versuchte gegen Ende des 18. Jahrhunderts den Bergbau nochmals zu beleben.[1]

Mitten im Wald findet man noch heute große Halden, die aus dem obertägigen *Zinnabbau* stammen, dem „Seifen".[2] Der Boden wurde dort regelrecht umgepflügt; an manchen Stellen so extrem, dass man meinen könnte, man befinde sich in einer Moränenlandschaft des Voralpenlandes.[3] Immer wieder trifft man auf alte Teiche und Wassergräben. Heute sind diese Flächen wieder von Wald bedeckt.[4] Die alte Nutzung hat viele Namen im Wald, von Gewässern und Fluren geprägt, z. B. Dürre Seif, Zinngräben, Zinnhänge, Zinnbach, Zinnschütze.[5]

Im späten Mittelalter ging man zum Untertagebau über; die Schächte wurden ins Innere der Berge abgeteuft. Zum Ausbau und zur Instandhaltung dieser Schächte wurden große Mengen an Stammholz gebraucht. Holz benötigte man aber auch für Wohnhütten und Schuppen, für Röhren und Pumpwerke und für die zahlreich notwendigen Bottiche und Fässer.

Zinn war der Rohstoff für Zinngeschirr und rostfreie

Georg Agricola schildert 1556 in seinem Buch vom Berg- und Hüttenwesen, wie vorzugehen ist um Erze zu finden.

Bleche. Für die Verhüttung des Zinnsteins und die Verzinnung von Blech brauchte man weniger Holzkohle als zur Verarbeitung anderer Metalle. Das für die Verzinnung benötigte Schwarzblech, das energieaufwändig hergestellt wurde, bezog man aus der Oberpfalz. Auf diese Weise blieb der Wald im Fichtelgebirge von der industriellen Ausbeutung durch die Eisenhämmer verschont, allerdings litten die Oberpfälzer Wälder umso mehr.[6]

Nachdem Burggraf Friedrich IV. von Nürnberg 1365 Goldkronach Stadtrecht und Bergbauberechtigung verliehen hatte, begann hier ein intensiver *Goldbergbau*, der fast 300 Jahre währte. Erst am Ende des 30jährigen Krieges wurde das Schürfen nach Gold aufgegeben; die Bergleute zogen fort. Spätere Versuche, die Goldgewinnung wieder zu beleben, misslangen.[7]

Schon seit dem 14. Jahrhundert hatte man neben dem Zinnabbau auch Eisenerz gefördert. Als das Zinn abgebaut war und der Goldbergbau zurückging, setzte man ganz auf *Eisengewinnung*. Man errichtete einige Hochöfen und zahlreiche Hammerwerke; die Eisenindustrie erfuhr einen raschen Aufschwung.[8] Von der Mitte des 19. Jahrhunderts an ist aber eine deutliche Abnahme der Eisenerzförderung festzustellen. Denn nun waren billige Eisenerzimporte aus dem Ausland möglich; das brachte die Eisenindustrie des Fichtelgebirges zum Erliegen. Ein Teil der aufgelassenen Hammerwerke wurde zu Mahl- und Sägemühlen umgebaut, um die bestehenden Anlagen und die Wasserkraft weiter nutzen zu können. Letzte Versuche, im Fichtelgebirge doch noch Eisenerz zu fördern, fanden kurz vor dem Zweiten Weltkrieg statt, waren aber nicht erfolgreich.

Der intensive Bergbau auf Zinn, Gold und auch Eisen im Fichtelgebirge hatte weit geringere Wirkungen auf den Wald, als die schwere Montanindustrie der Oberpfalz. Dort wurden zum Schmelzen und Frischen[9] des Eisens erheblich größere Mengen an Holzkohle benötigt.[10] Mayer, der die Waldgeschichte des Fichtelgebirges intensiv erforscht hat, kommt zu der Auffassung: „Der immer wieder behauptete Holzmangel [im Fichtelgebirge] hat also nachweislich nicht bestanden."[11]

In den großen zusammenhängenden Waldgebieten des Fichtelgebirges blieb bis über den 30jährigen Krieg hinaus eine naturnahe Bestockung mit einem überraschend hohen Tannenanteil erhalten. Der Bergbau hat den Wald nur im engen Umkreis der Bergwerke und Schmelzöfen beeinträchtigt, im Übrigen blieben aber ausgedehnte naturnahe Mischwälder erhalten.[12] In den ortsnahen Waldungen, besonders in den Bauernhölzern, waren Tanne und Laubholz dagegen schon weitgehend verdrängt. Bis um die Mitte des 18. Jahrhunderts verjüngte sich der Wald ausschließlich natürlich, weil es noch keine Kenntnisse über die künstliche Verjüngung gab, aber auch kein Interesse, sie anzuwenden. Aber die Nachfrage stieg, der Einschlag nahm zu, es entstanden mehr und mehr Fehlstellen im Wald. Weil um diese Zeit mit der Aufklärung die Kenntnisse über die Methoden der Forstwirtschaft zunahmen, setzte eine rege Aufforstungstätigkeit durch Saat und Pflanzung ein. Dem damaligen Erkenntnisstand entsprechend erfolgte die Aufforstung des Fichtelgebirges aber überwiegend mit Fichte, deren Saatgut sich am leichtesten beschaffen und kultivieren ließ.[13] Schon um 1850 herrschte die Fichte weitgehend als Reinbestand, was durchaus dem damaligen Wirtschaftsziel entsprach.[14] In jüngerer Zeit bemühen sich Forstbetriebe und Forstverwaltung intensiv um den Wiederaufbau naturnaher Mischbestände.

Obertägiger Abbau von Erzen lässt Halden zurück.

3.2 Föllmar: Harznutzung (Pecheln)

Die Nutzung des Harzes („Pecheln") gehört zu den ältesten im Wald betriebenen Gewerben. Vor allem in Gegenden, in denen die Erträge aus der Landwirtschaft gering waren, bot die Harznutzung die Möglichkeit eines Zuverdienstes. Auch im Fichtelgebirge war das Pecheln weit verbreitet. Ein Relikt aus jener Zeit ist die „Pechkratzerhütte", die ehemalige Pechsiederei in Föllmar.[15]

Beginnend im Frühjahr, wenn die Nadelbäume am saftreichsten sind, entfernten die Pechler des Fichtelgebirges mit ihren scharfen Pechkratzern[16] schmale, armlange, unten fischgrätenartig zusammenlaufende Streifen der Baumrinde und ritzten das darunter liegende Holz an. Das Harz quoll heraus, trocknete ein und wurde nach einigen Tagen mit dem Pechkratzer abgekratzt und im „Pechtubel", einem Leinenbehälter, gesammelt. Die gerissenen Kerben wurden im Lauf der Vegetationszeit immer wieder nachgeritzt, um möglichst viel Harz austreten zu lassen.

Da sich frisches Harz am besten zur Pechbereitung eignet, wurde es möglichst schnell in die Pechhütten gebracht. In der Pechhütte in Föllmar waren drei runde eiserne Kessel eingemauert: jeder 50 cm hoch mit einem Durchmesser von 35 cm, am Boden mit einer Ausflussöffnung versehen. Die Öffnungen der Kessel waren mit einem Abflussrohr verbunden, durch das das Pech abfloss; oben war an jedem Kessel ein Dunstrohr angebracht. Zunächst wurde das Harz durch Erhitzen verflüssigt. Wasser und Terpentinöl, die darin enthalten waren, verdunsteten; zurück blieb das Pech.[17] Mit zunehmender Verdunstung seiner Beimischungen wurde das Pech immer dickflüssiger. Der zuerst ausfließende Teil war feinstes Schusterpech; das später fließende, dickere Pech diente zum Abdichten von Fässern und Schiffsplanken. Die am Ende verbleibende dickflüssige Pechmasse fand Verwendung als Wagenschmiere. Die in den verschlossenen Kesseln entstehenden Dämpfe (der Pechgeist) wurden im Dunstrohr aufgefangen, abgekühlt und so verflüssigt; dabei entstand das Pechöl. Es war mit Wasser verunreinigt und musste davon getrennt werden.[18] Pechöl, damals wie heute ein Allerwelts-Heilmittel, fand großen Absatz. Die hausierenden „Buckelapotheker" verbreiteten es in allen möglichen Formen zur Gesundung von Mensch und Vieh bis in die entlegensten Höfe.[19]

Es gab verschiedene Arten Harz zu gewinnen; hier wird das ausfließende Harz in einen Topf geleitet.

Auch durch das Schwelen von harzreichen Baumteilen (Kienholz) in Pechöfen wurden Pechöl und Pech gewonnen. Aus den Abfallprodukten des Pechsiedens erzeugten die Rußbrenner Kienruß, der zur Herstellung von Druckerschwärze und Tinte diente.

Das Pecheln wurde meist auf der Grundlage alter Rechte gegen ein geringes Reißgeld und eine anteilige Naturallieferung ausgeübt, häufig aber auch illegal. Für die armen Gebirgsbewohner war die Harzgewinnung ein lohnender Verdienst, aber sie schädigte den Wald. „Die Pechnutzung war eine Geißel des Fichtelgebirgswaldes."[20] Die Waldbesitzer bemühten sich deshalb, die Pechnutzung einzuschränken und die Pechlerrechte gegen Geld abzulösen.

Gegen Ende des 19. Jahrhunderts wurde das Pechkratzerhandwerk im Fichtelgebirge aufgegeben. Die Konkurrenz durch Importe wurde übermächtig.[21]

Da Pecha
Wia a Kirtag ohne Musi,
wia a Bua ohne Gschpusi,
wia a Jaga ohne Gwehr,
wia a Schneider ohne Scher,
wia a Sattler ohne Schneid,
wia a Maderl ohne Freud,
wia a Gschütz, was net kracht,
wie a alte Baßgeign vastimmt,
a so is da Pecha, wenn koa Pech abarinnt.[22]

3.3 Frankenwald: Flößerei

„Durch Jahrhunderte bestimmte die Flößerei weitgehend Leben und Schicksal der Frankenwäldler, denn der einzige Reichtum des rauhen, von Bächen und Flüssen durchzogenen Berglandes lag in seinen schier unerschöpflichen Wäldern", so fasst Eichhorn die Geschichte des Frankenwaldes und seiner Bewohner zusammen.[23] Nach der Gründung des Bistums Bamberg durch Kaiser Heinrich II. im Jahr 1007 wurde die Besiedlung des Frankenwaldes intensiviert, der damals noch ein weithin geschlossenes Waldgebiet war.[24] Die Siedler mussten aber bald erkennen, dass die kargen Böden und das raue Klima ihnen nur bescheidene Ernten boten. Um zu überleben, waren sie darauf angewiesen, den Wald zu nutzen.[25] Im Frankenwald gab es viel mehr Holz, als die ansässige Bevölkerung brauchte. Weil das Angebot den Bedarf überstieg, war das Holz weitgehend wertlos. Um damit Geld zu verdienen, war es notwendig, ein Transportsystem zu entwickeln, das den rohstoffreichen, aber nachfragearmen Frankenwald mit waldarmen Gegenden verband, in denen großer Holzbedarf bestand und Holz deshalb gut bezahlt wurde. Das einzige Ferntransportsystem, mit dem das sperrige Frachtgut Holz über große Entfernungen transportiert werden konnte, war damals das Wasser.[26] Über Bäche, Flüsse und den zum Meer strömenden Rhein war der entlegene Frankenwald mit großen und holzhungrigen Städten verbunden.[27] Man beförderte das Holz in die Rodach, von dort in den Main und weiter auf dem Rhein bis in die Niederlande, eine Reise von rd. 900 Kilometern.

„Die Flößerei hat die Kulturlandschaft des Frankenwaldes im Einzugsgebiet der Rodach mindestens seit dem 12. Jahrhundert beeinflusst."[28] Einen Nachweis dafür bietet der Dachstuhl der Kirche St. Gangolf in Bamberg, in dem Floßholz aus dem Frankenwald verbaut ist. Seine Holzdatierung ergab eine Bauzeit zwischen 1181 und 1184.[29] Im Mittelalter wurde der Frankenwälder Floßholzhandel zu einem eigenständigen, gewinnbringenden Wirtschaftszweig.[30] Die trift- und floßbaren Gewässer erreichten eine Gesamtlänge von rund 190 Kilometern.[31] Im Jahr 1821 belief sich der Wert

Nicht nur auf Rodach und Main, sondern auch auf vielen anderen Gewässern wurde Holz geflößt. Hier ist die Isar-Lände in München zu sehen. Die Brennholztürme im Hintergrund zeigen das „hölzerne Zeitalter" an.

des auf den Frankenwaldflüssen transportierten Holzes auf 746 628 Gulden, was etwa 200 000 Festmetern entsprach.[32] Ende des 18. Jahrhunderts stammte ein Siebentel der Staatseinnahmen des Hochstifts Bamberg aus dem Floßhandel (Holzverkauf und Floßzölle). In Unterrodach, einem Dorf im Frankenwald, waren 85 Prozent der Einwohner vom Floßgewerbe abhängig.[33]

Die Flößer des Frankenwaldes passten die Breite der Flöße an die Flussbreite an. Für die Oberläufe der Floßbäche bauten sie aus 6-12 nebeneinander gelegten

Stämmen die „Kuppel".[34] Die Stämme waren nur vorne fest verbunden, die hinteren Enden waren lose mit „Wieden"[35] verknüpft, wodurch sich dieses elastische Floß leicht durch die Kurven der Bäche manövrieren ließ. An den Unterläufen der Bäche nahmen die Flößer die Kuppeln auseinander und setzten die Stämme zu etwa 2,50 Meter breiten „Böden" zusammen. Bei Bamberg wurde dann das mehrlagige und starre, bis 11 Meter breite und etwa 120 Meter lange Mainfloß gebildet.[36] Das Universalwerkzeug des Flößers war der Floßhaken: eine lange hölzerne Stange mit einer Spitze aus Stahl, die mit einem seitlichen Widerhaken versehen war. Er wurde beim Anlanden oder Ablegen der Flöße eingesetzt oder wenn sich das Holz beim Triften und Flößen verkeilt hatte.

Die Floßordnungen verboten das Flößen von Oktober bis März. Im Herbst und Winter wurde das Holz eingeschlagen, zu den Floßbächen gebracht und mit Eigentumszeichen versehen. Die gefällten Stämme wurden bei Regenwetter hangabwärts durch die Bestände zu Tal getrieben. Mit der Zeit bildeten sich dadurch Erdrinnen, sogenannte Lassen, in denen das Holz gesammelt und „hinab"-gelassen wurde. Im Winter fertigten die Floßknechte Wieden und Spannkeile zum Binden der Flöße und verkauften sie an die Floßherren.[37] Den Hochsommer nutzte man dazu, die Floßbäche und -teiche in Stand zu halten, wie es die Floßordnungen verlangten.[38]

Die Floßfahrt von Kronach nach Mainz dauerte bei normalen Wasser- und Wetterverhältnissen etwa 15 Tage. Die Flößer mussten den Rückweg in ihr Heimatdorf zu Fuß bewältigen. Wenn die Flöße als Schiffbauholz an die Werften der niederländischen Küste geliefert wurden, trafen die Flößer sogar erst nach mehrwöchigen Wanderungen wieder bei ihren Familien ein. Ihre Frauen mussten während dieser Zeit die heimische Wirtschaft allein besorgen und auch die damit verbundenen schweren Arbeiten (z. B. das Mähen) übernehmen.[39]

Die Frankenwaldflößer befuhren Main und Rhein; ihre Tätigkeit und ihre Lebensumstände waren aber denen ihrer Kollegen aus Südbayern sehr ähnlich. Im Stadtarchiv Wolfratshausen finden sich Erzählungen des Flößers Sebastian Goldhofer, gestorben 1941 mit 94 Jahren, über sein Berufsleben. Er beschreibt die Floßfahrten aus dem Bayerischen Oberland über die Donau nach Wien:

„Früher hatten wir Flößer eine gute Zeit. In einem Sommer fuhr ich 15 bis 18 mal nach Wien mit dem Floß. Das erstemal 1865. Wann die Tage lang waren, fuhren wir von morgens 3 Uhr bis abends 8 oder 9 Uhr und brauchten bis Wien sechs Tage. Wann die Tage kurz waren, mußten wir 8 bis 9 Tage flößen. In Hofkirchen, oberhalb Vilshofen, wurden 6 Flösse in einem einzigen zusammengebunden. Das gab dann einen gewaltigen Floß von 12 m Breite und 57 Meter Länge. Darauf hatten wir eine Hütte, darin wurde gekocht. Ich war selbst Koch. Nachts wurde auf Stroh geschlafen. Wir hatten immer genug Lebensmittel, ausgezeichnetes Ochsenfleisch, Zungen, Geräuchertes und gutes Bier. Das war eine andere Zeit als heute. Auf einem solchen Floß konnte man auch was auflegen. Einmal hatten wir 600 Ster Weichholz zu befördern. Wir hatten die verschiedensten Waren zu verhandeln: Kreide von Kaltenbrunn bei Garmisch, manchmal gleich 500-600 Zentner, Torf, Holzkohlen, Hopfenstangen, Seegras, Kalk, Gips, Schleifsteine von Großweil oberhalb von Penzberg, von Landshut oft 500-600 Zentner Fischtran für Gerber. In jeder Stadt wurde dann etwas abgeladen und andere Waren wieder aufgeladen."[40]

Holz war das wichtigste Exportgut des Frankenwaldes. Viele Flüsse und Bäche waren aber im natürlichen Zustand nicht für die Flößerei geeignet. Schon früh wurden deshalb große Anstrengungen unternommen, um mit technischen Maßnahmen auch kleine Bäche flößbar zu machen. Ziel dieser baulichen Eingriffe war es vor allem, die Wasserhaltung an den Oberläufen der Quellbäche so zu gestalten, dass der Floßbetrieb nicht nur nach der Schneeschmelze möglich war. Dazu wurden Floßteiche, sog. Klausen, mit Wehren und Schleusen angelegt. So konnte man den Wasserabfluss sorgfältig abstimmen und auch in kleinen, wenig wasserführenden Bächen große Stämme transportieren. Die Floßteiche prägen noch heute das Bild des Frankenwaldes.[41]

Die Ufer der Floßbäche wurden stark beansprucht, besonders beim Einwerfen des Holzes und durch das seitliche Anstoßen der Flöße. Deshalb wurden die Bachufer auf weiten Strecken mit Holz oder Mauerwerk verbaut. Mit Treppen und Schwellen in den Bachbetten verminderte man die Fließgeschwindigkeit des Wassers, damit das schwimmende Holz leichter unter Kontrolle gehalten werden konnte.

Floßteiche im Frankenwald prägen das Landschaftsbild, sind aber künstlich angelegt.

Die Wasserkraft der Frankenwaldbäche wurde nicht nur zum Flößen, sondern auch zum Betrieb zahlreicher Sägemühlen, Getreidemühlen und Hämmer genutzt. Sie waren in den engen Tälern des Frankenwaldes aufgereiht wie die Perlen auf einer Schnur. Das klappernde Mühlrad stand als Symbol für Fleiß und Betriebsamkeit.[42] Besondere Bedeutung für die Bevölkerung des Frankenwaldes gewannen neben dem Floßbetrieb die zahlreichen Schneidemühlen. Wegen der großen Nachfrage nach Schnittholz entlang des Mains und des Rheins entwickelte sich im Zusammenwirken mit der Flößerei ein schwunghafter Handel mit dem im Frankenwald erzeugten Schnittholz.

Mit der Erlaubnis, eine Schneidemühle zu errichten, sicherte der jeweilige Landesherr[43] den Bezug von Holz aus den umliegenden Herrschaftswäldern zu. Vor der Säkularisation wurde es „Gnadenholz", danach „Mühlholz" genannt. Diese Konzession wurde nur Mühlen erteilt, die das Holz ausschließlich mit Wasserkraft einschnitten; sie galten als „eingeforstet". Die Menge des zugeteilten Holzes hing von der Lage, dem Wasserzufluss und der Größe der Mühle ab. Der Holzbedarf war alljährlich beim Forstamt anzumelden; ein Anspruch auf bestimmte Baumarten oder Holzqualitäten bestand nicht. Um die Mitte des 19. Jahrhunderts wurden jährlich rund 34 000 Festmeter Mühlholz abgegeben.[44] Dafür war ein festgesetzter Preis zu entrichten, der Forsttaxe oder Waldtaxe genannt wurde. Lange wurde den eingeforsteten Schneidemühlen günstige Preise verrechnet; ab 1830 hatten sie den örtlichen Marktpreis zu entrichten.

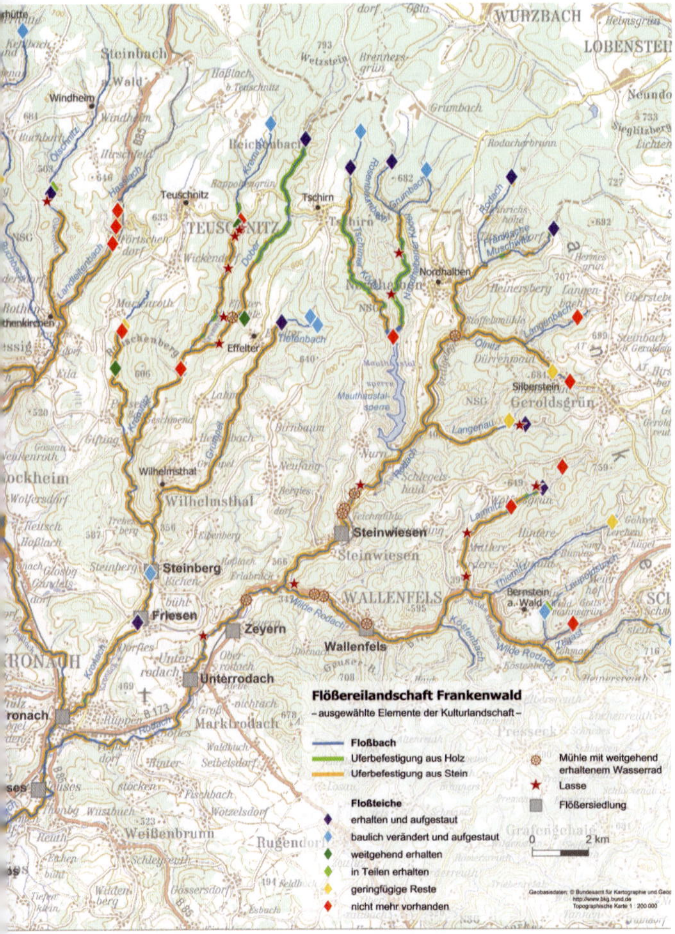

Die zahlreichen Floßbäche des Frankenwaldes vereinigen sich bei Kronach in der nach Südwesten fließenden Rodach. Die meisten dieser Bäche wurden auf weiten Strecken mit Holz oder Steinen befestigt.

Mit der zunehmenden Technisierung[45], der Veränderung der Transportwege (besonders des Rückgangs der Flößerei) und den strengen Vorgaben der nachhaltigen Waldbewirtschaftung ging die Zahl der Konzessionsmühlen stark zurück. Heute können noch acht Mühlen Holz mit Wasserkraft schneiden; nur noch eine meldet regelmäßig ihren Bedarf an Mühlholz an.[46]

Das Rundholz der Flöße war das zu verkaufende Hauptgut, aber gleichzeitig auch Transportmittel für bearbeitete Holzprodukte, wie Bretter und Balken. Man beförderte aber auch „veredelte Holzprodukte" des heimischen Handwerks: Fässer, Truhen, Kisten und Weinbergpfähle.[47]

Um die Mitte des 19. Jahrhunderts begann man den Main zu kanalisieren. Zunächst um ganzjährig Schifffahrt mit größerem Tiefgang zu ermöglichen; später auch, um in Wasserkraftwerken Strom zu erzeugen. Zahlreiche Schleusen verringerten die Fließgeschwindigkeit und an den Wehren entstanden Wartezeiten für die Flößer. Dadurch dauerten die Floßfahrten länger und wurden teurer. Eisenbahn und Kraftfahrzeuge wurden zu einer unüberwindbaren Konkurrenz der Flößerei, weil sie durch den Ausbau des Strecken- und Straßennetzes das sperrige Gut Holz immer günstiger transportieren konnten. 1958 fand die letzte gewerbliche Floßfahrt statt.[48]

In Holland brauchte man das Holz aus dem Frankenwald für den Hausbau, für die Heizung, für den Wasserbau an den Kanälen und um Fundamente auf morastigem Untergrund zu schaffen. Mit einiger Berechtigung kann man sagen: Amsterdam steht auf dem Frankenwald.

Für die Flügel von Windmühlen, für die Rammpfähle im Hafenbau und für die Schiffsmasten wurden besonders lange Stämme benötigt. Deshalb entstand eine eigene Sortiervorschrift für das Stammholz nach Länge und Zopfdurchmesser, die sich bis heute in der sogenannten Heilbronner Sortierung erhalten hat.[49] Der Holländerholzhandel, benannt nach dem Absatzmarkt, hatte mehrere Jahrhunderte großen Einfluss auf den Handel im gesamten Einzugsgebiet des Rheins.

Flößer auf der Rodach, die schmalen „Kuppeln" wurden auf dem Main zu großen Flößen verbunden.

Vor allem der Schiffsbau verschlang große Mengen an Holz. Im Jahr 1800 wurden 5 000 Spessarteichen für ein englisches Kriegsschiff geliefert.[50] Es können nur Flöße aus dem Frankenwald gewesen sein, die diese Last nach Holland brachten, von wo aus sie nach England verschifft wurde. Im 18. Jahrhundert gab es etwa 1 000 englische Kriegsschiffe und 10 000 englische Handelsschiffe.[51] Der Bedarf von 4 000 bis 5 000 Stämmen je Schiff lässt erahnen, wie viel Wald auf den Wellen der Weltmeere damals herumschaukelte. Zu den englischen Schiffen kamen ja noch die Handels- und Kriegsflotten der Niederlande, Frankreichs, Spaniens, Portugals usw. hinzu.

Die intensive Holznutzung im Frankenwald hatte große Auswirkungen auf den Wald. Da man Buchenholz wegen seines hohen Gewichtes kaum flößen konnte, drängte man die Buche in den Wäldern stark zurück. Gegen Ende des 17. Jahrhunderts lag das Mischungsverhältnis bei 80 Prozent Tanne, 10 Prozent Fichte und nur 10 Prozent Laubholz. Die Bewirtschaftung der Wälder im Kahlschlagverfahren im 19. Jahrhundert benachteiligte Tanne und Laubholz zusätzlich. Zu Beginn unseres Jahrhunderts hatte die Fichte im Staatswald des Frankenwaldes einen Anteil von 81 Prozent; die Tanne war auf nur ein Prozent zurückgegangen (Buche: 10 Prozent, andere Baumarten: 8 Prozent). Die Forstbetriebe des Frankenwaldes unternehmen heute große Anstrengungen, die Anteile von Buche und Tanne an der Bestockung zu erhöhen.[52]

3.4 Ochsenkopf: Waldsterben

In den 1980er Jahren erregen die unter dem Schlagwort „Waldsterben" zusammengefassten Erscheinungen größtes öffentliches Interesse. In weiten Kreisen sieht man darin das Menetekel einer umfassenden ökologischen Katastrophe. Der Wald ist in Gefahr! Wissenschaftler vertreten die Meinung, es werde in zehn Jahren in Mitteleuropa keinen Wald mehr geben. Presse und Rundfunk sind alarmiert, überschlagen sich in der Berichterstattung. Die Politik gibt Forschungsgelder frei, ordnet Waldschadeninventuren an und setzt strenge gesetzliche Abgasrichtlinien durch.

Was steckte hinter diesen Ereignissen, was führte zu dieser starken gesellschaftlichen Bewegung und warum war die Sensibilität der Deutschen in Bezug auf den Wald so groß? In den 1970er Jahren war das Interesse am Schutz der Umwelt stark gewachsen. Zunehmender Naturverbrauch durch Verkehrswegebau, fehlgeleitete Jagd, unerlaubte Müllentsorgung etc. machten auch dem Wald schwer zu schaffen, dem deutschen Kultur- und Seelengut schlechthin. In dieser Zeit erschien ein Buch mit dem Titel „Rettet den Wald".[53] Von

Waldsterben durch sauren Regen ist in diesem Buch nicht die Rede. Aber schon der imperative Titel „Rettet den Wald" zeigt, wie hochsensibel die Bevölkerung hinsichtlich des Waldzustands war und wie dramatisch sie ihn empfand. Das Buch ist die Ouvertüre zum gesellschaftlichen Diskurs über das Waldsterben, der das kommende Jahrzehnt beherrschen wird.

Alles beginnt mit der Debatte über die „Neuartigen Waldschäden" in den 1970er Jahren, die auch als „Tannensterben" bezeichnet werden. Die Weißtannen in Nord- und Ostbayern, sowie im Schwarzwald zeigen stark verlichtete Kronen. Solche Krankheitsbilder sind bei der Tanne in den letzten 200 Jahren immer wieder beschrieben worden, aber das Ausmaß ist nun besorgniserregend und wird schnell mit Luftverunreinigungen in Verbindung gebracht.[54] Der Münchener Forstbotaniker Peter Schütt beschreibt dieses Tannensterben als Komplexkrankheit: Verantwortlich für die Schäden an den Bäumen, die in „Reinluftgebieten" stehen, seien weit entfernte Industrieanlagen. Das fußt auf den Forschungsergebnissen des Göttinger Ökosystemwissenschaftlers Bernhard Ulrich, der festgestellt hatte, dass luftverfrachtete Abgas-Immissionen aus Industrieanlagen die Chemie von Böden in entfernten Waldgebieten beeinflussen können.[55] Der Einfluss der Schadgase auf die Waldbestände wird als „Saurer Regen" bezeichnet.

1980 werden die gleichen Schäden wie an der Tanne erstmals auch an Beständen anderer Baumarten festgestellt, vor allem an Fichtenbeständen in den Hochlagen des Fichtelgebirges und des Bayerischen Waldes.[56] Symptomatisch sind aufgelichtete Kronen wegen vorzeitigen Nadelabfalls, kleinere und weniger zahlreiche Nadeln und auch ungewöhnliche Verzweigungen. Außerdem weisen betroffene Bäume Schäden am Wurzelsystem auf.

Auf einmal scheinen nicht nur die Tannen, sondern der gesamte Wald in Gefahr! Die beunruhigten Wissenschaftler informieren die Öffentlichkeit und organisieren Pressefahrten. Die Wochenzeitschrift DER SPIEGEL macht im November 1981 daraus die Titelgeschichte: Saurer Regen über Deutschland – der Wald stirbt. Zu sehen sind rauchende Schornsteine und ein sterbender Wald. Damit rückt der Wald, aber auch die Luftverschmutzung nun in den Brennpunkt der öffentlichen Wahrnehmung. Es beginnt eine Zeit intensiver und sehr emotionaler Berichterstattung: In den Jahren 1983 und 1984 finden sich nahezu täglich Beiträge über das „Waldsterben" in den Zeitungen, im Rundfunk und im Fernsehen.[57] Nicht immer wird sachlich berichtet; sehr häufig schürt eine dramatische Wortwahl die Ängste der Bevölkerung: In zehn Jahren werde man nur noch „Baumleichen" finden, „Erst stirbt der Wald, dann der Mensch"; das Waldsterben wird als „ökologisches Hiroshima" und sogar als „ökologischer Holocaust" beschrieben.[58] Die Menschen sind tief betroffen, die Sprache der Angst zeigt Wirkung, es entwickelt sich eine höchst emotionale öffentliche Debatte.

Mit dem Titelthema »Waldsterben« in der Spiegel-Ausgabe vom November 1981 rückt der Wald in den Brennpunkt der öffentlichen Wahrnehmung. Die Menschen sind tief besorgt.

Peter Schütt und Bernhard Ulrich werden zu Galionsfiguren der Bewegung: Schütt entwickelt die Stresshypothese, nach der die Bäume auf die jahrelange Belastung mit saurem Regen mit komplexen Symptomen reagieren.[59] Ulrich empfiehlt dringend, versauerte Waldböden zu kalken, um Säuren im Boden abzupuffern und so Schäden an den Bäumen zu mildern. Um die Öffentlichkeit zu informieren, schreiben Forstleute zusammen mit bekannten Journalisten populäre Bücher, die aufklären wollen.[60]

Das Waldsterben wird zum entscheidenden, die gesamte Gesellschaft bewegenden Umweltthema. Bevölkerung und die Parteien sind sich einig, dass dringend Abhilfe geschaffen werden muss. Die Bundesregierung reagiert rasch und mit einer Vielzahl von Maßnahmen. Um die weitere Entwicklung der Schäden zu verfolgen, beschließt sie 1982 ein Umweltmonitoring im Wald. Es besteht aus einer jährlichen „Waldschadenserhebung" als Weiser für den Vitalitätszustand der Wälder. Als Maßstab dient dabei die Gesundheit der Waldbestände, beurteilt vor allem an der Dichte der Belaubung bzw. der Benadelung der Baumkronen. Später kommt eine Bodenzustandserhebung im Wald (BZE) hinzu. Die BZE soll „regional differenzierte Aussagen zu Ausmaß der Bodenversauerung und Basenverarmung, zu Risiken für Grund- und Quellwasser und zu Nährstoffungleichgewichten infolge erhöhter Stickstoffeinträge möglich" machen.[61] Unter dem Druck der öffentlichen Meinung werden strenge Vorschriften zur deutlichen Verminderung schädlicher Abgase (besonders aus Industrieanlagen und Kraftwerken mit fossilen Brennstoffen) erlassen und auch in verhältnismäßig kurzer Zeit durch aufwändige technische Maßnahmen vollzogen.[62] So wird z. B. der Ausstoß von Schwefeldioxyd bei den Kraftwerken bis zum Ende der 1980er Jahre um mehr als 70 Prozent verringert. Die Bemühungen um die Verminderung der Autoabgase[63] sind nur teilweise erfolgreich: Zwar werden der Katalysator (1984)[64] und bleifreies Benzin (1988) eingeführt, doch die gleichzeitige Zunahme des Autoverkehrs macht diese Einsparung zu einem erheblichen Teil wieder zunichte.

Das Waldsterben – hier ein Bild aus dem Fichtelgebirge – berührte die Menschen emotional sehr stark. Es markiert den Einstieg in eine konsequente Umweltpolitik, die die natürlichen Ressourcen schont.

Besonders betroffen von der Kronenverlichtung sind die höhenexponierten Wälder der Alpen, des Bayerischen Waldes, der Rhön und des Fichtelgebirges. Als Hauptursache für die Schäden werden Luftschadstoffe (besonders Schwefeldioxid, aber auch Stickoxide und Ozon) verantwortlich gemacht. Das raue Klima mit Schnee-, Eis- und Duftbruch, Sturm und Trockenheit, aber auch sekundäre Beeinträchtigungen durch Forstschädlinge (besonders Borkenkäfer, Rüsselkäfer und Fichtengespinstblattwespe) verschärfen die Probleme. Auf begrenzten Flächen kommt es zum Zusammenbruch der geschädigten Waldbestände.

Die Forstbehörde reagiert schnell mit einem Programm zum Walderhalt: Zum Beispiel werden in den Hoch- und Kammlagen des Fichtelgebirges Millionen von Forstpflanzen eingebracht. Dabei kommt der Vogelbeere als Mischbaumart in diesen Hochlagen eine besondere Bedeutung zu. Magnesiumkalk wird ausgebracht, damit die versauerten Böden sich regenerieren können. Diese forstlichen Maßnahmen mildern die Schäden und sanieren die geschädigten Bestände.

In den späten 1980er Jahren nimmt das Interesse am Thema Waldsterben deutlich ab – zunächst in den Medien und in der Politik, später auch in der Forstwissenschaft. Die seit 1984 jährlich veröffentlichten „Waldschadensberichte“[65] zeigen, dass die Schäden nicht mehr wesentlich zunehmen. Seit dem Ende der 1980er Jahre ergeben sich zwar leichte Schwankungen der Schäden; sie stabilisierten sich aber auf etwa gleichem Niveau.

Zugleich mit dem Ausbleiben der vorhergesagten apokalyptischen Schäden entwickelt sich deutliche Kritik an der Aussagekraft der Waldzustandsberichte. Man vertritt die Meinung, der Kronenzustand der Bäume unterliege natürlichen Schwankungen und die Kronenverlichtung sei ein sehr unspezifisches Merkmal für ihren Gesundheitszustand. In den 1990er Jahren kommt man auch in der Forstwissenschaft zu der Auffassung, dass von einem stattfindenden oder unmittelbar bevorstehenden „Waldsterben“ nicht die Rede sein könne. Einige Wissenschaftler vertreten die Ansicht, dass die Waldsterbensprognosen im Prinzip richtig waren und dass die vorausgesagten Waldschäden durch die entschiedene Reduktion der Schadstoff-Emissionen verhindert worden seien. Andere sind der Auffassung, die Luftverschmutzung sei wenig bedeutsam für den Zustand der Wälder; sie erklären das Auftreten von Waldschäden in den 1980er Jahren mit Witterungsextremen, wie Trockenjahren und Frostereignissen. Die einen sehen im „Waldsterben“ einen Musterfall für die erfolgreiche politische und gesellschaftliche Bewältigung eines drängenden Umweltproblems, die anderen ein Beispiel für eine wissenschaftliche Fehlinterpretation und realitätsferne Ökohysterie.

Heute ist der Wald im Fichtelgebirge wieder vital. Tannen und Fichten sind wieder satt grün. Vor allem die starke Reduzierung der Schadstoff-Emissionen hat dies bewirkt.

Die Sorgen um den Wald im Zusammenhang mit dem „Waldsterben“ waren ein wesentlicher Anstoß für die bis heute fortgesetzten Bemühungen zur Verringerung schädlicher Abgase. Darüber hinaus haben sie das

Verständnis für die Bedeutung des Waldes gefördert und das Interesse der Gesellschaft an Umweltfragen entscheidend erhöht. Mit der Waldsterbensdebatte hat sich das Prinzip der rechtzeitigen Vorsorge in der Umweltpolitik Deutschlands und Europas durchgesetzt.[66] Das ist der wesentlichste Erfolg der zuweilen recht realitätsfernen Auseinandersetzung um den Sauren Regen und das Waldsterben in den 1980er Jahren.

Inzwischen hat sich das Interesse der Politik und der Gesellschaft auf die sog. Treibhausgase und die dadurch verursachten Klimaänderungen konzentriert. Auch in dieser Frage spielt der Wald eine bedeutende Rolle. Durch die Photosynthese wird nämlich schädliches Kohlendioxid aus der Luft herausgefiltert und als Kohlenstoff in den pflanzlichen Organismen des Waldes gebunden. Bei nachhaltiger Waldnutzung kann deshalb Holz geerntet werden, ohne die Kohlenstoffbindung der Wälder zu mindern.[67] Auch alle Erzeugnisse aus Holz wirken als Kohlenstoffspeicher. Selbst bei der Verbrennung des Holzes wird nur so viel Kohlendioxid frei, wie vorher im Holz gebunden war.[68] Begründung und Pflege des Waldes, aber auch Ernte und Verarbeitung des Holzes, verbrauchen nur wenig Energie. Holz zu verwenden an Stelle von Materialien, zu deren Herstellung viel fossile Energie benötigt wird (z. B. Beton, Stahl, Aluminium und Kunststoffe), kann schädliche Emissionen vermeiden. Naturnahe Forstwirtschaft und nachhaltige Holznutzung sind deshalb ein wesentlicher Beitrag, Treibhausgase zu vermindern und damit die Klimaänderung einzudämmen.

3.5 Lange Meile: Privatwald

Das Bundeswaldgesetz definiert Privatwald mit den Worten: „Privatwald im Sinne dieses Gesetzes ist Wald, der weder Staatswald noch Körperschaftswald ist."[69] In Bayern umfasst der Privatwald 55,7 Prozent der Waldfläche, also mehr als die Hälfte der Wälder.[70] Die 1,45 Millionen Hektar Privatwald liegen im Eigentum von rund 700 000 Personen.[71] Das Waldeigentum ist also stark gestreut; die Eigentümer verfügen über Waldflächen ganz unterschiedlicher Größe. Mehr als zwei Drittel der Waldbesitzer bewirtschaften Flächen von weniger als zwei Hektar.[72] Darüber hinaus sind die Waldbesitze oft sehr ungünstig geformt, häufig auf mehrere Parzellen verteilt und zudem unzureichend erschlossen.[73]

Um diese Strukturnachteile zu mindern, schließen sich viele Privatwaldbesitzer zusammen und lassen sich von der Bayerischen Forstverwaltung beraten. Einer der ältesten derartigen Zusammenschlüsse in Bayern ist die 1909 gegründete, auf der Jurahochfläche zwischen Bamberg und Ebermannstadt tätige „Waldbaugenossenschaft Lange Meile". Sie soll als Musterbeispiel für die nachfolgende Darstellung der Entstehung, Entwicklung und Förderung des Privatwaldes dienen.

Das Gebiet der Langen Meile wurde nach der Besiedlung im Mittelalter weitgehend entwaldet – mit verheerenden Auswirkungen. Durch die hohen Windgeschwindigkeiten auf der Hochfläche wurde die wertvolle Feinerde, die ungeschützt auf den flachgründigen Böden des wasserdurchlässigen Kalkgesteins lag, verweht. Es entstand Wassermangel, die Böden hagerten aus und die Erträge der Felder gingen zurück. In der Konkurrenz mit landwirtschaftlich günstigen Gebieten musste die Jurahochfläche unterliegen. Man stellte auf Schafzucht um, die eine natürliche Wiederbewaldung

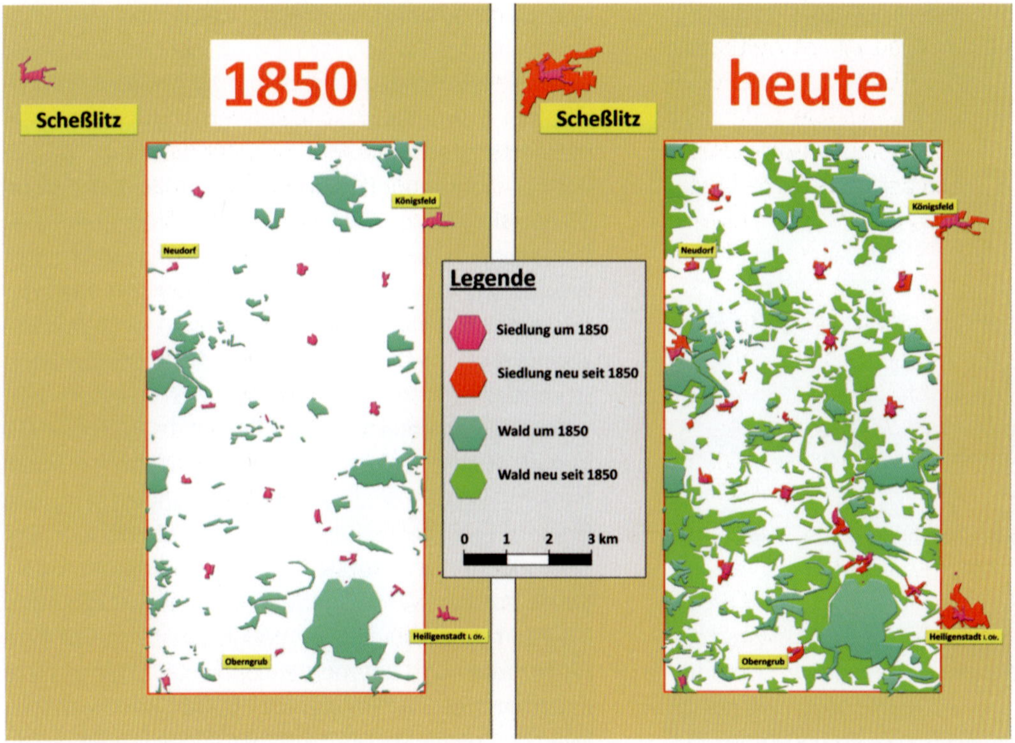

Die sogenannte Lange Meile, ein Bergrücken bei Bamberg, war im 19. Jahrhundert weitgehend entwaldet. Durch gemeinsame Anstrengungen von Waldbesitzern und Forstleuten ist das Gebiet heute wieder weitgehend mit Wald bestockt.

verhinderte. Als auch die Schafhaltung zunehmend unrentabel wurde, bemühten sich einige Grundbesitzer, ihre Flächen aufzuforsten. Die Regierung erkannte, dass die arme Bevölkerung allein nicht in der Lage war, auf den ausgehagerten Flächen Wald anzulegen. Aus volkswirtschaftlichen Gründen wurde staatliche Unterstützung gewährt. Man setzte königliche Forstbeamte ein und regte die Bildung von Aufforstungsgenossenschaften an. Ziel der in diesem Umfeld gegründeten Waldbaugenossenschaft Lange Meile war es vor allem, Informationen zu vermitteln, Erfahrungen auszutauschen und die Pflanzenbeschaffung zu erleichtern. Außerdem sollten Waldfrevel und Schäden durch weidende Schafe eingedämmt werden. Heute zählt die Lange Meile im Landkreis Bamberg zu den waldreichen Regionen. Der Wald trug entscheidend dazu bei, dass sich die Böden auf der Jurahochfläche erholen konnten. Die Waldbaugenossenschaft von 1909 wurde zur Keimzelle der Waldbesitzervereinigung Bamberg.[74]

Bis zum Beginn des 19. Jahrhunderts waren in Bayern nur wenige Bauern Eigentümer des von ihnen bewirtschafteten Landes.[75] Der weitaus größte Teil des Bodens war damals Eigentum kirchlicher und weltlicher Grundherrn.[76] Ein Beispiel für die seltenen Bauernwälder aus jener Zeit sind die sog. Heimhölzer in Oberbayern: Kleine, ortsnahe Waldteile, die den Höfen von

Viele Waldbauernvereinigungen haben eine lange Tradition, manche bestehen schon seit mehr als einem Jahrhundert. Sie sorgen für die Fortbildung ihrer Mitglieder, die Beschaffung von Pflanzen, den Verkauf von Holz und vieles mehr.

den Großwaldbesitzern an Stelle von Nutzungsrechten zugewiesen worden waren.[77] Eine weitere Besonderheit sind die Freibauern aus dem Lamer Winkel im nördlichen Bayerischen Wald. Die Benediktiner des Klosters Rott am Inn bemühten sich, den Wald mit Hilfe Tiroler Bauernsöhne zu besiedeln, die sie großzügig mit Land bedachten.[78]

Große Teile des Kleinprivatwaldes sind aus den Allmende- und Markwaldungen entstanden, die viele Jahrhunderte lang das Leben auf dem Land bestimmt hatten. Die meisten dieser Flächen waren gemeinschaftliches Eigentum der Dorfbewohner und wurden als Weideflächen und Wälder auch gemeinsam genutzt.[79]

In der Zeit der Aufklärung setzte sich die Auffassung durch, dass das Markgenossenschaftssystem den Erfordernissen der Zeit nicht mehr entspreche. Auch der Merkantilismus (Gewerbezwang und staatlich gelenkte Wirtschaft) hatte sich überlebt.[80] Der Wirtschaftsliberalismus sah den Fortschritt im Privateigentum und in der persönlichen Handlungsfreiheit. Auch an der Misswirtschaft und dem Raubbau in vielen Markwaldungen sei der Gemeinbesitz schuld. Im späten 18. und zu Beginn des 19. Jahrhunderts wurde der gemeinschaftliche Waldbesitz zum größten Teil aufgehoben. In den meisten Regionen Bayerns wurde der Allmendewald durch Teilung und Übereignung an die bisherigen Markgenossen zum Privatwald.[81] Der Wald der Allmende konnte aber statt der Aufteilung auch der Gemeinschaft der bisher Nutzungsberechtigten zugesprochen werden (Realgemeindewald). Besonders in den heute gemeindewaldreichen Gebieten, vor allem in Unterfranken, wurde er dagegen meist ungeteilt in das Eigentum der politischen Gemeinden überführt.[82] Der Reichsdeputationshauptschluss vom 25. Februar 1803[83] führte zu massiven Eingriffen in die Herrschafts- und Eigentumsstrukturen.[84] Der Waldbesitz der geistlichen Herrschaften und der meisten Reichsstädte ging in das Eigentum des Staates über. Der bisher landesherrliche Wald der mediatisierten weltlichen Fürstentümer wurde zum persönlichen Eigentum der bisherigen Landesherren,[85] also zum Großprivatwald.[86]

Ein großer Teil des Kleinprivatwaldes – vor allem in Altbayern – entstand bei der Ablösung von Forstrechten durch Übereignung von Waldflächen an die Rechtler. Der Staatswald – durch Säkularisation und Mediatisierung erheblich vergrößert – war mit zahlreichen Nutzungsrechten der ländlichen Bevölkerung belastet. Schon seit dem Ende des 18. Jahrhunderts bemühte man sich intensiv, die Rechte abzulösen.[87]

Manche Privatwälder – ganz überwiegend kleine – sind auf den Verkauf von Staatswaldflächen zurückzuführen. Gegen Ende des 18. und zu Beginn des 19. Jahrhunderts erschien es bayerischen Regierungskreisen wünschenswert, Staatswald zu verkaufen. Dafür sprachen drei Umstände: Die von Frankreich und England ausgehenden liberalistischen Ideen,[88] der schlechte Zustand und der geringe Ertrag des Staatswaldes, sowie die Finanznot des Staates. Einen Eindruck von den Bestrebungen, die Staatswaldungen zu veräußern, und den Widerstand dagegen, vermittelt die zeitgenössische Literatur, vor allem die Schriften Joseph von Hazzis und Georg Grünbergers, die harte Gegenspieler waren.[89] Nachdem sich die Staatswaldfläche durch die Säkularisation erheblich vergrößert hatte, ordnete der Kurfürst 1805 an, alle Staatswälder zu verkaufen, die nicht zur Forstrechtsablösung und für die kurfürstlichen Betriebe benötigt wurden oder so günstig lagen, dass sie mit lohnendem Gewinn bewirtschaftet werden konnten.[90] Genaue Unterlagen über den Umfang der Staatswaldverkäufe liegen nicht vor. Endres erklärt, es seien „beträchtliche Staatswaldflächen" veräußert worden.[91] Zusammenfassend darf man wohl davon ausgehen, dass zwar bedeutende Staatswaldflächen verkauft wurden, der von liberalistischen Wirtschaftspolitikern gewünschte Verkauf großer Teile des Staatswaldes aber ausblieb.

Bedeutende Privatwaldflächen entstanden auch durch Aufforstung von Ödland und Weideflächen und durch natürliche Wiederbewaldung. Schon im 14. Jahrhundert entstand Wald aber auch auf ehemaligem Ackerland: Missernten und Pestepidemien hatten die Bevölkerung stark vermindert; zahlreiche Siedlungen und die damit verbundenen landwirtschaftlich genutzten Flächen mussten aufgegeben werden („Wüstungen"). Im 19. Jahrhundert bot die Industrialisierung attraktive Arbeitsplätze in den Städten; viele Bauern wanderten dorthin ab. Auch das begünstigte Aufforstungen. Deutliche Veränderungen der Agrarstruktur in der jüngeren Vergangenheit und in der Gegenwart bewogen viele Landwirte, weniger ertragreiche oder ungünstig abgegrenzte Grundstücke aufzuforsten. Staatliche Förderung von Erstaufforstungen und die Forderung von Ausgleichsflächen für Industrieprojekte, v. a. in waldarmen Landkreisen, unterstützen diesen Trend bis heute. Die Waldfläche in Bayern nimmt seit mehr als 30 Jahren alljährlich zu – am stärksten zu Gunsten des Privatwaldes.[92]

Erst 1852, Bayern war schon über 30 Jahre eine staatliche Einheit, wurde das erste einheitliche Forstgesetz für Bayern erlassen. Seine liberalen Grundsätze wollten die Bewirtschaftungsfreiheit der Waldbesitzer möglichst wenig einschränken. Das Waldgesetz für Bayern von 2005[93] steht in dieser Tradition, betont aber auch die Bedeutung der Wälder für das Wohl der Allgemeinheit und fordert ihre nachhaltige Bewirtschaftung, auch im Privatwald.

Nach Reisbach in Niederbayern bringen mehrere Waldbesitzervereinigungen aus dem nadelholzgeprägten Ostbayern alljährlich ihr weniges Laubholz zusammen. Durch die Konzentration zu größeren Mengen und die Versteigerung werden gute Preise erzielt. Auch das bewegt Waldbesitzer, Laubholz zu pflanzen.

Ein großer Teil des Privatwaldes in Bayern ist stark zersplittert. Außerdem sind die Grundstücke oft sehr ungünstig geformt. Häufig wurden die Waldflächen bei der Auflösung der Allmende und der Ablösung der Forstrechte in langen Streifen zugeteilt, um allen künftigen Besitzern möglichst gleiche Anteile an wuchskräftigem Talboden und wenig produktivem Boden in Hochlagen zu sichern. Durch die regional unterschiedlichen Erbschaftsregeln wurde die weitere Zersplitterung in manchen Landesteilen entscheidend gefördert. In Altbayern galt (und gilt weithin) das Anerbenrecht, der Übergang des Eigentums an nur einen Erben. In Franken, besonders in Unterfranken, ist dagegen eine Erbteilung üblich, die das Erbgut an alle Kinder zu gleichen Teilen verteilt.[94] Wegen dieser Umstände sind die Grundstücke oft nur eine Baumlänge breit, haben ein Vielfaches an Länge und sind nur über Fremdgrund erreichbar. Forstliche Maßnahmen sind ohne Beeinträchtigung benachbarter Flächen kaum möglich; anfallende Holzmengen lassen sich so nur schwer ernten und rücken. Die meisten Waldbesitzer verfügen nicht über die zur Waldbewirtschaftung notwendigen Maschinen und Geräte; auch der Holzverkauf ist wegen der geringen Mengen schwierig.

Bei diesen kleinteiligen Besitzverhältnissen und der mangelnden technischen Ausstattung ist eine rentable Waldbewirtschaftung im bayerischen Privatwald schwierig. Deshalb haben sich (bereits seit Beginn des 20. Jahrhunderts[95] und verstärkt nach dem Zweiten Weltkrieg) viele Waldbesitzer zu Selbsthilfeeinrichtungen zusammen geschlossen: Zu Waldbesitzervereinigungen, Waldbauernvereinigungen und Forstbetriebsgemeinschaften. Diese Organisationen, meist sind es wirtschaftliche Vereine, haben auf Regierungsbezirksebene übergeordnete Einheiten gebildet: die Forstwirtschaftlichen Vereinigungen. Auch kommunale und größere private Forstbetriebe können ihnen beitreten.[96] Die forstlichen Zusammenschlüsse haben sich die Aufgabe gestellt, die Nachteile der Besitzzersplitterung durch den freiwilligen Zusammenschluss möglichst

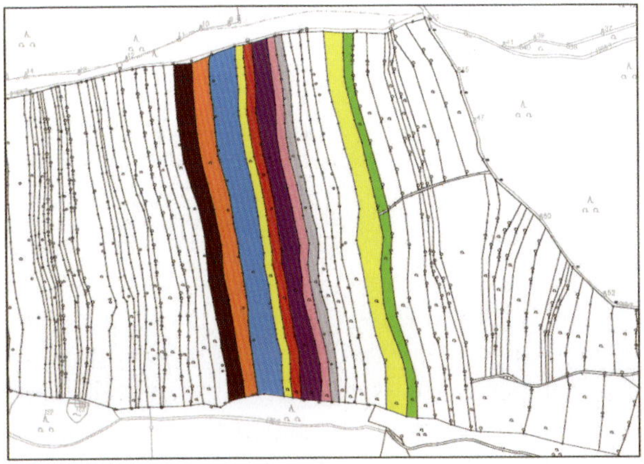

Durch die Auflösung der Markgenossenschaft, die Ablösung von Forstrechten und den immer wieder teilenden Erbgang in Franken sind schmale Grundstücke im Wald entstanden, die schwer zu bewirtschaften sind. Die Ämter für Ländliche Entwicklung bemühen sich, durch Waldflurbereinigung und Freiwilligen Landtausch günstigere Besitzstrukturen zu schaffen.

vieler Waldbesitzer in einem bestimmten Gebiet zu überwinden. Vor allem durch zentralen Einkauf, gemeinsame Holzvermarktung und besitzübergreifenden Maschineneinsatz sollen Strukturnachteile ausgeglichen werden.[97] Derzeit sind etwa 30 Prozent der Waldbesitzer mit 74 Prozent der Privatwaldfläche und einer durchschnittlichen Besitzgröße von 8,5 Hektar in einem forstlichen Zusammenschluss organisiert. Ziel der Forstverwaltung und der Waldbesitzerverbände ist es, besonders Eigentümer kleiner Flächen von den Vorteilen einer Mitgliedschaft zu überzeugen.[98]

In unserem dicht besiedelten Land wird angestrebt, die Funktionen des Waldes zu Gunsten der Gesellschaft (Trinkwasserspeicher, Arbeitsplatz, Holzlieferant, Erholungsraum usw.) möglichst wirksam zu erfüllen. Der private Waldbesitz, der über mehr als die Hälfte der bayerischen Waldfläche verfügt, leistet dazu einen wichtigen Beitrag. Staat und Gesellschaft sind verpflichtet, die Leistungen des Waldes auch im Privatwald zu sichern. Private Forstbetriebe können die vielfältigen Ansprüche der Allgemeinheit an ihren Wald auf Dauer aber nur dann erfüllen, wenn ihre wirtschaftliche Grundlage gesichert ist. Deshalb fördert der Freistaat Bayern den privaten Waldbesitz durch forstliche Beratung und fachliche Fortbildung, aber auch finanziell. Die Bundesrepublik Deutschland und die Europäische Union unterstützen ihn dabei.[99]

Das wichtigste Mittel zur Förderung der Privatwaldwirtschaft ist die gute Beratung und praktische Unterweisung der Waldbesitzer in der fachgerechten Bewirtschaftung ihrer Waldungen.

Beratung und Förderung der privaten Forstwirtschaft haben in Bayern eine lange Tradition. Bereits um 1900 erkannte der Staat das wirtschaftliche Potenzial, das in den Privatwäldern schlummerte und entwickelte die Beratung als ein Förderinstrument. „Das bedeutsamste Fördermittel der Privatwaldwirtschaft ist daher die gute Beratung und praktische Unterweisung der Waldbesitzer in der zweckmäßigsten Art und Weise der Aufforstung und in der Pflege der Waldkulturen. ... den Waldbesitzern [ist] stets mit Wohlwollen entgegenzukommen und sollen ihre waldwirthschaftlichen Interessen thunlichst durch persönlich-mündlichen Verkehr gefördert werden."[100] Oft haben sich engagierte Privatwaldförster schon vor vielen Jahrzehnten bei der Gründung von Waldbauernvereinigungen tatkräftig engagiert und sich lange als Geschäftsführer zur Verfügung gestellt.[101]

Das Zentrum für die fachgerechte Aus- und Fortbildung der Waldbesitzer ist seit Jahrzehnten die Waldbauernschule Kelheim.

Seit 2005 ist der Vollzug des Forstgesetzes und die Betreuung des Privat- und Körperschaftswaldes Aufgabe der Ämter für Ernährung, Landwirtschaft und Forsten (ÄELF).[102] Die Forstbetriebsgemeinschaften werden von staatlichen Forstbeamten beraten. Allen Waldbesitzern bieten die Ämter mit ihren Privatwaldbetreuern eine flächendeckende, neutrale, kostenlose und unverbindliche Beratung durch „Förster vor Ort" an.[103]

Im ländlichen Raum ändern sich soziale und wirtschaftliche Strukturen rasch. Zusammen mit der demographischen Entwicklung hat das tiefgreifende Folgen für die Besitzstruktur des Privatwaldes. Während die Zahl der landwirtschaftlichen Betriebe ständig zurückgeht – heute sind es nur noch halb so viele, wie vor 25 Jahren – erhöht sich die Zahl der reinen Forstbetriebe ständig. Denn Waldbesitz wird häufig getrennt und ohne angeschlossene Landwirtschaft weiter vererbt. Das führt zu einer immer stärkeren Entkoppelung von Waldbesitz und Landwirtschaft. Viele Waldbesitzer wohnen weit weg von ihrem Wald in Städten (urbane Waldbesitzer); die wirtschaftliche Bedeutung des Waldes steht für sie nicht mehr im Vordergrund. Die neuen Waldbesitzer verfügen meist nicht über die zur Arbeit im Wald nötige Ausrüstung und die notwendigen technischen Fähigkeiten. Aber auch die ländlichen Waldeigentümer können wegen ihres zunehmenden Alters ihren Besitz immer weniger selbst bewirtschaften.[104] Es ist zu erwarten, dass noch mehr Waldeigentum in die Hände von räumlich getrennten Erbengemeinschaften übergeht, deren Mitglieder keine unmittelbare Beziehung zur Forstwirtschaft besitzen.[105]

Menschen, die in Städten leben und Wald besitzen, sind wichtige Botschafter für Waldwissen in der urbanen Gesellschaft. Viele von ihnen haben Kenntnisse über nachwachsende Rohstoffe und eine enge Beziehung zur Natur; sie fühlen sich an den Wald als ein Stück Heimat gebunden. Davon beeinflusst, bewirtschaften und gestalten sie ihren Wald. Ihr Bewusstsein wird aber auch vom Wald geprägt, den sie formen. Verständnis für die Gesetze der Natur, langfristiges Denken und Verantwortung gegenüber kommenden Generationen sind Beispiele für Dinge, die der Wald lehrt. So geprägte Menschen sind wichtige Multiplikatoren, die mithelfen, der stetig urbaner werdenden Gesellschaft Verständnis für die Bedeutung des Waldes und die nachhaltige Waldbewirtschaftung zu vermitteln.[106]

Die bayerischen Waldeigentümer werden seit fast 100 Jahren durch den Bayerischen Waldbesitzerverband e. V. als berufsständische und organisatorische Vertretung unterstützt. Er setzt sich für die Interessen des Waldbesitzes ein und berät seine Mitglieder in forstwirtschaftlichen und rechtlichen Fragen.[107]

Der Wald wurde viele Jahrhunderte lang nur als Ergänzung der Land- und Hauswirtschaft gesehen. Die Verbesserungen der Verkehrsverhältnisse (besonders der Ausbau des Eisenbahnnetzes in der zweiten Hälfte des 19. Jahrhunderts) brachten zwei wesentliche Veränderungen für die Forstwirtschaft: Steinkohle war jetzt überall verfügbar und ersetzte immer mehr das Brennholz. Zum anderen konnte das sperrige Stammholz jetzt über weite Strecken transportiert werden; es wurde ein eigenes Wirtschaftsgut mit hohem Wert. Viele Privatwaldbesitzer motivierte das, Forstwirtschaft zu betreiben, Ödland aufzuforsten und Holzvorräte aufzubauen. Dabei pflanzten sie meist die Fichte. Sie war die Modebaumart der Gründerzeit, weil sie eine enorme Massenleistung und einen hohen Nutzholzanteil mit geringem Anzucht-, Pflanzungs- und Pflegeaufwand verbindet. Bis heute hat sich die Vorliebe für die Fichte bei vielen privaten Waldbesitzern erhalten. Dadurch sind auf großer Fläche reine Fichtenbestände entstanden, oft auf ungeeigneten Standorten.[108] Sie werden durch Sturm, Schadinsekten und Klimaänderungen bedroht. Ziel der bayerischen Forstpolitik ist es deshalb, ihren Umbau in stabile und standortgerechte Bestände voranzutreiben. Das Waldumbauprogramm 2020 sieht vor, 260 000 Hektar reine Fichten- und Kiefernforste mit hoher Gefährdung durch zukunftsfähige und strukturreiche Bestände zu ersetzen.[109]

Der Holzverbrauch nimmt weltweit zu: Als Bau- und Werkmaterial wird Holz zunehmend geschätzt, aber auch als Energiequelle dringend benötigt. International ist nicht naturnahe Forstwirtschaft, sondern Urwaldrodung, illegaler Einschlag und Plantagen das beherrschende Thema. Gleichzeitig steigen – vor allem in den Industrienationen – die Ansprüche der Gesellschaft an den Wald in den Bereichen Naturschutz, Erholung und biologische Vielfalt: Flächenstilllegungen werden gefordert. So entsteht ein Dilemma zwischen Leistungsfähigkeit und Ansprüchen. Dazu kommt der Klimawandel, der die die Forstwirtschaft vor große Probleme stellt. Aufgaben und Herausforderungen für die Forstwirtschaft nehmen also zu. Forstliche Beratung, fachliche Fortbildung und finanzielle Förderung der Privatwaldbesitzer werden deshalb noch bedeutsamer und wertvoller sein, als in der Vergangenheit.

Zusammenfassung

Im Fichtelgebirge wurde seit dem frühen Mittelalter Zinn, Gold und Eisen gefördert und verhüttet. Spuren des Bergbaus sind im Wald noch deutlich zu erkennen. Viele Orts- und Flurnamen haben ihre Wurzeln in der Montanindustrie. Der Bergbau hatte weit geringere Auswirkungen auf den Wald, als die Montanindustrie in der Oberpfalz; hier bestand kein Holzmangel. In den großen zusammenhängenden Waldgebieten blieb die naturnahe Bestockung lange erhalten. Wegen der um die Mitte des 19. Jahrhunderts einsetzenden künstlichen Verjüngung herrscht heute die Fichte weithin als Reinbestand.

Pechgewinnung bot den Bewohnern des Fichtelgebirges, wo wegen des ungünstigen Klimas die Erträge der Landwirtschaft gering waren, zusätzliche Verdienstmöglichkeiten.

Im Frankenwald stand viel mehr Holz zur Verfügung, als die Bewohner benötigten. Es wurde deshalb zu den Städten an Main und Rhein und bis in die Niederlande geflößt, wo großer Holzbedarf bestand. Durch die Wasserverbindung konnte Holz vom Überschussgebiet ins Mangelgebiet verfrachtet werden. Mit großem Aufwand wurde die notwendige Infrastruktur geschaffen: Man baute Bäche und Flüsse hindernisarm aus. Es bildete sich das Transportgewerbe der Flößer heraus und brachte Wohlstand in die Region. Zeitweise war der Frankenwald stark übernutzt, die Bestockung verschob sich von der Tanne zur Fichte, die Buche verschwand fast ganz.

Zu Beginn der 1980er Jahre entwickelte sich in Deutschland eine höchst emotionale öffentliche Debatte über das „Waldsterben". Wegen der starken Luftverschmutzung („Saurer Regen") werde der Wald in kurzer Zeit auf großen Flächen absterben. Unter dem Druck der Öffentlichkeit erließ die Bundesrepublik wesentliche Vorschriften zur Reinhaltung der Luft. Inzwischen beschäftigen sich Öffentlichkeit und Politik – wohl auch sensibilisiert durch die Debatte über das „Waldsterben" – mit den Klimaänderungen und ihrer Ursache, den Treibhausgasen.

Der Privatwald umfasst 56 Prozent der Waldfläche Bayerns und ist Eigentum von rund 700 000 Personen. Der Kleinprivatwald hatte in Bayern jahrhundertelang nur einen sehr geringen Anteil an der Waldfläche. Erst um 1800 hat dieser Anteil durch die Teilung der Allmende, die Ablösung von Forstrechten und den Verkauf von Staatswaldflächen stark zugenommen. Wegen der Zersplitterung des Waldbesitzes und der oft ungünstigen Ausformung der Grundstücke ist eine rentable Bewirtschaftung im bayerischen Privatwald schwierig. Der Freistaat Bayern fördert den privaten Waldbesitz vielfältig, weil er für die Gesellschaft wertvolle Leistungen erbringt. Er bietet ihm und seinen Organisationen eine landesweite kostenlose Fachberatung an. Außerdem unterstützt er die Aus- und Fortbildung der Waldbesitzer und fördert die fachgerechte, nachhaltige Bewirtschaftung des Privatwaldes auch finanziell.

4 Oberpfalz

Der Wald steht im Dienst der Eisenindustrie

Der Westen der Oberpfalz ist vom Höhenzug des Oberpfälzer Jura geprägt. Der verkarstete Kalkuntergrund ist großflächig von Kreide- und Tertiärsedimenten („Albüberdeckung") überlagert. Auf flachgründigen Kalkverwitterungslehmen sind Laubmischwälder mit vorherrschender Buche standortgemäß, auf den Überlagerungsböden sind es Mischbestände aus Fichte, Buche und Tanne.

Östlich des Jura schließt sich das Oberpfälzer Becken- und Hügelland an. Hier herrschen wuchsarme Sande vor, auf denen sich nur die Kiefer behaupten konnte.

Der Oberpfälzer Wald bildet zusammen mit dem Bayerischen Wald das ostbayerische Grenzgebirge. Er besteht geologisch größtenteils aus Gneis mit eingesprengten Granitstöcken. Nur die Waldsassener Schiefer und das Mitterteicher Basaltgebiet unterbrechen diesen Gebirgszug. Im Norden bildet der aus Granit bestehende Steinwald den Übergang nach Oberfranken.

Auf den Verwitterungsprodukten, eher sauren Braunerden, prägten lange Buche, Fichte und Tanne das Bild dieser Waldregionen. Als die Holzvorräte im Oberpfälzer Becken den Bedarf der Eisenindustrie nicht mehr decken konnte, beutete man die Wälder im angrenzenden Oberpfälzer Wald aus; so wurde die Kiefer auch hier zur weithin herrschenden Baumart.

Der Südosten der Oberpfalz wird durch den aus Niederbayern kommenden Fluss Regen in westlicher Richtung entwässert. Nach einem scharfen Knick bei Maxhütte-Haidhof fließt er nach Süden der Donau zu. Die Naab durchströmt den größten Teil der Oberpfalz von Nord nach Süd. Ganz im Westen, im Landkreis Neumarkt, hat die Oberpfalz auch einen Anteil an der Altmühl.

Die Gesteine der Oberpfalz sind reich an Eisenerz und wurden über lange Zeitträume ausgebeutet. Die meiste Zeit stand nur Holz als Energiequelle zum Schmelzen des Erzes zur Verfügung, weshalb die Wälder intensiv genutzt wurden. Auf den überall sehr nährstoffarmen Standorten, vor allem in den von Kreide geprägten Regionen, führte dies

Fläche	969 103 m²
Waldfläche	414 084 m²
Waldanteil	42,7%
davon Laubholz	*21%*
davon Nadelholz	*79%*
Einwohner	1,09 Mio.
Waldfläche je Einwohner	3791 m²

zwangsläufig zur Verhagerung der Böden und in der Folge zur Kiefernwirtschaft. Ein Sonderfall ist das Gebiet um Mitterteich. Weil hier vulkanischer Basalt den nährstoffreichen Untergrund bildet, finden sich Buchenwälder mit viel Edellaubholz.

Die Oberpfalz ging aus dem bayerischen Nordgau hervor, der das Gebiet zwischen der Donau und dem Fichtelgebirge umfasste und um die Mitte des 13. Jahrhunderts in das Herzogtum Bayern eingegliedert wurde. Im Norden besaß das reichsfreie Zisterzienserkloster Waldsassen viel Wald, im Süden hatte das Bistum Regensburg Waldbesitz. Im Jahr 1329 übergab Kaiser Ludwig der Bayer große Teile der Oberpfalz an die pfälzische Linie der Wittelsbacher. Davon wurde fortan auch der Name der Region abgeleitet (Obere Pfalz gen Bayern). Im Jahr 1628 kam die Oberpfalz mit Ausnahme der Herzogtümer Pfalz-Neuburg und Pfalz-Sulzbach an das Kurfürstentum Bayern; seit 1777 wird die gesamte Oberpfalz von München aus regiert.

4.1 Oberpfälzer Becken: Eisenindustrie

Bei der Oberpfalz blicken wir zunächst auf die mittelalterliche Eisenindustrie und ihre gewaltigen Auswirkungen auf den Wald. In diesem Gebiet glühten im ausgehenden Mittelalter die Schmelzöfen und die Eisenhämmer dröhnten. Besonders die boomende Handelsstadt Nürnberg hatte immensen Bedarf an Metallprodukten aus der Oberpfalz. Eisen war der Grundstoff damals moderner Technologien und deshalb hoch begehrt. Man nennt die Oberpfalz auch „Ruhrgebiet des Mittelalters".

Ergiebige Eisenerzlager, große Wälder und reichlich Wasserkraft boten ideale Voraussetzungen für die Entstehung einer intensiven Eisenindustrie in der Oberpfalz. In der zweiten Hälfte des 13. Jahrhunderts wird erstmals über den Abbau und die Verhüttung von Eisenerz berichtet. Grundlage der Industrie war das Eisenerz aus den geologischen Schichten der Kreidezeit, vor allem um Sulzbach, Amberg, Auerbach und Bodenwöhr. Das Erz wurde meist im Tagebau gewonnen, um Amberg und Sulzbach auch im Tiefbau.

1341 schlossen sich die Bergstädte Amberg und Sulzbach mit 68 Hammermeistern aus der Oberpfalz und aus dem Gebiet der freien Reichsstadt Nürnberg zu einer „Hammereinigung" zusammen, dem ältesten Kartell der deutschen Wirtschaftsgeschichte. Seine Mitglieder genossen eine Vormachtstellung, denn ein kaiserliches Privileg gewährte ihnen Zollfreiheit im ganzen Reich.[1] Sie beherrschten nicht nur den oberdeutschen Markt, sondern hatten Geschäftsbeziehungen bis nach Ungarn, Italien und Südfrankreich. Der Zusammenschluss bestand 300 Jahre[2] und war die Grundlage für den Wohlstand der Region. Man schätzt, dass in der Oberpfalz im späten Mittelalter 25 Prozent der Bevölkerung vom Bergbau und vom Hüttenwesen lebte.[3]

Die Eisenverhüttung war zu jener Zeit allein durch den Einsatz von Holzkohle möglich, weil nur mit ihrer Hilfe die für das Schmelzen des Eisens erforderlichen hohen Temperaturen erreicht werden konnten.[4] Für

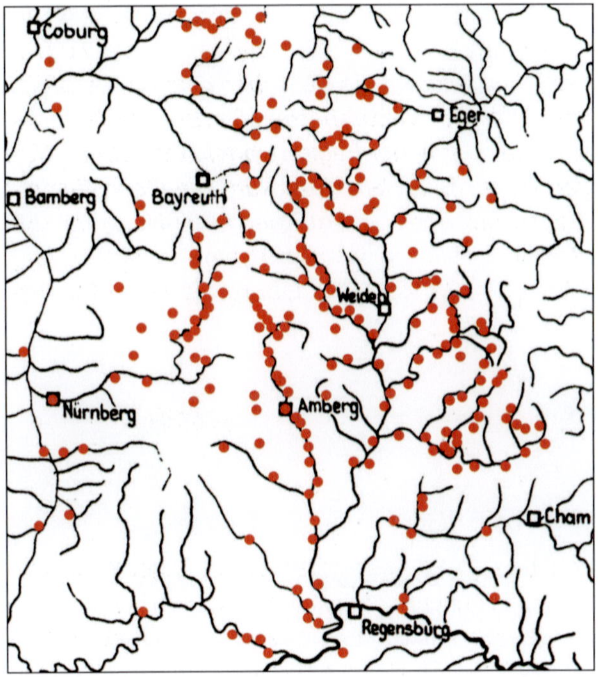

Zahlreiche Eisenhämmer finden sich in der Oberpfalz entlang der Flüsse, um die Wasserkraft zu nutzen.

den Betrieb der Schmelzöfen (Rennöfen[5]) wurde viel Holz zur Herstellung von Holzkohle benötigt. Eng verbunden mit der Eisenerzeugung war deshalb eine intensive Köhlerei.

Mit der Genehmigung des Landesherrn zur Errichtung eines Hütten- oder Hammerwerkes war meist auch das Recht verbunden, das benötigte Holz aus den landesherrlichen Wäldern zu beziehen. Viele Bergfreiheiten und Bergordnungen stellten den sicheren und billigen Bezug des nötigen Kohlholzes in Aussicht und dazu meist kostenfreies Bau- und Grubenholz.

Es bedarf starker mechanischer Kräfte, um das glühende Eisen mit Hämmern in die gewünschte Form zu bringen. Mit dem Ausbau der Montanindustrie begann man deshalb in der Oberpfalz, auch die Wasserkraft zu nutzen. An den Flüssen und Bächen entstanden in dichter Folge Hammerwerke.[6] Weil die Wasserführung der Flüsse (Naab, Vils, Altmühl, Pegnitz, Laber, Pfreimd) jahreszeitlich schwankte, wurden sie aufgestaut. Das speichert die Energie. So entstanden in der ganzen Oberpfalz Hammerweiher, die das Landschaftsbild bis heute prägen. Besonders bekannt ist der 34 Hektar große Hammerweiher bei Bodenwöhr. Der größte Weiher, der an der oberen Pfreimd gelegene Pfrentschweiher, umfasste knapp 1 400 Tagwerk (= 450 Hektar). Nachdem er 500 Jahre bestanden hatte, wurde er 1854 abgelassen; die ehemalige Teichfläche wurde dann aufgeforstet bzw. landwirtschaftlich genutzt.[7]

Mit dem Breithammer wurden Kupfer- oder Eisenbarren zu flachen Werkstücken und Blechen geplättet, der Tiefhammer diente zum Anfertigen ausgetiefter Stellen. Die gewaltigen Kräfte wurden zum Beispiel zum Ausschmieden von Sensenblättern genutzt.

Eine ganze Reihe von Autoren[8] hat sich bemüht, die für die Eisenerzeugung verbrauchte Holzmenge zu ermitteln. Sie sind dabei zu unterschiedlichen Zahlen gekommen.[9] Über die einzelnen Berechnungen lässt sich sicher im Detail diskutieren, entscheidend sind aber die Größenordnungen. Fasst man die Ergebnisse der vorliegenden Berechnungen zusammen, ergibt sich etwa folgendes Bild: Für die Zeit der Hochkonjunktur der Oberpfälzer Eisenindustrie (um die Mitte des 15. Jahrhunderts und nach dem erneuten Aufschwung im 19. Jahrhundert) muss von einem Holzverbrauch der Montanbetriebe von rund 400 000 Festmetern je Jahr ausgegangen werden. In den Zeitabschnitten, in denen weniger Eisenwerke in Betrieb waren, lag er bei jährlich 200 000 Festmetern. Dazu kam der hohe Bedarf der örtlichen Bevölkerung an Bau-, Werk- und Brennholz. Nach Fritsch kann er auf das Dreifache des Bedarfs der Eisenindustrie angesetzt werden.[10] Man muss also wohl von einem Holzverbrauch von bis zu einer Million Festmetern jährlich ausgehen. Der Zuwachs des Waldes in dem von der Eisenindustrie genutzten Gebiet war weit geringer. Lutz hat dafür 534 000 Festmeter errechnet.[11]

Ohne Zweifel wurde also durch die Eisenindustrie in weiten Bereichen der Oberpfalz über lange Zeit tief in die Substanz des Waldes eingegriffen und Biomasse abgebaut. Gegen Ende des 18. Jahrhunderts hatte die starke Nutzung, vorwiegend in der Umgebung der größeren Hüttenwerke, lokal bereits zu starken Waldverwüstungen geführt. Holz konnte damals ja kaum über größere Entfernungen transportiert werden.

Von der Mitte des 16. Jahrhunderts an zwangen Holzmangel, Erschöpfung der leicht abbaubaren Erzlagerstätten und zunehmende ausländische Konkurrenz zu einem starken Rückgang der Oberpfälzer Montanindustrie. Mit dem 30jährigen Krieg brach sie zusammen. 70 Prozent der Hammerwerke waren zerstört; Arbeits- und Fachkräfte fehlten, weil Krieg und Seuchen sie dahingerafft hatten. Gegen Ende des 17. Jahrhunderts wurde der Bergbau wieder aufgenommen; man gründete neue Hüttenwerke. Weil man die Industrialisierung förderte, waren um die Mitte des 19. Jahrhunderts wieder etwa 100 Betriebe (darunter ein Drittel Hochöfen) tätig. Danach stellten angesichts der wachsenden Konkurrenz durch die neuen Koks-Hochöfen immer mehr Betriebe ihre Tätigkeit ein.[12]

Der große Holzbedarf der Eisenindustrie führte zu kurzen Umtriebszeiten und verlichteten Wäldern. Die robuste Kiefer verdrängte die anderen Baumarten.

Die rücksichtslose und ausplündernde Holznutzung war nicht nachhaltig und führte – zuerst in der Umgebung der Hüttenwerke – zu verlichteten und mit Kahlflächen durchsetzten Wäldern. Ihr Zustand verschlechterte sich von Jahrzehnt zu Jahrzehnt.[13] Der Amberger

Obrist-Forstmeister Russwurm spricht 1579 von einer dramatischen Situation für die Industrie, deren Versorgung nicht mehr sichergestellt sei. Er beschwört auch Verderben und Untergang, die der Bevölkerung ohne Holz drohten. Denn gerade die arme Bevölkerung könne „das Holz so wenig als des lieben Brotes entbehren".[14] Auch für die Forstordnungen jener Zeit – besonders die Oberpfälzer Forstordnung von 1565, die als Vorlage für die Bayerische Forstordnung von 1568 diente – steht die Sicherstellung der Holzversorgung von Bevölkerung und Eisenindustrie im Mittelpunkt aller Überlegungen.[15]

Als die Oberpfalz 1628 an das Herzogtum Bayern angeschlossen wurde, beklagten die Bayern „die Unordnung in den Wäldern" und den Holzmangel.[16] Die Wälder waren also damals schon licht. Auch nach dem Zusammenbruch der Montanindustrie konnte sich der Wald nicht erholen. Die notleidende Bevölkerung legte auf den Kahlflächen sog. Reutäcker[17] an und trieb große Schafherden in die übrig gebliebenen Waldungen. Gegen Ende des 18. Jahrhunderts wurde auch in der Oberpfalz Rindviehhaltung und Stallfütterung eingeführt. Der neue Bedarf an Einstreu führte zu ausgedehnter Streunutzung in den ohnehin geschwächten Wäldern und raubte den Böden den Rest ihrer Wuchskraft.[18] So nahm die Kiefer nach und nach überhand in den Wäldern, in denen einst Fichte, Tanne, Eiche, Buche, Ulme und Linde stockten und die Kiefer ursprünglich nur im Bestand beteiligt, aber nicht führend war.[19] Von den einstigen Mischwäldern waren Kiefernkrüppelbestände übrig geblieben, die an „Heidekrankheit" litten.[20]

Im 19. Jahrhundert wurde für die besonders geschädigten Wälder Bodenbearbeitung und Bekämpfung der Heide empfohlen. So entstand wieder Wald, aber nicht der gewünschte Mischwald, sondern meist großflächige Kiefernreinbestände, die von Waldbränden und Insektenkalamitäten bedroht waren. Im 20. Jahrhundert wurde der nachgewiesene Stickstoffmangel in den Waldböden zum einen durch gezielte und umfangreiche Düngemaßnahmen behoben; zum anderen trug der von Industrie und Verkehr verursachte Eintrag von Stickstoff durch die Luft zu einer Entspannung bei. Die Erfolge sind durch den Wandel der Bodenvegetation deutlich zu erkennen. Auch in der Gegenwart bemühen sich Bayerische Forstverwaltung und Bayerische Staatsforsten mit erhöhtem finanziellen Aufwand, wieder einen gemischten, nachhaltig leistungsfähigen Wald zu schaffen.[21]

Als **Heidekrankheit** bezeichnete man den Zustand von Wäldern, die unter extremem Nährstoffmangel litten. Besonders auf Standorten mit geologisch schlechter Nährstoffausstattung führten der Nährstoffentzug durch Streurechen und die kurzen Umtriebszeiten mit Nutzung des gesamten angefallenen Holzes zur Erschöpfung der Böden. Die aufstockenden Bestände, fast nur Kiefern, waren schlechtwüchsig, blieben niedrig und hatten flache, gestaucht wirkende Kronen; der Boden war mit Heidekraut bedeckt. Heute werden die (Wald-)Ökosysteme durch den atmosphärischen Stickstoffeintrag so stark gedüngt, dass diese extrem belasteten Waldbestände verschwunden sind.

4.2 Amberg: Köhlerei

Heute denken wohl die meisten Menschen wenn sie „Holzkohle" hören oder lesen zuerst an Grillfeste im Familien- oder Freundeskreis. Holzkohle war aber seit dem Altertum entscheidend für die Entwicklung von Technik und Zivilisation. Sie war nämlich unentbehrlich für die Gewinnung und Verarbeitung von Eisen, aber auch für die Herstellung von Glas, weil nur mit ihrer Hilfe die dafür erforderliche Temperatur von 800 Grad erreicht werden konnte.[22] Die Montanindustrie der Oberpfalz mit ihrem Schwerpunkt um Amberg und Sulzbach und die intensive Köhlerei waren deshalb eng verbunden und voneinander abhängig.

Die Waldköhlerei ist eine der ältesten Handwerkstechniken der Menschheit und ein uraltes Gewerbe. Sie verbrauchte gewaltige Mengen an Holz. Zunächst rauchten die Kohlenmeiler in der Nähe der Bergwerke und Glasöfen. War der Wald um die Meiler abgenutzt, zogen die Köhler weiter, immer tiefer in den Wald. Es war leichter, Holzkohle zu den Hüttenwerken zu bringen, als schweres Holz. Holzkohle wiegt nur etwa ein Viertel des zu ihrer Herstellung erforderlichen Holzes.

Ein Kohlenmeiler musste sorgfältig aufgesetzt und Tag und Nacht bewacht werden, damit er nicht in Brand geriet.

Für den Kohlenmeiler wurde auf einer ebenen Kreisfläche mit einem Durchmesser von etwa sechs Metern die Grasnarbe ausgestochen, die Erde 20 Zentimeter tief ausgehoben und zu einem niedrigen Wall um diese Fläche aufgehäuft. Zur Ableitung des während der Verkohlung austretenden Wassers war die Kohlplatte nach außen etwas geneigt und der Wall mit einem Ableitungskanal durchschnitten. Die Mitte des Meilers bildete ein Reisigbündel mit etwa 15 Zentimeter Durchmesser und der Höhe des zu errichtenden Meilers (Feuerschacht). Die lufttrockenen Kohlholzprügel und -scheite ordnete man senkrecht stehend in Ringen um das Bündel in der Mitte an. War die Grundfläche des Meilers mit Kohlholzscheiten bedeckt, füllte man die Zwischenräume mit Reisig oder kleinerem Holz aus. Darauf kam die nächste Lage Holz, so dass ein kegelförmiger Holzhaufen entstand. Der Kohlenmeiler wurde mit einer dreilagigen Schicht abgedeckt, um die Luftzufuhr zu verhindern; die innere bestand aus kleinem Holz, die mittlere aus Laub, Moos und Gras, die äußere aus Erde. Der Meiler wurde im Feuerschacht angezündet und brannte kegelförmig von oben nach unten und von der Mitte nach außen ab. Die Luftzufuhr und damit der gleichmäßige Abbrand des Meilers regulierte man durch das Öffnen und Wiederverschließen von Löchern in der Abdeckung. Blauer Rauch aus den unteren Abzugslöchern zeigte das Ende des Verkohlungsprozesses an: Der Meiler war durchgeglüht, das Feuer wurde durch Abdichten aller Löcher erstickt. Der Köhler musste vor allem darauf achten, den Meiler weder erlöschen noch in hellen Flammen aufgehen zu lassen. Dazu hatte er den Meiler fast ständig zu beob-

Holzkohle war wichtig für die Eisenindustrie, wegen der hohen Temperaturen, die mit ihr erreicht werden können.

achten. Große Meiler mit 60 bis 100 Raummetern Holz brannten mehrere Wochen.[23]

Die Ausbeute der Köhlerei war abhängig von der Holzart, dem Wetter (besonders dem Wind), der Dauer und Art der Verkohlung und dem Können und der Umsicht des Köhlers. Im Durchschnitt betrug das Volumen der gewonnenen Holzkohle 50-60 Prozent des eingesetzten Holzes und 25 Prozent von dessen Gewicht. Holzkohle besteht aus fast reinem Kohlenstoff. Sie ist schwarz, geruch- und geschmacklos, und brennt mit blauer kurzer Flamme, ohne Rauch und Geruch. Ihre Brennkraft ist doppelt so hoch wie die des Holzes.[24]

Die Köhler lebten meist einsam in der Abgeschiedenheit dunkler Wälder. Ihr Leben war recht armselig und mühsam. Sie mussten ihre Meiler Tag und Nacht bewachen und wohnten deshalb in deren Nähe, meist in einfachen Hütten. Wegen dieser außergewöhnlichen Lebensweise umwehte die Köhler ein Hauch des Geheimnisvollen. Sie wurden deshalb zu Figuren zahlreicher Sagen und Märchen.[25]

Trotzdem die Holzkohle dringend gebraucht wurde, waren die Köhler in der Gesellschaft wenig angesehen. Ihre anstrengende Arbeit wurde schlecht bezahlt. Während des Mittelalters waren sie überall geächtet; ihr Beruf galt als unehrenhaft.[26]

Mit der verstärkten Nutzung der Steinkohle ging auch die Köhlerei zurück. In vielen Wäldern sind ihre Spuren heute noch zu erkennen.

In der Oberpfalz gab es um die Mitte des 18. Jahrhunderts Oberforstmeister, Forstmeister, Förster und Forstknechte.[27] Die Forstknechte hatten eine Lehrzeit von 3 Jahren abzuleisten. Vorbildliche christliche Lebensführung war dabei sehr wichtig.

Dazu eine Anekdote:
Ein Forstknecht namens Franz Peter von Mantel (vermutlich aus dem Ort Mantel) hatte „mit mehreren Complizen" an einer Teufelsbeschwörung teilgenommen. Dafür kam er in den Kerker, bekam öffentlich 30 „wohlempfindliche Carbatsch" (Peitschenhiebe) und verlor seinen Arbeitsplatz. Erst viele Leumundszeugnisse, darunter die von Geistlichen beider Konfessionen und vom Pfleger von Waldeck, bewirkten, dass er 1755 wieder eine Anstellung bei einem Förster erhielt.[28]

4.3 Fuchsmühl: Holzschlacht

Fuchsmühl, an der Ostseite des Steinwaldes in der nördlichen Oberpfalz gelegen, hat forstgeschichtliche Bedeutung durch die Holzschlacht, die dort im Herbst 1894 stattgefunden hat. Viele der Fuchsmühler Bauern besaßen Jahrhunderte alte Holzrechte: sie durften jedes Jahr eine bestimmte Menge Holz für ihren Verbrauch schlagen. Besitzer dieser Waldungen war der Fuchsmühler Schlossherr Baron Maximilian von Zoller. Er wollte die bäuerlichen Rechte an seinem Wald nicht dulden, aber 1873 bestätigte ein Gericht das alte Recht. Der Erbe Maximilians, Ludwig von Zoller, verbot dennoch 1892 die Holzentnahme und bot für die Ablösung der Rechte 90 000 Mark. Mit dem Angebot waren die Rechtler nicht einverstanden, ein Gericht in Weiden entschied aber zu Gunsten Zollers. Als man den Bauern zwei Jahre lang ihre verbrieften und vererbten Holzrechte streitig machte, griffen sie zur Selbsthilfe. Es kam zur Eskalation, in der der Staat all seine Härte zeigte.

Am 29. Oktober 1894 zogen etwa 180 Männer und Frauen aus Fuchsmühl in den Wald, um das ihnen nach ihrer Meinung zustehende Holz zu fällen. Der zuständige Bezirksamtmann[29] und die Gendarmerie wollten dies verhindern, fanden aber bei den aufgebrachten Rechtlern kein Gehör. Tags darauf traf gegen 11 Uhr eine 50 Mann starke Abteilung vom 6. Infanterie-Regiment aus Amberg ein. Mit aufgepflanzten Bajonetten gingen die Soldaten auf die Menge los. Zwei 69 Jahre alte Männer wurden durch Bajonettstiche getötet; mehrere Rechtler wurden auf der Flucht schwer verletzt.

Im April 1895 wurde in Weiden die Verhandlung gegen 146 Angeklagte geführt. Bis auf zwei wurden alle beteiligten Rechtler wegen Landfriedensbruchs, Forstfrevels und anderer Delikte zu Gefängnis- und Geldstrafen verurteilt. Bei der Zumessung der Strafhöhe hatte das Gericht mildernd „in Erwägung gezogen, daß sie durch die Weigerung des Freiherrn von Zoller, ihnen ihr Brennholz anzuweisen, in eine hochgradig begreifliche Erregung und Erbitterung geraten sind, ferner daß sie [...] das Holz notwendig brauchten." Der „Bauerndoktor" Georg Heim[30] erwirkte 1896 bei Prinzregent Luitpold eine Begnadigung: Alle Strafen und die Gerichtskosten wurden erlassen.

Es ging nur um die Ausübung von strittigen Holzrechten. Die Obrigkeit ging dagegen mit Waffengewalt vor.

Die Verantwortlichen für das brutale Vorgehen des Militärs wurden nie bestraft. Allerdings zeigt die Begnadigung den langsamen Wandel vom Obrigkeitsstaat, in dem Untertanen dirigiert wurden, zum heranreifenden Bürgerstaat, dessen Leitprinzipien Verhältnismäßigkeit und Recht sind.

Im Jahr 1937 kaufte die Stadt Augsburg das Schlossgut Fuchsmühl mit ca. 800 Hektar Wald und mit landwirtschaftlich genutzten Flächen. Diese wurden in der Folgezeit überwiegend zur Ablösung von Forstrechten an Privatpersonen abgegeben. Noch heute bewirtschaftet die Stadt Augsburg ihren Waldbesitz in der Oberpfalz mit eigenem Forstpersonal.

4.4 Bodenwöhr: Holznutzung und Walderschließung

Die Ernte des Holzes ist einer der zentralen Aufgabenbereiche des Forstbetriebes. Sie lässt sich in zwei Arbeitsschritte gliedern, die organisatorisch und meist auch zeitlich getrennt ablaufen: den Holzeinschlag und den Holztransport (auch Holzbringung genannt). Etwa 80 Prozent des Ertrages der Forstwirtschaft stammen aus der Nutzung von Holz. Andererseits verursachen die notwendigen Aufwendungen für Walderschließung, Holzernte und Holztransport einen erheblichen finanziellen Aufwand für den Forstbetrieb. Die technisch und wirtschaftlich möglichst optimale Bereitstellung des Holzes ist deshalb Grundlage einer erfolgreichen Forstwirtschaft.

Vor 150 Jahren war das Fällen großer Bäume eine langwierige und gefährliche Aufgabe.

Viele Jahrzehnte lang galt der Leitsatz: Verstärkter Maschineneinsatz bei Holzernte und Walderschließung bedeutet eine Steigerung der Produktion bei gleichzeitiger Verbesserung der Arbeitssicherheit. Die Bayerische Staatsforstverwaltung hat deshalb seit den 1920iger Jahren mehrere Maschinenbetriebe eingerichtet, einen davon in Bodenwöhr. Er war mit technischem Gerät ausgestattet, das für Holzernte, Wegebau und großflächige Pflanzungen eingesetzt wurde. Für Nordbayern bestanden in Bayreuth und Rechtenbach (Spessart), für Oberbayern in München ähnliche Betriebe. Die Maschinenbetriebe versorgten die benachbarten Forstämter mit ihren Dienstleistungen, entwickelten aber auch innovative Arbeitsverfahren und testeten neu am Markt erschienene Geräte. So wurden mobile Entrindungsanlagen weiterentwickelt, umgebaute Raupenbagger für einen landschaftsschonenden Rückewegebau[31] eingesetzt und die Waldwegepflege optimiert. Zahlreiche Breitreifen für Forstmaschinen wurden getestet und die Einführung der hochmechanisierten Holzernte unterstützt. Auch mit den biologisch schnell abbaubaren Hydraulikflüssigkeiten befasste man sich schon in den 1990er Jahren.[32]

Der Arbeitsschwerpunkt des Maschinenbetriebes Bodenwöhr lag bis in die 1970er Jahre beim Wegebau, verlagerte sich dann aber immer mehr zum Wegeunterhalt und zur Holzernte. Im Jahr 2005 übernahmen die Bayerischen Staatsforsten den Betrieb. 2007 wurden alle Maschinenbetriebe als „Forsttechnik BaySF" in Bodenwöhr zusammengefasst. Von dort aus werden mehrere Stützpunkte geleitet, die heute bayernweit Holzernte, Wegeneubau, Wegeunterhalt und Bodenbearbeitung für den Staatswald anbieten. Den großen Maschinenpark mit derzeit (2016) 65 Maschinen betreuen 71 Mitarbeiter.[33]

Die bei der Holznutzung angewandten Verfahren haben sich im Lauf der Zeit – und besonders im letzten Jahrhundert – entscheidend gewandelt.

In der Technik der Holzernte (Fällung, Entastung, Aufteilung des Stammes) hat sich bis in die Mitte des 19. Jahrhunderts über lange Zeiträume wenig geändert. Holznutzung war schwere, gefährliche Handarbeit. Der überwiegende Teil des in den bayerischen Wäldern genutzten Holzes wurde als Brennstoff verwendet.[34]

Das wichtigste Werkzeug der Holzfäller war die Axt oder Hacke. Mit der Fällaxt (Maishacke, Schrotaxt) wurde der Baum zu Fall gebracht, die Astaxt oder Asthacke diente zum Entfernen der Äste, mit der Spaltaxt, auch Schlegelhacke oder Mösel genannt, wurden die stärkeren Stammteile in Scheite aufgespalten. In jedem der größeren Waldgebiete hatten sich spezielle, auf die örtlichen Verhältnisse (Laubholz, Nadelholz, Starkholz) abgestimmte Axtvarianten herausgebildet.[35] Der für die Holzbringung im Gebirge entwickelte Sapie (Sapi, Sapis, Zapine, Sappel, Krempe) wurde zum Wenden der Stämme eingesetzt, zum Treiben des Holzes und

Um Holzverluste zu vermeiden wurde in Bayern um die Mitte des 18. Jahrhunderts die Verwendung der Säge an Stelle der Axt angeordnet.

auch beim Triftbetrieb. Zum Entrinden des Nadelholzes benützte man den auf Stoß arbeitenden, langstieligen Schepser (auch Schäpser, Schäleisen oder Räppeleisen genannt).[36]

Durch die bis weit in das 18. Jahrhundert übliche Holzeinschlags- und Bringungstechnik ging viel Holz verloren; das bereitete Sorgen und minderte die Einnahmen der Waldbesitzer.[37] Die Obrigkeit bemühte sich deshalb, Holzverluste beim Einschlag, bei der Aufarbeitung und beim Transport des Holzes zu vermeiden und die Ausbeute an Bau- und Werkholz zu erhöhen.

Eine wirksame Möglichkeit, Holzverluste zu vermeiden, sah man in der Verwendung der Säge an Stelle der Axt. Um die Mitte des 18. Jahrhunderts ordnete die kurfürstliche Verwaltung an, die Handsäge zu benutzen – zuerst zum Zerteilen der Stämme, später auch zum Fällschnitt.[38] Die Weisung, wertvolle Hölzer nicht mehr als Brennholz zu verwenden, und die Einführung einheitlicher Maße für das zum Verkauf vorgesehene Holz sollte die Holzverschwendung eindämmen und die Erlöse aus dem Holzverkauf verbessern.[39]

Der Bedarf an Holz war in den Städten und bei den großen Gewerbebetrieben höher, als in den nahen Wäldern nachhaltig genutzt werden konnte. Deshalb entwickelte sich zunehmend die Notwendigkeit, die für Wirtschaft und Bevölkerung verfügbare Holzmenge durch den Ausbau der Transportsysteme zu erhöhen. Es war notwendig, den Wald vor allem mit Wegen zu erschließen, die den Zugang zu den einzelnen Waldflächen öffneten, aber auch die Anfuhr von Betriebsmitteln (Forstpflanzen u. ä.) und den Abtransport der erzeugten Forstprodukte möglichst ganzjährig gestatteten. Schäden an Boden, Bestockung und Landschaft waren dabei möglichst zu vermeiden. Eine ausreichende Walderschließung ist noch heute die entscheidende Voraussetzung für Planung, Durchführung und

Jahrhundertelang wurde das Holz auf Pferde- und Ochsenfuhrwerken mit schmalen, eisenbeschlagenen Rädern aus dem Wald befördert.

Kontrolle einer geregelten, schonenden und rentablen Bewirtschaftung des Waldes.

Bis weit in das 19. Jahrhundert hinein war die Beförderung des Holzes über Land auf größeren Strecken technisch kaum möglich und finanziell nicht vertretbar. Das lag an den damals beschränkten technischen Möglichkeiten, der menschlichen Arbeitskraft und den mit Tieren bespannten Fahrzeugen. Deshalb gewannen Trift und Flößerei für den Holztransport entscheidende Bedeutung; Wasser war das wichtigste Transportmittel. Der Wassertransport bot die Möglichkeit, große Gebiete mit vergleichsweise geringen Investitionen zu erschließen.[40] Durch Trift (einzelne Scheite und Stammabschnitte) und Flößerei (Stämme zusammen gefügt) wurde das Holz aus dünn besiedelten Wäldern zu den Schwerpunkten des Verbrauchs, den Städten und Gewerbebetrieben (Eisen- und Glashütten, Kalkbrennereien, Ziegeleien, Sägemühlen und Salinen) befördert. Es ist heute kaum mehr vorstellbar, welche Bedeutung

Auf speziell angelegten Ziehwegen brachte man mit Schlitten große Mengen Holz zu Tal. Bei Schneemangel wurden die Wege mit beigeschaufeltem Schnee präpariert.

die Gewässer, von kleinen Bächen bis zu großen Flüssen, damals besaßen. Die Gebirgswälder um Fall und Vorderriß waren für die Versorgung Münchens beispielsweise weit wichtiger als der in der Ebene gelegene und nicht durch Wasser erschlossene Ebersberger Forst. Denn aus den Gebirgswäldern war das Holz über die flößbare Isar problemlos und schnell mitten in die Stadt zu bringen. Hauptaufgabe der Bergwälder zwischen Isar und Salzach (Salinenforstbezirk) war es, die Salinen Berchtesgaden, Reichenhall, Traunstein und Rosenheim mit Holz zu versorgen. Dort wurde mit Riesen[41], Ziehwegen und Triftbächen ein differenziertes Bringungssystem geschaffen, das selbst entlegene Waldteile erschloss. Große Holzmengen transportierte man auf den Flüssen aber auch über weite Entfernungen: auf Main und Rhein bis nach Holland und auf der Donau von Regensburg und Passau bis nach Linz und Wien.[42]

Mit dem wachsenden Holzbedarf und der Zunahme der Flößerei bemühte sich der Landesherr, die Benutzung der Wasserwege und den Verkehr der transportierten Güter zu regeln. Er forderte Frachtgebühren, ordnete den Holzhandel und schränkte die Holzausfuhr weitgehend ein.[43] Der Ausbau der großen Wasserstraßen mit Staustufen und Schleusen für den Schiffsverkehr erschwerte und verteuerte die Flößerei aber so stark, dass sie im Wettbewerb mit Schiene und Auto letztlich unterlag.[44]

In Bayern entstand vom letzten Viertel des 19. Jahrhunderts an eine ganze Reihe von Schmalspur-Waldbahnen, die sich vorwiegend bei der Bewältigung von Schädlings- und Sturmkatastrophen bewährten. Am bekanntesten wurde die Spiegelauer Waldbahn, die 60 Jahre lang für den Holztransport aus dem Inneren Bayerischen Wald sorgte. Sie ist im Kapitel 5.3, Spiegelau: Waldbahn, ausführlich beschrieben. Ab der Mitte des 20. Jahrhunderts unterlag die Eisenbahn (auch die öffentliche) der Konkurrenz des Lastkraftwagens.[45]

Wegen des zunehmenden Holzbedarfs und der rasch wachsenden technischen Möglichkeiten ergaben sich für die Forstwirtschaft die Notwendigkeit und zugleich die Möglichkeit, die Wälder intensiv zu erschließen. Zunächst bemühte man sich, ein ganzjährig mit schweren Lasten befahrbares Hauptwegenetz mit Anschluss an die öffentlichen Straßen zu schaffen. Es wurde durch weniger leistungsfähige, zum Teil nur bei Trockenheit oder Frost benutzbare Wege verdichtet. Um Kraftfahrzeuge, zunächst waren es landwirtschaftliche Schlepper, für eine wirtschaftlich vorteilhafte Holzernte zu nutzen, wurden die Wälder seit den 1950er Jahren – nach und nach mit einem Feinerschließungsnetz versehen. Flächen, die wegen der starken Hangneigung selbst von geländegängigen Holzerntemaschinen nicht befahren werden konnten, erschloss man durch Rückewege: einfache Erdwege, die quer zum Hang verliefen. In ebenem oder mäßig steilem Gelände wurde ein dichteres Netz von Rückegassen angelegt: bestockungsfreie, nicht befestigte Schneisen, die nur von Forstmaschinen befahren werden konnten. Für den Einsatz von Seilkränen im Gebirge dienten Seiltrassen; das sind Schneisen, die von Forststraßen oder Rückewegen ausgehen und in der Falllinie des Hanges verlaufen.[46]

Vor der Anlage des Feinerschließungsnetzes war das Holzrücken, die Beförderung des Holzes vom Einschlagsort an den Abfuhrweg oder den Einwurfplatz am Triftwasser, eine besondere Herausforderung. In den Wäldern des Flach- und Hügellandes wurden die Nutzholzstämme und Brennholzscheite mit Zugtieren vom Hiebsort abtransportiert. In den Bergwäldern wurden die gefällten Bäume an Ort und Stelle zu den gewünschten Sorten, bis zum 19. Jahrhundert vorwiegend Brennholz, aufgearbeitet. Dann wurde das Holz zu den Fahrwegen bzw. zu den Einwurfstellen an den Wasserläufen „getrieben": im einfachsten Falle ließ man die Holzstücke in Erdrinnen bergab schießen. Schonender, aber wesentlich aufwändiger waren die Riesen oder Loiten: aus Stämmen gebaute Rinnen, in denen das Holz durch die eigene Schwerkraft zu Tal glitt. Die vermehrte Aushaltung von Blochholz[47], erzwang aber die Einführung neuer, schonender Bringungstechniken. Etwa ab der Mitte des 19. Jahrhunderts wurde im Gebirge in zunehmendem Maße der Schlitten eingesetzt und dazu das Netz an Zieh- und Schlittenwegen an den Hängen und in den engen Seitentälern verdichtet. Die Blöcher wurden im Sommer und Herbst geschlagen und im Winter auf Schlittenbahnen zu Tal gebracht.

Die Riesen waren die typische Art der Holzbringung im Gebirge, sie waren aufwändig zu bauen und wurden oft über Jahre genutzt.

Die technische Entwicklung und der Ausbau der Städte im 19. Jahrhundert führten zu Veränderungen der Nachfrage und der Verwendung von Holz.[48] Der Brennholzverbrauch ging zurück, der Bedarf an Bau- und Schnittholz stieg an. Der Bergbau benötigte große Mengen an Grubenholz und das „Schleifholz" für die Papierherstellung wurde ein wesentliches Marktsortiment. Die Ansprüche an das Holzangebot wuchsen und die Transportwege zu den allmählich industriell organisierten Holzabnehmern wurden länger. Die alten Wege hielten den schweren Nutzholzfahrzeugen immer weniger Stand; die Kosten für das Rücken und die Holzabfuhr nahmen stark zu; der Bau ausreichend befestigter Fahrwege für den Holztransport wurde dringend notwendig.

An der Technik des Straßenbaues hatte sich bis zur Mitte des 20. Jahrhunderts wenig geändert. Handarbeit mit Pickel, Schaufel und Schubkarren, Kipploren auf Schienen und von Pferden gezogene Walzen waren lange üblich. Als Tragschicht diente vorwiegend das aus einzelnen Steinen von Hand gesetzte Gestück (Setzpacklage)[49] mit sandgeschlämmter Schotterdecke.[50] Die bis weit in das 20. Jahrhundert übliche Handarbeit im Wegebau war anstrengend und teuer; der Bau schritt nur sehr langsam voran.

Nach dem Zweiten Weltkrieg vollzog sich ein tiefgreifender Wandel. Die Einführung der Planierraupe erleichterte die Erdarbeiten im Waldwegebau ganz entscheidend. An Stelle der Setzpacklage setzte sich die sogenannte Stabilisierungs- oder Einfachbauweise mit Trag- und Deckschichten aus kornabgestuftem Material durch. Sie konnte weitgehend maschinell eingebaut und ebenso instand gehalten werden. Planierraupe, Motorgrader, Gummiradwalze und schleppergezogene Planier- und Verdichtungsgeräte lösten beim Wegebau und bei der Wegeunterhaltung die Handarbeit ab.

Als Tragschicht für viele Fahrwege im Wald wurde bis nach dem Zweiten Weltkrieg das handgesetzte Gestück verwendet. Das erhöhte die Tragfähigkeit der Wege und ermöglichte die Bringung von Langholz.

Die rasante Entwicklung der Technik führte in verhältnismäßig kurzer Zeit zu entscheidenden Änderungen der Arbeitstechnik und zur Senkung der Kosten im Wegebau. Das Waldwegenetz wurde verdichtet und schwerlastfähig gemacht. Das erleichterte nicht nur den Holztransport; auch die waldbaulichen Ziele, (z. B. intensive Waldpflege und kleinflächige Verjüngung) waren durch die neue Walderschließung viel leichter zu verwirklichen. In den Staatswaldungen beträgt die Wegedichte heute 33 laufende Metern je Hektar Waldfläche; der Straßenbau ist weitgehend abgeschlossen. In den Körperschafts- und Privatwaldungen wird er weiter mit öffentlichen Mitteln gefördert.

Nicht nur im Wegebau, sondern auch bei vielen anderen Arbeitsprozessen im Wald wurde in der zweiten Hälfte des 20. Jahrhunderts menschliche und tierische Arbeitskraft durch Maschinen ersetzt. Ein wesentlicher Anlass dafür waren die Lohnkosten, die stark anstiegen, während die Holzpreise stagnierten.[51] Zudem wanderten immer mehr Zu- und Nebenerwerbslandwirte, die bisher während des Winters als Saisonarbeitskräfte im Wald tätig gewesen waren, in die expandierende Industrie und in das Baugewerbe ab; es entstand Waldarbeitermangel. Die riesigen Schadholzmengen, die damals bei Kalamitäten anfielen, waren nur durch den Einsatz neuer technischer Hilfen zu bewältigen.

1959 kam die erste in großer Stückzahl verkaufte Einmann-Motorsäge (die Stihl „Contra") auf den Markt;[52] bald folgten vergleichbare Modelle anderer Hersteller. Die Motorsäge, dieses robuste und dank des vergleichsweise geringen Gewichts vom Waldarbeiter leicht zu transportierende Gerät, führte zu einer Revolution im Forstbetrieb. Ab Mitte der 1970er Jahre war

Die schwere Zweimann-Motorsäge brachte vor dem Zweiten Weltkrieg eine große Effizienzsteigerung. Schutzkleidung gab es noch nicht.

In den 1960er Jahren wurden bei der Bringung die Zugtiere durch landwirtschaftliche Schlepper ersetzt. Zuweilen entstanden dabei erhebliche Schäden am Boden.

die Handsäge in der Holzernte vollständig verschwunden und durch die Motorsäge ersetzt: ein gewaltiger Rationalisierungsschub![53]

Auch die Holzrücke-Verfahren wurden durch die technische Entwicklung entscheidend verändert. Im Zusammenhang mit der Mechanisierung in der Landwirtschaft wurden Rückepferd, Loite und Rückeschlitten beim Transport des Holzes an den Abfuhrweg nach dem Zweiten Weltkrieg durch den landwirtschaftlichen Schlepper mit Forstausrüstung, d.h. mit Ein- oder Doppeltrommel-Seilwinde und angebautem Polterschild, verdrängt.[54] Im steileren Gelände legte man unbefestigte Rückewege (Maschinenwege) an, um die wegen der Hangneigung sonst nicht befahrbaren Bestände für Rückefahrzeuge zugänglich zu machen.[55] Mit Hilfe von Seilanlagen konnte Holz aus Hängen gebracht werden, die so steil waren, dass sie sich durch Rückewege oder Rückegassen nicht erschließen ließen.

Mit dem Kranvollernter oder „Harvester" begann gegen Ende des 20. Jahrhunderts die Vollmechanisierung der Holzernte.[56] Diese Maschinen, im Forst Prozessoren genannt, erledigen das Fällen und Entasten des Baumes, den Sorteneinschnitt und die Ablage der Abschnitte an der Rückelinie in einem Arbeitsgang. Das an der Spitze des Kranarmes angebrachte Fäll- und Aufarbeitungsaggregat kann von der Rückegasse aus nach beiden Seiten bis zu 15 Meter in den Bestand eingreifen. Im Nadelholz hat der Harvester die Holzernte deshalb weitgehend übernommen; in Laubholzbeständen ist sein Einsatz wegen der Wuchsform der Bäume noch beschränkt.

Beim Rücken des Holzes wurden – etwa gleichzeitig mit der Einführung des Harvesters – die landwirtschaftlichen Schlepper mit Forstausrüstung durch Spezialfahrzeuge abgelöst. Zum Transport von Langholz an die Waldstraßen dienen nun zunehmend Forstspezialschlepper (meist Knickschlepper). Um Kurzholz (mit Längen von 2 - 6 Metern), das von den Harvestern an der Rückegasse abgelegt wurde, zu rücken und sortenweise an den Abfuhrwegen zu stapeln, werden

Tragschlepper, sogenannte Forwarder, eingesetzt.[57]

Wo eine sichere und bodenschonende Verwendung von Harvestern und Forwardern nicht möglich ist (besonders in Steillagen der Gebirge und auf schwer befahrbaren Weich- und Moorböden), treten bei der Bringung des Holzes Seilkräne an deren Stelle. Im Jahr 1939 hatte die Firma Wyssen ein Seilkransystem entwickelt, bei dem der Laufwagen auf dem Tragseil zum Be- und Entladen des Holzes an beliebiger Stelle fixiert werden kann, und der es zudem ermöglicht, die Stämme seitlich beizuziehen. Bis in die 1960er Jahre waren derartige Seilkrane halbstationäre Anlagen, die einen erheblichen Zeit- und Kostenaufwand für den Auf- und Abbau verursachten. Heute werden in der Forstwirtschaft fast ausschließlich mobile Anlagen eingesetzt, bei denen der aufrichtbare Kippmast und die Seilwinden auf einem Trägerfahrzeug montiert sind. Zum Transport wertvoller Hölzer aus schwierigem Gelände dienen heute zuweilen auch Hubschrauber.

In Durchforstungsbeständen leistet ein Harvester – von nur einem Maschinenführer gesteuert – etwa so viel wie zehn Waldarbeiter mit Motorsägen in der gleichen Zeit.[58] Dank des Harvesters und des Forwarders können deshalb auch schwache Sortimente noch kostendeckend aufgearbeitet werden, was beim Einsatz von Waldarbeitern nicht mehr möglich wäre.

Bei der Ernte von Nadelholz (ohne Rücken) entfielen in den ersten beiden Jahrzehnten nach dem Zweiten Weltkrieg noch ca. 35-40 Prozent der Arbeitszeit auf die Entrindung von Hand mit dem Schäleisen. Wegen der damit verbundenen hohen Kosten wurde die Entrindung weitgehend an die Holzverarbeitungsbetriebe verlagert (maschinelle Werksentrindung). Die Entrindung im Wald findet aber zuweilen auch heute noch statt, um den Befall von aufgearbeitetem Holz durch Borkenkäfer zu vermeiden oder die Schädlinge an bereits befallenem Holz zu bekämpfen (und die Entwicklung einer Käferkalamität damit zu verhindern). Dafür werden aber ganz überwiegend mobile Entrindungsmaschinen eingesetzt.

Die Einführung der Einmann-Motorsäge in den 1950er Jahren veränderte die Holzernte in den Forstbetrieben tiefgreifend.

Um das Jahr 1800 wurde der größte Teil des eingeschlagenen Holzes als Brennholz verwendet. Durch die zunehmende Nutzung fossiler Brennstoffe (vor allem Kohle und Erdöl) verminderte sich der Brennholzanteil bis zum Jahr 1900 auf rund 50 Prozent und bis 2 000 auf etwa 5 Prozent.[59] Die Diskussionen über die Klimaänderung durch CO_2 und die Verteuerung fossiler Energie haben die Nutzung nachwachsender Rohstoffe, vor allem Holz, in den letzten Jahrzehnten stark ansteigen lassen. Neben Scheitholz werden zunehmend Hackschnitzel zur umweltfreundlichen Energieerzeugung eingesetzt. Zu ihrer Herstellung werden vorwiegend Schwachhölzer aus Durchforstungen und sonst nichtverwertbare Resthölzer (Äste, Gipfel) verwendet; neuerdings auch das Holz schnellwachsender Baumarten aus Energieholzplantagen.[60]

Wegen der starken Konzentration in der holzverarbeitenden Industrie werden bei der Holzabfuhr aus dem Wald zunehmend ortsfremde Lastwagenfahrer eingesetzt. Die Einweisung der Fuhrleute und die Leerfahrten beim Suchen der Lagerplätze verursachen erhebliche Kosten. Forst- und Holzwirtschaft haben deshalb in den letzten Jahren gemeinsam das sogenannte Navlog-System entwickelt. Dabei wurden Unterlagen für die Satellitennavigation im Wald erarbeitet. Nun können die Standorte der Holzlagerplätze bereits bei der Holzaufnahme satellitengestützt erfasst und dem Holzkunden zur Verfügung gestellt werden. Die digitale Navigationstechnik bietet damit auch der Forst- und Holzwirtschaft erhebliche Rationalisierungsmöglichkeiten („Logistikkette Wald und Holz").[61]

Ein wichtiger Teil der Holzernte ist die sog. Holzaufnahme, die für Verlohnung und Verkauf notwendige Feststellung des Volumens und der Güteklassen des Holzes. Jahrhunderte lang hat man dafür in einem aufwändigen Verfahren Kluppe, Messband und Kubiktabelle verwendet. Aber auch hier hat die technische Entwicklung zu wesentlichen Veränderungen geführt. Für die Holzvermessung im Wald wurden Harvesterverfahren und fotooptische Methoden entwickelt. Die Harvester sind mit Einrichtungen zur Ermittlung der Länge und des Durchmessers der aufgearbeiteten Stammabschnitte (und damit ihres Volumens) ausgerüstet. Bei Kurzholz wird die Stirnfläche eines Holzpolters fotogrammatisch aufgezeichnet und daraus mit der Länge der Holzabschnitte das Volumen ermittelt. Beim Stammholz hat sich die Beurteilung der Qualität und die Ermittlung der Menge weitgehend zum holzverarbeitenden Betrieb verlagert. Für Industrieholz hat man die kosten- und zeitaufwändige Vermessung der Einzelstücke zugunsten der Gewichtsvermessung aufgegeben. Das Holzgewicht hängt neben der Baumart und dem Jahrringbau entscheidend von der Holzfeuchte ab. Aus dem Gewicht der Holzladung und der stichprobenhaft ermittelten Holzfeuchte kann das Absolut-Trocken-Gewicht ermittelt werden. Mit Hilfe von Umrechnungszahlen für die einzelnen Holzarten wird die gelieferte Holzmenge errechnet.

Viele Jahrhunderte hindurch wurde die Holzernte ganz überwiegend durch die Erwerber des Holzes oder durch bäuerliche Frondienste (Hand- und Gespanndienste für den Grundherrn) bewältigt. Mit zunehmender Intensivierung der Waldnutzung wurde der größte Teil der Waldarbeit in saisonaler Lohnarbeit von hauptberuflichen Landwirten geleistet. Für sie boten die Waldarbeit und der Einsatz ihrer Gespanne eine willkommene Ergänzung ihres Einkommens – besonders im Winter. Im 19. und noch mehr im 20. Jahrhundert wuchs der Bedarf an einem festen, durchgehend beschäftigten Waldarbeiterstamm. Durch die Abwanderung von Arbeitskräften in die aufstrebende Industrie entstand – wie bereits erwähnt – Waldarbeitermangel.

Moderne Harvester bringen hohe Holzernteleistung, Sicherheit bei der Waldarbeit, aber auch die Gefahr von Bodenschäden.

Die Forstwirtschaft legte zunehmend Wert auf ganzjährig tätige, gut ausgebildete und verhältnismäßig selbständig arbeitende Waldarbeiter. Auch die Technisierung erforderte ganzjährig verfügbare Arbeitskräfte. In den bayerischen Staatswäldern stieg der Anteil der ständig Beschäftigten von 6 Prozent im Jahr 1908 auf 28 Prozent 1935; 1976 lag er bei 76 Prozent.[62]

Die Arbeit bei Holzeinschlag und Bringung ist gefährlich und mit großen körperlichen Anstrengungen verbunden. Zudem erforderte sie – mit der Technisierung der Waldarbeit zunehmend – umfassende Fachkenntnisse. Man führte deshalb eine planmäßige Fachausbildung der Waldarbeiter ein, die zuerst durch die sogenannten Wanderschulungen, später durch die Waldarbeitsschulen wahrgenommen wurde. 1940 erließ der damalige Reichsforstmeister die „Verordnung über den Aufbau eines Waldfacharbeiterstandes". Seit 1974 gilt bundesweit die „Verordnung über die Berufsausbildung zum Forstwirt". Der „Holzhauer" wurde damit zum Waldfacharbeiter, zum Forstwirt und schließlich zum Forstwirtschaftsmeister.[63] Die forstlichen Bildungszentren Buchenbühl bei Nürnberg und Laubau sorgen für die Ausbildung der im Staatswald tätigen Waldarbeiter; die Bayerische Waldbauernschule Kelheim ist Ausbildungsstätte für den privaten und körperschaftlichen Waldbesitz. Auch an den forstlichen Hochschulen und Forschungsanstalten haben sich Holznutzung und Walderschließung zu wichtigen Aufgabengebieten entwickelt.

Auch im Forst hält die Digitalisierung Einzug. Zur Holzvermessung dienen heute fotooptische Methoden.

Außer den fest angestellten Waldarbeitern war in den meisten Forstbetrieben eine große Zahl zeitweise Beschäftigter tätig – ganz überwiegend Frauen. Sie arbeiteten vor allem in den forstlichen Pflanzgärten und bei der Anlage der Forstkulturen. Die „Kulturfrauen" haben eine gewaltige Arbeitsleistung bewältigt und sich mit den von ihnen geschaffenen Waldbeständen selbst ein Denkmal gesetzt!

Bereits 1924 wurde die erste Institution gegründet, die sich mit Arbeit und Technik in der Forstwirtschaft befasste.[64] 1962 schlossen sich mehrere Einrichtungen, die neue Arbeitsgeräte auf ihre Eignung prüften und moderne Arbeitsverfahren für die Forstwirtschaft entwickelten, zum Kuratorium für Waldarbeit und Forsttechnik e. V. (KWF) zusammen. Es hat den Auftrag, durch angewandte Forschung und Wissenstransfer sichere Waldarbeit, innovative Forsttechnik und ökologisch verträgliche Waldnutzung zu fördern. Das KWF prüft und zertifiziert Forsttechnik, forstliche Arbeitsmittel und Schutzausrüstung; es trägt damit zur Reduzierung von Unfällen bei und liefert für die Forstpraxis wichtige Entscheidungshilfen.[65]

Die Rationalisierung und Mechanisierung der Waldarbeit im 20. Jahrhundert brachte neue Arbeitsverfahren, neue Maschinen und neue Belastungen für den Wald, aber auch für die dort arbeitenden Menschen. Man muss die Vor- und Nachteile all dieser Veränderungen gegen einander abwägen, um sie gerecht zu beurteilen. Als Ergebnis bleibt festzuhalten, dass sich die Wirtschaftlichkeit der Forstbetriebe verbesserte, die im Wald arbeitenden Menschen von körperlicher Anstrengung entlastet wurden und die Unfallgefahr abnahm. Andererseits kamen dem Wirtschaftswald die vielen Neuerungen ökologisch zu Gute, weil Schäden an Boden und Bestand verringert bzw. auf beschränkte Flächen (Wege, Rückelinien u. ä.) konzentriert wurden. Forstwirtschaft versteht sich heute als schonende Bewirtschaftung eines ökologisch sensiblen Systems.

4.5 Regensburg: Bayerische Staatsforsten und Forstreform

Im Jahr 2005 fand eine grundsätzliche Neuorganisation der Bayerischen Staatsforstverwaltung statt. Staatswald und Staatsjagden werden seit dem 1. Juli 2005 von den „Bayerischen Staatsforsten" (BaySF), einer Körperschaft des öffentlichen Rechts, bewirtschaftet. Die BaySF sind mit rund 800 000 Hektar Staatswald der größte Waldbesitzer in Mitteleuropa. Verwaltet

BAYERISCHE
STAATSFORSTEN
Nachhaltig Wirtschaften.

In ihrem Logo haben die Bayerischen Staatsforsten die Unternehmensphilosphie verdichtet: nachhaltig wirtschaften. Diese Formel ist ein Erbe von Hans Carl von Carlowitz, der 1713 erstmals vom ,nachhaltenden nutzen' sprach.

Die Zentrale der BaySF in Regensburg macht Werbung für den Baustoff Holz.

Oberpfalz – der Wald steht im Dienst der Eisenindustrie

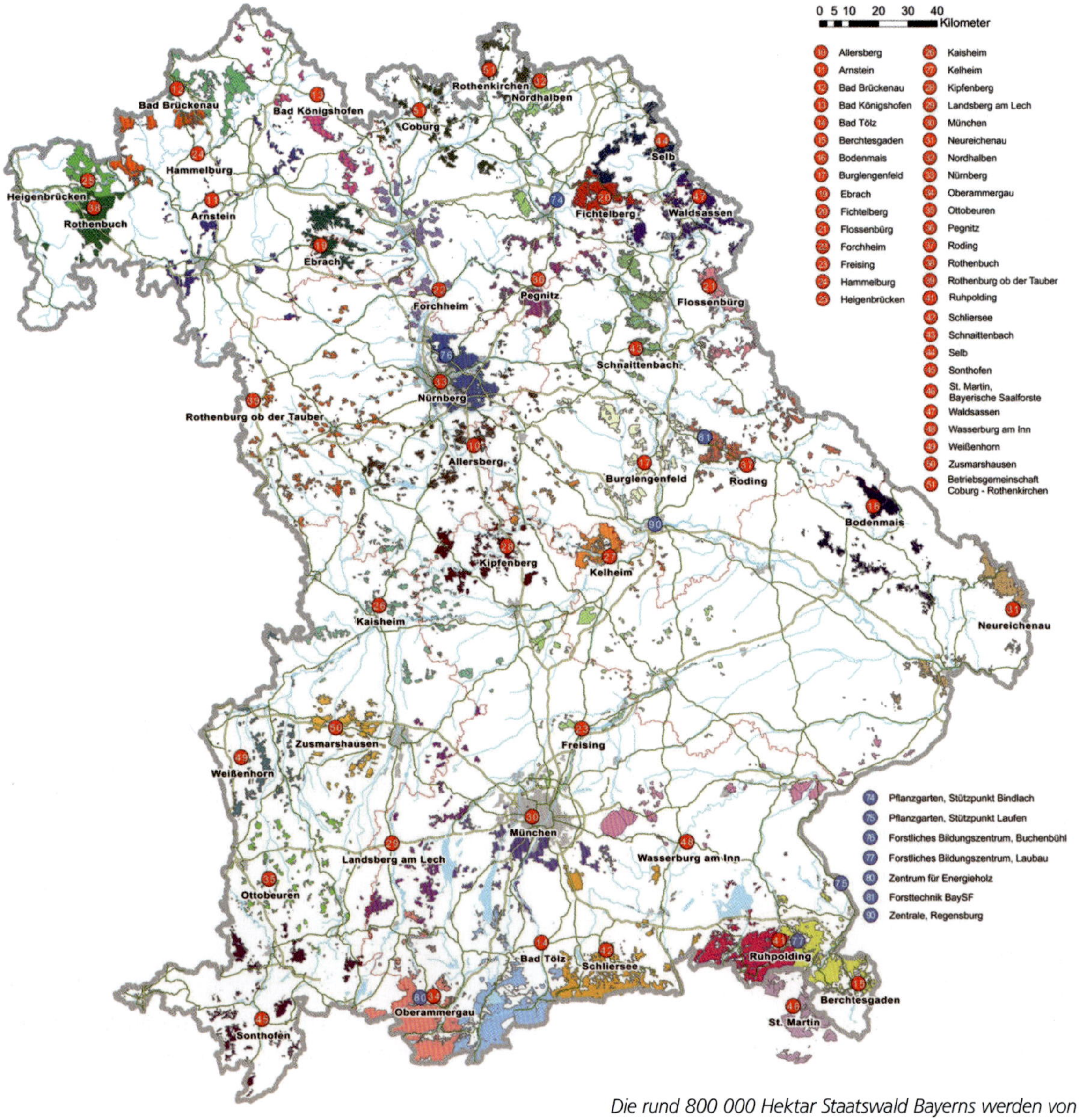

Die rund 800 000 Hektar Staatswald Bayerns werden von 42 Forstbetrieben der BaySF bewirtschaftet. Die Bayerische Forstverwaltung übt mit ihren lokalen Ämtern die Rechts- und Fachaufsicht aus.

wird diese Fläche, die in 41 Forstbetriebe und 370 Reviere gegliedert ist, von der Unternehmenszentrale in Regensburg. Zu den Staatsforsten gehören auch verschiedene Serviceeinrichtungen, wie die Pflanzgärten in Bindlach und Laufen, das Bildungszentrum mit Standorten in Nürnberg und Ruhpolding, das Zentrum für Energieholz in Oberammergau und die Forsttechnik in Bodenwöhr. Mit 2 700 Beschäftigten sind die BaySF auch der größte Arbeitgeber der deutschen Forst- und Holzbranche.[66]

Immer wieder musste die staatliche Verwaltung den Gegebenheiten der Zeit angepasst und reformiert werden (vgl. Kapitel 6.1 München: Forstorganisation). Eine große Reform der forstlichen Verwaltung in Bayern fand im Gefolge der Gemeindegebietsreform zum 1.1.1973 statt. Gut 20 Jahre hatte diese Reform Bestand: 162 Einheitsforstämter, sechs Oberforstdirektionen und eine Ministerialforstverwaltung mit zwei Abteilungen waren zuständig für alle Waldbesitzarten und alle Belange des Waldes in Bayern. In dieser Zeit veränderten sich jedoch die wirtschaftlichen und gesellschaftlichen Verhältnisse. So stagnierte der Holzpreis, die Mechanisierung nahm zu, beschleunigt durch die außerordentlichen Sturmwurf-Kalamitäten Vivian und Wiebke 1990; auch die Kosten für das Personal waren gestiegen. Zudem setzte sich nach dem Fall der Berliner Mauer 1989 und dem Ende des Kalten Krieges immer mehr die politische Meinung durch, dass der Staat sich aus wirtschaftlichen Funktionen so weit als möglich zurückziehen sollte.[67] Ministerpräsident Edmund Stoiber nahm in seiner Regierungserklärung von 1993 den Gedanken auf: Firmenbeteiligungen des Freistaates sollten verkauft werden, um sie „gezielt für Zukunftsinvestitionen" einzusetzen.[68] Die „Entstaatlichung" wurde zum leitenden Prinzip seiner 14-jährigen Amtszeit und der Beginn des neoliberalen Take-off im Freistaat. Gleichzeitig sollte die Verwaltung gestrafft und dadurch effizienter werden.[69]

Für die Bayerische Staatsforstverwaltung führten diese Grundsätze zu drei Reformen in zehn Jahren, von denen zwar jede für sich geplant war, die aber zusammen zu sehen sind, weil sie den Geist der Zeit spiegeln. Ihren Abschluss fand diese Umwandlung 2005 in der Gründung der BaySF als reines Unternehmen und der Bayerischen Forstverwaltung, die mit den übrigen Aufgaben der bisherigen Bayerischen Staatsfortverwaltung betraut ist.

Zuerst war 1995 von der Staatsregierung das „Gesamtkonzept zur Reform der Bayerischen Staatsforstverwaltung" verabschiedet worden.[70] Dabei löste man 20 Prozent der Forstämter und 16 Prozent der Reviere durch Zusammenlegung auf und verringerte das Personal entsprechend. Gleichzeitig wurde die wirtschaftliche Ausrichtung gestärkt (z.B.kaufmännische Buchführung).[71]

Bei der zweiten Reform, die zum 1. Juli 2000 in Kraft trat, wurden die bis dahin sechs Oberforstdirektionen auf vier verringert und in Forstdirektionen umbenannt; ihre Struktur und ihre Arbeitsweise wurden grundlegend umgestaltet.[72] Auch diese zweite Reform bewahrte noch immer die Einheitsforstverwaltung, das heißt, forstbetriebliche Aufgaben im Staatswald und forstbehördliche Arbeiten blieben weiterhin in der Hand einer Staatsforstverwaltung. Man „wähnte sich auf einem guten Weg. Die zielorientierte und dabei behutsame Umsetzung der politischen Vorgaben fand Anerkennung."[73]

Doch dann kamen die Wahlen 2003 und die Christlich Soziale Union (CSU) errang unter Ministerpräsident Stoiber ihren größten Wahlsieg mit über 60 Prozent der Stimmen. Die CSU verfügte jetzt im Landtag über eine Zweidrittel-Mehrheit. Damit bestand die Möglichkeit zu tiefgreifenden Veränderungen auf allen Gebieten.

Bei einer Klausurtagung im Oktober 2003 beschloss die neue Bayerische Staatsregierung mehrere große Reformprojekte: im Schulbereich sollte die Gymnasialzeit von neun auf acht Jahre verkürzt werden, die Polizeiorganisation wurde gestrafft, im Justizbereich wurde das Bayerische Oberste Landesgericht abgeschafft, die Landwirtschaftsverwaltung wurde zweistufig organisiert etc. Im Forstbereich wurde eine dritte Reform beschlossen, die viel weiter ging, als die beiden vorausgegangenen Schritte: Die Bewirtschaftung des Staatswaldes wird in einen Staatsforstbetrieb ausgegliedert, der als Anstalt des öffentlichen Rechts geführt wird. Die Forstämter werden mit den Ämtern für Landwirtschaft zusammengelegt. Die Forstdirektionen fallen weg, die Forstverwaltung wird zweistufig organisiert. Gegen diese Planungen wandte sich ein von vielen namhaften Verbänden unterstütztes Volksbegehren, das knapp scheiterte.[74]

Da die Reform bis zum 1.7.2005 verwirklicht sein sollte, mussten aus der bisherigen Einheitsverwaltung in nur 15 Monaten zwei völlig neue Organisationen geschaffen werden. Eine erhebliche Anstrengung, denn dazu waren ein völlig neues Staatsforstengesetz, Änderungen im Waldgesetz, die Aufteilung von Aktiv- und Passivvermögen auf Verwaltung und Betrieb und viele andere Maßnahmen erforderlich. Das Personal musste sich zudem um die Stellen in den beiden neuen Einheiten bewerben. Tatsächlich starteten zum 1.7.2005 der neue Staatsforstbetrieb mit annähernd 2 900 Beschäftigten und die Bayerische Forstverwaltung mit rund 1 700 Mitarbeitern.[76]

Nach inzwischen zwölf Jahren klarer Rollen- und Aufgabenteilung, sehen die Leiter beider Einheiten die neuen forstlichen Strukturen inzwischen als zukunftsweisend an.[77] Die BaySF sind als Unternehmen erfolgreich[78] und haben 2016 bei einem Hiebsatz von rund 5 Millionen Festmetern und einem Umsatz von 404 Millionen Euro einen Gewinn von 70 Millionen Euro erwirtschaftet.[79] Die Forstverwaltung sieht sich mit ihren Forstleuten als anerkannten Partner in Gesellschaft und Politik; die Wertschätzung für die zuverlässige Bewältigung allgemeinwohlorientierter Aufgaben sei heute deutlich spürbar.[80]

Bayerische Staatsforsten und Bayerische Forstverwaltung sind auch weiterhin vielfach miteinander verbunden. So ist der Forstminister Vorsitzender des Aufsichtsrates der BaySF. Die Forstabteilung des Ministeriums übt die Rechtsaufsicht über die BaySF aus und die örtlichen Ämter für Ernährung, Landwirtschaft und Forsten haben die Forstaufsicht über den Staatswald in ihrer Region. Die beiden Organisationen arbeiten in vielen Projekten eng zusammen: sei es bei der Organisation von Waldjugendspielen, bei gemeinsamer Öffentlichkeitsarbeit für den Wald oder auch bei der Waldforschung. Wichtige Grundlage für dieses gemeinsame Wirken in die Öffentlichkeit und auch für die Identität der Beschäftigten mit dem Arbeitgeber ist das Bekenntnis beider Organisationen zur naturnahen Forstwirtschaft, die Nutzung und Waldnaturschutz auf derselben Fläche verwirklichen will.

Zusammenfassung

Erz, Holz und Wasser waren entscheidend für die wirtschaftliche Entwicklung der Oberpfalz.

In dem seit dem Mittelalter dicht besiedelten und industriell hoch entwickelten Oberpfälzer Becken ist es nicht gelungen, die Lieferung des für die Eisenwerke notwendigen Holzes nachhaltig sicherzustellen. Die Wälder wurden durch Übernutzung tiefgreifend ge-

schädigt; die Montanindustrie war nicht mehr konkurrenzfähig. In der Oberpfalz blieb ein Landschaftsbild zurück, das bis heute das spiegelt, was jahrhundertelang die Energie lieferte: Kiefernbestände und Wasserflächen.

Spuren früherer Holzkohleerzeugung für die Eisenindustrie sind im Wald und in seiner Nähe in großer Zahl erhalten, vor allem Köhlerplätze mit Resten von Holzkohle. Sie sind dort die häufigsten Bodendenkmäler im Wald!

In Fuchsmühl eskalierte der Interessengegensatz zwischen Waldbesitzern und Forstrechtlern am Ende des 19. Jahrhunderts zu einem blutigen Konflikt: Althergebrachte Rechte beeinträchtigten die moderne Forstwirtschaft, die Forstrechtler wollten aber nicht auf ihre Nutzungsrechte verzichten. Auf eine Ablösung der Rechte gegen Geld konnten die Parteien sich nicht einigen. Es gab Tote und Schwerverletzte.

Holzeinschlag, Walderschließung und Holztransport verursachen einen wesentlichen Teil der in der Forstwirtschaft anfallenden Kosten. Deshalb bemüht man sich, diese Maßnahmen technisch und wirtschaftlich möglichst günstig zu organisieren. Lange waren Trift und Flößerei die einzige Möglichkeit, Holz über weite Strecken zu transportieren. Wegen der sozialen und ökonomischen Veränderungen des 19. Jahrhunderts und der Substitution von Brennholz durch fossile Rohstoffe wurde zunehmend Bauholz erzeugt. Deshalb wurden die Wälder durch belastbare Wege erschlossen. Das Erschließungsnetz wurde im 20. Jahrhundert durch Rückewege, Rückegassen und Seillinien stark verdichtet. Die Entwicklung der Waldarbeit lässt sich in dem Satz zusammenfassen: „Vom Holzhauer über den Waldfacharbeiter zum Maschinenführer." Viele Jahrhunderte lang hat die Axt die Nutzung des Waldes geprägt. Die Motorsäge revolutionierte die Waldarbeit in den 1950ern. Wenige Jahrzehnte später wurde sie großenteils durch den Harvester ersetzt und an die Stelle des Rückepferdes trat der Forwarder. In neuester Zeit schritt die Technik vor allem auf dem Gebiet der Digitalisierung voran: bildverarbeitende Methoden optimierten die Holzerfassung, Navigationssysteme die Holzabfuhr.

Im Jahr 2005 wurde die Bayerische Staatsforstverwaltung in ein mit der Bewirtschaftung des Staatswaldes beauftragtes Unternehmen und eine mit den übrigen Aufgaben der bisherigen Staatsforstverwaltung betraute Verwaltung geteilt. Staatswald und Staatsjagden werden seither von den Bayerischen Staatsforsten (BaySF), einer Körperschaft des öffentlichen Rechts, bewirtschaftet. Dies war der bisher letzte Schritt einer ganzen Serie von Reformen der staatlichen Forstverwaltung in Bayern.

Die beiden neuen Forstorganisationen sind vor allem durch das gemeinsame Bekenntnis zu einer nachhaltigen, naturnahen Forstwirtschaft verbunden.

5 Niederbayern

Wälder bewahren keltische Schätze und helfen, Glas zu erzeugen

Die Donau teilt das Land. Im Norden liegt der waldreiche Bayerische Wald, dessen Landschaftsbild und Bodenverhältnisse von Gneis und Granit geprägt werden. Zwischen der Donau und den Berggipfeln besteht ein Höhenunterschied von 1 000 Metern und auch ein deutlicher Temperaturunterschied. Das beeinflusst die Zusammensetzung des Waldes. In den Tallagen wachsen Bergahorne, Eschen und Buchen; an den Hängen kommen Tanne und Fichte hinzu; in den Hochlagen bleibt nur die Fichte. Die höchsten Berge sind waldfrei: Arber (1455m), Rachel (1453m) und Lusen (1373m) tragen kahle Kuppen, weil es für Bäume zu windreich und zu kalt ist.

Südlich der Donau erstreckt sich das Tertiäre Hügelland, die Kornkammer Bayerns. Seine besondere Fruchtbarkeit verdankt es lehmigen Ablagerungen und dem Löss, der in der Eiszeit eingeweht wurde. Der Boden wird hier überwiegend landwirtschaftlich genutzt, schon seit fast acht Jahrtausenden. Wald findet sich an steileren Stellen, auf trockenen Kuppen oder an den Hängen entlang der Flüsse. Wenige, aber sehr mächtige alte Eichen stehen verstreut übers Land; sie dienten einst der Landwirtschaft als Mastbäume für die Schweine und als Bauholzvorrat für Ställe und Häuser. Bis auf wenige Flecken ist der Wald heute von Fichte und Kiefer geprägt.

Entlang von Isar, Inn und Donau finden sich einige ökologisch sehr wertvolle Reste von Auwald. Eine Besonderheit ist der Raum Kelheim, weil hier der kalkhaltige Jura den Untergrund bildet, kommen Buchen und Eichenwälder vor. Die Wälder sind fast ganz in privater Hand; Klein- und Kleinstwaldbesitz überwiegen.

Niederbayern gehört zum Kernland des Herzogtums Bayern. Deshalb galten hier alle wittelsbachischen Waldordnungen und die Allmende wurde – anders als in den später hinzugekommenen Landesteilen – ganz aufgeteilt. Der Teil des Regierungsbezirks, der im fruchtbaren Tertiär liegt, ist seit Urzeiten bewohnt; in den Wäldern finden sich deshalb viele Bodendenkmale. Die Besiedelung des Bayerischen Waldes haben die Klöster entlang der Donau und das Bistum Passau erst im hohen Mittelalter vorangetrieben.

Da das Klima im Bayerischen Wald für die Landwirtschaft wenig geeignet war, nutzte man den Holzreichtum der Wälder zum Aufbau einer Glas-

Fläche	1 032 991 m^2
Waldfläche	353 679 m^2
Waldanteil	34,2%
davon Laubholz	*32%*
davon Nadelholz	*68%*
Einwohner	1,21 Mio.
Waldfläche je Einwohner	2918 m^2

industrie. Die Glashütten benötigten riesige Mengen Holz. Zum einen wurde es veredelt zu Holzkohle, die für die Glasschmelze gebraucht wurde; noch mehr Holz wurde aber zu Pottasche verbrannt, die man zum Senken der Schmelztemperatur des für die Glasproduktion verwendeten Quarzes benötigte. Der hohe Holzeinschlag führte zu verlichteten und mit Kahlflächen durchsetzten Wäldern; die bisherigen Mischbestände wurden durch die Fichte verdrängt.

5.1 Bayerischer Wald: Glasherstellung

Der Bayerische Wald wurde erst im hohen Mittelalter von den Klöstern Metten, Niederaltaich und Weltenburg aus besiedelt.[1] Die dort herrschenden klimatischen Bedingungen waren für die Landwirtschaft aber wenig geeignet. Man bemühte sich deshalb, den Holzreichtum der entlegenen, unerschlossenen Wälder nutzbar zu machen: durch den Aufbau einer Glasindustrie. Seit 1345 wurden Glashütten eingerichtet.

Glasbrocken mit Schlackenresten aus einer historischen Glashütte des Bayerischen Waldes. Zur Glasherstellung wurden gewaltige Mengen Holz verbraucht.

Der Bayerische Wald bot wichtige Ressourcen, Glas herzustellen: reichlich Quarz, den Grundstoff für die Glaserzeugung, und grenzenlos erscheinende Vorräte an Holz. Daraus wurde Holzkohle zum Heizen der Glasöfen und Pottasche zum Senken der Schmelztemperatur des Quarzes erzeugt. Auch Wasser war genügend vorhanden, um die Quarzmühlen, Sägen und Glasschleifereien zu betreiben.[2] Nur Kalk und Ton für die Schmelzhäfen und kleine Mengen seltener Erden für die Herstellung von Farbglas mussten importiert werden.

Glas wurde in der Gotik vor allem für Kirchenfenster gebraucht, die mit farbigem Licht religiöse Themen darstellten. Auch Butzenglasscheiben für Bürgerhäuser wurden im ausgehenden Mittelalter erzeugt. Etwas später produzierte man große Mengen Glas für das Tafelgeschirr des Adels und die gläsernen Lüster in den Schlössern. In der Barockzeit entstanden aber auch luxuriöse Gebrauchsgegenstände wie Spiegel, die sich mehr und mehr auch wohlhabende Bürger leisten konnten. Mit dem Wohlstand stieg der Absatz von Glaserzeugnissen, aber auch die Belastung für den Wald nahm zu.

Die im Bayerischen Wald erzeugten Waren konnten aus der unerschlossenen Region leicht auf Kraxen über den Böhmweg zur Donau hinab transportiert werden. Dieser „Goldene Steig" war ein uralter Handelsweg, der aus Böhmen kommend über Grafenau nach Vilshofen und Passau führte. Von dort ging die Ware weiter, oft nach Nürnberg oder an die Fugger in Augsburg.[3]

Im Zeitalter des Merkantilismus förderten die Landesherren die Glaserzeugung ganz besonders; galt es doch, das Holz, den Rohstoff der Wälder, zu veredeln, um die inländische Wertschöpfung und damit die Einnahmen der fürstlichen Kasse zu erhöhen.

Die Glashütten brauchten viel Holz für die Glasschmelze, aber noch viel mehr für die Erzeugung von Pottasche. Der Holzbedarf für die Pottasche war fast zehnmal so hoch wie der zum Heizen der Glasöfen.[4] Um ein Kilogramm Pottasche zu erzeugen, waren im Durchschnitt etwa 1 000 Kilogramm Holz erforderlich.[5] Pottasche ist Kalziumkarbonat (K_2CO_3), das durch Auslaugen in Wasser und anschließendes Eindampfen aus Holzasche gewonnen wird.[6] Ein Teil der Pottasche war Herdasche, die Pottaschesieder bei den Haushalten eingesammelt hatten. In der Regel wurde die Pottasche aber durch Verbrennen von Holz erzeugt, meist in flachen Gruben, die mit Backsteinen oder Lehm ausgekleidet waren, um die Verunreinigung der Asche zu vermeiden.[7] Häufig führte die Pottaschegewinnung zu unnützer Holzvergeudung und Gefährdung des Waldes durch Feuer. Ein erheblicher Teil der Asche wurde nämlich durch Anzünden stehender Bäume in den Beständen gewonnen.

Zwei Beispiele mögen dazu dienen, eine greifbare Vorstellung vom Holzverbrauch zu vermitteln: Mantel berichtet – etwas großzügig, aber eindrucksvoll – dass man für die Herstellung eines Weinkelchs etwa drei Kubikmeter Holz benötigt habe.[8] Umgerechnet auf einen gläsernen Maßkrug (1 Liter), der auf diese Weise hergestellt worden wäre, hätte man etwa sechs Kubikmeter Holz benötigt.

Weil die Glashütten wegen der Schwierigkeiten des Holztransportes zunächst das Holz aus der nächsten

Die ältesten Glasfenster Bayerns sind die Propheten aus dem Augsburger Dom von etwa 1200. Vor allem in der Gotik waren monumentale Glasfenster beliebt.

Eine originelle Glasverwendung ist die „Gläserne Tanne", die im Landkreis Dingolfing-Landau für einen angemessenen Ausgleich zwischen Wald und Wild vergeben wird. Der Rohstoff Glas und die Baumart Tanne stehen für die Heimat Niederbayern.

Umgebung nutzten, waren die Holzbestände im Umgriff der Glashütten nach kurzer Zeit erschöpft. So wanderten die Hütten im Laufe der Jahrhunderte tiefer in den Wald und an verkehrsmäßig immer ungünstigere Standorte.[9] Die „Wanderglashütten" folgten also dem Wald und plünderten ihn in ihrem neuen Umkreis wiederum aus. Später wurden auch örtlich gebundene Glashütten errichtet, zu denen das Holz getriftet wurde.[10]

Diese extreme und große Holzmassen verzehrende Nutzung führte – zunächst in der Umgebung der Hüttenwerke – rasch zu verlichteten und mit ausgedehnten Kahlflächen durchsetzten Wäldern.[11] UTZSCHNEIDER berichtet 1788, die Wälder im Umkreis der Glashütten seien sehr schlecht behandelt, ziemlich zusammengehauen und schrecklich ausgebeutet.[12] KLING fasst seine Eindrücke von einer Inspektionsreise im Jahr 1795 mit den Worten zusammen, die Waldungen in der Umgebung von Zwiesel böten ein Beispiel allerschlechtester Wirtschaft; die dortigen Wälder würden durch die Glasmeister „gleichsam gemordet".[13]

Im 18. Jahrhundert bemühte sich die Obrigkeit, die Verwendung von Holz zum Brennen von Pottasche durch zahlreiche Gebote und Verbote einzuschränken. Vom Ende des 18. Jahrhunderts an wurde die aufwändig zu beschaffende und deshalb teure Pottasche dann zunehmend durch Soda und Glaubersalz ersetzt.[14] Erst diese Ersatzstoffe entlasteten die Wälder.

Nicht nur für die Glasindustrie, auch für den Fernhandel, wurden große Holzmengen aus dem Bayerischen Wald genutzt. Über die Ilz, den Regen und ihre Nebenbäche wurden seit Beginn des 18. Jahrhunderts Brennholz und Blöcher (Stammteile von etwa 3 Metern Länge) nach Regensburg und Passau getriftet.[15] Über die Donau erreichten sie die Verbrauchsorte, besonders Wien. Um eine ausreichende Wasserführung dieser nassen Transportwege sicherzustellen, wurden Stauseen und Klausen errichtet.[16]

Die hohen Holzeinschläge führten zu erheblichen Veränderungen der Mischungsverhältnisse in den Beständen. RAESFELD berichtet darüber am Ende des 19. Jahrhunderts: „Mehr und mehr ist es [...] zur Übung geworden, die häufig noch gemischten älteren Waldbestände kahl abzutreiben und die Schlagflächen ausschließlich mit Fichte wieder aufzuforsten." In Teilen Niederbayerns sei auch die Kiefer dabei, die bisherigen Mischbestände zu verdrängen.[17]

Die Bauern hatten früher das Recht, ihr Vieh in den Hochlagen des Bayerischen Waldes weiden zu lassen. Dadurch entstanden im Lauf der Zeit aufgelichtete Wälder und nahezu waldfreie Bergwiesen, lokal als „Schachten" bezeichnet. Sie werden noch heute zur Erinnerung an vergangene Formen der Waldweidenutzung frei von Wald gehalten.

5.2 Spiegelau: Waldbahn

Bis zum Beginn des 20. Jahrhunderts wurde Holz aus dem Rachel-Lusen-Gebiet des Bayerischen Waldes vor allem getriftet. 1900 wurde die Eisenbahn-Nebenstrecke von Bayerisch Eisenstein über Frauenau und Spiegelau nach Grafenau fertiggestellt. Diese Verkehrsverbindung führte zu einem starken wirtschaftlichen Aufschwung der Holzindustrie entlang der Bahnstrecke. Zudem war nun ein großes Waldgebiet mit den oft weit entfernten Zentren des Holzverbrauchs verbunden, besonders den großen Städten im Westen Deutschlands. Man bemühte sich deshalb, die Eisenbahn auch für den Holztransport zu nutzen. Das Holz musste aber erst mit Pferde- oder Ochsengespannen über schlechte Wege und mit erheblichen Kosten zum Bahnhof der Staatsbahn gebracht werden. Der damalige Leiter des Königl. Forstamtes Spiegelau, Ludwig Leythäuser, forderte deshalb zusätzlich den Bau einer Waldeisenbahn, ausgehend vom Bahnhof Spiegelau. So sollten die ausgedehnten Wälder entlang der bayerisch-böhmischen Grenze an den Hängen von Rachel und Lusen erschlossen und das Holz an dem Umlade-Bahnhof Spiegelau verfrachtet werden. Leythäuser konnte seinen Plan aber erst verwirklichen, nachdem er 1890 zur Bezirksregierung in Landshut versetzt worden war.

Durch die Waldbahn Spiegelau und ihren Anschluss an das öffentliche Eisenbahnnetz war erstmals möglich, Holz aus dem Bayerischen Wald an entfernte Verbrauchsorte zu transportieren. Viele Arbeiter halfen mit Langholz und Brennholz zu verladen.

Schmalspur-Waldeisenbahnen wurden von der Bayerischen Staatsforstverwaltung bereits bei der Nonnen-Kalamität im Ebersberger Forst und bei den Kiefernspanner-Kalamitäten im Nürnberger Reichswald in den 1880er und 1890er Jahren eingesetzt, als dort tausende Hektar Wald kahlgefressen worden waren. Die vielen Millionen Festmeter Holz, die eingeschlagen werden mussten, waren nur mit dieser damals hochmodernen Technologie so schnell zu transportieren, dass sie noch wirtschaftlich verwertet werden konnten.

Durch Hinweis auf die dortigen positiven Erfahrungen konnte Leythäuser nachweisen, dass eine Waldbahn preisgünstiger eingesetzt werden konnte, als Pferde- und Ochsengespanne. Er rechnete vor, dass eine solche Bahn durch den Holztransport zum Bahnhof Spiegelau, durch die Versorgung der dortigen Sägewerke mit Holz und durch den Abtransport der Sägeerzeugnisse zur Staatlichen Eisenbahn voll ausgelastet sein werde und wirtschaftlich arbeite. Zudem legte er dar, dass die wertvollen alten Buchenbestände an Rachel und Lusen mit Hilfe der Waldbahn endlich genutzt werden könnten. Die schweren Buchenstämme schwammen nicht und waren deshalb in den Triftbächen nicht zu befördern; auch auf den damaligen Wegen konnte man sie mit Fuhrwerken nicht transportieren. Mit diesen Argumenten konnte LEYTHÄUSER seine Vorgesetzten überzeugen; er ist der geistige Vater der Spiegelauer Waldeisenbahn.[18]

Nach der Aufarbeitung der Schädlingskalamität im Ebersberger Forst und im Nürnberger Reichswald wurden die Waldbahnen dort nicht mehr gebraucht. Man gab Schienen und Fahrzeuge der Schmalspurbahn kostenlos an das Forstamt Spiegelau ab. Unter Einsatz dieses Materials war im Jahr 1900 in Spiegelau bereits eine Versuchsstrecke von 2 000 Meter Länge im Einsatz – acht Jahre vor der Genehmigung des Projektes und neun Jahre vor der offiziellen Eröffnung.[19] 1908 waren über 7 Kilometer Gleise, 87 Drehschemelwagen (von den Einheimischen „Rollwagerl" genannt) für den Holztransport und zwei Muldenkipper für den Bau der Bahndämme verfügbar.[20] Diese ersten Bahnanlagen nutzten die Betreiber, um eigene Erfahrungen mit diesem neuen Transportmittel zu sammeln. Die Waldbahn war ja bisher nur im ebenen Gelände um Ebersberg und Nürnberg genutzt worden; jetzt wollte man sie in den Hochlagen um Rachel und Lusen[21] einsetzen. Für das Gleismaterial, die Fahrzeuge und den Ausbau der Bahntrasse wurden keine zusätzlichen finanziellen Mittel aus der Staatskasse in Anspruch genommen. Diese Vorarbeiten finanzierte vielmehr das Forstamt Spiegelau. Dafür war anscheinend keine offizielle Genehmigung notwendig.

Mit Entschließung des Finanzministeriums vom 26. August 1908 wurde der Bau der Waldbahn schließlich genehmigt und ein „Vorschusskredit" von 160 000 Mark zugesagt. Schon im November 1909 konnte die offizielle Probefahrt mit Abnahme der Strecke durch Beamte der Eisenbahndirektion Regensburg stattfinden.

Nun wurde die Waldbahn rasch ausgebaut und ein weit verzweigtes Streckennetz angelegt, das sich schließlich von den Wäldern des Forstamtes Klingenbrunn im Westen bis nach Finsterau im Osten des großen Waldgebietes um Rachel und Lusen erstreckte. Oberforstmeister GUSTAF FELLMETH, der Leiter des Forstamtes Spiegelau von 1919 bis 1932, hatte als junger Beamter den Waldbahneinsatz bei der Nonnenkalamität im Ebersberger Forst kennen gelernt und konnte seine Erfahrungen nun im Bayerischen Wald nutzen. Im Jahre 1931 erreichte das Waldbahnnetz seine größte Ausdehnung.

Der holzreiche Bayerische Wald wurde durch ein dichtes Netz der schmalspurigen Waldbahn erschlossen.

Das Holz wurde im Winter auf Ziehbahnen an die Lagerplätze im Wald gebracht und dort auf die Waldbahn verladen. Dabei wurden die Stämme fast immer mit der Körperkraft der Verlader auf die Transportwagen gerollt; nur selten setzte man Seilwinden ein. Das wichtigste Werkzeug war dabei der Sapie, mit dem man die schweren Blöcher drehte, rollte und zog. Die Holzverlader führten ihre schwere und gefahrvolle

Arbeit im Akkord aus. Mit Hilfe der Waldbahn Spiegelau wurde neben dem Rohholz aus dem Wald auch das Schnittholz der Sägebetriebe auf die staatliche Eisenbahn umgeladen.Im Jahre 1925 verwüsteten heftige Orkane weite Waldflächen; in den Forstämtern Klingenbrunn und Spiegelau lagen über 200 000 Festmeter Holz am Boden. Unter diesem Eindruck wurde der Ausbau des Streckennetzes energisch vorangetrieben, um das Sturmholz möglichst schnell abtransportieren zu können und um Wertverluste zu vermeiden. Im Winter 1929/30 tobten neue Orkane; die Sturmschäden übertrafen sogar die von 1925. Die umgestürzten Bäume mussten schnell aufgearbeitet werden, um die Ausbreitung der Borkenkäfer zu verhindern. Zahlreiche Waldarbeiter aus anderen Gegenden Bayerns unterstützten dabei ihre Kollegen aus dem Bayerischen Wald. Tag für Tag wurden nun bis zu 1 500 Festmeter Holz aus dem Wald transportiert.[22]

Die Waldbahn erreichte im Jahr 1930, nach den großen Windwürfen, mit Last-, Rangier- und Leerfahrten eine Spitzen-Fahrleistung von 59 000 Kilometern. Insgesamt legte sie in den 60 Jahren ihres Bestehens rd. 1 250 000 Kilometer zurück; sie hätte damit die Erde 31 Mal umrundet. Sie transportierte in dieser Zeit fast 1,5 Millionen Raummeter Holz und Holzerzeugnisse.[23]

Die Spiegelauer Waldbahn hat von 1900 bis 1960 auf bis zu 95 Kilometern Gleisanlagen (einschließlich der vorübergehend verlegten „fliegenden Gleise" zeitweise 110 Kilometer) mit einer Spurweite von 60 Zentimetern sieben Dampfloks, sieben Dielselloks und 418 Transportwagen eingesetzt. Für den Bau der Bahn waren zeitweise mehrere hundert Arbeitskräfte tätig. Beim Fahrdienst, für den Unterhalt der Strecken, als Holzverlader und in der Werkstatt waren etwa 80 Personen beschäftigt. Damit hatte die Waldbahn auch als Arbeitgeber erhebliche Bedeutung.[24]

Während des Zweiten Weltkriegs und in der unmittelbaren Nachkriegszeit konnten die Bahnanlagen nicht mehr im notwendigen Umfang unterhalten werden. 1950 forderte die Bahnaufsicht eine Generalüberholung. Eine Überprüfung im Jahr 1956 lieferte eine lange Liste über die Mängel der Gleise, verlangte eine Überholung des rollenden Materials und wünschte den Austausch des gesamten Fahrpersonals gegen jüngere Kräfte. Das hätte Aufwendungen von etwa 500 000 Deutsche Mark erfordert. Dieser Investition stand aber der zunehmende Trend entgegen, Holz frei Waldstraße zu verkaufen und mit Lastkraftwagen abzufahren. Mit der Erschließung des Waldes durch autofahrbare Wege, beginnend nach dem Zweiten Weltkrieg, wurde der Bahntransport unwirtschaftlich und zunehmend durch Kraftfahrzeuge ersetzt. Die Waldbahn war nicht mehr zu retten. Am 21. September 1957 entschied die Oberforstdirektion Regensburg, sie restlos abzubauen.

Nur durch den Einsatz von leicht verlegbaren Waldbahnen war es möglich, den großen Holzanfall bei Kalamitäten zu bewältigen. Hier ein Bild nach dem verheerenden Spannerfraß im Nürnberger Reichswald in den 1890er Jahren.

Diese Gedenktafel zur Erinnerung an die Erschließung der Grenzwälder im Bayerischen Wald steht auf einem alten Damm der Waldeisenbahn.

Als Frist dafür wurde die Zeit bis zum 1. Oktober 1960 festgelegt. Vor der endgültigen Einstellung des Betriebes fanden für die Bevölkerung von Spiegelau und Umgebung auf den verbliebenen Reststrecken noch Abschiedsfahrten statt. „Im Frühjahr des Jahres 1960, am 11. Mai, dampfte und fauchte der letzte Waldbahnzug durch die Wälder am Fuße von Rachel und Lusen".[25] Die Ära der Waldbahn Spiegelau war nach 60 Jahren zu Ende gegangen.

Bei der Waldbahn hatte sich schon seit 1923 eine Abteilung entwickelt, die sich überwiegend mit dem Straßenbau beschäftigte. In den folgenden Jahrzehnten erweiterte man den Maschinenpark für den Wegebau und die Wegeunterhaltung. Seit Beginn der 1950er Jahre wurden zudem Seilanlagen zur Holzbringung und Planierraupen zum Wegebau eingesetzt. 1949 ist im internen Schriftverkehr zu lesen: „Dem Forstamt Spiegelau ist der Maschinenbetrieb des Regierungsforstamts Niederbayern als gesonderter Nebenbetrieb angegliedert." 1972 wurde der Maschinenbetrieb selbständig und der Oberforstdirektion unmittelbar unterstellt. 1983 löste man ihn schließlich – nach 60 Jahren – auf. Einen großer Teil der Mitarbeiter übernahmen die Nationalparkverwaltung Bayerischer Wald und der Maschinenbetrieb Bodenwöhr, Oberpfalz.[26]

Auch heute noch sind deutliche Spuren der früheren Waldbahn zu finden. Viele ehemalige Waldbahnstrecken wurden als Forststraßen ausgebaut und werden auch gerne als Rad- und Wanderwege genutzt. Als man 1983 den Maschinenbetrieb auflöste, wurde in der Nähe des Waldspielplatzes Spiegelau ein kleines Denkmal zur Erinnerung an die Forstwirtschaft, die Trift, die Waldbahn und die Straßenerschließung im Bayerischen Wald errichtet.[27]

5.3 Neuessing: Waldbau

Unter Waldbau versteht man die zentrale Aufgabe der Forstwirtschaft, vorhandene Wälder zu pflegen, sie zu verjüngen und neue Wälder zu schaffen. Der Begriff „Waldbau" stammt von Heinrich Cotta;[28] er hat damit den bis dahin üblichen Ausdruck „Holzzucht" ersetzt. Ziel des Waldbaues ist es, im Rahmen der Nachhaltigkeit das Wachstum

Heinrich Cotta prägte den Begriff vom Waldbau und ist einer der Begründer der Forstwissenschaft.

und die Stabilität der Waldbestände zu sichern und zu verbessern. Der hier zur Verfügung stehende beschränkte Raum zwingt dazu, das weite Feld des Waldbaus nachfolgend etwas schematisch und vereinfacht darzustellen.

Die zielgerichtete Gestaltung des Forstbetriebes bedarf der Planung. Die langfristige Betriebsplanung ist der Forsteinrichtung übertragen; das unmittelbare Handeln im Wald obliegt dem Waldbau. Dabei soll die Forsteinrichtung den Waldbau nicht unangemessen einengen; das waldbauliche Handeln darf aber andererseits auch nicht ziellos betrieben werden.[29] Seit der ersten Hälfte des 19. Jahrhunderts wurden in Bayern im Rahmen der Forsteinrichtung Waldbaugrundsätze und Anleitungen für das waldbauliche Vorgehen in den einzelnen Waldgebieten entwickelt, Wirtschaftsregeln genannt. Besondere Bedeutung gewannen die „Wirtschaftsregeln für das k. Revier Neuessing"[30] von 1885, die meist „Neuessinger Wirtschaftsregeln" genannt werden. Darin wird angeordnet, die Verjüngung „nach den Grundsätzen des Femelschlagbetriebes" durchzuführen. Damit wurde die Begründung ungleichaltriger, nach Möglichkeit gemischter Bestände durch gruppen- und horstweise Verjüngung gefordert. Dieser Grundsatz hat, abgestimmt auf die jeweiligen örtlichen Standortsbedingungen und gestützt auf die örtlichen Erfahrungen, das waldbauliche Handeln in den bayerischen Wäldern seither entscheidend geprägt.[31] Der Waldbau, der in Neuessing in der zweiten Hälfte des 19. Jahrhunderts entwickelt wurde, war über viele Jahrzehnte Leitbild für langfristiges, schonendes und auf Baumartenmischung ausgerichtetes Handeln im Wald. Er ist damit Keimzelle und Vorbild, an das die „naturnahe Forstwirtschaft" unserer Zeit anknüpft.

Der Mensch hat den Waldzustand seit den frühesten Zeiten beeinflusst. Dabei wurde die Holznutzung entweder einzelstammweise über den ganzen Wald verteilt oder auf bestimmte Flächen konzentriert. Die eine Methode führte zum *Plenterwald*, die andere zum schlagweisen Betrieb. Waldbestände des *schlagweisen Betriebes*, die ganz oder überwiegend aus Stockausschlägen entstanden sind, nennt man *Ausschlagwald*

In den Wäldern bei Neuessing an der Altmühl wurden in den 1880er Jahren Waldbaugrundsätze für den gemischten Wald entwickelt und erprobt.

(Nieder- und Mittelwald); haben sich die Stämme dagegen aus Kernwüchsen entwickelt, spricht man von *Hochwald*. Die Verjüngung der genutzten Flächen wird der natürlichen Ansamung überlassen *(Naturverjüngung)* oder durch Saat und Pflanzung gesichert *(Künstliche Verjüngung)*.

Niederwälder[32] sind aus Stockausschlag entstandene Gehölze aus Eiche, Hainbuche, Linde, Ahorn, Esche und Hasel, die nach 15-20 Jahren „auf den Stock gesetzt" werden. Aus den Stöcken schlagen Reiser aus, die wegen des schon vorhandenen Wurzelsystems rasch heranwachsen und in kurzer Zeit viel Biomasse produzieren. Teilt man den Wald in gleich große Flächen ein, deren Zahl der Umtriebszeit[33] entspricht und nutzt alljährlich die Fläche mit der ältesten Bestockung, wird so eine stetige Holzversorgung sichergestellt. Diese einfache und klare Einteilung von Zeit und Raum sichert die Ressource und gibt die nachhaltige Bewirtschaftung für Generationen vor.

Im Niederwald wird Brennholz erzeugt, Holz mit geringem Durchmesser. Da man aber auch Bauholz benötigte, entstand der *Mittelwald*. Dazu werden einzelne Kernwüchse, „Lassreitel" genannt, beim Einschlag

Ein Sämling braucht lange bis er sich in der Natur durchsetzt und zu verwertbarem Holz heranwächst. Ein Stockausschlag kann dagegen ein mächtiges Wurzelwerk nutzen und daher in kurzer Zeit sehr viel (Brenn-)Holz produzieren.

der Niederwaldbestockung vom Hieb verschont. Lässt man sie mehrere Umtriebszeiten des Unterholzes stehen, wachsen sie zu Stämmen heran, die für Bauholz geeignet sind. Der Mittelwald besteht damit aus zwei Baumschichten: dem Oberholz aus Einzelbäumen verschiedenen Alters und dem darunter wachsenden gleichaltrigen Unterholz, das regelmäßig geschlagen wird.

Nieder und Mittelwälder sind selten geworden, waren aber viele Jahrhunderte lang die übliche Art der Waldnutzung. Ihre geschichtliche Bedeutung liegt darin, dass sich der Gedanke der forstlichen Nachhaltigkeit in ihnen erstmals durchgesetzt hat. Um die Mitte des 19. Jahrhunderts nahm der Holzbedarf des Gewerbes und der Industrie stark zu; gleichzeitig wuchs auch das Interesse an einer möglichst hohen Verzinsung des im Wald gebundenen Kapitals. Deshalb wandelte man die meisten Nieder- und Mittelwaldungen in Hochwaldbestände um. Man schlug sie kahl und begründete an ihrer Stelle durch Saat oder Pflanzung ganz neue Bestockungen, in denen häufig Fichte oder Kiefer vorherrschten.

Als erste Form des Hochwaldes soll der *Plenterwald* unserer Zeit vorgestellt werden (wie er etwa in Teilen des Schwarzwaldes und der Schweiz gepflegt wird): ein Hochwald, in dem Bäume aller Altersstufen und Wuchshöhen auf kleiner Fläche nebeneinander stehen. Anders als im Altersklassenwald finden Pflege, Ernte und Verjüngung auf der gleichen Fläche statt, bei ständiger Erhaltung eines bestimmten Holzvorrats.

Im Gegensatz zu dieser wohlgeordneten Bewirtschaftung nutzte man den Wald in Bayern bis zum Ende des 18. Jahrhunderts meist in Form einer *ungeregelten Plenterung* (eigentlich Plünderung). Jeder holte sich an Holz, was er brauchte und zwar dort, wo es am bequemsten zu hauen und zu befördern war:

Im geregelten Plenterwald stehen Bäume jeden Alters nebeneinander. Es wir auf der ganzen Fläche genutzt. Das ist sehr pflegeintensiv und anspruchsvoll.

zunächst in den siedlungsnahen Wäldern, später auch aus den Tiefen der Forste.[34] Dieser ungeregelte Femelbetrieb führte dazu, dass die Waldungen auf das wertvolle Holz hin durchgehauen und bei stärkeren Eingriffen regelrecht ausgeplündert wurden.[35] Viel Weidevieh und hohe Wildstände schädigten den Jungwuchs und beschleunigten so die Verlichtung der Wälder.

Joseph von Hazzi beschreibt gegen Ende des 18. Jahrhunderts den regellosen Plenterbetrieb, der in weiten Gebieten Bayerns jahrhundertelang üblich war, wie folgt: „Die Holzschläge haben bis jetzt noch keine allgemein gleiche Eintheilung; man nahm nur überall die schönsten Bäume, wo man sie fand, oder wo die Ausfuhr gelegener war, wodurch der ganze Wald eine Menge Placken bekam, den Winden freyes Spiel geöffnet oder durch andere Übel, unter welchen die Weide obenan steht, der Zusammenwuchs gehindert wurde."[36] Eine räumliche Ordnung, eine geregelte Hiebsfolge wurde bei dieser Plenterung nicht eingehalten. Die Verjüngung überließ man fast ausschließlich der Natur, sorgte aber nicht dafür, die Ansamung durch entsprechende Anlage der Hiebe zu sichern.[37] Zeitgenössische Berichte sprechen von „viele öde Plätz", besonders auf ärmeren Standorten. In besseren Lagen verblieb ein schütterer Bestand von „alten und yberständigen Bäumen, die dem allda [...] angeflogenen jungen Gehilz großen Schaden verursachen".[38]

In der regellosen, plenterartigen Holznutzung sah man aber zunehmend eine Schädigung des Waldes. Die Einrichtung einer wirksamen Forstorganisation und die bessere Ausbildung der Forstleute bot seit dem Ende des 18. Jahrhunderts die Möglichkeit, fachgerechte Waldbaurichtlinien einzuführen.[39] Es wurden zahlreiche Vorschriften gegen das regellose Hauen erlassen. Man bemühte sich um Ordnung und Übersicht und um eine möglichst geradlinige Begrenzung der Schläge. Für Altbayern erließ der Kurfürst mit Generalmandat vom 14. März 1789[40] grundsätzliche Weisungen für die geordnete Anlage der Hiebe und die Förderung der Verjüngung.[41] Es wurde bestimmt, dass „das Holz in jährlich forstordnungsgemäßen Gehauen [...] abgetrieben werden" solle. Die jährlichen Schläge sollten der Größe der Waldungen angemessen sein, „so daß die Perpetuität und Erzielung des Nachwuchses bei allen Waldungen [...] genau beobachtet werde". 1793 sah man sich veranlasst, das Verbot des „Auslichtens" und die Verpflichtung zum schlagweisen Hauen nochmals zu betonen.[42]

Die negativen Erfahrungen mit der ungeregelten Plenterung und der große Holzbedarf der Eisenwerke, Salinen und Glashütten führten dazu, dass man die Nutzungen nicht mehr ungeregelt auf den ganzen Wald erstreckte. Das bedeutete den Übergang zum *schlagweisen Betrieb* auch im Hochwald, wie er schon im Ausschlagwald üblich war. Zur *natürlichen Verjüngung des schlagweisen Hochwaldes* wurden vorwiegend fünf Hiebsverfahren angewendet: Kahlschlag, Saumschlag, Schirmschlag, Femelschlag und Bayerisches kombiniertes Verfahren.

Beim *Kahlschlag* wurde ein Streifen des Altbestandes mit einem Hieb kahl geschlagen. Der neue Bestand samte sich vom Bestandsrand her an. War die Verjüngung gesichert, wurde der nächste Altbestandsstreifen eingeschlagen. Der Kahlschlag war die übliche Hiebs-

Der Kahlschlag ist das einfachste Waldbauverfahren, das auf klare räumliche Ordnung setzt und landwirtschaftliche Prinzipien auf den Wald überträgt: alles ernten, alles bepflanzen.

form in forstlich intensiv bewirtschafteten Gebieten, in denen große Holzmengen ohne besondere Ansprüche an Maß und Qualität benötigt wurden (also besonders Brenn- und Kohlholz): in den Salinenwäldern, in der Umgebung von Glashütten, Berg- und Hüttenwerken und in den Triftgebirgen. In einzelnen Regionen des Landes bemühte man sich schon früh, die Schlagführung zu regeln. In Berchtesgaden bestand z. B. seit 1529 die Vorschrift, dass die „Wälder von unten bis oben verhackt und ohne Ursach kein Unterschlag oder Untermaiß nicht gemacht" werden solle.[43] Für die Versorgung der Saline Reichenhall war ebenfalls schon seit dem 16. Jahrhundert der Großkahlschlag üblich.[44] Die Waldordnung für die Reichenhaller Sudwälder im Salzburgischen von 1755 forderte „ allen und jeden Holzschlag von unten bis oben des Berges durchaus strichweise vornemmen und alles daraufstehend Holz ohn Unterschied sammentlich abgeraumt, damit sich ein wohlgeraumter Berg hinwiederum gleich anschütten mög".[45] Auch in der Oberpfalz nutzte man das Holz für die Eisenwerke oft im Kahlschlag mit Umtriebszeiten von 50 - 60 Jahren.[46] Die Fichte wurde bei diesem Verjüngungsverfahren begünstigt; der Anteil der Laubhölzer und der Tanne an der Bestockung nahm ab.[47]

Seit Beginn des 18. Jahrhunderts vollzog sich, zuerst und insbesondere in den Salinen- und Triftwaldungen, eine Umstellung vom Großkahlschlag zum *Saumschlag* („schmaler Strich"). Hier wurde am Rand des Altbestandes („Saum") auf einem Streifen eine Schirmstellung erzeugt. Sobald sich dort die Schatten- und Halbschattenbaumarten (Buche, Tanne, Fichte) angesamt hatten, wurde der Streifen geräumt, damit sich die Lichtbaumarten (Kiefer, Lärche, Eiche) entwickeln konnten. Gleichzeitig wurde der nächste Streifen aufgelichtet. Durch dieses Verfahren sollten die Naturverjüngungen erleichtert, die Verjüngungszeiträume verkürzt und die

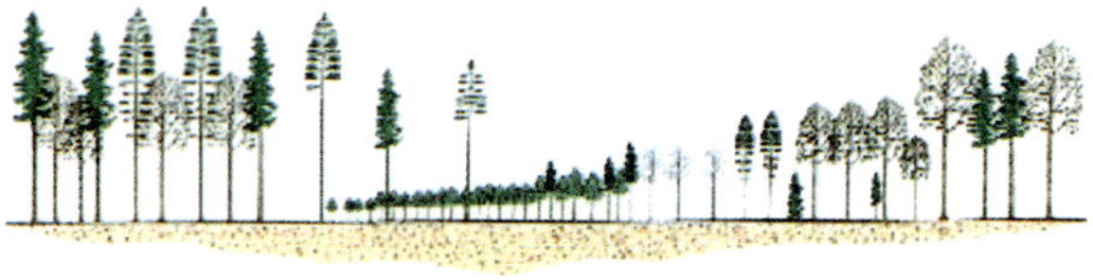

Der Saumschlag regt Naturverjüngung in einem vorgelichteten Streifen an, der nach einigen Jahren geräumt wird. Er steht zwischen Kahlschlag und Schrimschlag.

Schäden an Boden und Waldbestand durch den Transport des Holzes vom Einschlagsort an die Waldstraße (Bringungsschäden) vermindert werden. Bei der Anlage der Hiebe strebte man eine strenge räumliche Ordnung an; in Gefällsrichtung verlaufende Absäumungen wurden eingeführt. Ein anschauliches Bild des Verfahrens bietet Utzschneider, der 1789 von der Hofkammer als Taxator in die Reichenhaller Salinenwaldungen entsandt worden war. Er verfügte 1795: „Der Schlag aber sollte stetig doch langsam erfolgen damit der Saamanflug Schritt halte." Die Schläge sollen „an allen Orten, wo das Locale keine Ausnahme macht, in schmalen Streifen immer auf der Morgenseite von Mittag nach Mitternacht zu mit der nötigen Behutsamkeit angelegt, in gerader Linie gegen den oberen Wind geführt und bei Anlegung auf die zur Saamenzeit herrschenden Windzüge geachtet werden, um den natürlichen Saamanflug zu befördern und die Windbrüche zu vermeiden".[48] In Berchtesgaden mussten die Förster die

Hiebsfläche „ausmessen, gerade abstecken und nicht daryber hauen lassen. [...] welche Ordnung deren Schlägen [...] ein gutes Aussehen machet".[49] Saumhiebe wurden aber nicht nur in den Waldungen des Hochgebirges angewandt, sondern auch in anderen Teilen des Landes.[50] Über die Breite der Hiebe liegen unterschiedliche Berichte vor. Im Salinengebiet war eine Höchstbreite von 50 - 60 Schritten angeordnet. Die Instruktion für die bayerischen Forstbeamten von 1796 schrieb für die Verjüngung der Fichtenbestände Saumschläge vor, „in schmalen Riemen höchstens 60 Schritt breit [...] von Osten gegen Westen".

Nachdem man erkannt hatte, dass Kahlschläge den Anteil der Fichte in den Beständen stark förderte, wurden in Bayern *Schirmschlagverfahren* eingeführt: die Verjüngung unter dem auf einer größeren Fläche gleichmäßig aufgelichteten Kronendach des Altbestandes. Dabei soll in einem Samenjahr die Ansamung Schatten

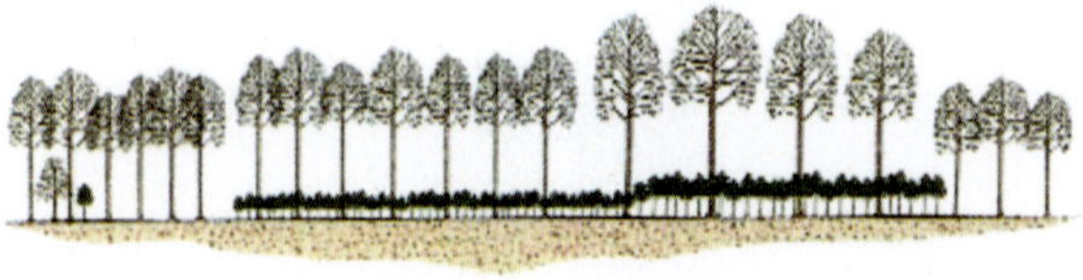

Beim Schirmschlag wird der Bestand flächig aufgelichtet, um Schattbaumarten, wie Buche und Tanne, vorauszuverjüngen.

ertragender Baumarten, wie Buche, Tanne und Fichte, unter dem Schirm des Altholzes gesichert werden. Der Altbestand wird dann allmählich gelichtet und schließlich den Bedürfnissen der Verjüngung entsprechend geräumt. Der Schirmschlag auf großer Fläche, der Dunkelschlag, diente vor allem der verstärkten Nachzucht der Buche. In der Forstinstruktion von 1796 für Altbayern wurde die Verjüngung von Buchen- und Buchen-Fichtenbeständen im Dunkelschlag angeordnet. Zur gleichen Zeit hat man in der Oberpfalz die Kiefer im sehr lichten Schirmschlag verjüngt.[51]

Beim *Femelschlag* wird, wie beim Schirmschlag, auf

Beim Femelschlag wird nicht flächig, sondern gruppenweise aufgelichtet. Die enstandenen Verjüngungsgruppen, werden dann durch Nachlichten über Jahrzehnte zusammengeführt.

der gesamten Fläche in den Altbestand eingegriffen, aber mit unterschiedlicher Intensität. Die Verjüngung beginnt mit Gruppenschirmstellungen zur Schaffung von Verjüngungskernen; an anderer Stelle bleibt der Bestand geschlossen. Dadurch entstehen Teilflächen mit ganz unterschiedlichen Lichtverhältnissen. Die Schattenbaumarten mit langsamer Jugendentwicklung (besonders Tanne und Laubhölzer) erhalten dadurch einen Wuchsvorsprung. Wenn sich Verjüngungsgruppen entwickelt haben, wird der Altbestand über ihnen allmählich geräumt. Die verjüngten Teilflächen vergrößern sich und fließen schließlich zu einer geschlossenen Verjüngung zusammen. Der Zeitraum von der ersten Schirmstellung bis zur Räumung der letzten Altbestandsreste kann mehrere Jahrzehnte umfassen. Verjüngungsziel ist die Erziehung von ungleichaltrigen Mischbeständen in gruppen- und horstweiser Mischung.

Der *Saumfemelschlag* beschränkt den Femelschlag auf einen Streifen von zwei- bis dreifacher Baumhöhe. Die am Saum des Altbestandes entstehende Verjüngung nimmt die Verjüngungskerne auf und schließt sie mit der Zeit zu einer geschlossenen Verjüngung zusammen.

Im *Bayerischen kombinierten Verfahren* wird die Anlage von Verjüngungsgruppen in größere Bestandstiefen ausgedehnt. Dieses Hiebsverfahren hat sich über viele

Jahrzehnte bewährt und wird auch in der Gegenwart häufig angewandt. In Fichten- und Kiefernbeständen sorgt man durch den künstlichen Voranbau von Laubholz und Tanne für eine breitere Baumartenmischung in der Verjüngung und verbessert die ökologische Situation des Bestandes.

Gegen Ende des 19. Jahrhunderts gab Karl Gayer[52] mit seinen Schriften der Waldbauwissenschaft und dem praktischen Waldbau entscheidende Impulse.[53] In seinem „Waldbaulichen Bekenntnis" hat er 1891 seine Auffassung von den Pflichten des Waldbauers wie folgt zusammen gefasst: „Alles waldbauliche Handeln muß auf naturgesetzliches Denken begründet sein; die Schablone ist nirgends mehr vom Übel als hier, wo die wirkenden Kräfte einem fortgesetzten und oft so großem localen Wechsel unterworfen sind. Der Waldbau ist Sache des Localbeamten. Unter den vielen Tugenden, welche denselben in seiner verantwortungsvollen Aufgabe zieren müssen, sind für das waldbauliche Vorgehen die Geduld und das Bewußtsein, daß Zweck und Ziel der Arbeit in der fernen Zukunft, nicht in der Gegenwart liegt, mit die wichtigsten."[54] Er erkannte, dass mit der damals in der Forstwissenschaft vertretenen Bodenreinertragslehre[55] eine Waldbewirtschaftung in die Praxis drängte, die hohen Ertrag versprach, aber mit anfälligen Reinbeständen verbunden und deshalb mit hohen Risiken belastet war. Gayer hat die Lehre vom gemischten Wald entwickelt und damit der ökonomischen Betrachtungsweise Presslers und seiner Schule die ökologische gegenüber gestellt.[56] Karl Rebel, von 1915 bis 1930 Waldbaureferent der Bayerischen Staatsforstverwaltung, hatte zur Prüfung des Antrags Toerring[57] die Planungen der Forstämter bayernweit begutachtet. Die dabei gewonnene Überzeugung vom naturnahen Waldbau legte er 1924 in seinem Werk „Waldbauliches aus Bayern" vor.[58] In neuerer Zeit hat Josef Köstler[59] mit seiner Ablehnung „zwängender Schablonen künstlicher Art, [die] versucht haben, die Naturkräfte zu bändigen", große Zustimmung gefunden. Er forderte einen freien Stil des Waldbaus.[60] „Wer sich in die Lebenserscheinungen des Waldes vertieft hat, der kennt das Staunen vor dem Wirken der Naturkräfte", bekennt er.[61]

Gayer, Rebel und Köstler trugen entscheidend dazu bei, dass Mischwald, Naturverjüngung und langfristige Verjüngungsverfahren zu wichtigen Grundsätzen für

Karl Gayer legt mit seinem Buch „Der Gemischte Wald" die Grundlage für eine naturnahe Forstwirtschaft.

Der Waldbaureferent Karl Rebel setzt mit seinem über 500 Seiten umfassenden Werk „Waldbauliches aus Bayern" einen Meilenstein für den naturnahen Waldbau in Bayern.

Der Waldbauprofessor Josef Nikolaus Köstler prägte den Begriff vom „freien Stil" des Waldbaus.

die waldbauliche Entwicklung in Bayern wurden. Hier unterscheidet sich die forstliche Tradition Bayerns stark von der anderer Länder.

Die Bemühungen, die Bestände natürlich zu verjüngen, führten – vor allem wenn sie ohne Rücksicht auf Standort und Vorbestand angewandt wurden – oft nicht zum gewünschten Ergebnis. Die natürliche Verjüngung vollzog sich, vornehmlich auf Kahl- und Saumschlägen, in der Regel sehr langsam – besonders in den klimatisch benachteiligten Lagen der Gebirge und auf armen Standorten. Die entstehenden Jungbestände waren, besonders bei dichtem Bodenbewuchs, oft lückig. Anderenorts liefen die Naturverjüngungen aber so dicht auf, dass sich der Aufwand für die spätere Waldpflege erhöhte. Die oft schon durch natürliche Standortsbedingungen gehemmte Verjüngung wurde durch Waldweide, Streunutzung, Grasgewinnung und Wildschäden, aber auch durch unsachgemäße Fällungsarbeiten, zusätzlich beeinträchtigt. Bei der natürlichen Verjüngung konnten nur die im Altbestand vorhandenen Baumarten verjüngt werden. Wegen der unterschiedlichen Verjüngungsfreudigkeit der einzelnen Baumarten kam es zudem häufig zu einer erheblichen Verarmung des Baumartenspektrums.[62]

Angesichts dieser Probleme fand die *künstliche Verjüngung* aus standörtlichen, wirtschaftlichen und waldbaulichen Gründen vom Ende des 18. Jahrhunderts an zunehmend Eingang in die Forstwirtschaft. Saat und Pflanzung boten die Möglichkeit, die Verjüngung der Hiebsflächen zu beschleunigen, die Baumartenmischung ad hoc zu verändern, bisher nicht vertretene Baumarten einzubringen, die Leistungsfähigkeit der nachwachsenden Bestände zu verbessern und den Ertrag der Waldnutzung zu erhöhen. Um diese Ziele zu erreichen wandte man natürliche und künstliche Verjüngungsverfahren oft miteinander kombiniert an.[63]

Im 19. Jahrhundert wurden große Flächen durch Saat verjüngt. Man nutzte Mastjahre um Samen zu gewinnen, hier Bucheckern.

Die Einführung der künstlichen Verjüngung hatte tiefgreifende Auswirkungen auf die Wälder und das Bild unserer Landschaft. Besonders die Fichte, die sich auf fast allen Standorten leicht durch Saat oder Pflanzung verjüngen lässt und auch selbst verjüngt, breitete sich weit über das Gebiet ihres natürlichen Vorkommens aus.[64]

Die Geschichte der *Waldsaat* beginnt mit Kiefernsaaten, die ab 1368 von Peter Stromer im Nürnberger Reichswald angelegt wurden und sich von dort weithin verbreiteten.[65] Anweisungen zur Saat finden sich auch schon in der Bayerischen Forstordnung von 1568.[66] Noe Meurer behandelt im „Jag- und Forstrecht" von 1576 auch die Saat und die Pflanzung im Wald. Hans Carl von Carlowitz fordert 1713 in seiner „Sylvicultura oeconomica", mehr zu säen und zu pflanzen, als zu ernten. Bei der Einteilung Altbayerns in 20 Forstmeisterämter im Jahr 1789 vertritt die oberste Forstbehörde die Ansicht, dass trotz der Verbesserung der Naturverjüngung durch geordnete Schläge „doch an einigen Holzplätzen künstliche Holzsaaten werden vorgenommen werden müssen".[67] Von dieser Zeit an wurden in vielen Teilen Bayerns mit großem Einsatz Saaten angelegt.[68] Da es häufig darum ging, große Schlagflächen in Bestockung zu bringen, wurden dabei oft Fichte und Kiefer bevorzugt.[69]

Die Freisaaten waren trotz Verwendung hoher Saatgutmengen[70] häufig wenig erfolgreich. Die Saat ist ungeschützt gegen Schäden durch Mäuse, Vögel, Insekten und Pilzinfektionen; sie leidet unter Frost, Hitze und Platzregen. Man ist abhängig von den Jahren, in denen die Bäume Saatgut produzierten und von der Höhe des Samenertrages.

Im Gegensatz dazu macht die *Pflanzung* weitgehend unabhängig von den Samenjahren. Zudem besitzen die Pflanzen einen Altersvorsprung gegenüber natürlich angekommenen Sämlingen und überwinden

Auf dem alten 50 Pfennig-Stück ist eine Frau beim Pflanzen abgebildet. Kulturfrauen schufen viele Wälder durch ihre harte Arbeit.

die Jugendgefahren (Konkurrenzvegetation, Wildverbiss) rascher. Durch Sturm- oder Insektenkalamitäten entstandene Kahlflächen können durch Pflanzung rasch wieder bestockt werden. Pflanzungen bieten außerdem die Möglichkeit, unbefriedigende natürliche Verjüngungen zu ergänzen. Geringere Baumzahlen gegenüber Naturverjüngungen und wohlüberlegte Verteilung der Pflanzungen auf der Fläche vermindern den Aufwand für die spätere Pflege. Auf die Anlage von Erschließungslinien für den Einsatz von Holzerntemaschinen kann schon bei der Pflanzung geachtet werden. Und schließlich – in unserer Zeit von wachsender Bedeutung – Pflanzenanzucht und Pflanzung sind weitgehend mechanisierbar. Angesichts dieser Umstände ist der Anteil der Saaten an der künstlichen Waldverjüngung stark zurückgegangen; man nutzt heute ganz überwiegend die Pflanzung.[71]

Entscheidende Bedeutung gewann die Pflanzung bei der Wiederbestockung der durch rücksichtslose Nutzung verwüsteten Waldungen und der entstandenen Kahlflächen um die Wende zum 19. Jahrhundert. Auch bei der Aufforstung von Ödland und Weideflächen und bei der Wiederbewaldung von ehemaligem Ackerland, das wegen Missernten, Kriegen, Pestepidemien und Veränderung der Agrarstruktur aufgegeben worden war („Wüstungen") leistete sie wertvolle Dienste. Die Kahlflächen[72], die durch Windwurf und Käferkalamitäten entstehen, können nur durch Pflanzung in kurzer Zeit wieder bestockt werden. In der jüngeren Vergangenheit ist die Pflanzung bei der Überführung nadelholzreicher Bestände in naturnahe Mischbestände ein wichtiges Hilfsmittel („Vorausverjüngung").[73]

Die Beschaffung der für die Freisaaten benötigten hohen Saatgutmengen bereitete häufig Schwierigkeiten. Man ging deshalb seit dem Ende des 18. Jahrhun-

Der Klimawandel begünstigt die Vermehrung der Borkenkäfer. So entstehen Löcher in den Waldbeständen. Man kann sie nutzen, um Laubholz und Tanne einzubringen. Dazu ist geeignetes Pflanzmaterial notwendig.

derts zunehmend dazu über, das teure Saatgut in Pflanzgärten (Forstbaumschulen, früher oft Holzgärten genannt) auszusäen und dort Forstpflanzen nachzuziehen.[74] Bis in die ersten Jahrzehnte nach dem 2. Weltkrieg betreute fast jeder Revierförster zusammen mit seinen „Kulturfrauen" einen eigenen Pflanzgarten. Es erwies sich aber als wirtschaftlicher, die Pflanzenzucht in größeren Betrieben zusammenzufassen. Für die Bayerischen Staatsforsten sorgen die Pflanzgartenstützpunkte in Bindlach und Laufen für herkunftsgesichertes Pflanzmaterial von der Saatguternte bis zur Pflanzenauslieferung. Daneben haben sich zahlreiche Forstbaumschulen als private Unternehmen entwickelt, die eine reiche Auswahl an Forstpflanzen auch an kommunale und private Waldbesitzer liefern.

1784 schrieb der Traunsteiner Salzmayeramtsverweser Endorfer, dass „der von den wärmeren und milderen Gebieten herbeygeschaffte Holzsaamen in den hiesigen rauchen Gebürgsorten niemals zu der gewünschten Hoffnung gedeihe".[75] Der Salzsudinspektor J. M. Miller stimmte ihm zu und erklärte, die Saat mit fremden Forstsamen sei frucht- und nutzlos und Geldverschwendung. In den ersten Jahren des 19. Jahrhunderts stellen dann noch weitere Forstleute ein unbefriedigendes Wachstum der Saaten im Gebirge fest; sie sahen die Ursache dafür in der Verwendung von Saatgut aus dem Flachland.[76] Damit haben sie früh erkannt, dass Forstsamen (und die daraus gezogenen Pflanzen) aus einem bestimmten Waldgebiet häufig für die Verjüngung in anderen Gebieten und in anderen Höhenlagen nicht geeignet sind – 100 Jahre bevor die forstliche Wissenschaft sich dieses Problems angenommen hat.[77] Die standortfremden Waldbestände zeigen ungewöhnliche Wuchsformen, mangelhafte Wuchsleistung und Anfälligkeit gegen Krankheiten.[78] Inzwischen haben zahlreiche genetische Untersuchungen gezeigt, dass zur Sicherung von geeignetem forstlichem Vermehrungsgut die Ausscheidung von Herkunftsgebieten notwendig ist. Das Forstvermehrungsgutgesetz[79] regelt den Handel mit Forstsamen, Forstpflanzen und Stecklingen.[80] Sie dürfen nur erzeugt, in den Verkehr gebracht und aus- und eingeführt werden, wenn sie von amtlich zugelassenen Waldbeständen stammen. Die Sicherung der forstlichen Genressourcen ist Aufgabe des bayerischen Amtes für forstliche Saat- und Pflanzenzucht in Teisendorf. Die Forstverwaltung bietet den Waldbesitzern Empfehlungen für die Verwendung geeigneter Herkünfte in bestimmten Regionen.

Nur auf einer recht kleinen Teilfläche des Waldes sind dem Waldbauer Verjüngungsaufgaben gestellt, „auf dem Großteil der Flächen warten Pflegeaufgaben".[81] Unter *Waldpflege* versteht man alle Maßnah-

Im Versuchsgarten Laufen des Amtes für Saatgut und Pflanzenzucht (ASP) werden Schwarzkiefern verschiedener Herkünfte auf ihre Anbaueignung im Klimawandel überprüft.

men, die dazu dienen, einen wertvollen, stabilen, gesunden und naturnahen Wald zu erhalten oder zu schaffen. Dazu gehören vielfältige Aktivitäten. Im Rahmen dieses Buches kann nur ein kurzer Abriss der Geschichte der *Durchforstung* geboten werden.

Nach der Bepflanzung oder natürlichen Verjüngung einer Fläche sind Kultur- und Jungwuchspflege erforderlich. Wenn sich die jungen Bäume zur Dickung geschlossen haben, ist für die Jungbestandspflege zu sorgen. Die darauf folgenden Pflegeeingriffe in Stangen- und Baumhölzer, bei denen eine größere Zahl von Bäumen gezielt entnommen wird und verwertbares Derbholz[82] anfällt, bezeichnet man als Durchforstung. Dieser Begriff wurde 1791 von GEORG LUDWIG HARTIG in die forstliche Literatur eingeführt;[83] HEINRICH COTTA hat die Ziele der Durchforstung und die damit verbundenen Maßnahmen erstmals dargestellt.[84]

Die ersten schriftlichen Nachrichten über Durchforstungen stammen aus den Forstordnungen des 16. Jahrhunderts.[85] NOE MEURER betont in seinem Buch „Von Forstlicher Oberherrligkeit und Gerechtigkeit" von 1560 den günstigen Einfluss der Durchforstungen auf den Zuwachs des verbleibenden Bestandes. Systematische Durchforstung im heutigen Sinn waren aber bis zum Ende des 18. Jahrhunderts die Ausnahme. Man entnahm in jüngeren Beständen in der Regel nur dürre oder kranke Stämme. Fällungen in noch nicht hiebsreifen Beständen wurden als „Ausleuchten" der Waldungen gesehen und galten als waldschädlich.[86] Es finden sich aber aus dieser Zeit auch bereits Richtlinien zur Standraumregulierung; Weich- und „Unhölzer" sollten herausgehauen werden.[87] FRANZ SALES VON SCHILCHER empfahl im letzten Jahrzehnt des 18. Jahrhunderts für den Abensberger Forst, von Zeit zu Zeit zu „läutern". Man müsse die Kiefer herausnehmen, wo sie die Eiche im Wuchs überhole.[88]

Stark vereinfacht lässt sich die Entwicklung der Durchforstung wie folgt zusammenfassen: Im 19. Jahrhundert wurden vor allem unterdrückte Stämme entnommen; dabei achtete man darauf, dass das Kronendach nicht durchbrochen wurde (Niederdurchforstung). Dies hat aber nur geringen wuchsdynamischen Einfluss auf dem verbleibenden Bestand. In der ersten Hälfte des 20. Jahrhunderts wurden dann zahlreiche Durchforstungsverfahren entwickelt, die stärker in die herrschende Schicht des Bestandes eingreifen (Hochdurchforstung).[89] Heute geht man bei der Durchforstung von der Überlegung aus, dass der größte Teil der Wertleistung eines Bestandes mit einer verhältnismäßig geringen Stammzahl im Endbestand erwirtschaftet wird.

Georg Ludwig Hartig führte den Begriff der Durchforstung für die Pflege der Waldbestände ein. Auch er gehört zu den Vätern der Forstwissenschaft.

Deshalb wählt man schon in einem frühen Bestandsalter „Z-Bäume" (Elitebäume)[90] aus und fördert von diesem Zeitpunkt an energisch ihr ungehindertes Wachstum (Auslesedurchforstung). Alle Bäume, die den Z-Baum im Kronenraum zu bedrängen beginnen, sind bei der nächsten Durchforstung zu entnehmen. Eingriffe in den übrigen Bestand unterbleiben; Mischbaumarten werden gefördert. Der zunehmende Einsatz von Harvestern und Forwardern auch bei der Durchforstung wird voraussichtlich die Neigung verstärken, die Durchforstungseingriffe in größeren Zeitabständen und dafür mit höherem Holzanfall durchzuführen.[91]

Mit den zunehmenden Kenntnissen der biologischen und ökologischen Zusammenhänge in der Lebensgemeinschaft Wald, mit den entscheidenden Veränderungen der Umweltbedingungen und mit der rasch wachsenden Bedeutung der landeskulturellen und sozialen Waldfunktionen ist der Waldbau anspruchsvoller und vielseitiger geworden. Geblieben ist aber die Verantwortung des Waldbauers gegenüber kommenden Generationen. Der Waldbau hat sich heute vier Herausforderungen zu stellen: Der Klimawandel hat entscheidende Folgen für den Wald und die Forstwirtschaft;[92] außerdem steigt weltweit die Nachfrage nach Holz als Rohstoff und Energieträger; auch für den Erhalt der immer mehr bedrohten biologischen Vielfalt haben die Wälder einen hohen Stellenwert und zudem ändern sich mit dem demographischen Wandel der Gesellschaft auch die Ansprüche an den Wald.[93] Diese Veränderungen fordern die gesamte Forstwirtschaft und besonders den Waldbau.

5.4 Gäuland: Bodendenkmäler

Das Tertiäre Hügelland südlich der Donau ist uraltes Siedlungsland; seit der Steinzeit wohnen hier Menschen. Die Wälder Niederbayerns bewahren deshalb besonders viele Bodendenkmäler. Zahlreiche Hügelgräber haben sich erhalten, die ältesten aus der Bronzezeit, 3000 - 3500 Jahre vor unserer Zeitrechnung. Bei Eugenbach im Landkreis Landshut finden sich zum Beispiel 15 Hügel mit bronzezeitlichen Funden; in Oberham bei Beutelsbach im Landkreis Passau, liegen sogar 90 Hügel aus dieser Zeit beisammen. Auch viele hervorragend erhaltene Keltenschanzen, wie die bei Sallach, 10 Kilometer südwestlich von Straubing, liegen im Wald. Der römische Limes, der als Band vier bayerische Regierungsbezirke durchschneidet, beginnt in Niederbayern und ist im Wald am besten bewahrt.

Aber nicht nur in Niederbayern, sondern überall in Bayern gehören die Wälder zu den bedeutendsten Archiven unserer Geschichte. Unter dem dichten Bewuchs gut geschützt haben die unterschiedlichsten Bodendenkmäler die Jahrtausende überdauert.[94] Zu dem reichen Denkmalsbestand in Bayerns Wäldern zählen prähistorische Höhlen, mächtige Burgruinen und berühmte historische Stätten; aber auch keltische Viereckschanzen und bronzezeitliche Grabhügel. Zeugen uralter Landwirtschaft und industrieller Tätigkeit sind ebenfalls im Wald erhalten: Reste aufgelassener Siedlungen, Kohlgruben und Köhlerplätze, Kalk- und Pechöfen, Glashütten und ehemalige Wege. Es gibt kein Waldgebiet in Bayern, in dem sich nicht Marterl oder Bildstöcke fänden. Unsere Vorfahren haben diese Zeichen zur Erinnerung an Unglücksfälle oder aus religiösen Gründen errichtet. Meist stehen die Marterl an Wegen, Wegkreuzungen oder an der Stelle eines Unglücks, wie sie beim winterlichen Holztransport häufig geschahen. So erinnern diese Bildwerke wie Grabsteine an die Verunglückten. Auch zahlreiche Grenzsteine sind im Wald zu finden, oft aufwändig gestaltet. Sie sind Zeugen der einst zahlreichen Herrschaftsgebiete, aus denen das moderne Bayern entstanden ist. Andere Steine markieren die Begrenzung von Gemarkungen oder legen Nutzungsrechte räumlich fest, z.B. Korridore für den Viehtrieb durch den Wald.

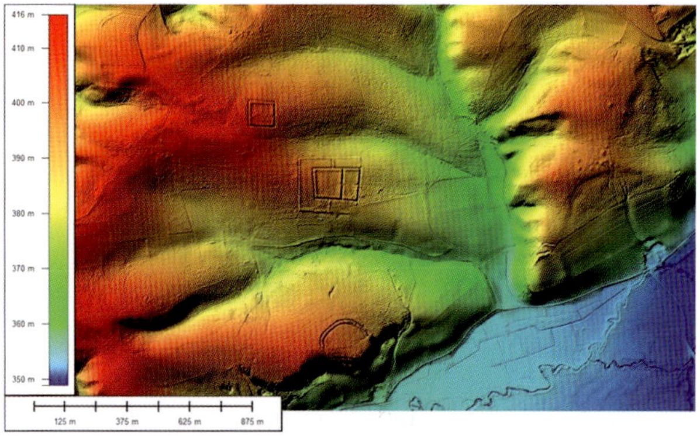

In modernen Laserscan-Luftbildern werden Bodendenkmale im Wald gut sichtbar, hier bei Sallach, Gemeinde Geiselhöring. Bildmitte oben: zwei Keltenschanzen; an der Hangkante unten zwei mittelalterliche Burganlagen mit Wällen und Gräben; die eine liegt halb im Ackerland und ist deshalb verschliffen; rechts ein Grabhügelfeld.

Der Wald hat über viele Baumgenerationen hinweg Denkmäler in großer Zahl und meist in gutem Zustand dauerhaft bewahrt. Andernorts sind sie durch Überbauen oder Pflügen fast vollständig verschwunden. Waldbodendenkmäler sind frei zugänglich und können am originalen Standort besichtigt, begangen und erlebt werden. Das vermittelt Geschichte authentisch. Besonders im Altsiedelland Niederbayern, südlich der Donau muss man von „Waldkulturerbe" sprechen, denn hier verbinden sich Natur und Kultur auf einmalige Weise. Die Denkmäler geben der Landschaft ein Gesicht und ihren Bewohnern Identität. Damit die Menschen aber auch verantwortungsvoll mit Natur- und Kulturgütern umgehen, bedarf es emotionaler Verankerungen, die sich vielleicht am besten in dem Wort „Heimat" zusammenfassen lassen. Um Heimat empfinden zu können, muss man die Geschichte der Region kennen und schätzen. Auch hier gilt eine der Kernformeln der Nachhaltigkeit: Zukunft braucht Wissen über die Herkunft! Es gilt, dieses Wissen zu bewahren und an kommende Generationen weiter zu geben.

Bodendenkmäler sind empfindlich und bei Verlust oder Beschädigung nicht wieder herstellbar. Anders als Bäume wachsen sie nicht nach, wenn sie beschädigt sind und heilen Wunden nicht aus. Sie sind Unikate und deshalb vorsichtig zu behandeln; das fordert auch das Denkmalschutzgesetz. Im Wald sind die Bodendenkmäler meist von Vegetation bedeckt, unscheinbar und für den Laien schwer zu erkennen. Andererseits ist aber auch nicht jede Bodenunebenheit ein Bodendenkmal. Schon mit geringer Übung entwickelt man einen sehr guten Blick für künstliche Bodenverformungen. Wichtig zu wissen: Nahezu alle Schäden an Bodendenkmälern entstehen nicht mit Absicht, sondern aus Unkenntnis. Es ist deshalb notwendig, die Kenntnisse der Waldbesitzer und Forstleute über das mögliche Vorkommen von Bodendenkmälern in ihren Arbeitsbereichen zu vertiefen.[95] Der beste Schutz für die Bodendenkmäler ist eine nachhaltige, bodenschonende Waldwirtschaft mit behutsamem Maschineneinsatz.[96] Es gilt, in enger Zusammenarbeit zwischen Forstwirtschaft und Denkmalpflege vor Ort Lösungen zu finden, die sowohl denkmalverträglich sind, als auch die Durchführung notwendiger forstwirtschaftlicher Maßnahmen erlauben. Zudem muss angestrebt werden, Bodendenkmäler im Wald in Forstkarten und Waldfunktionsplänen kenntlich zu machen. Waldbesitzer, Forstleute und Jäger brauchen Wissen über und Verständnis für die kulturelle Bedeutung des ihnen anvertrauten Ökosystems Wald.

Die Schanze bei Mengkofen wurde 1742 von Franzosen im Österreichischen Erbfolgekrieg angelegt. Solche unscheinbaren Denkmale erinnern an vergangene Ereignisse. Der Wald schützt sie auf Dauer und bewahrt Ankerpunkte der Heimat.

5.5 Grafenau: Nationalpark

„Wir haben uns heute hier in Neuschönau zusammengefunden, um den ersten deutschen Nationalpark zu eröffnen. [...] Der Bayerische Landtag [hat] am 11. Juni 1969 die Errichtung eines Nationalparks einstimmig beschlossen. [...] Die Eröffnung [...] darf wohl als die Krönung des Europäischen Naturschutzjahres bezeichnet werden. [...] Ich darf Ihnen versichern, daß es der Bayerischen Staatsregierung ein echtes Anliegen

Nationalparke stehen für Weite. Selbst wenn durch Borkenkäfer, wie hier im Bayerischen Wald, viele Bäume absterben, gehört das zum Konzept: Natur Natur sein lassen.

ist, daß der Nationalpark seiner Zielsetzung gerecht wird. Als Aufgabe des Naturschutzes soll dieses herrliche, große, geschlossene Waldgebiet Mitteleuropas mit einer Vielzahl seltener Tier- und Pflanzenarten auch späteren Generationen als ursprüngliche Naturlandschaft erhalten bleiben. Zugleich wird es ein besonderes Objekt für Wissenschaft und Forschung sein. Dieser Park hat in der heutigen Zeit, wo sich der Mensch immer mehr der Natur zu entfremden droht, eine wichtige Bildungsaufgabe zu erfüllen. Diesem Zweck soll das Informationszentrum [...] in erster Linie dienen. Den Menschen in den Städten wird er Erholung in einer gesunden und noch unzerstörten Umwelt gewähren. So wird der Nationalpark auch dazu beitragen, den Fremdenverkehr in diesem ostbayerischen Grenzgebiet zu heben und damit die Lebensverhältnisse dieser unter besonders schwierigen Bedingungen lebenden und arbeitenden tüchtigen Menschen verbessern helfen. [...]

Wir sind stolz darauf, daß der Freistaat Bayern den ersten Nationalpark hier im Bayerischen Wald unserem Volk übergeben kann. Möge dieser Nationalpark unserer Heimat und allen unseren Mitbürgern zum Segen gereichen. In Vertretung des Herrn Ministerpräsidenten erkläre ich damit namens der Bayerischen Staatsregierung den Nationalpark Bayerischer Wald für eröffnet."

Mit diesen Worten hat Dr. Hans Eisenmann, Bayerischer Staatsminister für Ernährung, Landwirtschaft und Forsten, am 7. Oktober 1970 in Neuschönau, Landkreis Freyung-Grafenau, den Nationalpark Bayerischer Wald eröffnet. Er hat mit dieser Rede auch die Ziele und Aufgaben des Nationalparks dargestellt.

Der Nationalpark Bayerischer Wald, direkt an der Grenze zu Böhmen gelegen, ist der erste Nationalpark in Deutschland. Er umfasste zunächst das Staatswaldgebiet um die Berge Lusen und Rachel mit einer Fläche von rund 13 000 Hektar. Das Nationalparkamt Grafenau hatte bereits am 2. November 1969 die Arbeit aufgenommen. Schon 1972 erhielt der Park die internationale Anerkennung durch die IUCN (International Union for Conservation of Nature and Natural Ressources).

1983 wurde die Waldbewirtschaftung auf einer Fläche von 6 500 Hektar im Inneren des Nationalparks eingestellt, 1992 auf seiner gesamten Fläche. Lediglich in einem 500 Meter breiten Grenzstreifen dürfen zum Schutz der angrenzenden Wälder vom Borkenkäfer befallene Bäume entnommen werden. Die Einrichtung des Nationalparks und der weitgehende Verzicht auf die Holznutzung auf weiten Flächen wurden von großen Bedenken und lebhaften Diskussionen über seinen Sinn und seine Gestaltung begleitet. Die örtliche Bevölkerung fürchtete eine Beschränkung des Betretungsrechts und das Verbot traditioneller Nutzungen (z. B. das Sammeln von Beeren und Pilzen). Die ortsansässigen Sägewerksbesitzer sahen durch die Minderung des Holzeinschlags ihre Existenz gefährdet und viele Forstleute hielten es für unvertretbar, so große Holzmengen „einfach verfaulen zu lassen".

Als 1983 Stürme viel Holz niederwarfen, entschied Staatsminister Dr. Eisenmann trotz politischen Drucks, nicht in die natürliche Entwicklung einzugreifen, das Holz also nicht aufzuarbeiten. Der Grundsatz „Natur Natur sein lassen!" wurde damit konsequent angewandt. Besonders der zu den Borkenkäfern gehörende Buchdrucker *(Ips typographus)* fand in dem Schadholz optimale Entwicklungsmöglichkeiten. Er vermehrte sich

Unter toten Bäumen, in denen Insekten und Specht wohnen, wächst natürlicher Wald heran.

so stark, dass ihm auch gesunde, stehende Fichten auf großen Flächen zum Opfer fielen. In den Hochlagenbeständen starben die Fichten nahezu vollständig ab, in den Bergmischwäldern in weiten Bereichen. In den 1990er Jahren wiederholte sich die Kalamität. Weite Teile des Nationalparks bieten heute das Bild fahler Baumskelette. Inzwischen hat sich aber vielerorts bereits wieder eine Verjüngung von Buchen, Fichten und Ebereschen eingefunden; die Buche scheint in tieferen Lagen gegenüber der Fichte an Fläche zu gewinnen.

1997 wurde der Nationalpark mit Beschluss des Bayerischen Landtags durch Einbeziehung der Wälder um den Falkenstein nach Nordwesten um 10 950 Hektar auf insgesamt 24 240 Hektar erweitert. Befürchtungen, die Wälder im Erweiterungsgebiet könnten unter dem Einfluss des Buchdruckers ebenfalls absterben, führten zu lebhaften Protesten. Deshalb wurde in die Nationalparkverordnung vom 12. September 1997 die Bestimmung aufgenommen, dass die Verbreitung des Borkenkäfers in den Hochlagenwäldern zwischen Falkenstein und Rachel zu verhindern sei.

Auch Tiere gehören zur Wildnis eines Nationalparks. Einige davon sind im Gehege zu sehen.

Nach der Nationalparkverordnung von 2007 wird in der „Naturzone" nicht in die natürliche Entwicklung eingegriffen, auch nicht nach Katastrophen.[97] Die „Entwicklungszone" (die nur im Erweiterungsgebiet liegt und fast drei Viertel seiner Fläche umfasst) soll „kontinuierlich und in angemessen Schritten" zu einer Fläche entwickelt werden, auf die der Mensch keinen Einfluss nimmt.[98] Die Ausbreitung des Borkenkäfers in den Hochlagen ist bis zum Jahr 2027 zu verhindern.[99] Infolge dieser Regelung wird der Borkenkäfer auf dem weit überwiegenden Teil des Erweiterungsgebietes durch Fällung der befallenen Fichten bekämpft.[100] Das führt aber wieder zu lebhafter Kritik, weil damit umfangreiche Kahlflächen entstehen.

Die Forschung im Nationalpark Bayerischer Wald hat den Auftrag, den Aufbau und die Entwicklung natürlicher und naturnaher Lebensgemeinschaften zu erkunden und die Ergebnisse der Wissenschaft und der forstlichen Praxis zugänglich zu machen. Sie soll Erkenntnisse über die menschlichen Einflüsse auf die Natur liefern. Nicht zuletzt dient ihre Arbeit dazu, die Nationalparkverwaltung bei der Erfüllung ihrer Aufgaben zu unterstützen. Der Nationalpark Bayerischer Wald gehört inzwischen zu den am besten erforschten Waldgebieten Europas.[101]

Er hat eine große Bedeutung für Fremdenverkehr und Touristik. Bei einer Umfrage im Jahr 2007 bezeichneten 750 000 Besucher den Park als die Hauptattraktion der Region; die Hälfte aller Touristen kommt nur wegen des Nationalparks in den Bayerischen Wald.[102] In seinem ursprünglichen Teil ist der Park ein sehr wichtiger Werbeträger; das Erweiterungsgebiet wird dage-

Nationalparke schützen die Natur, dienen aber auch der Erholung und Bildung der Bevölkerung. Hier die Hängebrücke im Klausbachtal im Nationalpark Berchtesgaden.

gen seltener für das Marketing eingesetzt. Die privaten Ausgaben der Besucher des Nationalparks sind mehr als doppelt so hoch, wie die Aufwendungen des Staates für den Park.[103] Damit ist der Park eine wichtige wirtschaftliche Säule der Region.

Die Bildung in Fragen des Natur- und Umweltschutzes ist heute eine zentrale gesellschaftliche Aufgabe. Der Nationalpark Bayerischer Wald hat deshalb ein System aufeinander abgestimmter Besuchereinrichtungen geschaffen. Das bietet den Gästen vielseitige Möglichkeiten, den Nationalpark und seine Naturschönheiten kennen zu lernen, trägt aber auch entscheidend dazu bei, die Besucherströme zu lenken und damit Schäden an der Umwelt in Grenzen zu halten.[104] Hier können nur die wichtigsten Bildungs- und Erlebniseinrichtungen aufgezählt werden: das Naturparkzentrum Lusen („Hans-Eisenmann-Haus") in der Nähe von Neuschönau mit Tierfreigelände und Baumwipfelpfad, das Naturparkzentrum Falkenstein („Haus der Wildnis") bei Ludwigsthal, das Jugendwaldheim bei Neuschönau, das Wildniscamp am Zwieslerwaldhaus, das Waldspielgelände bei Grafenau und zahlreiche Lehr- und Erlebnispfade. Ein altes Sprichwort sagt: „Man sieht nur, was man weiß – und nur was man kennt, das liebt man!"[105]

Am 1. August 1978 wurde im Landkreis Berchtesgadener Land, im südöstlichen Bayern, der Nationalpark Berchtesgaden mit einer Fläche von rund 21 000 Hektar gegründet. Der Vordenker des Naturschutzes im Gebiet um den Königssee war der Münchener Forstprofessor Carl Freiherr von Tubeuf. Er hatte mit einer Gruppe Gleichgesinnter schon 1913 den „Bund Naturschutz in Bayern" gegründet und wurde dessen erster Vorsitzender. Bereits 1910 war der „Verein zum Schutz und zur Pflege der Alpenpflanzen" gegründet worden. Tubeuf hielt es für falsch, dass man den Schutz nur auf die Pflanzenwelt beschränkt hatte. „Der Schutz soll der gesamten Natur des Königssees und seiner Berge zu Gute kommen", forderte er.[106] Mit energischem Einsatz und mit Unterstützung anderer Naturschutzvereine erreichte er 1921 die Einrichtung des „Naturschutzgebiets Königssee" mit einer Fläche von 20 000 Hektar. Das Kerngebiet des Nationalparks Berchtesgaden besteht bis heute aus diesem alten Naturschutzgebiet.

Die Aufgaben und Einrichtungen des Nationalparks Berchtesgaden sind denen seines „Bruders" im Bayerischen Wald sehr ähnlich: Menschen an Natur und Wildnis heranführen und Natur als Selbstzweck zu bewahren. Zentrales Informations- und Besucherzentrum ist das „Haus der Berge" in Berchtesgaden.

Zusammenfassung

In den großen Waldgebieten, in denen Landwirtschaft wegen der ungünstigen Standortsverhältnisse schwierig war, wurde der Wald zur Lebensgrundlage. Wegen der großen Rohstoffvorräte und der geringen Bevölkerungsdichte im Wald siedelten sich die besonders holzverzehrenden Gewerbe dort an.[107] Im Bayerischen Wald entwickelte sich über sieben Jahrhunderte eine intensive Glasindustrie. Holz zum Heizen der Schmelzöfen mit Holzkohle, für die Herstellung der Pottasche und für die Errichtung von Glashütten stand in großen Mengen zur Verfügung. Den für die Glaserzeugung erforderlichen Quarz fand man in den kristallinen Böden des Bayerischen Waldes. Das Wasser zahlreicher Bäche diente zum Triften des Holzes und zum Antrieb der Wasserräder in den Glasschleifereien. Wegen dieser günstigen Voraussetzungen sicherten Glasherstellung und -veredelung die wirtschaftliche Grundlage der Menschen in weiten Bereichen des Bayerischen Waldes. Heute muss die Glasindustrie wegen billiger Importe um ihre Existenz kämpfen. Zahlreiche Arbeitsplätze sind bereits verloren gegangen und damit auch wertvolle, durch Jahrhunderte geübte Handwerkskunst. Im Glas verschmelzen handwerkliches Können, Kunst und Kultur zu Schönheit und Heimat. Noch kann man die traditionelle Glasherstellung in einigen verbliebenen Glashütten beobachten.[108]

Gegen Ende des 18. Jahrhunderts begann man, den ungeregelten, schädlichen Plenterbetrieb, der den Wald weithin verwüstet hatte, einzudämmen und die Holznutzung räumlich zu ordnen. Die zur natürlichen Verjüngung der Bestände angewandten Hiebsverfahren[109] erreichten oft keine befriedigende Bestockung, vor allem wenn sie ohne Rücksicht auf Standort und Vorbestand angewandt wurden. Wesentliche Schuld daran trugen Waldweide, Wildverbiss und Streunutzung. Die spärliche natürliche Verjüngung wurde deshalb zunehmend durch Nadelholzsaat und -pflanzung ergänzt. Häufig gelang es nicht, den Laubholzanteil in den Beständen zu erhalten; vor allem Fichte und Kiefer breiteten sich aus. Der im 19. Jahrhundert rasch wachsende Bedarf an Nutzholz förderte besonders die Nachzucht der Fichte, die auf den meisten Standorten leicht einzubringen war und hohe Erträge versprach. Die von den Fichtenbeständen erhoffte Leistungssteigerung wurde allerdings mit einer erheblichen Minderung der Bestandesstabilität erkauft (Sturm, Forstschädlinge). Die Wiederbestockung der oft riesigen vergrasten Kahlflächen gelang häufig nur, indem man wieder Fichten pflanzte. Damit war der circulus vitiosus geschlossen. Der Fichtenkreislauf: Fichte-Kalamität-Kahlfläche-Fichte ging in eine weitere Runde.

Karl Gayer, Forstprofessor in München, hat gegen Ende des 19. Jahrhunderts die Lehre vom gemischten Wald entwickelt und damit der rein ökonomischen Auffassung seiner Zeit von der richtigen Waldbewirtschaftung die ökologische gegenüber gestellt.[110] Auch Karl Rebel, zu Beginn des 20 Jahrhunderts Waldbaureferent der Bayerischen Staatsforstverwaltung, setzte sich entschieden für den naturnahen Waldbau ein.[111] Josef Köstler hat sich dafür ausgesprochen, „der Natur ihr Verfahren abzulauschen" und sich nicht durch „zwängende Vorschriften" einengen zu lassen.[112] Die Ideen dieser Vordenker waren entscheidend dafür, dass sich Mischwald und Naturverjüngung zu den wichtigsten Grundsätzen für die weitere waldbauliche Entwicklung in Bayern wurden. Man mag aus heutiger Sicht kritisieren, dass sich die Prinzipien dieser waldbaulichen Pioniere nicht uneingeschränkt durchgesetzt haben. Dabei darf man aber nicht übersehen, dass Menschen immer nur im Rahmen der Kenntnisse ihrer Zeit han-

deln können. Damals wurden vorratsreiche Bestände geschaffen, deren Erträge den heutigen aufwändigen Waldumbau finanzieren.

Die Eisenbahn, eine der technologisch wichtigsten Innovation des 19. Jahrhunderts, ermöglichte die Erschließung abgelegener Waldgebiete für den Holzferntransport und damit auch die schnelle Aufarbeitung von Kalamitätsholz. Ein eindrucksvolles Beispiel dafür ist die Spiegelauer Waldbahn. Vom Jahr 1900 an entwickelte sich ein weit verzweigtes Streckennetz, das schließlich fast 100 Kilometer Gleise umfasste und am Bahnhof Spiegelau an die Staatsbahn angeschlossen war. Mit der zunehmenden Erschließung des Waldes durch LKW-fahrbare Wege und die Holzabfuhr durch Kraftfahrzeuge erwuchs der Waldbahn eine Konkurrenz, der sie technisch und wirtschaftlich nicht gewachsen war. Nach 60 Jahren musste sie ihren Betrieb einstellen; im Mai 1960 fuhr der letzte Zug.

Bayerns Wälder bewahren mehr als 55 000 Bodendenkmäler: Keltenschanzen, die vor Christi Geburt errichtet wurden, Hügelgräber aus der Bronzezeit, den Limes aus der Römerzeit, Burgruinen aus dem Mittelalter und Reste von Dörfern, die vor langer Zeit aufgegeben wurden. Auch sie sind Geschichte, kulturelles Erbe, und Heimat. Daraus ergibt sich die zwingende Verpflichtung der jetzt lebenden Generation von Waldbesitzern und Forstleuten, die Bodendenkmäler zu erhalten und sie unbeschadet an die weiter zu geben, die nach uns kommen.

Mit der Errichtung des ersten Nationalparks in Deutschland im Bayerischen Wald ist ein großer Wurf für Bildung und Naturerhalt gelungen. Die Nationalparks im Bayerischen Wald (1970) und im Berchtesgadener Land (1978) erhalten einzigartige Landschaften, sind Forschungsgebiet und Erholungsorte für die Bevölkerung. Damit wurde Bayern Initiator und Schrittmacher für eine Entwicklung, die bis heute 16 Nationalparks in Deutschland hervorgebracht hat.

6 Oberbayern

Aus Bergwald wird Salz

Bayern besitzt eine bunte Vielfalt an Landschaften, Menschen und Kulturen. Die Welt, die auf Bayern schaut, überträgt ihren Eindruck von den Sehenswürdigkeiten und dem Lebensstil Oberbayerns aber oft auf das ganze Land. Die hochragenden Alpen mit ihren zackigen Spitzen und dem Farbenspiel von grau, weiß und blau bilden den Hintergrund für den Mythos vom gesamtbayerischen Heimatgefühl.

Vom Gebirge dehnt sich das Land über den Flysch und die eiszeitliche Moränenlandschaft bis zur weiten Schotterebene um München, die bei Dachau, Freising und Erding an das lehmige Hügelland aus dem Tertiär grenzt. Seine sanften Hügel und weiten Täler erstrecken sich bis zur Donau. Von Ingolstadt bis Eichstätt hat Oberbayern auch Anteil am Jura.

Prägend für das Gebirge ist der Bergmischwald mit seinem Dreiklang aus Fichte, Tanne und Buche. Der größte Teil Oberbayerns wird von der Fichte dominiert; im Voralpenland ergänzen Tanne, aber auch Buche und Bergahorn die massenreichen Fichtenbestände. Die Fichten-Kiefern-Wälder des Tertiären Hügellandes sind stellenweise mit Lärche, aber auch mit ein wenig Buche und Eiche gemischt; im Jura ist die Buche zu Hause.

Viele Jahrhunderte haben die bayerischen Herzöge einen großen Teil des Landes beherrscht. Über lange Zeiten regelten sie durch ihre Forstordnungen die Waldnutzung. Aber auch die Bischöfe von Freising, Eichstätt und Salzburg hatten ausgedehnte Herrschaftsbereiche und Waldbesitz im heutigen Oberbayern. Der große Staatswaldbesitz in Oberbayern stammt zu einem erheblichen Teil aus dem säkularisierten Eigentum reicher Klöster wie Tegernsee, Benediktbeuern, Schäftlarn, Ettal oder Berchtesgaden. Teile des Staatswaldes wurden nach der Säkularisation Privatwald, meist durch die Ablösung von Forstnutzungsrechten.

Die Salinen in Berchtesgaden, Bad Reichenhall, Rosenheim und Traunstein waren wesentliche

Fläche	1 752 963 m²
Waldfläche	578 326 m²
Waldanteil	33,0%
davon Laubholz	*36%*
davon Nadelholz	*64%*
Einwohner	4,59 Mio.
Waldfläche je Einwohner	1260 m²

Einnahmequellen für den Landesherrn. Ihre ständige Versorgung mit den erforderlichen großen Holzmengen war deshalb eine wesentliche Aufgabe des Salinen- und des Forstbetriebes. Um den Holzhunger der Salinen zu befriedigen, wurden umfangreiche Waldflächen durch ein leistungsfähiges Triftsystem erschlossen. In den Triftgebieten wurden die Wälder meist im Kahlschlagverfahren genutzt.

6.1 München: Forstorganisation

Übernutzung, Waldweide, Streunutzung und Wildverbiss belasteten im 18. Jahrhundert die Wälder schwer. Der Wille zur Veränderung dieser Situation führte 1752 zur Gründung einer eigenen und selbständigen obersten Forstbehörde. Diese forstpolitische Zielsetzung prägte die ersten 50 Jahre dieser Bayerischen Staatsforstverwaltung. Zu Beginn des 19. Jahrhunderts ging es vor allem darum, die Waldungen in den durch Säkularisation und Mediatisierung neu gewonnenen Gebieten in die bayerische Forstverwaltung einzugliedern und für ihre nachhaltige Bewirtschaftung zu sorgen. Dann war man lange bemüht, in den Staatswaldungen möglichst viel Holz zu erzeugen, um den Beitrag zum Staatshaushalt zu maximieren. Die wachsende Bedeutung der Schutz- und Erholungsfunktionen des Waldes und die intensive Förderung der kommunalen und privaten Waldwirtschaft stellten die Forstverwaltung vor neue Herausforderungen, besonders seit der zweiten Hälfte des 20. Jahrhunderts. Rationalisierung und Technisierung im Forstbetrieb, aber auch ein differenzierter Waldbau, verlangten beträchtliche Anpassungen. Zuweilen wirkte sich auch die schwierige wirtschaftliche Lage der Forstwirtschaft auf die staatliche Forstorganisation aus.[1]

In der zweiten Hälfte des 18. Jahrhunderts war in Bayern die Sorge gewachsen, es könne in naher Zukunft nicht mehr möglich sein, das für die Menschen und die Wirtschaft notwendige Holz zu beschaffen.[2] Der Landesherr war zudem bemüht, seine Einnahmen zu erhöhen, also auch die Erträge aus dem Wald zu steigern. Angesichts dieser Umstände und des Wandels in Wirtschaft und Gesellschaft wurde in der zweiten Hälfte des 18. Jahrhunderts der Ruf nach einem tiefgreifenden Umbau der Verwaltungs- und Behördenstrukturen immer lauter. Voraussetzung für eine dem neuen Leitbild der Nachhaltigkeit verpflichtete Waldbewirtschaftung waren grundlegende Organisationsreformen und eine selbstbestimmte Forstverwaltung. In der zweiten Hälfte des 18. und zu Beginn des 19. Jahrhunderts vollzogen sich deshalb in Bayern zahlreiche für Wald, Forstwirtschaft, Forstverwaltung und Forstleute bedeutsame Entwicklungen.

1752 ist das Gründungsjahr der Bayerischen Staatsforstverwaltung. Damals entstand in Altbayern[3] die erste von der Hofkammer unabhängige *forstliche Zentralbehörde,* die Forstkommission. Mit „Decretum" vom 31.1.1752 ordnete der bayerische Kurfürst zur Verbesserung der „durchgehend [...] in verderblichen Verfall gerathenen" Wälder die Einrichtung einer eigenen „Deputation" an.[4] Im kurfürstlichen Mandat vom 14. März

1752 wurde die Zuständigkeit der neuen Behörde, die hier erstmals „commision" genannt wird, geregelt und ihre Unabhängigkeit von den anderen Zentralbehörden betont.[5] Die Forstkommission war nicht nur für die kurfürstlichen Forste, sondern auch für die Aufsicht über die Gemeinde-, Kirchen- und Privatwaldungen in den Gebieten mit landesherrlicher Gerichtsbarkeit zuständig.

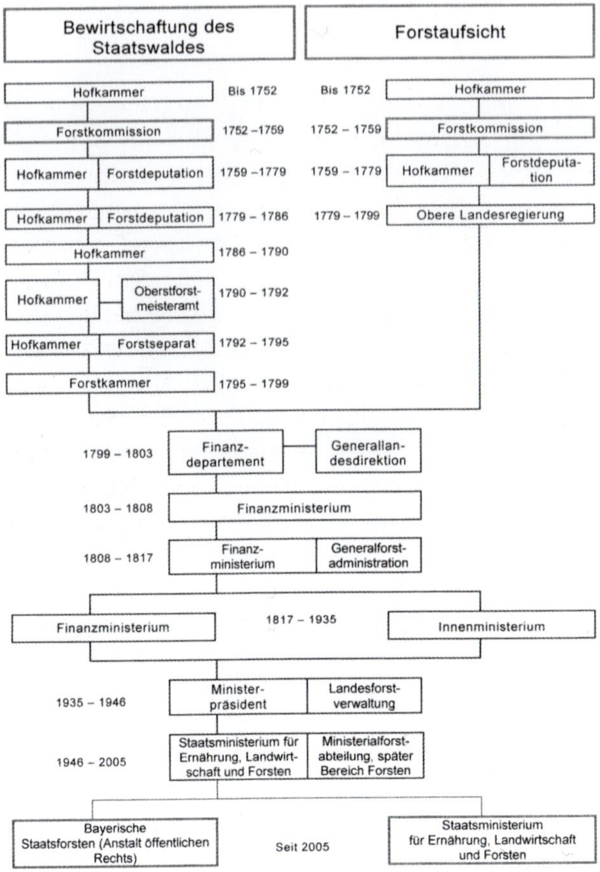

Die Tabelle zeigt die Entwicklung staatlicher Forstverwaltung in Bayern und die Aufteilung in Forstaufsicht und Staatswaldbewirtschaftung über 250 Jahre: von der ersten Eigenständigkeit 1752 bis zur Forstreform 2005.

Bis zur Errichtung der Forstkommission im Jahr 1752 war, von einer kurzen Unterbrechung am Ende des 17. Jahrhunderts abgesehen,[6] in Altbayern die Hofkammer, die oberste Finanzbehörde des Staates, zugleich auch oberste Forstbehörde für den Staatswald. Ihr oblag die Verwaltung des kurfürstlichen Waldbesitzes; zu ihren Aufgaben gehörte die Einstellung und Besoldung der Forstbeamten und die Dienstaufsicht. Die Hofkammer war nicht nur für den Staatswald, sondern auch für die Forstaufsicht zuständig. Die bei den unteren Dienststellen tätigen Forstleute gehörten zwar organisatorisch zur „kurfürstlichen Landjägerey", in forstlichen Angelegenheiten waren sie aber der Hofkammer unterstellt. Die der Hofkammer unterstehenden Kastenämter[7] hatten im kurfürstlichen Wald bei der Auszeichnung der zur Fällung vorgesehenen Bäume und beim Verkauf des Holzes mitzuwirken sowie die Forstrechnung zu führen.

Die oberste Forstbehörde für den Staatswald war zwischen 1752 und 1803 in acht verschiedenen Formen organisiert, die oberste Behörde für die Aufsicht über den Körperschafts- und Privatwald erlebte vier Organisationsänderungen.[8] Mit der Eingliederung der Forstverwaltung als Ministerialforstabteilung in das Finanzministerium schuf man schließlich 1803 einen Rahmen, der sich 132 Jahre lang bewährte und die Grundlagen für eine erfolgreiche Waldbewirtschaftung sicherte.

Der Weg der Bayerischen Staatsforstverwaltung zwischen 1933 und dem Ende des Zweiten Weltkrieges wurde stark von Berlin aus beeinflusst. 1934 errichtete man das „Reichsforstamt" als oberste Reichsbehörde mit den Befugnissen eines Reichsministeriums. Bei ihm waren Forstbetriebs- und Forsthoheitsverwaltung vereinigt. Das Reichsforstamt übte deutlichen organisatorischen und personellen Einfluss auf die Forstverwaltun-

Uniform der altbayerischen Forstbeamten gegen Ende des 18. Jahrhunderts. Von links nach rechts: Oberförster (eine Schulterklappe), Forstmeister (zwei Schulterklappen), Revierförster, Forstjunge.

gen der Länder aus. Es erhielt 1935 das Recht zu Eingriffen in die deutsche Holzwirtschaft.[9] Besonders bedeutsam wurde die Verpflichtung der Forstbetriebe zur starken Erhöhung der Holzeinschläge und die Einführung amtlich festgesetzter Preise für Rund- und Schnittholz. Die Mehreinschläge führten zu umfangreichen Kahlflächen, deren Aufforstung die bayerische Forstwirtschaft in den ersten Jahren nach dem Zweiten Weltkrieg zu bewältigen hatte. 1935 wurden die Leitung der Bayerischen Staatsforstverwaltung und die Forstaufsicht (die man 1817 dem bayerischen Innenministerium übertragen hatte) wieder zusammengefasst und als Landesforstverwaltung dem bayerischen Ministerpräsidenten unmittelbar unterstellt.[10]

Nach dem Zweiten Weltkrieg wurde der bisher bayerische Regierungsbezirk Pfalz, der zur französischen Besatzungszone gehörte, in das neu gebildete Bundesland Rheinland-Pfalz eingegliedert. 1946 ging die oberste Bayerische Forstbehörde in den Geschäftsbereich des Bayerischen Staatsministeriums für Ernährung, Landwirtschaft und Forsten über.[11]

Als *Mittelbehörden* übten in Altbayern bis in die

zweite Hälfte des 18. Jahrhunderts die Rentämter Landshut, Straubing, Burghausen und München die Aufsicht über die unteren Behörden auf allen Gebieten staatlicher Tätigkeit aus – also auch über die unteren Forstbehörden.[12] Seit Beginn des 19. Jahrhunderts leitete dann der „Kreisforstrat“ bei der Kreisregierung die Staatswaldbewirtschaftung und die Forstaufsicht. Aus den 1885 bei den Finanzkammern der Kreisregierungen eingerichteten Forstabteilungen entstanden 1908 die Kammern der Forste. Sie wurden 1935 von den Regierungen gelöst und führten als selbständige Behörden der Mittelstufe die Dienstbezeichnung Regierungsforstamt, später Oberforstdirektion und schließlich Forstdirektion.

Es waren vor allem Jäger, die auf der *Unterstufe* der Forstverwaltung im 18. Jahrhundert für den Wald verantwortlich waren; ihre forstlichen Kenntnisse waren sehr beschränkt.[13] Zudem standen sie lange unter der Aufsicht von Pflegern, Kastnern[14] und Jagdbeamten.[15] Es bedeutete deshalb einen wesentlichen Fortschritt, dass mit Mandat vom 14. März 1789 in Altbayern 20 Forstmeisterämter errichtet wurden.[16] Damit löste man die unteren Forstdienststellen weitgehend aus der Bindung an die Innen-, Finanz-, und Jagdverwaltung und stellte sie unter die direkte Aufsicht der obersten Forstbehörde. Die Forstmeisterämter wurden in Reviere unterteilt, für die Revierförster, zuweilen auch Ober- und Unterförster, verantwortlich waren.[17]

Die Aufgaben der forstamtlichen Beamten und die Dienstführung der Forstmeisterämter regelte in Ergänzung der Vorschriften von 1789 vor allem die 1796 erlassene „Instruktion für die kurpfalz-baierischen Forstmeister, Oberförster, Revier- und Unterförster“.[18] Sie war nicht nur eine Organisationsentscheidung, sondern legte auch wesentliche Zuständigkeiten und Aufgaben des Forstpersonals fest. Als Forstbeamter sollte nur noch angestellt werden, wer sich in der Praxis bewährt und seine Kenntnisse in einer Prüfung nachgewiesen hatte. Die Forstmeister waren nun auch für die Jagdangelegenheiten ihres Bereiches zuständig (das Oberstjägermeisteramt war ihnen gegenüber aber weisungsbefugt). Die Forstmeister erhielten den Auftrag, die Wälder des Landesherrn zu vermessen und in einem Waldlagerbuch genau zu beschreiben. Der Holzeinschlag war so festzusetzen, dass die Nachhaltigkeit der Holznutzung und die natürliche Verjüngung gesichert wurden. Das Holz sollte in Schlägen genutzt werden; die Waldungen auszulichten wurde bei schwerer Strafe verboten. Die Forstmeister hatten alle in den landesherrlichen Forsten zu fällenden Bäume auszuzeichnen. Holzbezugs-, Weide- und Streurechte sollten eingeschränkt werden.[19]

Eine Besoldungsordnung, in der die Bezüge der Beamten auf vergleichbaren Dienstposten einheitlich geregelt wurden, gab es bis zum Beginn des 19. Jahrhunderts nicht. Im späten 18. Jahrhundert hatte der

Am Beginn der Ludwigstraße, zwischen dem Denkmal Ludwig I. und der Universitätskirche, liegt das „Forstministerium“. In den 1930er Jahren wurde es als Gesamtministerium erbaut.

Bezug von Naturalien für die Forstbeamten besondere Bedeutung, weil ihre Besoldung in Geld recht bescheiden war. Daneben standen ihnen aber als wichtige Bestandteile ihrer Bezüge sogenannte Accidentien zu, nämlich Abgaben der landesherrlichen Untertanen für dienstliche Leistungen (z. B. Holzanweisgelder), Anteile an den Einnahmen (aus Holzverkauf, Streunutzung und Waldweide) und schließlich gewisse Sondervergütungen (z. B. Anteile an den Bußgeldern). Bis weit in die zweite Hälfte des 18. Jahrhunderts war es den Forstbeamten zudem erlaubt, Gipfel-, Dürr- und Windbruchholz aus ihren Revieren auf eigene Rechnung zu verkaufen.[20]

Die Bayerische Forstverwaltung hat die Aufgabe Inventuren durchzuführen. Sie sind Grundlage für Planungen und politische Entscheidungen.

Diese Besoldungsregelungen führten dazu, dass Forstbeamte gleichen Ranges je nach den Umständen in ihren Amtsbereichen über ganz unterschiedliche Einkünfte verfügen konnten. Außerdem bestand die Gefahr, dass nicht alle Forstbeamten unbedingt die Interessen ihres Dienstherrn vertraten und sich um die bestmögliche Waldbehandlung bemühten. Manche gerieten in die Abhängigkeit von Holzkäufern und Forstrechtlern und wurden dazu verleitet, die eigenen Einkünfte zu Lasten des ihnen anvertrauten Waldes zu erhöhen. In vielen Dokumenten der Zeit wird über „der Förster Unfleiß" geklagt.[21]

Seit 1804 erhielten alle Forstbeamten an den Forstämtern feste Bezüge: Gehalt, Dienstwohnung oder Wohngeld, Futtergeld für die Dienstpferde, Reise-Tagegelder und Brennholz. Oberförster, Revierförster und Forstwärter bezogen darüber hinaus weiter einen bestimmten Anteil am Ertrag ihrer Reviere. Mit der Staatsdienstpragmatik von 1805 ordnete man alle Beamten in bestimmte Besoldungsstufen ein, die mit festen, für alle Bediensteten dieses Ranges gleichen Gehaltsbezügen verbunden waren.[22]

Bei der Neuordnung der bayerischen Verwaltung nach Eingliederung Frankens und Schwabens zu Beginn des 19. Jahrhunderts richtete man landesweit neue Forstämter ein. In den nächsten 100 Jahren vollzog sich ein entscheidender Wandel der Aufgaben und der Stellung der Beamten an den Forstämtern. Zunächst waren Zuständigkeit und Verantwortung auf zwei Ebenen verteilt: Forstmeister und Revierförster. Der Vorstand des Forstamtes (alter Ordnung), das mehrere Reviere umfasste, war der allein maßgebende Forstverwaltungsbeamte. Die Revierförster hatten den Amtsvorstand bei der Verwaltung ihrer Reviere zu unterstützen, den Betrieb zu vollziehen und für den Forstschutz[23] zu sorgen. Es gehörte zu ihren Aufgaben, die

Waldwirtschaft erfordert genaues Wissen Wissen über Wuchsdynamik von Bäumen und vieles mehr. Weil Wald nicht nur dem Eigentümer nutzt, bietet der Freistaat den Waldbesitzern eine gemeinwohlorientierte Beratung an.

Waldarbeiter zu beaufsichtigen, die Grundlagen für ihre Entlohnung zu erheben und das eingeschlagene Holz zu vermessen. Zur Unterstützung waren dem Revierförster Forstwarte, Forstgehilfen und Waldaufseher beigegeben. Beginnend mit der Neuorganisation der Forstverwaltung im Jahr 1853 (und ermöglicht durch die bessere Ausbildung an der 1844 wieder eröffneten Forstlehranstalt Aschaffenburg) vollzog sich eine Erweiterung des Wirkungskreises der Revierförster. Als sie eine intensivere Ausbildung erhielten und schließlich eine akademische, wie die Forstmeister, übertrug man immer mehr Aufgaben der Betriebsleitung an sie.[24] Die erweiterte Bildung war also der Motor für die Struktur- und Organisationsänderungen. Die Funktion der Forstmeister beschränkte sich zunehmend auf Überwachung und Kontrolle. Schließlich ging die Leitung der Forstämter (neuer Ordnung) an die Revierförster über, die seit 1868 den Titel Oberförster trugen. 1885 wurden die Forstämter (alter Ordnung) aufgehoben; der größte Teil der bisherigen Reviere wurde zu Forstämtern neuer Ordnung erhoben. Sie unterstanden direkt den Forstabteilungen der Kreisregierungen.[25] Nun führten die Leiter der neuen Forstämter den hochgeschätzten Titel Forstmeister.

Gleichzeitig mit dem Aufstieg der ehemaligen Förster zu Forstmeistern in der zweiten Hälfte des 19. Jahrhunderts vollzog sich eine Hierarchieebene tiefer eine ganz ähnliche Entwicklung: Die anfangs besonders für den Forstschutz zuständigen Forstgehilfen und Forstwärter wurden zu Förstern. Nachdem sie lange nur praktisch ausgebildet worden waren, richtete man 1888 Forstschulen für sie ein.

Auch nach 1885 wurde die Organisation auf der Ebene der Forstämter den veränderten Aufgaben, den neuen technischen Möglichkeiten und der weiter verbesserten Ausbildung ange- passt. Ein bedeutendes Ereignis im Rahmen dieser Bemühungen war die forstliche Gebiets- und Funktionalreform von 1973. Sie brachte neue Stellenbeschreibun- gen und Führungsrichtlinien; die Zahl der Forstämter wurde von 274 auf 165, also um 40 Prozent, verringert.[26]

Bis zum 30. Juni 2005 war die Bayerische Staatsforstverwaltung eine Einheitsforstverwaltung. Zum einen war sie für die Verwaltung und Bewirtschaftung der Staatswälder einschließlich der Staatsjagden zuständig, zum anderen für die Aufsicht in den Körperschaftswaldungen,[27] für die Förderung der privaten und körperschaftlichen Waldwirtschaft, für den Vollzug des Bayerischen Waldgesetzes und für die Waldpädagogik. Der Bayerische Landtag schuf am 21. April 2005 durch das „Gesetz zur Änderung des Waldgesetzes für Bayern“ und das „Gesetz über die Errichtung der Bayerischen Staatsforsten“ (Staatsforstengesetz) die rechtlichen

BAYERISCHE FORSTVERWALTUNG

Die Bayerische Forstverwaltung hat in Ihrem Logo die Fichte. Sie ist die häufigste Baumart in Bayern und das finanzielle Rückgrat der Forstwirtschaft. Weil sie heute zunehmenden Risiken ausgesetzt ist, hat sie beim Waldumbau auch eine eigene Rolle.

Grundlagen für eine tiefgreifende Neuorganisation der staatlichen forstlichen Verwaltung. Die bisherige Einheitsverwaltung wurde in ein mit der Bewirtschaftung des Staatswaldes beauftragtes Unternehmen und eine mit den übrigen Aufgaben der bisherigen Staatsforstverwaltung betraute Forstverwaltung geteilt. Die Forstdirektionen hob man auf. Die 127 Forstämter wurden ebenfalls aufgelöst und mit den Landwirtschaftsämtern zu 47 Ämtern für Ernährung, Landwirtschaft und Forsten zusammengefasst. Die Ämter sind in einen Bereich Landwirtschaft und einen Bereich Forsten gegliedert; dem Bereich Forsten unterstehen mehrere Forstreviere. Mit der Bewirtschaftung des Staatswaldes und der Staatsjagd wurden die Bayerischen Staatsforsten BaySF (Anstalt des öffentlichen Rechts) beauftragt; dort richtete man 41 Forstbetriebe mit 558 Revieren ein.

Damit lebt die Bayerische Staatsforstverwaltung, mehr als 250 Jahre nach ihrer Gründung, in zwei neuen Einheiten weiter.

6.2 Ebersberger Forst: Forstliche Planung

Wer eine Karte des östlich von München gelegenen Ebersberger Forstes betrachtet, gewinnt den Eindruck, man habe phantasielos und schematisch ein regelmäßiges Gitter über dieses Waldgebiet gelegt. Kilometerlange schnurgerade Wege und Schneisen (hier „Geräumte" genannt) gliedern den Wald in gleich große Rechtecke. Diese eindrucksvolle Waldeinteilung, die vor mehr als 250 Jahren begonnen wurde, ist eines der ersten Zeugnisse der Bemühungen um eine nachhaltige Planung der Forstnutzung.[28]

Wie bereits erwähnt, zeichnen die zeitgenössischen Dokumente für die zweite Hälfte des 18. Jahrhunderts ein sehr unbefriedigendes Bild des Waldes in Bayern. Die Wuchsleistung der Bestände nahm ab, die Holzerträge gingen zurück.[29] Die Berichte über den Zustand der Wälder waren so negativ, dass sie in weiten Bevölkerungskreisen Befürchtungen weckte, es könne in

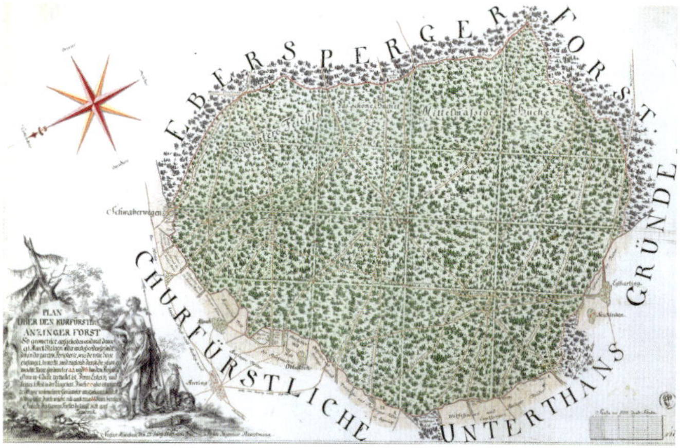

Im Ebersberger Forst wurden schon 1763 systematische Wegachsen angelegt, die den Wald erschlossen und gliederten. Noch heute prägt diese kühl-rationale Struktur aus der Zeit der Aufklärung den Wald.

naher Zukunft zu einem Mangel am unentbehrlichen und universellen Rohstoff Holz kommen.[30]

Die für den Wald Verantwortlichen hatten zu jener Zeit nur recht vage Vorstellungen von der Lage, dem Flächenumfang und der Bestockung der Wälder (auch der landesherrlichen). Um eine nachhaltige Holzversorgung sicherzustellen, mussten die Ressourcen des Waldes erfasst werden, besonders Fläche, Holzvorrat und Holzzuwachs, um so seine künftige Leistungsfähigkeit zu klären. Dieses Wissen war für eine seriöse Ressourcenplanung entscheidend.

Man begnügte sich also nicht damit, den gegebenen Waldzustand *festzustellen*, sondern bemühte sich auch, die voraussichtliche Entwicklung des Waldes einzuschätzen. Die gesamte Waldbewirtschaftung (die Ernte des Holzes, die Begründung neuer Bestände, den Holztransport, die Gewinnung der Nebennutzungen usw.) wurde *vorausschauend* geordnet und in Übersichten und Plänen festgehalten.

Die oberste Forstbehörde bemühte sich deshalb im letzten Viertel des 18. Jahrhunderts, Daten zu erheben, auszuwerten und Unterlagen über die Fläche, den Zustand und die Nutzungsmöglichkeit der kurfürstlichen Wälder zu schaffen, denn am Anfang einer planenden Forstwirtschaft stehen Raumerfassung und Raumgliederung. Man erließ zahlreiche Instruktionen zur Vermessung, Beschreibung, Taxierung und Einteilung der Waldungen, aber auch Dienstanweisungen für Forstleute und Geometer. Sie beruhten zu einem großen Teil auf den 21 „unthertänigsten Vorschlägen", die der spätere Forstkammerdirektor Johann Peter Kling dem Kurfürsten Karl Theodor am 1. Dezember 1795 unterbreitet hatte.[31] Da aber eine einheitliche sachverständige Leitung der dazu erforderlichen Arbeiten fehlte und entsprechend vorgebildetes Personal nicht zu Verfügung stand, blieben die Erfolge bescheiden. Bis zur

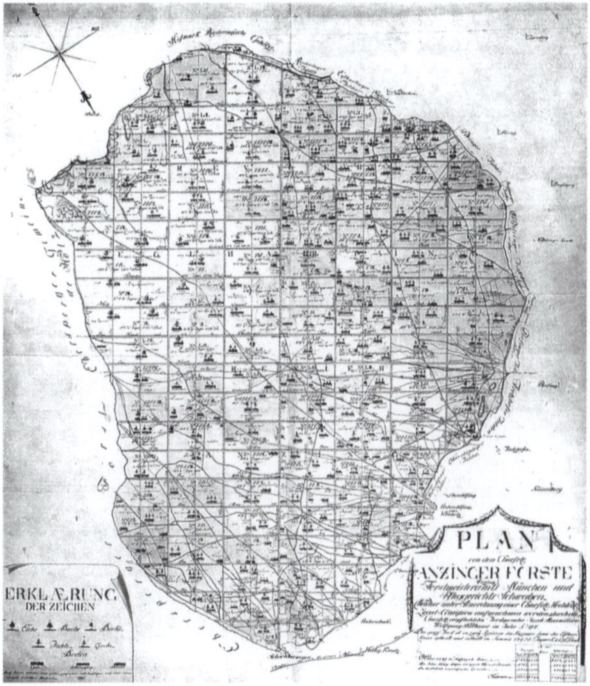

1798 wurde das Wegenetz verdichtet, hier ein Plan von Mathias von Schilcher. Sorgfältige Vermessung und Erfassung der Vorräte wurden zur Voraussetzung für die nachhaltige Bewirtschaftung.

Jahrhundertwende war erst etwa die Hälfte der kurfürstlichen Wälder vermessen. Die Taxationen beschränkten sich im Wesentlichen auf die Arbeiten Mathias von Schilchers. Er war seit 1789 vor allem in den Wäldern tätig, die für die Holzversorgung Münchens besonders wichtig waren.[32] Sein 1798/99 für den eingangs genannten Ebersberger Forst[33] angewandtes Verfahren wurde zu einer wesentlichen Grundlage für die bayerischen Forsteinrichtungs-Anweisungen. Nach diesen wurden in der ersten Hälfte des 19. Jahrhunderts die grundlegenden Forsteinrichtungswerke für große Teile des Waldes in Bayern geschaffen. Dass man sie „primitive Operate" nennt, bedeutet kein negatives Urteil über ihren Inhalt. Es sind „erste" oder „ursprüngliche" Forsteinrichtungswerke. Ihre Erstellung ist eine außerordentliche Leistung.[34]

1799 ordnete der Kurfürst (jetzt Maximilian Joseph) die Ausarbeitung von Forsteinrichtungsrichtlinien an und erhob die Nachhaltigkeit der Holznutzung ausdrücklich zum obersten Prinzip der Forstwirtschaft: „Unsere Kameralwaldungen in Bayern sind ein beträchtlicher Theil Unseres Kammerguts: Theils wegen der perpetuirlichen Erhaltung, theils wegen der jährlichen Erträgniß derselben liegt uns sehr viel daran, daß sie gut, und zwar zweckmäßig administrirt werden. Man muß in jedem Walde nicht zu viel, auch nicht zu wenig Holz jährlich hauen; nicht zu viel, weil alsdann der Waldstand nicht perpetuirlich ist; nicht zu wenig weil in diesem Falle Waldgrund nicht hinlänglich benützt, und ein Theil des Holzes umsonst zu Grunde gehen würde."[35]

Neben der langfristigen strategischen Planung ist für eine zielgerechte Steuerung des Forstbetriebes auch ein sorgfältiges kurzfristiges Planen der alltäglichen Forstbetriebsmaßnahmen erforderlich. So wurden die Forstämter um die Wende zum 19. Jahrhundert beauftragt, eine Planung der forstwirtschaftlichen Maßnahme für das jeweils nächste Jahr vorzulegen. Sie hatten sich dabei an die Vorgaben der langfristigen Forsteinrichtung zu halten oder, wo noch kein Plan vorlag, die Leistungsfähigkeit des Waldes sorgfältig einzuschätzen. Man bemühte sich also bereits damals intensiv, die Nachhaltigkeit der Holznutzung durch ineinandergreifende Planungen zu sichern.[36] Das ist bis heute die Kernkompetenz der Forstwirtschaft. Die am Ende des 18. Jahrhunderts erlassenen Dienstanweisungen enthielten erstmals auch Richtlinien für die waldbauliche Behandlung aller wichtigen Bestandstypen.[37]

Forstwirtschaft beginnt mit Vermessung. Mit Messgeräten bestimmte man die Grenzen der Wälder und erfasste ihre Flächen. So wurden die Wälder überschaubar, planbar und bewirtschaftbar.

Im Vordergrund aller Überlegungen stand immer die Frage, wie hoch in einem Wald die Nutzung sein könne, ohne die künftige Bedarfsdeckung zu gefährden. Das war schwierig zu beantworten, denn es bestand keine klare Vorstellung über Holzvorrat und Zuwachs und auch nicht darüber, wie sie zu ermitteln seien.[38]

Zu Beginn des 19. Jahrhunderts entwickelte sich die Forsteinrichtung (früher Taxation oder Forsttaxation genannt) als wesentlicher Bestandteil der Forstwirtschaft. Sie ist Motor und Mutter der Nachhaltigkeit und liefert die Grundlagen für eine langfristig planende und nachhaltige Waldbewirtschaftung. Dazu erfasst sie den Waldzustand (Waldinventur) und beurteilt die im vergangenen Forsteinrichtungszeitraum getroffenen Maßnahmen. Gestützt auf diese Unterlagen setzt sie Ziele, bestimmt konkrete Hiebsätze und Pflegemaßnahmen und plant die in der nächsten Periode (meist 10 oder 20 Jahre) erforderlichen Arbeiten.

Im Lauf der Geschichte wandte die Forsteinrichtung

unterschiedliche Verfahren zur Festsetzung der angemessenen Nutzung an. Verhältnismäßig einfach war die Ermittlung des nachhaltigen Ertrages im Mittel- und Niederwald. Die hier übliche Einteilung des Waldes in möglichst gleich große Jahresschläge, deren Zahl der Umtriebszeit entsprach (Flächenteilungverfahren), war der erste Versuch einer Ertragsregelung.[39]

In Hochwaldungen war es schwierig, die nachhaltigen Nutzungsmöglichkeiten zu ermitteln. Das Massenteilungsverfahren, bei dem der Holzvorrat auf die Umtriebszeit verteilt wurde, setzte eine gleichmäßige und ideale Verteilung der Vorratsverhältnisse voraus.

Die Fachwerksmethoden teilten die festgelegte Umtriebszeit in gleich große (meist 20 Jahre umfassende) Zeitabschnitte und wiesen die Bestände jeweils dem Abschnitt (Fach) zu, in dem sie genutzt werden sollten. Sie waren dabei so einzureihen, dass über alle Zeitabschnitte (Perioden) hinweg eine gleichmäßige, nachhaltige Nutzung gesichert war (Perioden- oder Fachwerksplan). Beim Flächenfachwerk sollten die Bestände so zugeteilt werden, dass die Perioden gleiche Flächen aufwiesen. Das Massenfachwerk strebte die Ausstattung der einzelnen Perioden mit gleichen Holzmassen an; beim kombinierten Fachwerk waren den Perioden

Schon in frühindustrieller Zeit waren Großunternehmen, hier eine Ziegelei, auf stetige Versorgung mit großen Mengen Holz angewiesen. Auch deshalb waren die Erfassung der Holzvorräte und die Planung des Holzeinschlages dringend notwendig.

sowohl gleiche Flächen, als auch gleiche Massen zuzuweisen. Das 1819 im bayerischen Staatswald eingeführte Forsteinrichtungsverfahren gehörte zu den Massenfachwerken; die „Instruktion für die Forstwirtschafts-Einrichtung" von 1830 schrieb die Methode des kombinierten Fachwerkes vor.[40]

Aus dem kombinierten Fachwerk entwickelten sich die Altersklassenverfahren. Ihr gemeinsames Ziel ist es, die Nutzungsfläche für den nächsten Planungszeitraum so festzusetzen, dass in angemessener Zeit ein normales Altersklassenverhältnis erreicht wird. Dabei orientierte man sich am Normalwald, einem idealisierten Waldzustand.[41]

Auch in Bayern, wo man vorher Fachwerksverfahren genutzt hatte, wurden seit der „Anweisung für die Forsteinrichtung in den Kgl. Bayerischen Staatswaldungen" vom 30.6.1910 Forsteinrichtungsverfahren angewandt, die auf dem Prinzip des Altersklassenverfahrens beruhten, aber auch den Zustand der einzelnen Bestände berücksichtigten. Ministerialdirektor von Braza, der Leiter der Bayerischen Staatsforstverwaltung, führte dazu folgendes aus: „Bisher geschah die Reglung der Nutzung meist in der Weise, daß ihr die dem Umtrieb entsprechende Jahresschlagfläche und der durchschnittliche Ertrag der zum Abtrieb bestimmten Bestände zugrunde gelegt wurde. ... Die neue Forsteinrichtungsinstruktion stellt, nachdem wir es nur selten mit normal bestandenen Wäldern zu tun haben, als leitenden Grundsatz auf, die jährliche Flächenabnutzung so zu bemessen, daß Überreife ebenso wie Unreife der Bestände möglichst vermieden wird. ... [Deshalb ist] künftig bei der Bemessung der Nutzungsfläche der Vorrat an hiebsreifen Beständen in erster Linie maßgebend."[42] Die Anweisung blieb lange in Kraft – bis zum Erlass der Forsteinrichtungsanweisung von 1951, die ähnliche Grundsätze vertrat.

Jahrhundertelang war Brennholz das mit Abstand wichtigste Produkt aus dem Wald, von dem die ganze Bevölkerung und damit das Wohlergehen des Staates abhing. Die Angst vor einer Holznot war immer in den Köpfen der Menschen. Das war ein wichtiges Motiv eine geregelte Forstwirtschaft zu entwickeln.

In neuerer Zeit wird der forstliche Tatbestand durch bestandsübergreifende Stichprobeninventuren anhand eines Netzes von systematisch verteilten, dauerhaft festgelegten Kontrollpunkten erhoben. Durch Folgeaufnahmen lassen sich damit die Entwicklung des Waldes (Waldfläche, Besitzverteilung, Holzvorrat, Altersklassen, Verjüngungsfläche, Flächenanteil von Laub- und Nadelholz) und der Holzzuwachs über einen längeren Zeitraum erfassen. Auch in Bayern werden bei den Forsteinrichtungen im Staatswald und im größeren Körperschafts- und Privatwald Stichproben verwendet. Ein eindrucksvolles Beispiel für eine großräumige Stichprobeninventur ist die alle 10 Jahre (und 2012 zum dritten Mal) durchgeführte Bundeswaldinventur.

Die Forstwirtschaft hat die Aufgabe, wirtschaftliche Leistungsfähigkeit mit ökologischer Verantwortung und sozialer Gerechtigkeit unter dem Grundsatz der Nachhaltigkeit in Einklang zu bringen. Bei der Forsteinrichtung sind deshalb neben forstlichen Gesichtspunkten der besondere Rechtsstatus des Waldes (Schutzwald, Naturwaldreservat, Bannwald usw.), seine besondere Bedeutung für den Umweltschutz (Lawinenschutz, Klimaschutz, biologische Vielfalt usw.) und sein Wert für die Erholung (Nähe zum Ballungsraum, Gebiet intensiver Erholung, Landschaftsbild usw.) zu berücksichtigen.

6.3 Freising: Forstwissenschaft

In Freising, am Hans-Carl-von-Carlowitz-Platz, sind heute die bayerischen forstlichen Studien- und Forschungsanstalten konzentriert. In einem 200 Jahre währenden Prozess wurden hier mehrere Ausbildungsstätten mit unterschiedlichen Organisationsformen zusammengeführt.

Bereits im Kapitel 1.1, Aschaffenburg: Ausbildung, wurde dargestellt, dass 1878 wegen der Teilung der forstlichen Ausbildung des höheren Dienstes zwischen der Aschaffenburger Centralforstlehranstalt und der Universität München Franz von Baur, Ernst Ebermayer, Karl Gayer, Robert Hartig und Gustav Heyer zu ordentlichen Professoren in der Staatswissenschaftlichen Fakultät der Universität München ernannt wurden. Dort hatte schon seit 1859 Karl Friedrich Roth gelehrt. Die sechs Hochschullehrer gingen nun daran, eine moderne Forstwissenschaft auf der Grundlage natur- und wirtschaftswissenschaftlicher Forschung an der Universität München zu entwickeln und aufzubauen.

Nur drei Jahre nach der Versetzung der Professoren, 1881, wurde in München die Königlich Bayerische Forstliche Versuchsanstalt gegründet. Die Leitung der

In Weihenstephan haben sich die Forstfakultäten der TU München und der Hochschule Weihenstephan-Triesdorf sowie die Bayerische Landesanstalt für Wald und Forstwirtschaft im Zentrum Wald Forst Holz zusammengeschlossen. Dort ist der forstliche Mittelpunkt Bayerns.

Abteilungen und späteren Institute der Forschungsanstalt oblag den Professoren der Fakultät. Akademische Lehre, Grundlagenforschung und Versuchswesen wurden dadurch eng verbunden; die Staatsforstverwaltung trug einen großen Teil der Personal- und Verwaltungskosten. Diese speziell bayerische Lösung, die Lehrstühle der Universität und Institute der Forschungsanstalt verband, galt als besonders rationell und erfolgreich.[43] Sie führte zu einer stark praxisorientierten Forschung.

Fast 100 Jahre später: 1971 wird die langjährige Einbindung der Forstwissenschaft in die Staats- und Wirtschaftswissenschaften aufgelöst: Es kommt zur Gründung einer selbständigen Forstwissenschaftlichen Fakultät mit 12 Lehrstühlen.[44] Die „Bayerische Forstliche Versuchs- und Forschungsanstalt" wird 1979 zu einer eigenständigen Forschungseinrichtung der Bayerischen Staatsforstverwaltung ausgebaut. Die Lehrstuhlinhaber

Fünf der Väter der forstlichen Ausbildung und Forschung an der Universität München wurden 1878 von Aschaffenburg nach München versetzt. Ferdinand Roth lehrte hier schon seit 1859. Von links oben nach rechts unten: Ferdinand Roth, Franz von Baur, Ernst Ebermayer, Karl Gayer, Robert Hartig, Gustav Heyer.

sind nun nicht mehr gleichzeitig Institutsleiter der Anstalt.

Im letzten Viertel des 20. Jahrhunderts erfährt die Idee des „Grünen Zentrums Weihenstephan" eine Renaissance und findet dabei zahlreiche Befürworter. Forstliche Ausbildung und forstliche Forschung sollen in Freising-Weihenstephan konzentriert werden.

Damit beginnt auch ein neuer Abschnitt in der Geschichte der forstlichen Forschung. Die weiter ausgebaute Forstliche Forschungsanstalt wird 1992 nach Weihenstephan verlegt und erhält die Bezeichnung „Bayerische Landesanstalt für Wald und Forstwirtschaft" (LWF).

Die Landesanstalt leistet heute als Ressort-Forschungseinrichtung angewandte Forschungs- und Entwicklungsarbeit, die Grundlage für eine nachhaltige Bewirtschaftung des Waldes ist. Sie liefert der forstlichen Praxis und der Öffentlichkeit neue Erkenntnisse aus langfristig angelegten Untersuchungen, um die Erhaltung der vielfältigen Waldfunktionen zu sichern.[45] Zusammen mit der Forstschule in Lohr a. M., der Bayerischen Waldbauernschule in Kelheim und der Führungsakademie für Ernährung, Landwirtschaft und Forsten in Landshut bemüht sich die LWF um die Fortbildung von Forstleuten, aber auch um die der körperschaftlichen und privaten Waldbesitzer. Dabei will die Landesanstalt ihr Spezialwissen so vermitteln, dass es unmittelbar in die tägliche Arbeit im Wald einfließen kann.

Ebenfalls 1992 wird die Forstwissenschaftliche Fakultät der Ludwig-Maximilians-Universität München nach Freising-Weihenstephan verlegt. 1999 wird sie in die Technische Universität München eingegliedert, die in Freising bereits mit vielen Instituten und Lehrstühlen vertreten ist. Im Oktober 2000 wird die Forstfakultät Teil des „Wissenschaftszentrums für Ernährung, Land-

Das Zentrum Wald Forst Holz Weihenstephan bündelt die Forschungskompetenzen seiner Partner. Als Schnittstelle zwischen Wissenschaft und Praxis ist es die zentrale Plattform für einen effizienten Wissensaustausch.

nutzung und Umwelt". Um Lehre und Forschung möglichst wirksam zu gestalten, werden innerhalb dieses Zentrums sechs Studienfakultäten eingerichtet. Eine davon ist die „Studienfakultät für Forstwissenschaft und Ressourcenmanagement".[46] Im Bachelor-Studiengang werden den Studierenden dort Grundlagen für eine nachhaltige Waldbewirtschaftung vermittelt, die heute neben der Holzproduktion auch entscheidende ökologische und soziale Forderungen zu erfüllen hat. Der darauf aufbauende Masterstudiengang „Forst- und Holzwissenschaft" deckt die gesamte Produktionskette vom Ökosystem Wald bis zur Herstellung und Verwendung von Holzprodukten in Lehre und Forschung ab. Im internationalen Studiengang „Sustainable Ressource Management" werden die Studierenden (auch durch externe Dozenten) auf vielseitige Leitungsaufgaben bei der Bewirtschaftung von unterschiedlichen Ressourcen vorbereitet. Unter den Hörern befinden sich auch viele Studierende aus der ganzen Welt.[47]

Die Ausbildung der Revierförster („Revierleiter") wurde (wie im Kapitel 1.1, Aschaffenburg: Forstschule berichtet) 1972 von der Forstschule Lohr a. M. an die verwaltungsexterne Fachhochschule Freising-Weihenstephan übertragen, der heutigen „Hochschule Weihenstephan-Triesdorf". Hier ist man auf „grüne" Ingenieurstudiengänge spezialisiert und hat auch eine Fakultät „Wald und Forstwirtschaft" eingerichtet. Ziel ihrer anwendungsbezogenen Lehre und angewandten Forschung ist die nachhaltige und schonende Nutzung der natürlichen Ressourcen. Man arbeitet daran, unsere Lebensgrundlagen zu erhalten und eine nachhaltige Wettbewerbsfähigkeit zu sichern.[48] Von der eher wissenschaftsorientierten Ausbildung an der TUM unterscheidet sich der Ausbildungsgang Forstingenieurwesen der HSWT durch höheren Praxisbezug.

Die drei vorgestellten Einrichtungen – die Studienfakultät für Forstwissenschaft und Ressourcenmanagement der Technischen Universität München, die Fakultät Wald und Forstwirtschaft der Hochschule Weihenstephan-Triesdorf und die Bayerische Landesanstalt für Wald und Forstwirtschaft – haben sich als starke Partner in Weihenstephan zu dem in Europa einmaligen forstlichen „Zentrum Wald Forst Holz Weihenstephan" zusammengeschlossen: „Unter Wahrung ihrer Eigenständigkeit bündelt das Zentrum die individuellen Kompetenzen und Ressourcen der drei Anstalten in Forschung, Lehre, Beratung und Wissenstransfer an einem Ort und setzt so erhebliche Synergiekräfte frei. Als Schnittstelle zwischen Wissenschaft und Praxis versteht sich das Zentrum für Waldbesitzer, Forstpraktiker, Holzindustrie, Wissenschaft, Politik und Öffentlichkeit als zentraler Ansprechpartner bei allen Fragen zu Wald, Forst und Holz". Dabei gilt das Leitmotiv „Aus Wald wächst Zukunft!"[49]

Die Aufklärer des 18. Jahrhunderts beriefen sich auf die Vernunft und bemühten sich, durch neue Erkenntnisse Antworten auf bestehende Fragen zu finden. Dadurch förderten sie die Hinwendung zu den Naturwissenschaften – auch bei privaten Interessenten. Im Kloster Ebersberg lebte gegen Ende des 18. Jahrhunderts der Benediktiner Candid Huber. Als Aufklärer aus Leidenschaft und begeistert von den Naturwissenschaften

Die Holzbücher Candid Hubers verbinden Geist und Natur und machen den Baum im Buch „greifbar". Sie sind ein einzigartiges Zeugnis vom naturwissenschaftlichen Geist der Aufklärung.

versuchte er, die damals noch recht mangelhaften Kenntnisse über die einheimischen Baumarten zu verbessern. Dazu fertigte er die sogenannte Ebersberger Holzbibliotheken an: Holzbücher, die Geist und Natur verbinden und den Baum als Buch und im Buch im wahrsten Sinne des Wortes greifbar und ertastbar machten. Die Rücken seiner kunstvoll geschreinerten Bücher bestehen nämlich aus der Rinde des jeweiligen Baumes; der Hohlraum zwischen den Buchdeckeln enthält Blüten, Blätter und Früchte der dargestellten Holzart, manchmal auch Wurzeln und Insekten, die auf dieser Baumart leben. Eine Erläuterung zu seiner Holzbibliothek lieferte Huber in seinem Buch „Naturgeschichte der vorzüglichsten baierischen Holzarten" (1793). Er hat Holzbücher von über 100 verschiedenen Baumarten angefertigt und als Editionsreihe in größerer Zahl verkauft. Im Museum Mensch und Natur in Ebersberg kann man eine Ausgabe besichtigen. Auch die Studienfakultät für Forstwissenschaft und Ressourcenmanagement besitzt eine Edition. Diese Xylotheken (Holzbibliotheken) sind ein einzigartiges Zeugnis vom naturwissenschaftlich orientierten und aufklärerischen Geist jener Zeit. Und sie sind auch ein Beitrag zur frühen forstlichen Forschung und Bildung im Zeitalter der Aufklärung!

6.4 Reichenhall: Saline

Die bayerischen Alpen sind ein Gebiet, das eine Vielzahl von forstgeschichtlichen Themen bietet (Schutzwald, Weide- und Holzrechte, Wegebau, Jagd, Fremdenverkehr usw.). Für dieses Buch wurde das Salinenwesen ausgewählt. Denn es ist neben den fränkischen Mittelwäldern und der Erfindung der Nadelholzsaat in Nürnberg ein frühes Beispiel planender und vorausschauender Forstwirtschaft: Ein Brennpunkt in der Geschichte der Nachhaltigkeit.

„Ohne Holz kein Sud!", dieser Grundsatz galt über viele Jahrhunderte. Erst durch den Anschluss der Salinen an das Eisenbahnnetz konnten andere Energieträger herangeführt werden.[50] Vorher mussten für die Gewinnung des Salzes große Holzmengen bereitgestellt werden. Salinenwälder, Trift und Salz bildeten eine wirtschaftliche Einheit. Dieses vom Holz abhängige System erforderte den Bau umfangreicher Anlagen und eine straffe Organisation des Sud- und Waldwesens.

Salz ist heute reichlich und jederzeit verfügbar; seine damalige Bedeutung als das „Weiße Gold" ist uns kaum mehr bewusst. Es ist aber unverzichtbar für die menschliche Ernährung und war lange fast das einzige Mittel, um Lebensmittel haltbar zu machen. Auch in der Viehhaltung waren „Lecksteine" aus Salz sehr wichtig. Reichenhall entwickelte sich zum Ausgangspunkt eines lebhaften Salzhandels: Über Saalach, Inn und Donau konnte das Salz weithin verfrachtet werden. Über den „Goldenen Steig", der von Passau aus über den Bayerischen Wald führte, gelangte es auch nach Böhmen, wo es keine Salzstöcke gibt und wo man deshalb ganz von den Lieferungen aus dem Süden abhängig war.[51]

Zur Salzgewinnung schuf man unter Tage Hohlräume im Salzgestein, leitete dort Süßwasser ein und löste damit das Salz heraus. Die so gewonnene Sole wurde abgepumpt, in Sudpfannen über Holzfeuern erhitzt, bis das Wasser verdampfte und das Salz auskristallisierte. Zierhut hat errechnet, dass von 1630 bis 1740, als die Saline aus vorratsreichen Wäldern ernten konnte, zur Gewinnung von 1 Tonne gesottenem Salz bis zu 8 Kubikmeter Holz verbraucht wurden; in Zeiten

Die Wälder um die Salinen Reichenhall und Berchtesgaden lieferten das Holz, das zum Verdampfen der Sole nötig war. Mit der Axt wurden auch die stärksten Stämme zu Brennholz zerschlagen.

knapper Ressourcen mussten 4 Kubikmeter genügen.[52] Von der Saline Reichenhall wurden zu Beginn des 17. Jahrhunderts für das Salzsieden und für Kufholz[53] pro Jahr 250 000 Kubikmeter Holz verbraucht.[54]

Um die Holzversorgung der Saline Reichenhall zu sichern, wurden auch Waldflächen im Saalachtal, also auf Salzburger Gebiet, genutzt. Jahrhunderte lang kam es immer wieder zu Streitigkeiten zwischen den bayerischen Kurfürsten als Besitzer der dortigen Waldungen, dem Erzbischof von Salzburg als Landesherren und den Bauern, die in den Salinenwaldungen ihr Holz schlugen und ihr Vieh weiden ließen. Schließlich wurde am 18. März 1829 die „ Salinenkonvention" unterzeichnet. Bayern wurde anerkannter Eigentümer von rund 18 000 Hektar Wald in den österreichischen Saalach-, Unken- und Leoganger Tälern. Bis heute heißen diese Wälder Saalforste. Als Gegenleistung wurde Österreich das Recht der Salzgewinnung am Dürrnberg unter bayerischem Boden eingeräumt. Die Salinenkonvention gilt als der älteste noch geltende Staatsvertrag Europas. Nach dem Zweiten Weltkrieg entstanden Meinungsverschiedenheiten über die weitere Gültigkeit der Salinenkonvention. Im „Münchener Abkommen" vom 24. März 1957 wurde das unwiderrufliche Eigentumsrecht Bayerns an den Saalforsten anerkannt.

Nicht nur zum Verdampfen der Sole, auch um Fässer für den Transport des Salzes herzustellen, waren große Mengen Holz erforderlich.

Die vom Haus der Bayerischen Geschichte 1995 gestaltete Landesausstellung trug den Titel „Salz Macht Geschichte". Der Besitz von Salz bedeutete in der Geschichte Macht und Geld; um Salz wurden Kriege geführt! Einer davon war der „Salzkrieg" zwischen dem Erzbistum Salzburg und dem Herzogtum Bayern. Salzburg hatte wiederholt Anstrengungen unternommen, die ertragreiche Saline Berchtesgaden unter seine Kontrolle zu bringen. Schließlich besetzte ERZBISCHOF WOLF DIETRICH VON RAITENAU im Oktober 1611 die Fürstpropstei Berchtesgaden. HERZOG MAXIMILIAN I. VON BAYERN rückte daraufhin mit einem stattlichen Heer auf Salzburg zu. Der Erzbischof flüchtete, wurde aber von den Bayern verfolgt und in Kärnten gefangen genommen. Er musste abdanken und wurde eingekerkert.[55]

1613 wurde in Reichenhall eine zusätzliche ergiebige Solequelle entdeckt. Aber die Kapazität der Salzpfannen reichte nicht aus, und auch die Wälder hatten die Grenzen der Leistungsfähigkeit erreicht. Woher sollte man die Energie zur Gewinnung des Salzes beziehen? Man fand eine geniale Lösung: Es wurde nicht mehr das Holz zum Salz, sondern das Salz zum Holz gebracht. 1617/19 baute man eine Soleleitung von Reichenhall ins 30 Kilometer entfernte Traunstein, wo neue Holzquellen zur Verfügung standen. Diese Leitung aus Holzröhren, mit Hebe- und Pumpwerken und einem Holzbedarf von ca. 5 000 Kubikmetern war für

Die Holzknechte leisteten harte und gefährliche Arbeit beim Einschlag und der Bringung des Holzes. Früh bildeten sich Hilfsvereine für verunglückte Kameraden. Hier ein Denkmal zur Erinnerung an die Holzknechte in Ruhpolding.

die damalige Zeit eine technische Sensation. Der neuen Saline Traunstein standen durch das Bauwerk die herzoglichen Waldungen in den Landgerichten Traunstein und Marquartstein, insgesamt rund 40 000 Hektar, zur Verfügung.

In der Fürstprobstei Berchtesgaden bestand bereits seit dem 12. Jahrhundert eine Sudanlage. Zwar gab es dort reichliche Salzvorkommen, wegen der verhältnismäßig kleinen Waldflächen dieses Herrschaftsgebietes war die Energieversorgung aber schwierig. Nachdem Berchtesgaden mit der Säkularisation an Bayern gekommen war, baute man 1816/17 eine Soleleitung nach Reichenhall. So folgte man auch hier dem Prinzip, den Rohstoff (Sole) zur Energie (Wald) zu bringen und ermöglichte dadurch erhebliche Steigerungen in der Salzgewinnung.

Planmäßige Energieversorgung war für die Saline Reichenhall dringend notwendig. Deshalb bemühte man sich schon seit Beginn des 16. Jahrhunderts, einen Überblick über die Holzvorräte und die Nutzungsmöglichkeiten der Salinenwälder zu gewinnen. Darauf aufbauend wurden Nutzungsvorschriften entwickelt, die dahin ausgerichtet waren, die Holzversorgung durch langfristige Planung zu sichern und ein Gleichgewicht zu finden zwischen dem, was nachwuchs und dem, was geerntet wurde. Diese Verpflichtung zur Nachhaltigkeit in der Holznutzung kommt prägnant in der Reichenhaller Forstordnung von 1661 zum Ausdruck: „Gott hat die Wäld[er] für den Salzquell erschaffen, auf daß sie ewig wie er continuiren mögen; also soll der Mensch es halten: ehe der alte [Wald] ausgehet, der junge wieder zum Verhacken herangewachsen ist.“[56]

Mit der Säkularisation 1803 kamen große Waldflächen, hauptsächlich der Besitz des Klosters Tegernsee, an das Kurfürstentum Bayern. Um auch diese Waldungen im Tegernseeer und Schlierseeer Raum zu nutzen und den mit der Zunahme der Bevölkerung wachsenden Salzbedarf zu decken, baute man 1908/10 eine weitere Soleleitung, diesmal von Traunstein nach Rosenheim, und errichtete dort die vierte bayerische Saline.[57]

Die Holzversorgung der Salinen stützte sich auf ein primitives und weit verzweigtes Transportsystem: Die Trift in fließenden Wässern.[58] Sie war damals die einfachste, billigste und schnellste Möglichkeit, Holz über größere Strecken zu transportieren. Das Holz für die Salinen wurde im Sommer gefällt und in gespaltenem Zustand zum Trocknen aufgestellt. Das erhöhte die Schwimmfähigkeit und erleichterte so die Trift. Über Riesen[59] oder (im Winter) mit Schlitten wurden die Hölzer dann an die Einwurfplätze an den Triftgewässern befördert. Von dort folgte, vor allem während der Schneeschmelze, die Trift. Im Dienst der Saline wurde das gesamte Wassereinzugsgebiet triftbar gemacht. Um den Holzhunger zu befriedigen, wurden auch Gräben mit geringer Wasserführung für die Trift eingerichtet, indem man Anlagen zum Aufstauen des Wassers errichtete, sogenannte Klausen. Die Triftbäche mussten oft auf längeren Strecken verbaut werden, um Schäden an den Ufern und Stauungen des Holzes zu verhindern. Meist konnte man nur kurze Hölzer triften. Talabwärts, an den Salinen, gab es Triftrechen, um die Holzscheite aufzufangen.[60]

Die Einnahmen aus der Salzgewinnung hatten große Bedeutung für den bayerischen Staatshaushalt.[61] Die bayerische Finanzverwaltung erkannte aber schon früh, dass die Staatswälder nicht nur dazu dienen konnten, kurzfristig möglichst hohe finanzielle Erträge zu erzielen. Bevölkerung und Wirtschaft sollten zwar ausreichend mit Holz versorgt werden; die Waldressourcen müssten aber dauerhaft erhalten werden. 1825 erklärte der Finanzminister in der Kammer der Abgeordneten, „daß das Finanzministerium zwar versuche, auch dem Untertan und der Industrie möglichst unter die Arme zu greifen, ohne auf der anderen Seite die pflichtgemäße Obsorge zu vernachlässigen, daß die Waldungen erhalten und in ihrem Zustande verbessert werden, um sie der künftigen Generation ungeschmälert übergeben zu können".[62]

In Holzröhren wurde seit 1619 mit sieben Pumpwerken die Sole von Reichenhall zur Saline Traunstein gepumpt. Mit dem innovativen Prinzip, den Rohstoff (Sole) zur Energie (Wald) zu bringen, steigerte man die Salzgewinnung erheblich. Das Holzknechtmuseum Ruhpolding zeigt den Nachbau eines Pumpwerks.

Um die Holzversorgung der Salinen nachhaltig zu sichern, war eine enge Zusammenarbeit der Salinenverwaltung und des Forstbetriebes notwendig. 1495 wurde in Reichenhall der erste „Salzmeier" ernannt, der sowohl für die Saline, als auch für den Wald zuständig war. Zur Entlastung in den forstlichen Aufgaben stellte man ihm zu Beginn des 16. Jahrhunderts zwei Waldmeister zur Seite. 1808 wurde die Verantwortung für die Salinenwaldungen der damaligen Obersten Forstbehörde, der General-Forstadministration, entzogen und der General-Bergwerks- und Salineninspektion übertragen.[63] Diese Behörde war verantwortlich für die Salinen und die Waldungen, die ihre Holz- und Energieversorgung sicherten. 1868 teilte man die Salinenwaldungen wieder dem Forstärar zu.[64]

Die Salinenverwaltung hatte keinen festen Waldarbeiterstamm, sondern vergab den Holzeinschlag an selbständige Unternehmer, die Holzmeister. Zur Durchführung der Arbeiten engagierte der Meister Holzknechte. Die Arbeit im Bergwald war sehr gefragt, weil sie für die ortsansässige bäuerliche Bevölkerung meist die einzige Möglichkeit eines Zuerwerbs bot. In der warmen Jahreszeit lebten die Holzknechte in einfachen, aus Holz und Rinde gebauten Hütten, den „Kobeln". Ihre Verpflegung bestand im Wesentlichen aus dem „Muas" (auch „Schmarrn" genannt), einer in Butterschmalz gebackenen Mischung aus Mehl und Wasser. Bemerkenswert erscheint der Gemeinschaftssinn, der die Holzknechte verband. Sie schlossen sich zu „Unterstützungsvereinen" zusammen, die in Not geratenen Mitgliedern und den Familien tödlich verunglückter Kameraden beistanden.[65] Viele dieser Vereinigungen bestehen noch heute und zeigen sich voll Stolz in der Öffentlichkeit.[66] Das Holzknechtsmuseum Ruhpolding bietet Einblicke in die Lebens- und Arbeitsbedingungen der Holzknechte und die Methoden des Holzeinschlags und des Holztransports im Gebirge.

Sehr aufwändig und gefährlich war die Trift, bei der auch noch viel Holz verloren ging. Sie steht für das alte, klassische Prinzip das Holz (die Energie) zum Produkt (Sole) zu bringen.

6.5 Walchensee: Schutzwaldsanierung

Seit 1986 wird in Bayern mit dem Schutzwaldsanierungsprogramm versucht, die Funktionstauglichkeit von Schutzwäldern wieder herzustellen.[67] An vielen Standorten – wie dem Fahrenberg am Walchensee, der steil über der Bundesstraße 11 liegt – sind die Bestände licht und vergreist, die Verjüngung fehlt. Deshalb bedroht Steinschlag die Straße. Nur dauerhafte Verbauung oder ein intakter Schutzwald kann diese Infrastruktureinrichtung schützen. An vielen Sanierungsflächen im Alpenraum sind die Standorte degradiert, der Humus ist verschwunden. Dort wird mit Ballenpflanzen aus herkunftsgerechtem Saatgut aufgeforstet.[68]

Das Waldgesetz für Bayern fordert, den Wald „... so zu erhalten, zu mehren und zu gestalten, daß er seine jeweiligen Funktionen – insbesondere die Schutzfunktionen im Bergwald – ... bestmöglich und nachhaltig erfüllen kann".[69] Schutzwald ist Wald in den Hochlagen der Alpen und der Mittelgebirge, der vor Naturgefahren, wie Lawinen, Felsstürzen, Steinschlägen, Erdrutschen, Hochwasser, Überflutungen und ähnlichen Gefah-

Vom Fahrenberg blickt man über ein Lawinenanrissgebiet hinweg auf den Walchensee. Unterhalb der verlichteten Waldflächen verläuft die Bundesstraße 11. Dieser Wald kann seine Schutzfunktion nicht mehr erfüllen und muss dringend saniert werden.

ren schützt. Zum Schutzwald gehören außerdem die Waldbestände, die ihren eigenen Standort vor Verkarstung, Erosion und Humusschwund bewahren.[70]

Bereits seit dem späten Mittelalter wurden im Alpenraum große Waldflächen zur Gewinnung von Siedlungen und Weideflächen gerodet. Die Salinen in Berchtesgaden, Reichenhall, Traunstein und Rosenheim hatten einen gewaltigen Holzbedarf – nicht nur zum Sieden des Salzes, sondern auch zur Errichtung und Unterhaltung der Soleleitungen zwischen den Salinen und zur Herstellung von Fässern zum Transport des Salzes. Aus den Salinengebieten wird schon aus dem Ende des 18. Jahrhunderts von riesigen Kahlschlägen an den Hängen berichtet. Aber auch außerhalb der Salinengebiete beeinträchtigten Umwelteinflüsse, wie Lawinen und Stürme, die Funktion der Schutzwälder. Die natürliche Verjüngung der Schutzwaldungen wurde durch Waldweide und Wildverbiss stark behindert. Vor allem dort, wo Fichtenreinbestände an Stelle des natürlichen Bergmischwaldes wachsen, sind unsere Bergwälder gefährdet.

Im 20. Jahrhundert stieg die Bevölkerungsdichte im Alpenraum stark an; zahlreiche Siedlungen und Verkehrswege wurden ausgebaut; Gäste aus nah und fern suchen Erholung in den Bergen. Alle Menschen, die im Alpenraum leben, sind auf leistungsfähige Schutzwälder angewiesen. Die Bergwälder leisten zudem auch für den Voralpenraum Schutz vor Naturgefahren und sichern die dortige Wasserversorgung. Seit 1986 wurden auf rund 10 000 Hektar rund 13 Millionen junger Laub- und Nadelbäumchen gepflanzt und teils durch Stützbauten vor Gleitschnee geschützt. Über 105 Millionen Euro hat der Freistaat dafür investiert.[71]

Experten erwarten für die Alpen stärkere Auswirkungen des Klimawandels, als für das übrige Bayern und häufige Starkniederschläge.[72] Die Sanierung der Schutzwälder in den bayerischen Alpen ist deshalb eine wichtige Aufgabe des Freistaats Bayern. Labile Schutzwälder müssen an den Klimawandel angepasst werden. Mit der „Bergwaldoffensive" wurde 2008 ein neues, zusätzliches Programm zur Schaffung zukunftsfähiger Schutzwälder im Privat- und Körperschaftswald ge-

Lawinennetze aus Metall schützen vor Lawinenabriss. Mit Dreibeinböcken aus Robinienholz werden Gleitschneebewegungen verhindert. In deren Schutz können Ballenpflanzen (Kiefer, Tanne, Lärche, Latsche, Buche) in die Lawinenrinne eingebracht werden. Nach 30 - 40 Jahren kann der junge Wald dann selbst die Schutzfunktion übernehmen.

schaffen.[73] Dabei wirken Forstbehörden, Wasserwirtschaft, Waldbesitzer, Almwirtschaft, Jäger und Kommunen gemeinsam für die Erhaltung des Bergwaldes. Auf erheblichen Flächen ist der Bergwald bereits so weit herangewachsen, dass er die notwendigen Schutzfunktionen erfüllt.[74]

6.6 Oberammergau: Schnitzhandwerk

Schnitzen war schon im Mittelalter eine weit verbreitete häusliche Handwerkstätigkeit, besonders auf dem Land. Vor allem der Eigenbedarf an Schüsseln, Löffeln und landwirtschaftlichem Geschirr wurde so gedeckt. Nur im geringen Umfang wurden Waren für den Markt erzeugt. Mit dem Anstieg der Bevölkerung wurde es in vielen Teilen unseres Landes zum Problem, die Menschen zu ernähren. In den Alpen und in den Mittelgebirgen waren die Erträge aus der Landwirtschaft wegen der armen Böden und des rauen Klimas sehr bescheiden. Man suchte deshalb nach zusätzlichen Erwerbsmöglichkeiten und fand sie in der ländlichen „Hausindustrie".

Grundlage des häuslichen Gewerbes war das örtlich verfügbare Material, in waldreichen Gebieten also das Holz. Die Schnitzkunst wurde in Bayern ein wichtiger Wirtschaftszweig – besonders in Oberammergau.

Kaiser Ludwig der Bayer hatte im Jahr 1330 die Benediktinerabtei Ettal gegründet und mit reichem Landbesitz ausgestattet. Zum Herrschaftsbereich dieses reichsunmittelbaren Klosters gehörte auch das Dorf Oberammergau. In einem Freibrief von 1330 räumte der Kaiser den Untertanen Ettals erhebliche Vergünstigungen ein, vor allem umfangreiche Holznutzungsrechte. Sie hatten für diese Berechtigungen nur sehr mäßige Abgaben zu entrichten.

Die erste Nachricht über die Ausübung des Schnitzhandwerks in Oberammergau stammt aus dem Jahr 1508. In einem Brief wird berichtet, Oberammergau sei „ein sehr ärmlicher Ort, wo der Großteil der Bewohner um leben zu können, feinste Bildschnitzereien – Kruzifixe und ähnliche Dinge – herstellt".[75]

Entscheidend gefördert wurde die Holzschnitzerei durch das nahe Kloster Ettal. Die viel besuchte Wallfahrtskirche benötigte vor allem religiöse Motive: Kruzifixe und andere Devotionalien. Die Oberammergauer Schnitzkunst schuf deshalb im Lauf der Zeit eine vielseitige religiöse Bildwelt: Christusfiguren jeder Art, Marienfiguren, Bildnisse der verschiedensten Heiligen und Szenen aus dem Alten Testament. Besonders sorgfältig ausgeführt waren die Krippen, die vielfältige Hintergründe, zahlreiche Personen und eine umfangreiche Tierwelt zeigten.[76] Andere Schnitzereien stellen Weltliches dar, wie z. B. Familienidylle, Allegorien der Jahreszeiten und Schäferszenen, meist ausgestattet mit zahlreichen Tieren. „Die Trachtenfiguren sind für den Volkskundler eine wahre Fundgrube, weil er in ihnen das Original vergangener Jahrhunderte betrachten kann und nicht die meist zu ihren Ungunsten umgewandelte Tracht der Jetztzeit."[77] Besonders erfolgreich war die Produktion von Spielwaren. Auch Militärfiguren fanden großes Interesse bei den Kunden.

Die Schnitzereien wurden meist bemalt („gefasst"), blieben zuweilen aber auch „weiß" (ungefasst). Vor allem Spielzeug und Soldaten wurden in leuchtenden Farben angeboten. Im 18. Jahrhundert wurde die Fassmalerei neben der Schnitzerei zu einem eigenen Erwerbszweig.

Neben den kunstgewerblichen Artikeln wurden auch Gebrauchsgegenstände gefertigt: Mulden, Löffel, Dosen, Rechen, Heugabeln und Holzschuhe.[78] 1563 erhielten die Oberammergauer Holzschnitzer durch Abt Placidus von Ettal eine eigene Handwerksordnung.

Die Schnitzer von Oberammergau bevorzugten einheimisches Holz, meistens Fichte.[79] Lange konnten die Holzschnitzer das Rohmaterial für ihre Schnitzkunst aus den heimischen Wäldern beziehen, meist wohl im Rahmen ihrer Holznutzungsrechte.[80] Die Sorgen um die Holzversorgung wuchsen, als die Ausfuhr von Holz zunahm. Es wird berichtet, dass erhebliche Holzmengen nach Oberammergau und weiter auf Ammer und Amper abwärts getriftet wurden.[81] Auch der Brennholzbedarf der örtlichen Bevölkerung war sehr hoch.[82] 1785 musste eine Kommission feststellen, dass in den Ettaler Wäldern „ganz ohne alle forstordnungsgemäße Auszeige die Waldungen ausgeleuchtet und Gelegenheit zu vielen Windwürfen gemacht".[83]

Lange sorgten die Hersteller der Schnitzwaren selbst für den Vertrieb ihrer Erzeugnisse. Als Hausierer zogen sie, die Kraxe mit den Schnitzereien auf dem Rücken, durch das Land. Um die Wende zum 18. Jahrhundert wurde das Wandergewerbe weitgehend durch das Auftreten von „Verlegern"[84] abgelöst. Sie kauften die von den Kunsthandwerkern hergestellten Gegenstän-

Weil die Landwirtschaft im Gebirge die Menschen kaum ernähren konnte, fanden viele Familien im Schnitzen ein Einkommen. Zunächst wurden einfache Gegenstände hergestellt, später auch künstlerische.

Die Oberammergauer „Herrgottschnitzer" kennen ihr Material genau, beherrschen die Schnitztechnik meisterlich und pflegen die große Tradition ihres Kunsthandwerks.

de, stellten sie zu Sortimenten zusammen und sorgten für deren Transport und weiteren Absatz. Der Handel mit Erzeugnissen der Schnitzkunst erlebte im 18. Jahrhundert seinen Höhepunkt. Zahlreiche Niederlassungen entstanden, nicht nur in Deutschland, sondern auch in Dänemark, Spanien, den Niederlanden, Norwegen und Russland.

Eine harte Konkurrenz erwuchs dem Oberammergauer Schnitzhandwerk im 20. Jahrhundert aus dem Import maschinengefertigter Holzwaren. Die Anzahl der Schnitzer ging deshalb stark zurück. Die Kunst des Holzschnitzens wird aber bis heute immer noch gepflegt; häufig über mehrere Generationen in der gleichen Familie. Die Staatliche Berufsfachschule für Holzbildhauer in Oberammergau vermittelt die dazu erforderlichen Fähigkeiten und setzt die Tradition in Oberammergau fort.

Die umfassende Kenntnis des Materials, die meisterliche Beherrschung der Schnitztechnik und die große Tradition ihres Kunsthandwerks prägen die Arbeit der Oberammergauer „Herrgottschnitzer“. „Der besondere Reiz dieses geschnitzten Spielzeugs liegt in der unverbildeten, echten Naivität, die das Kennzeichen echter Volkskunst ist.“[85] Die Qualität ihrer Erzeugnisse ist auch heute noch, neben den Schnitzwaren des Grödnertales, unübertroffen. Das beweisen zahlreiche Bestellungen aus der ganzen Welt – seit mehr als 500 Jahren.

Zusammenfassung

Wegen des rasanten Bevölkerungsanstieges verbreitete sich in der zweiten Hälfte des 18. Jahrhunderts die Furcht, die Holzversorgung könne in naher Zukunft gefährdet sein. In vielen Schriften ist von Holznot die Rede.[86] Waldnutzung und Waldzustand gaben tatsächlich Anlass zu ernsten Befürchtungen. Zunehmend wuchs die Einsicht, dass die Leistungen der Wälder nicht unbegrenzt zur Verfügung stehen. Um sie zu gewährleisten, war nun eine sorgfältige Planung der Waldnutzung dringend notwendig. Das bedeutete aber auch, dass ausreichend ausgebildete Forstleute und eine leistungsfähige Forstorganisation für die Umsetzung der neuen Planungsziele notwendig waren.

1752 entstand in Altbayern die erste unabhängige oberste Forstbehörde, die Forstkammer. Mit wechselnden Namen und unterschiedlicher Ressortzuteilung war diese leitende Forstbehörde 253 Jahre für die Bewirtschaftung des Staatswaldes und für die Forstaufsicht zuständig, aber auch für Förderung des körperschaftlichen und privaten Waldbesitzes verantwortlich. Seit 2005 ist die Bewirtschaftung des Staatswaldes den „Bayerischen Staatsforsten AöR“[87] übertragen, die „Bayerische Forstverwaltung“ ist für Forstaufsicht, für Körperschafts- und Privatwald und für die Förderung der Waldwirtschaft zuständig.

Eine nachhaltige Waldbewirtschaftung und eine wirksame Forstverwaltung erfordert qualifiziertes und loyales Forstpersonal. Bis zum Beginn des 19. Jahrhunderts gab es kaum systematische Ausbildungen. Die Einrichtung einer Forstschule in Aschaffenburg hatte die Situation wesentlich verbessert und mittelfristig den Grundstein für eine qualifizierte Forstbeamtenschaft gelegt. Die Konzentration des forstwissenschaftlichen Studiums und der forstwissenschaftlichen Forschung in Freising-Weihenstephan seit der zweiten Hälfte des 20. Jahrhunderts wurde zur Grundlage einer selbstbewussten und auf hohem Niveau arbeitenden Forstwirtschaft.

Um die Nachhaltigkeit der Waldnutzung zu sichern, bemühte man sich vom letzten Viertel des 18. Jahrhunderts an intensiv um die Entwicklung geeigneter Verfahren zur Vermessung des landesherrlichen Waldes und die Planung forstwirtschaftlicher Maßnahmen (Forsteinrichtung). Das Prinzip der Nachhaltigkeit bezog sich dabei ursprünglich nur auf die Holznutzung. Schon früh wurde in der Forstwirtschaft die Nachhaltigkeit aber auch auf die außerwirtschaftlichen Leistungen des Waldes ausgedehnt. Der sächsische Oberberghauptmann Hans Carl von Carlowitz (1645 - 1714) verlangt in seinem 1713 erschienenen Werk Sylvicultura oeconomica „eine continuirliche beständige und nachhaltende Nutzung“.[88] Nach seiner Überzeugung sind Wälder nicht nur ein Schutz des Landes, sondern auch schön und wichtig für das Landschaftsbild. Denn sie sprechen die Sinne an und dienen der Erholung.[89]

Für den Betrieb der Salinen und die Gewinnung des hochbegehrten Salzes (des „weißen Goldes“) war die nachhaltige Bereitstellung ausreichender Holzmengen eine Existenzfrage. Durch aufwändige Soleleitungen und ein intensives Triftsystem erschloss man deshalb große zusätzliche Waldflächen für die Holzversorgung der Salinen („Ohne Holz kein Sud!"). Dabei wurde entweder die Energie zum Produkt gebracht (Trift) oder umgekehrt das Produkt zur Energie (Soleleitung). Man bemühte sich schon seit Beginn des 16. Jahrhunderts, einen Überblick über die Holzvorräte und die Nutzungsmöglichkeiten in den Salinenwäldern zu gewinnen und machte das Prinzip der Nachhaltigkeit zur Grundlage der Nutzungsvorschriften. Zudem sorgte man für eine enge Zusammenarbeit des Salinen- und des Forstbetriebes.

Seit 30 Jahren werden erhebliche Mittel in die Schutzwaldsanierung investiert. So wird der überalterter Bergwald erneuert und Straßen und Siedlungen werden geschützt.

Das Schnitzhandwerk von Oberammergau ist ein Beispiel dafür, wie das Bemühen um zusätzliche Erwerbsmöglichkeiten auf der Grundlage heimischen Holzes zum Erfolg führen kann. Den „Herrgottschnitzern" gelang es, durch die Qualität ihrer vielseitigen Erzeugnisse einen großen Käuferkreis zu gewinnen und ein fast ganz Europa umfassendes Netz von Niederlassungen aufzubauen. Trotz der Konkurrenz, vorwiegend durch den Import maschinengefertigten Spielzeugs, wird die Tradition der Holzschnitzkunst in Oberammergau immer noch erfolgreich gepflegt – zum Teil seit vielen Generationen in der gleichen Familie.

7 Schwaben

Labile Fichtenforste werden zu Mischwald

Lang erstreckt sich Schwaben zwischen den Alpen und dem Ries. Dazwischen liegen das Allgäu mit seinen grünen Hügeln, die Schotterriedellandschaft, das Donaumoos und der Jura. Lech, Günz und Iller entwässern nach Norden zur Donau hin.

Der Bergmischwald mit Buche und Tanne und einem hohen Anteil an Fichte gibt der Landschaft in den Alpen und ihrem Vorland ihre Gestalt. Die Altmoräne im mittleren Schwaben war einst von Buche und Eiche mit etwas Tanne und Fichte bestockt. Weil hier aber wegen der fruchtbaren Böden und der reichlichen Niederschläge optimale Wuchsbedingungen herrschen, prägen heute massenreiche Fichtenbestände die Waldbilder, jetzt schon in der zweiten oder gar dritten Generation. Angesichts des steigenden Holzbedarfes sah man im 19. Jahrhundert in der Einbringung der Fichte auf großen Flächen und ohne Rücksicht auf den Standort eine einfache und wirtschaftliche Alternative zum ertragsschwachen Laubholz. So stocken heute im Schotterriedelland auf schweren, oft vernässten Böden meist labile Fichtenbestände. Immer wieder kommt es zu umfangreichen Windwürfen und nachfolgend zu gefährlichen Borkenkäferkalamitäten. Deshalb werden hier heute mit erheblichem Aufwand Tannen, Buchen und Eichen eingebracht, um die Bestände technisch stabiler und ökologisch widerstandsfähiger zu machen.

Im Donaumoos und entlang von Iller, Wertach und Lech finden sich in der Hartholzaue besonders Esche, Ahorn und Ulme, in der Weichholzaue Grauerle und Weide. Im Jura und im Ries gedeihen neben künstlich eingebrachten Fichten auch ursprüngliche Buchenwälder.

Schwaben wies bis zur Säkularisation und Mediatisierung zu Beginn des 19. Jahrhunderts stark zersplitterte Herrschaftsstrukturen auf. Hier existierten besonders viele vermögende Reichsabteien (Kempten, Ottobeuren, Kaisheim etc.), landständige Klöster und wohlhabende Reichsstädte, die

Fläche	999 203 m²
Waldfläche	269 226 m²
Waldanteil	26,9%
davon Laubholz	*33%*
davon Nadelholz	*67%*
Einwohner	1,85 Mio.
Waldfläche je Einwohner	1458 m²

über stattlichen Grundbesitz verfügten. Auch die Fürstbischöfe von Augsburg und Eichstätt sowie einige Adelsgeschlechter waren souveräne Herrscher mit reichlich Waldbesitz. Säkularisation und Mediatisierung hatten in Schwaben deshalb ganz besondere Bedeutung. Die Wälder der geistlichen Herrschaften wurden vom Kurfürstentum Bayern eingezogen. In den weltlichen Herrschaftsgebieten wurde der Wald persönlicher Besitz der bisherigen Landesherrn; es entstand Großprivatwald. Durch die Angliederung Frankens und Schwabens wurde die Staatswaldfläche Bayerns erheblich vergrößert.

7.1 Kempten: Säkularisation und Mediatisierung

Die Gedanken der Aufklärung[1] und die militärischen Erfolge NAPOLEONS haben zu Beginn des 19. Jahrhunderts auch in Bayern die politischen Strukturen und die Eigentumsverhältnisse am Wald entscheidend verändert. Die politischen und militärischen Auseinandersetzungen im Gefolge der französischen Revolution führten zur Auflösung des alten Deutschen Reiches. Auf seinem Gebiet entstanden neue, souveräne Staaten. Zahlreiche bisher reichsunmittelbare Gebiete wurden zwangsweise der bayerischen Herrschaft unterstellt. In Schwaben, in dem besonders viele Reichsstädte, geistliche Herrschaften und weltliche Fürstentümer bestanden, kann man diese Entwicklung eindrucksvoll studieren.

In Schwaben gab es viele Klöster mit umfangreichem Waldbesitz. Einige davon – wie die hier abgebildete Fürstabtei Kempten – waren souveräne Staaten. Bei der Säkularisation 1803 fiel ihr gesamtes Eigentum an Bayern.

So hatte sich z. B. aus einem um die Mitte des 8. Jahrhunderts in Kempten gegründeten Benediktinerkloster die Fürstabtei Kempten entwickelt, seit 1548 ein reichsunmittelbares Herrschaftsgebiet. Ihr Territorium umfasste zu Beginn des 19. Jahrhunderts eine Fläche von ca. 1.000 Quadratkilometern mit etwa 42.000 Einwohnern. Regierungszentrum war die Residenz des Fürstabtes in Kempten. Dennoch war die Stadt Kempten nicht Bestandteil dieser geistlichen Herrschaft. Sie war zwar vom Gebiet des Reichsstifts umgeben, konnte ihre Selbständigkeit aber bewahren. Als Reichsstadt war sie dem Kaiser unmittelbar unterstellt.

Den aufgeklärten Obrigkeiten gegen Ende des 18. Jahrhunderts galten geistliche Fürstentümer, Klöster, Ordensleben, Wallfahrten und Kirchenfeste als überholt. Die Vermischung von weltlicher und geistlicher Macht in Fürstbistümern und Reichsabteien wollten sie

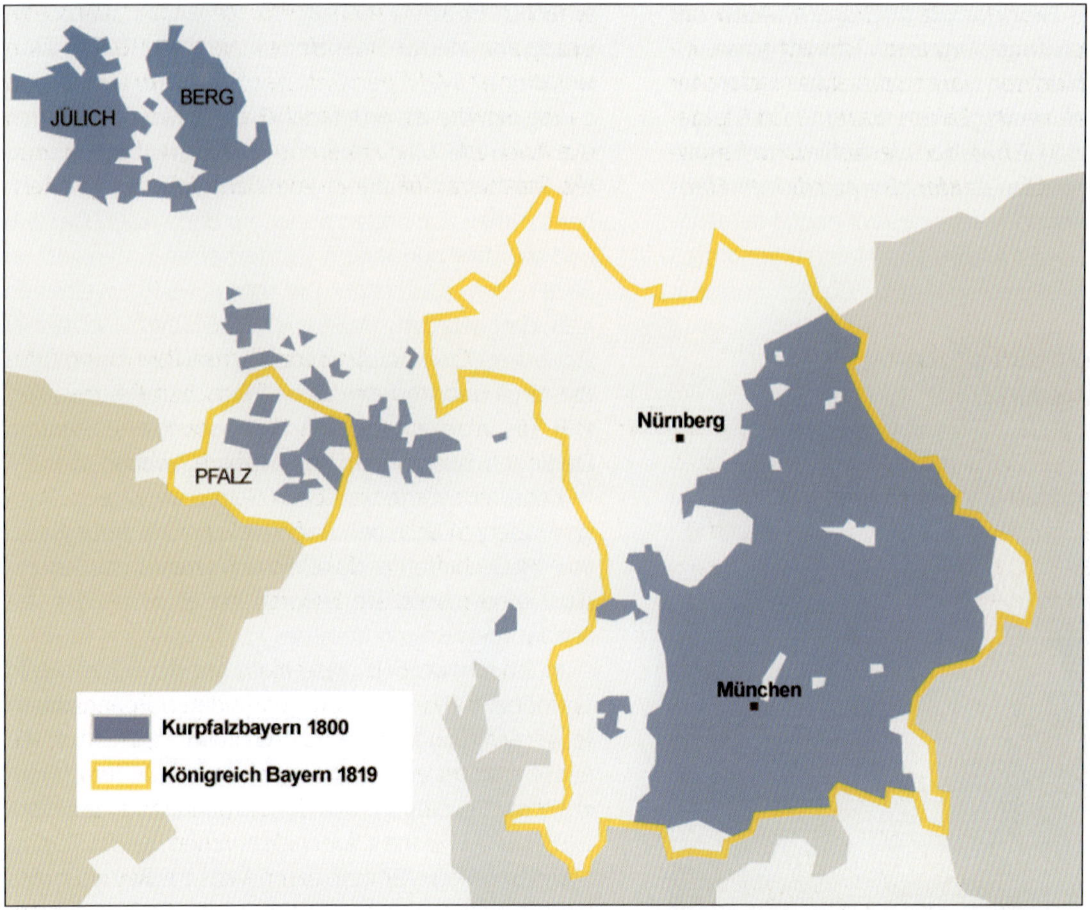

Durch die Säkularisation und Mediatisierung wurde das Gebiet Bayerns erheblich erweitert: Franken, Schwaben und die erweiterte Rheinpfalz kamen hinzu. Die Eingliederung der Wälder mit unterschiedlichen Forstrechten und Besitztraditionen war eine große Herausforderung.

überwinden. Der riesige Grundbesitz der Kirche war ihnen ein Ärgernis. Da kam ein Ereignis gerade recht: Deutsche Fürsten hatten ihre Besitzungen links des Rheins an das siegreiche Frankreich abzutreten. Sie sollten dafür aus reichsständischem Besitz innerhalb ihrer Herrschaftsgebiete entschädigt werden.

Durch den Reichsdeputationshauptschluss vom 25. Februar 1803[2] fanden massive Eingriffe in die Herrschaftsstrukturen statt, die mit den Begriffen Säkularisation und Mediatisierung beschrieben werden. Die bisher reichsunmittelbaren geistlichen Fürstentümer, also Hochstifte, Abteien und Klöster, wurden aufgelöst:

Sie verloren ihre Herrschaftsrechte und wurden der weltlichen Herrschaft der jeweiligen Landesherren unterstellt. Man spricht von Herrschaftssäkularisation. Ihr Besitz wurde dem Vermögen des neuen Staates zugeschlagen. Die Mönche und Nonnen entließ man in die Freiheit. Der Reichsdeputationshauptschluss ermächtigte die Landesherren zudem zur Aufhebung der landständischen (also nicht reichsunmittelbaren) geistlichen Herrschaften, vor allem zahlreicher Klöster, die meist erheblichen Besitz hatten. Ihr gesamtes Vermögen wurde vom neuen Staat eingezogen (Vermögenssäkularisation).

Der Stich von 1796 zeigt die Umbruchsituation typisch: im Vordergrund licht stehende alte Hutebäume, im Hintergrund schnell wachsendes Nadelholz, das gegen den damaligen Holzmangel gepflanzt wurde. Auch das Forstpersonal wandelte sich: vom holzgerechten Jäger zum Förster.

Mit dem Reichsdeputationshauptschluss verbunden war auch die Mediatisierung zahlreicher reichsunmittelbarer weltlicher Stände: der Reichsstädte und Adelsherrschaften. Sie hatten bisher nur den Kaiser über sich und wurden nun einem Landesherren unterstellt, in Bayern dem Kurfürsten. Die mediatisierten weltlichen Herrscher wurden großzügig entschädigt: Der bisher landesherrliche Wald wurde ihr privater Besitz.[3] So entstanden weite Teile des heutigen Großprivatwaldes, z. B. die Wälder derer von Oettingen-Wallerstein und Oettingen-Spielberg im nördlichen Schwaben.

Kempten wurde bereits 1802 von bayerischen Truppen besetzt. Durch den Reichsdeputationshauptschluss von 1803 wurde das Fürststift säkularisiert, die Reichsstadt mediatisiert. Sie verloren ihre Eigenstaatlichkeit und wurden Bestandteile des Kurfürstentums Bayern.

In Bayern wurden diese massiven Herrschafts- und Vermögensveränderungen vor allem von Maximilian Joseph Graf von Montgelas radikal durchgesetzt.[4] In seinem Denken war er geprägt von Aufklärung und Französischer Revolution. Aus den rechtlich, strukturell und wirtschaftlich extrem unterschiedlichen neuen Territorien schuf er die Grundlagen für das moderne, souveräne Bayern mit einheitlichem Recht und einheitlicher Verwaltung.

Durch die Einziehung der geistigen und die Mediatisierung der weltlichen Herrschaften wurde das Gebiet des Kurfürstentums Bayern erheblich erweitert. Ohne die Säkularisation wäre das moderne Bayern in seiner Flächenausdehnung und seinem stattlichen Staatswaldbesitz von rund 800 000 Hektar nicht denkbar. Zu den alten Stammlanden Oberbayern, Niederbayern und Oberpfalz gewann es nun Franken, Schwaben und die

zer einiger Waldflächen (in der Nähe von Laubenhart) im Otterwald, einem Waldgebiet einige Kilometer nördlich von Memmingen. Seinem Wald war REBEL sehr verbunden; selbst als Ruheständler arbeitete er noch dort.[24]

Großes Interesse in der Öffentlichkeit gewann die Forderung nach Erhöhung der Holzeinschläge durch die berühmt gewordene Rektoratsrede von MAX ENDRES, Professor für Forstpolitik, forstliche Betriebswirtschaft und Forstgeschichte an der Universität München vom 23. November 1907.[25] Er erklärte, in den Staatsforsten könnten die Hiebsätze um einen Festmeter je Hektar erhöht werden, ohne den Grundsatz der Nachhaltigkeit zu verletzen. „Auch für die bayerischen Staatswaldungen ist die Erhöhung der jetzigen Nutzungsquote ohne Bedenken zulässig."[26] Mit den Millionen, die dadurch flüssig gemacht würden, könnten „viele große Staatsaufgaben, die ihrer Lösung harren, [...] bewältigt werden."[27]

Am 7. Februar 1908 stellte HANS VEIT GRAF TOERRING-JETTENBACH, Mitglied in der Ersten Kammer des Bayerischen Landtags, bei dieser Kammer den Antrag, „es möge die kgl. Staatsregierung ersucht werden, [...] die kgl. Staatsforstverwaltung zu veranlassen, im Hinblick darauf, daß die aus den bayerischen Staatswaldungen erzielten Nutzungen mit Rücksicht auf die Verhältnisse der Altersklassen und des Zuwachses und ferner in Anbetracht des Vorhandenseins überschüssiger, rückgängiger Altholzvorräte von sachverständiger Seite allseits als ungenügend bezeichnet werden, die Frage der Erhöhung dieser Nutzungen in ernsteste Erwägung zu ziehen".[28] Diese Aktion ging als „Antrag Toerring" in Forstpolitik und Forstgeschichte ein.

In der Ausgabe der Augsburger Abendzeitung vom 3.3.1908 nahm Professor ENDRES auf Ersuchen der Redaktion (wie er betont) Stellung zum „Antrag Toerring". Er wies darauf hin, dass er schon wiederholt auf die Möglichkeit einer Erhöhung der Holznutzungen im bayerischen Staatswald hingewiesen habe. Die Einschläge seien dort in den letzten 25 Jahren deutlich niedriger gewesen, als in anderen süddeutschen Staatsforstverwaltungen; in den letzten fünf Jahren seien sie

Hans-Veit Graf Toerring-Jettenbach stellte 1908 im Bayerischen Landtag den Antrag den Holzeinschlag in den Bayerischen Staatswaldungen deutlich zu erhöhen, das führte zu jahrelangen öffentlichen Diskussionen über Nadelholzanbau und Gelderträge.

Max Endres war Forstprofessor an der Universität München. Er war ein Vertreter der Bodenreinertragslehre, die vor allem die ökonomischen Aspekte der Waldbewirtschaftung in den Vordergrund stellt.

sogar zurückgegangen. Er unterschreibe jedes Wort im Antrag Toerring und in dessen Begründung. Im Schlussabsatz fasst ENDRES seine Forderungen an die Staatsforstverwaltung zusammen: „Was wir brauchen in der bayerischen Staatsforstverwaltung ist ein frischer Geist und größere Initiative von oben, die vollständige Neuorganisation des Forsteinrichtungswesens, die richtige Ausnutzung unseres vorzüglichen äußeren und namentlich des jüngeren Personals, die Wegräumung aller unnötigen bureaukratischen Formen und Wiederbelebung der Kunst des Rechnens. Dann erst wieder wird das Bayerische Volk und in erster Linie der bayerische Steuerzahler jenen Nutzen aus seinem Wald ziehen können, auf den billigerweise jedermann Anspruch erheben kann. Zur Umkehr ist höchste Zeit."[29]

Fichten kommen ursprünglich natürlich im Gebirge vor. Sie wachsen von allen heimischen Bäumen am schnellsten. Weil sie auch noch sehr geradschaftiges Holz liefern, war ihr Anbau seit dem 19. Jahrhundert sehr beliebt. So legte sich nach und nach ein Fichtenkleid über die Landschaft.

Der Antrag Toerring, die Äußerungen ENDRES' und entsprechende Veröffentlichungen in der Presse führten zu lebhaften Auseinandersetzungen in der Politik, in der Forstverwaltung, unter Forstwissenschaftlern, aber auch in der Öffentlichkeit.[30] Sie waren die Folge des schon Jahrzehnte andauernden Streites zwischen den Vertretern der Bodenreinertrags- und der Waldreinertragslehre.

Die Bodenreinertragslehre wurde 1858 von MAX ROBERT PRESSLER in Tharandt begründet.[31] Sie geht von dem Grundsatz aus, dass das wirtschaftliche Ziel einer Bodenwirtschaft (also auch der Forstwirtschaft) eine möglichst hohe Verzinsung des Bodenwertes sei. Die günstigste Form des Waldbaus sei deshalb ein „Normalwald" mit kurzen Umtriebszeiten,[32] mit streng regelmäßiger Altersklassenverteilung, mit nur einer Baumart und mit Kahlschlagbetrieb. Die „rentabelsten Holzarten" sind Fichte und Kiefer.[33]

Für die Waldreinertragswirtschaft dagegen sind Bodenwert und Wert des Holzvorrats zusammen das Waldkapital. Sie „richtet den Betrieb, d. h. die Umtriebszeit so ein, daß die jährlichen Bareinnahmen des Waldbesitzers das Maximum des Erreichbaren darstellten", ohne Rücksicht darauf, wie das Boden- und Holzvorratskapital dabei verzinst wird. Die Waldreinertragslehre „nutzt die Bestände in dem Zeitpunkt, für welchen sich [...] der höchste jährliche Geldertrag [...] berechnet."[34]

Die Vertreter der Waldreinertragswirtschaft stellten „der forstwirtschaftsfremden Verzinsungsforderung die Erziehung großer und wertvoller Holzmengen, einer soliden Waldrente, bei höchster Sicherheit des Waldes" entgegen. Sie werfen der Bodenreinertragslehre vor, sie mache „keinen Unterschied zwischen dem Besitz eines Waldes und dem eines Mietshauses".[35] Mit der Bodenreinertragslehre wurde eine Waldbewirtschaftung vertreten, die zwar hohen Ertrag versprach, aber mit hohem Risiko durch anfällige Reinbestände belastet war. Dieser rein ökonomischen Betrachtungsweise stellte sich die Lehre vom gemischten Wald entgegen, die ökologische Aspekte einbrachte.[36]

Toerrings Antrag wurde von der Kammer der Reichsräte und von der Kammer der Abgeordneten angenommen. Ihm war eine „eingehende Begründung" beigegeben. Sie war von dem damaligen toerringischen Forstmeister A. Klein in Jettenbach mit Unterstützung des Forstpraktikanten Spengler ausgearbeitet worden und bestand „aus einem Textteil, einem Tabellenteil und farbigen graphischen Tafeln".[37] In der Begründung wird ausgeführt, wenn man die bisherigen geringen Hiebsätze beibehalte, würden die Fichten-, Tannen- und Buchenbestände erst in einem Alter von durchschnittlich 133 Jahren eingeschlagen. Da es sich vor allem um Fichten- und Tannenbestände handle, bringe jede Verzögerung des Einschlags finanzielle und volkswirtschaftliche Nachteile. Deshalb sei eine „außerordentliche Abnutzung" dringend geboten. Setze man für Fichte und Tanne eine Umtriebszeit von 100 Jahren, für Buche von 120 Jahren fest, und für den Vorratsabbau einen Zeitraum von 30 Jahren, dann sei ein jährlicher Reinerlös von 19,5 Millionen Reichsmark pro Jahr und ein Gesamterlös von 585 Millionen Reichsmark zu erwarten.[38] Diese Einnahmen sollten für „außerordentliche Bedarfszwecke" verwendet werden. Darunter versteht Graf Toerring die Ablösung von Forstrechten, den Ankauf von Grund und Boden zur Aufforstung, die Anlage eines Forst-Reservefonds für Zeiten schlechter Konjunktur, die Förderung von Forstkulturen, den Bau von forstlichen Transporteinrichtungen, die Verbesserung von forstlichen Dienstwohnungen, die Reform des Forsteinrichtungswesens und die Tilgung von Staatsschulden.[39]

Die flachwurzelnde Fichte ist anfällig für Sturmwürfe und als Monokultur auch für den Borkenkäfer. Es ist ein holzmassenreiches Erbe, das es heute mit intensiver Pflege und Laubholzbeimischung zukunftsfähig zu machen gilt.

Aufgrund der Beschlüsse beider Kammern des Landtags erhöhte die Staatsforstverwaltung den Jahreseinschlag um rd. 0,8 Festmeter je Hektar.[40] 1912 legte die Kommission (der Rebel angehörte) ihre Ansicht in einer kurzen Denkschrift an den für den Wald zuständigen Finanzminister nieder. Darin erklärte sie, man könne zwar die Endnutzugssätze erhöhen, nicht aber die Gesamtnutzung, weil die in den letzten Jahren erhöhten Vornutzungen wieder reduziert werden müssten.

Graf Toerring war mit dieser Antwort nicht zufrieden und stellte am 2. September 1912 bei der Kammer der Reichsräte erneut den Antrag, die überalterten Bestände abzunutzen und die Erlöse zur Errichtung von „drei Reservefonds" zu verwenden. Die Reichsratskammer erhob diesen Antrag zum Beschluss, die Kammer der Abgeordneten lehnte ihn ab. Daraufhin arbeitete die Forstverwaltung eine eingehende Denkschrift aus, die 1914 dem Landtag vorgelegt wurde. Darin wird eine rasche Abnutzung der Altholzvorräte aus Gründen der Nachhaltigkeit abgelehnt. Außerdem weist man darauf hin, dass die natürliche Verjüngung des Waldes größere Vorzüge habe, als die künstliche, und dass die Erziehung gemischter Bestände gefördert werden sollte, was längere Verjüngungszeiträume erfordere.[41] Mit dieser Stellungnahme hat sich der Landtag nicht befasst – wohl wegen des beginnenden Ersten Weltkrieges.[42]

Für viele Forstleute und Waldbesitzer hatte PRESSLER eine überzeugende Begründung für den verstärkten Anbau von Nadelhölzern geliefert. Es kam aber bei den meisten staatlichen Forstverwaltungen nicht zu dem beantragten radikalen Vorratsabbau. Eine Ausnahme bildete Sachsen, wo PRESSLER entschieden dafür eingetreten war, die Althölzer als „faule Gesellen" zu beseitigen.[43] Dort entstanden auf großen Flächen Fichtenreinbestände. Bis weit in das 20. Jahrhundert hinein wurde nach den Grundsätzen PRESSLERS gewirtschaftet.[44]

In Bayern waren die Wirkungen der Bodenreinertragslehre weit geringer. Es kam aber auch hier auf großen Flächen zu einem tiefgreifenden Bestockungswandel, der zum Rückgang des Laubholzes und zum Vordringen von Fichte und Kiefer führte. In den folgenden Abschnitten über Waldumbau und über Monokulturen und Kalamitäten ist diese Entwicklung eingehend beschrieben.

Die Stellungnahme der Forstverwaltung an den Landtag von 1914 ist als eine Art von Selbstvergewisserung zu verstehen, mit der diese Verwaltung ihre eigene Linie fand und sich fortan klar an der Waldreinertragslehre orientierte. So begann in jenen Jahren ein Wandel in der waldbaulichen Auffassung; vor allem, weil man negative Erfahrungen mit Nadelholzreinbeständen gemacht hatte. Wesentliche Impulse für diesen neuen waldbaulichen Weg kamen von GAYER und REBEL. KARL GAYER[45] hatte 1886 sein Buch „Der gemischte Wald" veröffentlicht, KARL REBEL 1924/25 sein Werk „Waldbauliches aus Bayern". In ihren Schriften führten diese Vordenker aus, dass Wald systemisch und langfristig betrachtet werden muss, weil Monokulturen und kurzfristiges Gewinnstreben zu hohe Risiken bergen und deshalb auf Dauer nicht zum Erfolg führen. Das einfache Ursachen-Wirkungsmodell der Bodenreinertraglehre – viel Fichte = hoher Ertrag – war damit überwunden.

7.3 Roggenburger Forst: Waldumbau

Heute ist jeder zweite Baum in Bayern eine Fichte. Das war nicht immer so! In den meisten Teilen Bayerns bildeten Mischbestände mit vorherrschender Buche die natürliche Waldgesellschaft. Vor allem im 18. und 19. Jahrhundert kam es aber zu einem tiefgreifenden Bestockungswandel. Das Laubholz wurde nach und nach durch Fichte und Kiefer ersetzt. Auch die sensibel zu verjüngende Tanne verlor massiv an Fläche.

Jahrhundertelang war der Wald auf der überwiegenden Fläche im ungeregelten Plenterbetrieb genutzt worden.[46] Man holte das Beste heraus und überließ den Rest sich selbst. Viele dieser durchplenterten (geplünderten) Bestände verlichteten und wurden zu Weiden oder Ödflächen. Auch Großkahlschläge, Saumschläge und Dunkelschläge hinterließen oft unbefriedigende Verjüngungsergebnisse. Zusätzlich erschwerten Waldweide, Streurechen, überhöhte Wildbestände, Windwürfe und Insektenkalamitäten den Anwuchs

Der Wald in Schwaben hat wegen des hohen Anteils instabiler Standorte und zahlreicher Fichtenreinbestände besonders unter Windwürfen und Insektenkalamitäten zu leiden.

junger Bäume. Baumarten wie Buche und Tanne, die in der Jugend den Schutz des Altholzes benötigen, wurden durch diese Bedingungen gehemmt. Fichte und Kiefer wurden häufig gepflanzt, aber auf den Freiflächen auch bei der natürlichen Verjüngung begünstigt. Ihr Anteil an der Waldfläche nahm stetig zu. Auf den kahlen Schlägen überwuchsen sie ankommende Laubholzverjüngungen und verdrängten sie weitgehend.

Um die Wende zum 19. Jahrhundert erschien – besonders angesichts der Sorgen wegen der bevorstehenden Holzknappheit – dieser Zustand der Wälder nicht mehr tragbar. Eine innovative staatliche Forstverwaltung[47] wollte eine geordnete Holznutzung sicherstellen und dafür an Stelle der verlichteten, ertragsarmen Waldungen geschlossene, ertragreiche Bestände schaffen.

Zunächst bemühte man sich intensiv, das Laubholz zu erhalten und das Vordringen der Nadelhölzer zu verhindern; besonders am Ende des 18. Jahrhunderts.[48] So enthalten z. B. die Instruktionen für die altbayerischen Forstbeamten von 1796 energische Anweisungen nicht nur zur Erhaltung, sondern zur Vermehrung des Laubholzanteils.[49] Andererseits wurde das Laubholz aber in manchen Gebieten durch forstliche Maßnahmen gezielt zurück gedrängt. Namentlich in den Trift- und Salinenwaldungen hat man schon frühzeitig am Ersatz der Buche durch das „Schwarzholz" gearbeitet.[50]

Die Bemühungen um den Erhalt des Laubholzes blieben weitgehend erfolglos. Im 19. Jahrhundert wurde die Wirtschaft weithin aktiv auf Nadelbäume umgestellt. Man sah im Nadelholz eine einfache und wirtschaftliche Alternative zum schwieriger zu bewirtschaftenden und ertragsschwachen Laubholz. Die robusten Nadelbäume waren vor allem viel einfacher und mit geringeren Kosten zu verjüngen, als Laubholz. Fichte und Kiefer waren zudem die Baumarten, die dem Zeitgeist mit dem Ziel der höchsten Verzinsung des eingesetzten Kapitals[51] am besten entsprachen. Auf den besseren Böden bevorzugte man bei der Einbringung des Nadelholzes die Fichte, auf den ertragsärmeren die Kiefer. Ihr Vordringen wurde durch Saat und Pflanzung gefördert – man sah darin die einzige Möglichkeit zur Sanierung des desolaten Waldzustandes.[52]

In der Regel vollzogen sich diese Veränderungen am stärksten dort, wo die Bestände schon früh intensiv genutzt wurden, also in den Salinen und Triftwäldern, in den Gebieten mit Eisenindustrie und Glashütten und in der Umgebung der großen Städte. Weite Waldgebiete, die einst vom Laubholz geprägt waren, wurden nun vom Nadelholz beherrscht. Im Hochgebirge wurden Tanne und Buche schon seit dem Ende des Mittelalters wegen der Art des Wirtschaftens von der Fichte verdrängt. In der Oberpfalz nahm die Kiefer in Wäldern überhand, in denen einst Fichte, Tanne, Eiche, Buche, Ulme und Linde stockten. Zwar war die Kiefer stets am Bestand beteiligt gewesen, aber nicht führend. Auch im bayerischen Wald wurden die Laubbäume zurückgedrängt; allerdings wegen der Wüchsigkeit des Laubholzes auf vielen Standorten nicht so entscheidend, wie in anderen Gegenden. In der Umgebung von München wurden die Eichen-Buchenwälder von Fichtenbeständen verdrängt. Auch hier spielten ungeregelte Plenterwirtschaft, Kahlhiebe, Streunutzung und intensive Weide eine wichtige Rolle.[53] Durch die Veränderung in der Baumartenzusammensetzung hat sich der Charakter vieler Landschaften völlig verändert.[54]

Mit den so entstandenen Nadelreinbeständen war ein hohes Betriebsrisiko verbunden. Sie sind durch Einzelwürfe und flächige Würfe, durch Kronenbrüche, Trockenschäden oder Eisbruch gefährdet. Ist ein Bestand erst derartig vorgeschädigt, dann ist den Forstschädlingen, vor allem den Borkenkäfern, Tür und Tor geöffnet.[55] Die Verjüngung der dabei entstehenden weiträumigen Kahlflächen ist wegen der Spätfrostgefahr, der schnellen Vergrasung und des explodierenden Bewuchses mit Brombeeren nur mit der Fichte möglich, wenn der Aufwand wirtschaftlich vertretbar und die Wiederbestockung in angemessener Frist gesichert sein sollen.

Trotz der Probleme, die das Nadelholz brachte, darf nicht übersehen werden, dass damit auch wesentliche technische und wirtschaftliche Vorteile verbunden waren: Der Nadelholzanbau im 19. Jahrhundert erzeugte die Holzmassen, die das industrialisierte Deutschland zu Beginn des 20. Jahrhunderts so dringend benötigte.[56] Der Bedarf an Nutzholz (und besonders an Bauholz) stieg stark an; schwache Nadelhölzer, die vorher kaum verwertet werden konnten, waren nun als Gruben- und Papierholz gefragt. Fichte und Kiefer waren nicht nur auf fast allen Standorten billig und sicher einzubringen und zeigten zudem fast überall gute Wuchsleistungen; sie boten auch noch eine hohe Holzerzeugung und gute Holzeigenschaften und waren wegen ihrer Geradschaftigkeit fast komplett als Bau-

1920 wurden 143 000 Kubikmeter Holz im Roggenburger Forst geworfen. Das Forstamt setzte ein Mahnmal an die Katastrophe. Die Texte auf Vorder- und Rückseite zeigen in ironisch-bitterer Sprache, man hatte erkannt, dass für langfristigen Erfolg Mischbestände und Laubholz dringend notwendig sind.

holz zu verwenden. Vor allem die Fichte wurde deshalb zum „Brotbaum." Die hohen Erträge aus den noch heute zur Verfügung stehenden vorratsreichen Nadelholzbeständen tragen immer noch dazu bei, den Waldumbau zum Mischwald zu finanzieren.

Bei der Bewertung der geschilderten Entwicklung in der Forstwirtschaft darf man nicht heutige Maßstäbe ansetzen. Es sind die damals gegebenen Rahmenbedingungen zu berücksichtigen.[57] „Insgesamt war der Wiederaufbau der verwüsteten Waldungen im 19. Jahrhundert eine großartige Leistung von Waldbesitzern und Forstleuten. Sie hat die vorratsreichen und gepflegten Wälder entstehen lassen, an deren Erträgen wir heute noch zehren. [...] Das sollte man bei mancher aus heutiger Sicht berechtigten Kritik nicht vergessen. Man darf den damaligen Forstleuten nicht anlasten, daß sie nur im Rahmen des Wissens ihrer Zeit handeln konnten und dass sie die wissenschaftlichen Erkenntnisse der letzten Jahrzehnte nicht schon früher verwirklicht haben."[58]

Im 20. Jahrhundert hat sich dann ein tiefgreifender Wandel in der waldbaulichen Behandlung der Bestände vollzogen. Ziel sind heute gemischte Bestände, die standortgerecht sind und mehrere Waldfunktionen erfüllen. Die Bayerische Forstverwaltung und die Bayerischen Staatsforsten bemühen sich mit großem Einsatz, solche Bestände zu begründen und ererbte Reinbestände entsprechend umzuwandeln.[59]

Im Roggenburger Forst,[60] den Bayern vom reichsunmittelbaren Kloster Roggenburg übernommen hat und der heute zum Forstbetrieb Weißenhorn gehört, kann man die Probleme des Fichtenreinbestandes besonders gut studieren.[61] Auf 64 Prozent der Fläche dieses Waldgebietes, das 4 401 Hektar umfasst, sind die Standorte instabil (Pseudogleye, Gleye und alluviale Böden); bei den 2 282 Hektar, die schon vor der forstlichen Gebietsreform von 2005 zum Forstamt Weißenhorn gehörten, sind es sogar 75 Prozent. Die natürliche Bestockung wäre auf dem überwiegenden Teil der Fläche ein Buchen-Eichen-Mischwald mit Beteiligung von Birke, Aspe, Hainbuche und Linde; in den Hang- und Tallagen wären es Eichen-Buchen-Mischbestände. Die Fichte kommt hier natürlich nicht vor und war lange Zeit auch nicht vertreten. Bis zum Ende des 18. Jahrhunderts kann man von einer Vorherrschaft von Buche und Eiche ausgehen.[63]

Der steigende Holzbedarf und die waldbaulichen Neuerungen um die Wende vom 18. zum 19. Jahrhundert wirkten sich deutlich auf die Bestockung aus. Denn die Vorzüge der Fichte (verhältnismäßig einfache, billige Kultur; rasche Deckung der Schlagfläche; hohe Massenleistung usw.) hatten die Forstleute der damaligen Zeit überzeugt; man benutzte sie zunehmend zur „Heilung" der dem Wald geschlagenen Wunden.[64] Im Laufe des 19. Jahrhunderts wurde so Zug um Zug der größte Teil der Flächen mit Fichtenreinbeständen bestockt. Das zeigt konsequentes, landwirtschaftliches und planta-

Besonderes Augenmerk gilt der Einbringung von pfahlwurzelnden Tannen. Sie helfen flachwurzelnde Fichtenbestände zu stabilisieren.

genorientiertes Denken aus der Zeit der Industrialisierung. Aus heutiger Sicht scheint die fehlende Mischung naiv, aber man hatte noch keine Erfahrung mit Sturm- oder Insektenkalamitäten. Es ergab sich eine hochgefährliche Situation: Wo eine instabile Baumart auf großer Fläche auf einem instabilen Standort stockt, kann ein Sturm verheerende Folgen haben. Tatsächlich waren Zahl und Ausmaß der Windwürfe im künstlich auf Massenproduktion optimierten Roggenburger Forst ganz besonders hoch.

Nach einem Sturmwurf von 1920, bei dem 143 000 Festmeter Holz fielen, setzte das damalige Forstamt Breitenthal einen Gedenkstein als Mahnmal an die Katastrophe:

„In Sturmes Nacht
Sank des Waldes Pracht.
Willst du den Wald bestimmt vernichten
So pflanze nichts als reine Fichten."

Ein rührendes Zeugnis dafür, wie erschüttert die Menschen waren, angesichts dieser Katastrophe, bei der die Arbeit von Generationen in wenigen Stunden unterging![65]

Doch die Erfahrung nahm zu und man begann mit Baumarten, aber auch mit waldbaulichen Verfahren zu experimentieren, wie man das Dilemma aus schwierigem Standort und ungeeigneter Baumart lösen könnte. Seit Beginn des 20. Jahrhunderts ist man dazu übergegangen, den Roggenburger Forst biologisch-technisch zu stabilisieren. „Zweck und Ziel der Stabilisierung ist der Umbau labiler Fichtenbestände [und] die Begründung und Gestaltung standortgemäßer, stufiger, ökologisch gesunder Mischbestockungen".[66] Besonderes Augenmerk gilt der Einbringung von wurzelintensivem Laubholz und von pfahlwurzelnden Tannen, die helfen, flachwurzelnde Fichtenbestände zu „fixieren".[67]

Um stabile Mischwälder auf schwierigen Standorten zu begründen wird die wurzelintensive Buche frühzeitig eingebracht. Die Vorausverjüngung zu der noch Tanne und naturverjüngte Fichte hinzu-

kommen, soll die Stabilität der Bestände erhöhen und künftige Schäden vermeiden.

Dennoch haben weitere Stürme 1992 und 1999 zusammen etwa 300.000 Festmeter Holz in diesem Gebiet geworfen. Borkenkäfer verursachten an den noch stehenden Fichten erhebliche Folgeschäden. Insgesamt entstanden etwa 1.000 Hektar Kahlflächen, die auch heute noch extrem schwer wieder zu bestocken sind. Das liegt an den Spätfrösten, dem Gras, den Mäuseschäden und den Überschwemmungen, die nach Starkregen auf diesen Böden die Pflanzen regelrecht ertrinken lassen.[68] Um solche Schäden künftig zu vermeiden, werden heute bereits 40-jährige Fichtenbestände mit Tannenballenpflanzen vorausverjüngt.[69] Das ist ein Beispiel für extrem hohen Ressourceneinsatz, mit dem heute stabile Mischwälder auf schwierigsten Standorten für morgen begründet werden. Auf Dauer wird hier ein altersgestufter Wald mit Mischbaumarten angestrebt, der einzelstammweise genutzt wird.

7.4 Zusmarshausen: Monokulturen und Kalamitäten

Wie bereits ausgeführt, hat der Wald in Schwaben wegen des hohen Anteils instabiler Standorte und zahlreicher Fichtenreinbestände besonders unter Windwürfen und Insektenkalamitäten zu leiden. Die Wälder um Zusmarshausen sind ein gutes Beispiel für das Zusammenspiel dieser vielfachen widrigen Umstände.

Auch dort gab es bis zum Beginn des 19. Jahrhunderts noch hohe Anteile von Buchen und Eichen in den Beständen – Reste der natürlichen Bestockung. Später wurden verstärkt Fichtenreinbestände begründet.

1939 und 1940 gab es starke Hagelschäden im Gebiet um Zusmarshausen.[70] In den dadurch geschädigten Beständen breitete sich der Borkenkäfer aus. 1944

Borkenkäfer, hier der Buchdrucker, werden durch Monokulturen und Klimawandel begünstigt. Sie können große Werte vernichten. Die Käferentwicklung zu überwachen und rasch zu bekämpfen ist notwendig, um damit Kalamitäten zu verhindern.

wurde im Scheppacher Forst das Zweigwerk einer Flugzeugfabrik eingerichtet. Das Firmengelände war umzäunt, das Betreten streng verboten. Vom Borkenkäfer befallene Bäume mussten zum Zweck der Tarnung im Bestand verbleiben. Das Entrinden gefällten Holzes war verboten, weil Arbeitermangel herrschte. Die Folge dieser Situation war eine Borkenkäferkalamität, die sich von Jahr zu Jahr immer weiter aufschaukelte. Auf großen Flächen waren die Bestände schon abgestorben oder mussten wegen frischen Befalls eingeschlagen werden. 1946 gab es einen riesigen Befallsherd von 220 Hektar; eine Katastrophe unvorstellbaren Ausmaßes drohte.

Das Forstamt stand so kurz nach dem Zweiten-Weltkrieg vor gewaltigen Herausforderungen. Es gab keine Forstarbeiter, nur ein paar „waldfremde" Arbeitskräfte, die für die bevorstehenden Arbeiten nicht ausgebildet waren. Man besaß auch nur wenige Werkzeuge, Maschinen standen gar nicht zur Verfügung. Deutschland war noch vom Krieg gezeichnet. Trotzdem wurde 1947 das Jahr der großen Borkenkäferbekämpfung in Zusmarshausen.

Weil die Borkenkäferkalamität absehbar war, wurden noch im Winter Arbeiter geschult, die im Frühjahr

Im fichtenreichen Scheppacher Forst wurde von den Nazis eine geheime Flugzeugfabrik errichtet. Aus Gründen des Tarnschutzes durfte der Borkenkäfer nicht bekämpft werden. So schaukelte sich eine gewaltige Kalamität auf. Erst als die Alliierten die Fabrik übernommen hatten, war die Käferbekämpfung möglich.

Arbeitstrupps leiten sollten. 1 000 bis 1 500 Einsatzkräfte wurden mobilisiert und vor Ort zusammengezogen. 12 000 Festmeter (!) Fangbäume[71] wurden gefällt, sofort entastet und in Fanggürteln um den Hauptherd gelegt. Alle Fangbäume und auch der Boden des Hauptbefallsgebietes (der von 2 000 - 5 000 Käfern je Quadratmeter besetzt war) wurden mit Gesarol (DDT)[72] begiftet. Im Zentrum des Befalls, einem mittelalten Fichten-Kiefern-Mischbestand wurde das „Röstverfahren" entwickelt: Die Stämme waren hier mit 20 000 - 40 000 Käfern je laufenden Meter befallen. Sie wurden offenem Feuer ausgesetzt, so dass die Käfer durch die Hitze abstarben. Durch diese massiven und arbeitsintensiven Maßnahmen gelang es, die außerordentliche Borkenkäferkatastrophe zu bewältigen. Im Forstwirtschaftsjahr 1946 wurden 65 000 Festmeter Käferholz eingeschlagen; 1947 85 000 Festmeter, der 4,5fache Hiebsatz.[73] Dank dieser energischen Bemühungen brach der Käferbestand 1947 zusammen.[74]

7.5 Ottobeuren: Jagd

Im Gebiet des reichsunmittelbaren Klosters Ottobeuren war die Jagd strikt geregelt. Die ersten sieben Artikel in der Jagd-, Forst- und Holzordnung von 1787 bestimmen das Jagdgeschehen in den Wäldern des Stifts.[75] Es werden ausschließlich Verbote genannt, verbunden mit empfindlichen Strafen: „1tens. Solle jedermänniglich, wes Standes und Würde der auch seye, hiermit alles Jagen, Hezen, Schiessen, Voglen und insgemein alles Waidwerk mit Büchsen, und anderem Feldgeschoß, auch auf anderwärtige Manier [....] gegen Roth- und Schwarz- Hoch- und Nieder- jung und alt Wildprät, wie auch Otter- und Biberfang, insonderheit aber den jungen Rehgitz und anderes junges Gewild, gebraucht werden möchte, in Unsern Gottshauses ganzen Forst und Wildbanns Bezirk hiermit gänzlich und zwar, was das kleine Waidwerk betrift, (worunter namentlich der Iltis, Stein- Edelmarder, Reebhüner, jung - und alte Enten, Schnepfen, Lerchen, Wachteln, Amseln, Droßlen, Zierling, Böhmlein, Kramets- und anderer der gleichen Vögelfang, sowohl in Gerichtlen als auf andere Art, wie auch die schädliche Ausnehm- und Verderbung der Eyer verstanden ist) bei Strafe von respective 4. bis 10. Reichsthaler: wegen der hochen Wildfuhr aber bey 50. bis 60. Reichsthaler, oder nach Gestalt des Eingriffs höher oder schwererer Leibs-Strafe, verbotten, und abgestraft [...]."[76]

Die Jagd gehört zu den ältesten und ursprünglichsten Tätigkeiten der Menschen. Schon in den frühen Tagen des homo sapiens war sie eine materielle Notwendigkeit und wesentlicher Teil der Existenzsicherung: der Fleischbedarf der Familie musste gedeckt, Häute und Pelze als schützende und wärmende Kleidung erworben werden, und es galt die Wildtiere von den fruchttragenden Feldern abzuhalten. Aber auch für

Die reichsunmittelbare Abtei Ottobeuren konnte für ihr Staatsgebiet eine eigene Jagd-, Forst- und Holzordnung erlassen.

die kulturelle und vielleicht sogar für die religiöse Entwicklung der Menschheit ist die Jagd prägend. Darauf deuten die uralten Höhlenmalereien hin.

Mit dem Ende der Eiszeit begann der Mensch mit Ackerbau, Viehzucht und der Anlage von Gärten Lebensmittelressourcen örtlich zu konzentrieren. Das hatte zwei Folgen für die Jagd: Zum einen trat sie als Ernährungsquelle zurück, zum anderen mussten jetzt die Herden vor den Raubtieren und die Felder vor den wilden Pflanzenfressern geschützt werden. Die Jagd hatte einen neuen, zusätzlichen Zweck erhalten: die Eindämmung von Schäden und die Bekämpfung von Raubwild. Dieser Kampf wurde vom Menschen konsequent über Jahrtausende geführt – bis zur Ausrottung des Großwildes und Großraubwildes.

Das Jagdrecht der Germanen war zunächst überall frei. Erst mit der Entwicklung von Eigentumsverhältnissen und Herrschaftsbereichen wurde die Jagd zum Privileg. Mit dem Erstarken ihrer Macht im 8. Jahrhundert gingen die Könige daran, große Waldgebiete einzuforsten, d.h. sämtliche Eigentums- und Nutzungsrechte für die Krone zu sichern. Man bezeichnet diesen rechtlichen Akt auch als Forstbann. Das Jagdrecht gehörte zu diesen Rechten des Herrschers (Jagdbann). Der König nutzte seine Rechte selbst oder vergab sie als Lehen an kirchliche und weltliche Fürsten. Auch auf den Äckern und Allmenden der Bauern wurde die Jagd durch den mit dem Recht belehnten Grundherrn ausgeübt. Nur in seltenen Fällen verblieb das Recht der niederen Jagd bei der örtlichen Bevölkerung.[77]

Die Jagd gehört zu den ältesten und ursprünglichsten Tätigkeiten der Menschen. Die Führer aller Zeiten, hier der Pharao, pflegten ihre Jagdleidenschaft, denn das diente dazu, ihre Macht zu präsentieren und trug zu ihrer Verherrlichung bei.

Viele Jahrhunderte lang herrschte ein deutliches Übergewicht der Jagd gegenüber der Land- und Forstwirtschaft. Der Bauer durfte nicht jagen, sondern nur das Wild von seinen Feldern vertreiben. Schon vor dem Bauernkrieg von 1525 finden sich Klagen der Landbevölkerung. Zwei der Zwölf Memminger Artikel[78] der Bauern, die ihre Forderungen bündeln, beziehen sich auf Jagd und Wald. Aber der Bauernaufstand wurde niedergeschlagen, die Jagdleidenschaft der Fürsten wurde jetzt zu einer wirklichen Landplage.[79]

Besonders im 17. und 18. Jahrhundert forderte die extreme Jagdleidenschaft der Fürsten hohen personellen und finanziellen Aufwand. Um prunkvolle Jagden durchführen zu können, wurde oft ein überhöhter Wildstand gehalten, der Äcker und Wiesen, aber auch den Wald, schädigte. Die bislang übliche Jagd mit Aufspüren, Verfolgen und Töten des Tieres genügte jetzt nicht mehr. Den souveränen Fürsten diente die Jagd mehr denn je als Repräsentation ihrer Allmacht. Die Adeligen, die keine staatstragende Funktion mehr hatten, dienten als Höflinge und trugen auf Festen und Jagdereignissen zur Verherrlichung des Fürsten bei. Die Jagd war nur noch „Adelicher Zeitvertreiber", wie auch ein Buchtitel zur Jagd von 1696 heißt.[80] Jagden wurden jetzt generalstabsmäßig organisiert und wie Kriege geplant: Es mussten Massen von Tieren aufgeboten und vorgeführt, immer neue Perspektiven und Variationen gezeigt und ausprobiert werden. Das Wild hatte variantenreich und effektvoll zu sterben. Besonders beliebt war eine Art „Wasserjagd“ bei der die Hirsche in Teiche oder Flüsse getrieben und dann von Booten aus abgestochen wurden.[81]

Die Bauern hatten Jagdfronen zu leisten und waren den adeligen Herrschaftsansprüchen weitgehend ausgeliefert. Sie hatten große Schwierigkeiten, ihren Besitz zu schützen. Das Wild durfte von den Feldern nur durch Zäune fern gehalten und durch Lärm, Feuer und „Bauernhunde“[82] vertrieben werden. Wildschadenersatz wurde nicht geleistet; Wilderei wurde schwer bestraft. Im 17. und 18. Jahrhundert wurden dem Landesherrn zahlreiche Klagen über erhebliche Wildschäden an landwirtschaftlichen Grundstücken vorgetragen. In einem Bittgesuch der Gemeinden rings um den Hirschwald in der mittleren Oberpfalz wird z. B. betont, die Landwirte müssten Bettelleute werden, wenn ihnen nicht landesväterliche Hilfe gegen die Wildschäden zu Teil werde.[83]

Der unbefriedigende Zustand der meisten Wälder war nach dem Urteil vieler Zeitgenossen nicht zuletzt den geringen Fachkenntnissen und der Willkür der für den Wald verantwortlichen Jäger anzulasten.[84] So zeichnet z. B. Maximilian Graf von La Rosée[85] 1794 ein sehr negatives Bild von der Amtsführung der Forstbeamten und berichtet, dass sie „nach zügelloser Willkür spielten und ihren Eigennutz befriedigten“.[86] Joseph von Hazzi fasst seine Kritik an Jägern und Förstern in dem Satz zusammen, sie hätten es zu einem Despotismus gebracht, „der seinen eisernen Szepter nicht nur über

Simon Rottmanner war ein Vorkämpfer für die Rechte der Bauern, die sehr unter Wildschaden litten und Jagdfronen leisten mussten.

Wesentliche Fortschritte bei der Bewirtschaftung der Wälder waren nur zu erreichen, wenn es gelang, die Vorherrschaft der Jäger zu überwinden und eine gut organisierte Forstverwaltung mit forstlich ausreichend ausgebildetem Personal zu schaffen. Ein entscheidender Vorkämpfer bei diesem Bemühen war der niederbayerische Jurist und Gutsbesitzer Simon Rottmanner. Unter dem Pseudonym Johann Theodor Freyherr zu Schollenberg und Reutha verfasste er 1778 ein Buch, in dem er die „gewalttätigen Jäger“ wegen der Bedrückung der Untertanen scharf angriff.[88] Die Obrigkeit fühlte sich dadurch offenbar so schwer getroffen, dass Franz Anton Edler von Stubenrauch, Mitglied in der damals für das Forstwesen zuständigen Hofkammer[89], den Anschuldigungen 1779 in einer Schriftvon fast 80 Seiten entgegen trat.[90] Darin wirft er Rottmanner „aufrührerische Frechheit“ vor, nennt ihn einen „entlarvten Aufwiegler und Bauernkönig“ und beschuldigt ihn, er wolle die landesfürstliche Forstgerechtigkeit so einschränken, „dass nicht mehr der Landesherr; sondern nur der meist dumme Bauer Herr und Meister der Försten und Waldungen wäre“. Der Kurfürst zog die Persönlichkeiten, die man für die anonym veröffentlichte Schrift Rottmanners haftbar machen konnte, zur Verantwortung. Der Verleger Strobel wurde zu einer Haftstrafe verurteilt und musste sich beim Oberstjägermeister, Freiherr von Waldkirch, und dem zuständigen Referenten im Hofrat, Herrn von Reisenegger, die Rottmanner persönlich angegriffen hatte, öffentlich entschuldigen. Die noch reichsfreie Stadt Augsburg wurde aufgefordert, den dort ansässigen Buchdrucker Slanski ebenso zu bestrafen.[91]

Bei der Parforcejagd (Jagen mit Gewalt) vergnügte sich eine adelige Jagdgesellschaft beim Hetzen eines einzigen Hirsches.

Wald und Forst, sondern über die ganze Gegend schwang".[87]

Gegen Ende des 18. Jahrhunderts wurden Wildschäden kritischer beurteilt als ein halbes Jahrhundert zuvor. Die Erträge aus Land- und Forstwirtschaft gewannen an Bedeutung (auch für die kurfürstliche Kasse) und das Gespenst der Holznot beunruhigte die Bevölkerung. Zudem zeigten die Gedanken der Aufklärung Wirkung. Der Landesherr war deshalb bereit, die Abhängigkeit der Forstverwaltung vom Oberstjägermeisteramt aufzuheben und die forstliche Ausbildung der im Wald tätigen Bediensteten zu verbessern.

Auf diesem Stich von 1748 kann man gut die gigantische Größe der barocken Adelsjagden sehen und den Organisationsaufwand erahnen. Viele Bauern mussten als Treiber dienen, Hunde und Jagdgäste versorgen. Für solche Jagden musste der Wildstand hoch sein, das hatte Auswirkungen auf Wald und Feld (Eingestelltes oder auch Teutsches Jagen).

Die Revolution von 1848 beendete dann die feudale Jagd. Das bislang eigenständige Jagdrecht, das sich auf fremden Grund und Boden erstrecken konnte, wurde aufgehoben; von nun an war es untrennbar mit dem Grundbesitz verbunden, es stand jetzt nur dem Grundeigentümer zu. Damit begann die bürgerliche Jagdausübung. Sie führte zu einer starken Verminderung der Wildbestände. Man merkte aber schnell, dass die Ausübung des Jagdrechtes erst ab einer bestimmten Flächengröße sinnvoll war (Unfälle, Totalabschüsse). Deshalb wurde das Jagdrecht, das jedem Grundeigentümer zusteht, vom Jagdausübungsrecht getrennt. Für

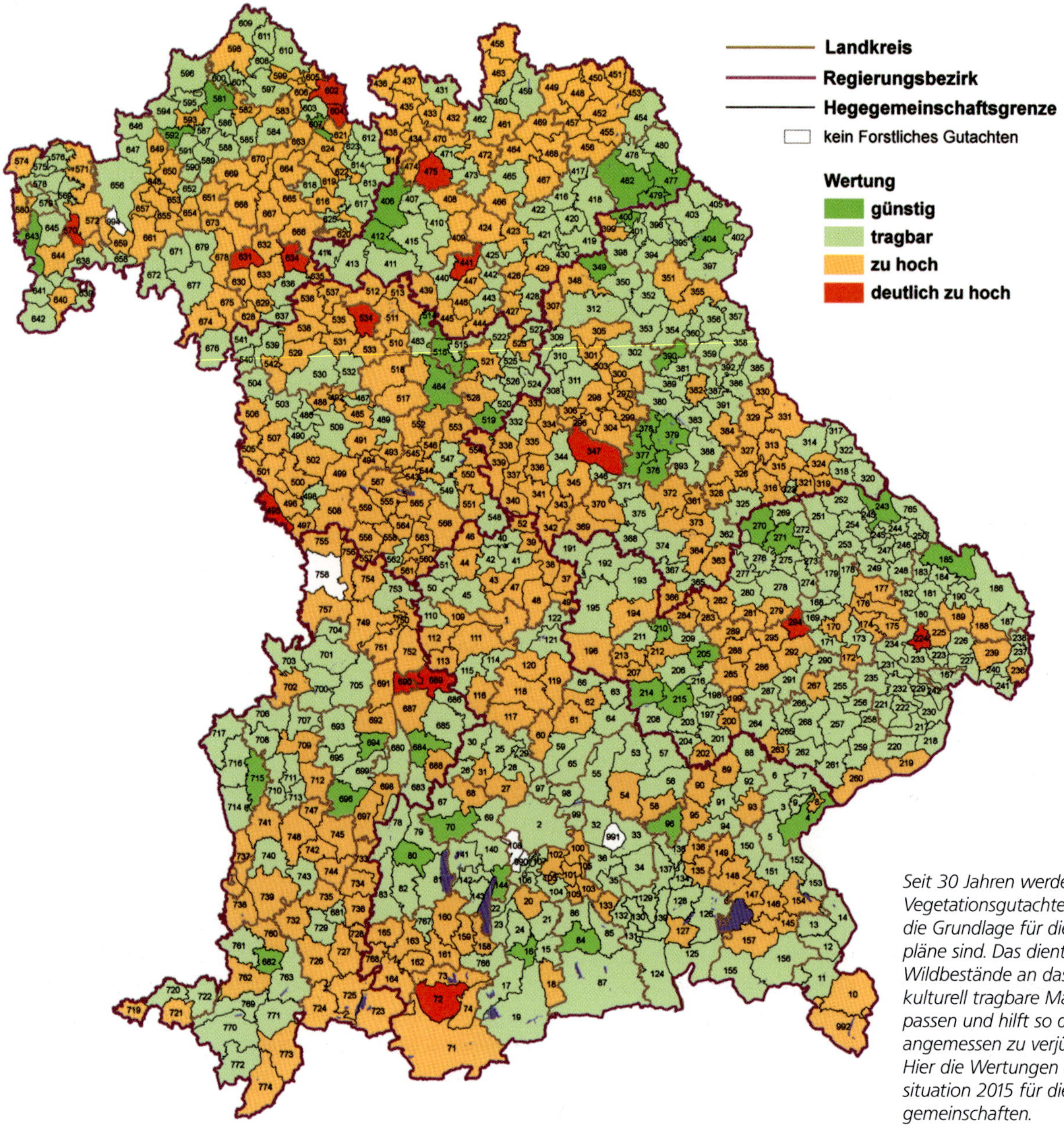

Seit 30 Jahren werden in Bayern Vegetationsgutachten erstellt, die Grundlage für die Abschusspläne sind. Das dient dazu die Wildbestände an das landeskulturell tragbare Maß anzupassen und hilft so die Wälder angemessen zu verjüngen. Hier die Wertungen der Verbisssituation 2015 für die Hegegemeinschaften.

die Berechtigung zur Jagd wurde aber eine bestimmte Grundstücksgröße vorausgesetzt, die Eigenjagdbezirk genannt wird. Grundstücke innerhalb von Gemeinden, die diese Mindestgröße nicht haben, werden seither zu einem gemeinschaftlichen Jagdbezirk zusammengefasst (Jagdgenossenschaft). Diese Grundsätze wurden mit dem Bayerischen Jagdgesetz von 1850 eingeführt; die meisten von ihnen gelten noch heute.

Bereits ab 1931 wurde an einem Reichsjagdgesetz gearbeitet, das 1934 erlassen wurde. Es stellte die Hege des Wildes in den Vordergrund, besonders durch die behördliche Abschussplanung.[93]

Die hohen Schalenwildbestände, über die seit Jahrhunderten aus vielen Teilen Bayerns immer wieder berichtet wurde, haben die Entwicklung unserer Wälder entscheidend beeinflusst. Bucheckern und Eicheln dienten dem Wild als Nahrung, junge Waldbestände als Deckung und Äsung. Ankommende Verjüngung, besonders der Laubbaumarten, wurde durch den Verbiss im Wachstum stark behindert. Die vom Wild bevorzugten Laubbäume blieben gegenüber den weniger durch Verbiss gefährdeten Baumarten, besonders Fichte und Kiefer, im Wuchs zurück oder fielen häufig ganz aus. Damit trug das Wild neben Waldweide und Streunutzung ganz wesentlich zur Verminderung der Laubhölzer in den Beständen und zum Vordringen der Nadelbaumarten bei. Die nachwachsenden Nadelholzbestände wurden zudem häufig vom Rotwild geschält.

Die Bedeutung unserer Wälder wird – vor allem wegen des steigenden Holzbedarfs, wegen der Bedeutung ihrer Schutz- und Sozialfunktionen und wegen ihres CO_2-Speichervermögens – weiter zunehmen. Die Bayerische Forstverwaltung, die Bayerischen Staatsforsten und der Bayerische Waldbesitzerverband bemühen sich deshalb, einen naturnahen Waldbau zu sichern, der auf Naturverjüngung sowie gemischte und stabile Waldbestände mit standortgerechten Baumarten setzt. Angesichts des Klimawandels kommt dabei den Baumarten Buche, Eiche, Edellaubholz, sowie Tanne und Douglasie eine zentrale Bedeutung zu. Voraussetzung für ihre Beteiligung in den Waldbeständen ist aber eine angemessene Schalenwilddichte. Das Bundesjagdgesetz fordert, dass standortgemäße Verjüngung im Wesentlichen ohne Schutzmaßnahmen aufwachsen kann. Die Gesellschaft räumt diesem Ziel eine hohe Bedeutung ein, was auch im Waldgesetz für Bayern von 2005 zum Ausdruck kommt. „Dieses Gesetz soll insbesondere dazu dienen [...] einen standortgemäßen und möglichst naturnahen Zustand des Waldes unter Berücksichtigung des Grundsatzes Wald vor Wild zu erhalten oder herzustellen".[94] Damit meint der Gesetzgeber nicht, dass die Flora wichtiger ist als die Fauna, sondern dass langfristige, allgemeinwohlorientierte Ziele wichtiger sind, als kurzfristige private.

Seit Jahrzehnten wird die Wald-Wild-Diskussion intensiv und oft sehr emotional geführt. Vor allem Forstleute, Waldbesitzer und Naturschutzverbände rufen zu einer Reduktion überhöhter Bestände auf, um den angestrebten Waldumbau voran zu bringen. Dem steht das Votum eines Teils der Jägerschaft entgegen, der den Gedanken der Wildhege in den Vordergrund stellt und eine Anpassung der Schalenwilddichte an die Waldverjüngung ablehnt.

Befürchtungen, die verstärkte Bejagung der Schalenwildarten gefährde die Existenz des Wildes, sind unbegründet. Seit den 1950er Jahren haben sich die Jagdstrecken des Schalenwildes insgesamt etwa vervierfacht, die des Rehwildes ungefähr verdreifacht.[95] Offenbar sind die Schalenwildbestände also in letzter Zeit in weiten Gebieten angestiegen.

Die einschlägigen Inventuren zeigen noch immer auf großen Flächen hohe, durch Schalenwild verursachte

Waldschäden, die die Funktionen des Waldes unvertretbar beeinträchtigen.[96] Die Begrenzung der Schalenwilddichte auf ein waldverträgliches Maß gehört deshalb zu den wichtigsten forstwirtschaftlichen Zielen.

Zusammenfassung

Zu Beginn des 19. Jahrhunderts wurde Bayern durch Mediatisierung und Säkularisation stark vergrößert. Zahlreiche Reichsstädte und bisher reichsunmittelbare weltliche und geistliche Fürstentümer wurden ihm eingegliedert. Bayern gewann zu Altbayern (Oberbayern, Niederbayern, Oberpfalz) Franken, Schwaben und die Rheinpfalz hinzu. Der Reichsdeputationshauptschluss von 1803 ermächtigte den Kurfürsten zudem, die landständischen geistlichen Herrschaften aufzuheben. Der reiche Besitz der geistlichen Fürstentümer wurde vom Staat eingezogen; der Wald der aufgehobenen weltlichen Herrschaften wurde Privatbesitz der bisherigen Landesherren. Minister Maximilian Graf von Montgelas schuf die Grundlagen, um aus den Stammlanden und den recht unterschiedlichen Neuerwerbungen einen modernen Verwaltungsstaat, das souveräne Bayern, zu schaffen. 1806 wurde dieses Bayern Königreich. „1806 beginnt deshalb eine neue bayerische Geschichte“.[97]

Die tiefgreifenden Herrschafts- und Besitzveränderungen wirkten sich auch auf den Wald aus: Die Staatswaldfläche nahm erheblich zu. Der Staat konnte seine Wälder aber nicht uneingeschränkt nutzen. Der größte Teil der staatlichen Waldflächen war mit Forstrechten der örtlichen Bevölkerung belastet. Die hatten Jahrhunderte lang überlebenswichtige Bedeutung für die Menschen der ländlichen Regionen. Ihre Ausübung schädigte aber die Leistungskraft des Waldes und minderte die Einnahmen der Waldeigentümer. Durch die Ablösung der Forstrechte (Purifikation) und die Auflösung der Allmenden zu Beginn des 19. Jahrhunderts beseitigte man wesentliche Belastungen, die eine fachgerechte Bewirtschaftung der Wälder bis dahin behindert hatten. Ein Teil der Forstberechtigungen besteht bis heute; die Bemühungen um ihre Ablösung werden fortgesetzt.

1908 verlangte Graf Toerring-Jettenbach in einem Antrag im Bayerischen Landtag von der Bayerischen Staatsforstverwaltung, den Holzeinschlag im Staatswald erheblich zu erhöhen, um überschüssige Altholzvorräte abzubauen. Dieser „Antrag Toerring“, der von dem bekannten Forstprofessor Max Endres tatkräftig unterstützt wurde, war vom Geist der Bodenreinertragslehre getragen.[98] Die forderte die bestmögliche Verzinsung des Waldbodenwertes durch kurze Umtriebszeiten und ertragreiche Nadelholz-Reinbestände. So verengte sich die Sicht vieler Waldbesitzer und Forstleute auf maximale Volumenleistung, höchste Verzinsung und kurze Umtriebszeiten. Das führte dazu, dass man besonders in weiten Teilen Schwabens nur eine Baumart anbaute, nämlich die Fichte. Bodenfruchtbarkeit, Mischung, Stabilität und Risikostreuung spielten keine Rolle. Auch in anderen Waldgebieten Bayerns hat die Bodenreinertragslehre Spuren hinterlassen. Das zeigt sich in der Zunahme von Fichte und Kiefer im Staatswald, vor allem aber im Privatwald. Der Antrag Toerring half der bayerischen Forstverwaltung aber auch, einen eigenen Weg zu finden, der sich am Waldreinertrag und der Lehre vom gemischten Wald von Karl Gayer orientierte.[99] Heute sind standortgerechte, möglichst gemischte und zuwachskräftige Bestände, die ökonomisch und ökologisch das Risiko streuen, das allgemein akzeptierte Ziel der waldbaulichen Bemühungen.

Im größten Teil Bayerns bestand die natürliche Bestockung aus Mischbeständen mit vorherrschender Buche. Die meisten Wälder wurden Jahrhunderte lang im ungeregelten Plenterbetrieb genutzt und dabei stark ausgeplündert. Schon im 18. Jahrhundert, vor allem aber im 19. Jahrhundert, erneuerte man die ausgelichteten Laubholzbestände weitgehend mit Nadelholz. Das war waldbaulich einfach und brachte schon nach einigen Jahrzehnten hochwertiges Bauholz. Im Laufe des 19. Jahrhunderts wurde in weiten Teilen Schwabens komplett auf Fichtenwirtschaft umgestellt. Die reine Produktivität wurde so enorm gesteigert. In Roggenburg, wo labile Standorte weit verbreitet sind, erhöhte die Bestockung mit der windgefährdeten Fichte aber auch die Verletzlichkeit (Vulnerabilität) des Systems enorm. Stürme führten zu gewaltigen Kahlflächen; auf Hagelschäden folgten verheerende Borkenkäferkalamitäten. Seit Jahrzehnten werden Anstrengungen unternommen, dem Fichtenkreislauf (Fichte = Windwurf = Kahlfläche = Fichte) zu entkommen.

Auch Borkenkäferkalamitäten wird durch einseitige Fichtenwirtschaft Vorschub geleistet. Im ehemaligen Forstamt Zusmarshausen wurde 1946 mit erheblichem Aufwand eine solche Massenvermehrung bekämpft. Dabei arbeitete man großflächig mit Fangbäumen und chemischen Stoffen (DDT). In der modernen Forstwirtschaft hat ein Wandel im Umgang mit Risiken, wie Windwürfen und Insektenkalamitäten, stattgefunden. Es wurde erkannt, dass Produktionsziele nur im Einklang mit der Natur erreicht werden können. Deshalb wird sorgfältig auf die natürliche Ausgangslage (Standort) geachtet. Langfristige Verjüngung, Laubholzpflanzung, sowie frühe und sorgfältige Pflege sollen dabei helfen, die neu begründeten Bestände dauerhaft stabil zu erhalten. Nachhaltigkeit bedeutet auch Risikoabwägung: Erfahrungen, die gestern gemacht wurden, müssen heute berücksichtigt werden, um den Nutzen für morgen zu sichern.

Zu hohe Wildbestände haben in vielen Gegenden Bayerns schwere Schäden angerichtet. Besonders die Laubbaumarten wurden durch den Verbiss im Wachstum stark behindert. Das Wild trug deshalb entscheidend zur Zunahme der Nadelhölzer bei. Lange wurden der Wald und seine Nutzung von adeligen Landesherrn und ihren Beauftragten den Bedürfnissen der Jagd untergeordnet (höfische Jagd). Die Bauern wurden sogar gehindert, das schädliche Wild von ihren Äckern und Wiesen fern zu halten. Mit der Revolution von 1848 endete die feudale Jagd und es beginnt die Zeit der bürgerlichen Jagdausübung. Das Jagdrecht auf fremdem Grund und Boden wurde aufgehoben; das Recht zur Jagd stand jetzt dem Grundeigentümer zu. Als Voraussetzung für die Ausübung des Jagdrechts wurde aber durch das Jagdgesetz von 1850 eine Mindestgröße des Grundbesitzes vorausgesetzt (Eigenjagdrevier). Die Grundflächen einer Gemeinde, die diese Mindestfläche nicht erreichten, werden seither zu einem gemeinschaftlichen Jagdbezirk (Gemeinschaftsjagdrevier) zusammengefasst, über den die Gemeinschaft der Grundeigentümer (Jagdgenossenschaft) verfügt.

Die Ansprüche der Gesellschaft an die landeskulturellen, sozialen und gesundheitlichen Funktionen des Waldes sind gewachsen und werden weiter zunehmen. Der Klimawandel stellt die Welt vor erhebliche neue Probleme. Ziel der Waldbewirtschaftung muss es deshalb sein, alle Funktionen des Waldes nachhaltig zu sichern. Eine Voraussetzung dafür ist die Einhaltung der gesetzlich geforderten angemessenen Schalenwildbestände.

Anmerkungen

Einführung

[1] Gayer (1891), S. 105-107. – Lebenswerk Karl Gayers, Internet.

[2] Speer (1960), S. 5.

Bayerns Landschaften und Wälder

[1] Nach § 41 a des Bundeswaldgesetzes sind alle 10 Jahre der Zustand und die Entwicklung der Wälder zu überprüfen. Bei der 3. Bundeswaldinventur (BWI 2012) wurden die Daten von 99 000 Bäumen an den gleichen Inventurpunkten wie 1986 und 2002 ermittelt.

[2] Bayer. Landesanstalt (2014), S. 17

[3] Bayer. Landesanstalt (2014), S. 13.

[4] Bayer. Landesanstalt (2014), S. 13.

[5] Der Vorratsfestmeter ist ein Kubikmeter Holz, gemessen mit Rinde.

[6] Bayer. Landesanstalt (2014), S. 7.

[7] Natura 200 ist ein zusammenhängendes Netz von Schutzgebieten innerhalb der Europäischen Union, das seit 1992 nach den Fauna-Flora Habitat-Richtlinien errichtet wird.

[8] Flächen, in denen die forstwirtschaftliche Nutzung verboten ist.

[9] Zum Cluster Wald und Holz gehören neben der Forstwirtschaft die Holz bearbeitende Industrie (Sägewerke, Holzwerkstoffindustrie), die Holz verarbeitende Industrie (z. B. Möbelindustrie), das Holzhandwerk, die Papierwirtschaft, das Verlags- und Druckgewerbe, die energetische Holznutzung, sowie der Holzhandel.

Unterfranken

[1] Schmidt, U. E. (1997), S. 304 ff.– Bauer (2005), S. 1 - 8.

[2] Einige Forstbeamte ergänzten ihre Jagd- und Forstlehre durch ein Hochschulstudium. Die Vorlesungen an den Universitäten des 18. und beginnenden 19. Jahrhunderts waren nicht auf die Ausbildung von Forstleuten ausgerichtet, sondern auf das Studium von Kameralisten (Beamten der obersten Finanzbehörden, der Hofkammern). Da diesen meistens auch die Verwaltung der Wälder, Domänen und Bergwerke übertragen war, lehrte man an den Universitäten neben zahlreichen anderen Fächern auch Forstwissenschaften. Ihr Anteil an den angebotenen Vorlesungen war aber sehr bescheiden. – Schüpfer merkt dazu an: „Daß die Forstwissenschaft damals sich lediglich mit dreistündigen Vorlesungen begnügen musste, kann nicht Wunder nehmen, wohl aber die Vielseitigkeit eines Professors, der nebeneinander Vorlesungen über Botanik, Forstwissenschaft und Bergbaukunde je dreistündig ankündigt." Schüpfer (1928 b), S. 14. – An der Universität Ingolstadt kündigte im Wintersemester 1783/84 der ehemalige Jesuit Franz von Paula Schrank, der vorher als Professor für Physik und Mathematik in Amberg und für Rethorik in Burghausen gelehrt hatte, neben Botanik, Landwirtschaft und Bergbaukunde erstmals eine Vorlesung über Forstwissenschaft an, ab 1799 lehrte er auch noch Zoologie. Prof. Dr. Wallrad Medicus hielt an der Universität Landshut vom Wintersemester 1806/07 Vorlesungen über Forstwirtschaft. Prof. Georg Anton Däzel, ehemals Leiter der Forstschule Weihenstephan, der nach der Auflösung dieser Anstalt an die Universität Landshut versetzt worden war, las dort ab 1807 über ökonomisch-politische Rechenkunst, mathematische Geographie, Astronomie und Grundsteuerermittlung. Schüpfer (1928 b), S. 11.

[3] Mandat v. 9.5.1786. Mayr (1788), Bd. 3, S. 299 f. – Kurz darauf betonte der Kurfürst, es werde niemand mehr auf eine Förster- oder Forstmeisterstelle befördert, der sich nicht „aus ...Unsern gnädigst vorgeschriebenen Forstlehrbuche ... prüfen lassen wird, und welcher all jene theoretischen und practischen Kenntnisse besitzet, welche dieses Unser Forstlehrbuch voraussetzt". Kurfürstl. Mandat v. 16.7.1788. Mayr (1797), Bd. 5, S. 161. – Es handelt sich um das dreibändige „Lehrbuch für die pfalzbaierischen Förster" von Grünberger und Däzel. Der erste Band, verfasst von Grünberger, war soeben erschienen. Er trägt den Titel „Anfangsgründe der Rechenkunst und Messkunst". Der Druck des zweiten Bandes stand bevor.

[4] Kurfürstl. Mandat v. 12.2.1797. Mayr (1797). Bd. 5, S. 203 ff.

[5] Kurfürstl. Mandat v. 27.2.1788. Mayr (1788). Bd. 4, S. 1061.

[6] Bauer (2002), S. 270 f.

[7] Kurfürstl. Mandat vom 13. März 1790. Bayer. Hauptstaatsarchiv, GR 463/20 a.

[8] Kurfürstl. Mandat v. 16.11.1790. Mayr (1797), Bd. 5, S. 203.

[9] Zu den Auseinandersetzungen über die Lehrinhalte und die Qualifikation des Lehrpersonals weitere Ausführungen bei Bauer (2002), S. 255 - 262.

[10] Leiter der Forstschule Weihenstephan war Georg Anton Däzel, Leiter der Landwirtschaftsschule (und Däzel unterstellt) Max Schönleutner. – Däzels Bedeutung reichte weit über seine Tätigkeit in der Forstschule hinaus. Er ist – wie bereits oben erwähnt – zusammen mit Georg Grünberger Verfasser des „Lehrbuch für die pfalzbairischen Förster", das in drei Bänden 1788 und 1790 erschien. Der zweite Band dieses Werkes, von Däzel verfasst, behandelt „Die Physiologie der Holzpflanzen und die Forstbotanik", der dritte, ebenfalls von Däzel, „Holzzucht, Forstpflege und Forstnutzung". Der Kurfürst hatte das Lehrbuch nachdrücklich zur Fortbildung empfohlen und von den Forstleuten die Kenntnis seines Inhalts verlangt. Das Buch vermittelt zudem einen interessanten Einblick in den Stand der Forstwissenschaft am Ende des 18. Jahrhunderts. – Nach der Auflösung der

Forstschule wurde Däzel an die Universität Landshut versetzt. Bauer (2002 a), S. 257 f.

[11] Hamberger (1997), S. 35 ff.

[12] Dieses einjährige private Forstinstitut war 1807 auf Initiative von mehreren Aschaffenburger „Schulmännern" gegründet worden und wurde vom damaligen Landesherrn des Fürstentums Aschaffenburg, Reichserzkanzler Karl Theodor von Dahlberg, gefördert – wohl vor allem zur Ausbildung von Forstleuten für seinen ausgedehnten Waldbesitz im Spessart. Keiper (1932), S. 117. – Das Gebiet um Aschaffenburg war bis 1803 ein Teil des Erzstiftes Mainz. Mit dem Reichsdeputationshauptschluss wurde das Erzstift aufgelöst und aus seinem rechtsrheinischen Teil das Fürstentum Aschaffenburg gebildet. Das gehörte seit 1810 zum Großherzogtum Frankfurt. Im Jahr 1814 kam Aschaffenburg an das Königreich Bayern. Das Aschaffenburger Forstinstitut wurde zunächst weitergeführt. Fürst (1894), S. 2. – Keiper (1932), S. 117.

[13] Keiper (1932) S. 118.

[14] Fürst (1894), S. 18.

[15] Nach Einführung der Forstschule verbesserte sich der Bildungstand der Anwärter für eine Stelle in der Forstverwaltung wesentlich. Die Prüfungen wurden innerhalb weniger Jahre ungleich anspruchsvoller. Bauer (2002), S. 271.

[16] Formelle, festliche Kleidung der Studenten.

[17] Fürst (1894), S. 20.

[18] Der 1815, beim Wiener Kongress, gebildete Zusammenschluss „der deutschen souveränen Staaten und freien Städte" sowie des Kaisers von Österreich und der Könige von Preußen, Dänemark und der Niederlande (mit den Teilen ihrer Territorien, die vormals zum Deutschen Reich gehört hatten).

[19] Grundlage dafür waren die sog. Karlsbader Beschlüsse der deutschen Bundestaaten vom 20. September 1819. Keiper (1932), S. 118.

[20] Unmittelbarer Anlass dazu waren wohl die nationalen, liberalen und demokratischen Forderungen bei der Demonstration der Studenten und des liberalen Bürgertums auf Schloss Hambach in der bayerischen Pfalz im Mai 1832 („Hambacher Fest").

[21] Keiper (1932), S. 120.

[22] Fürst (1894), S. 9.

[23] Fürst (1894), S. 8. – Rößner (2011), Vortragsmanuskript Arbeitskreis Forstgeschichte der Bayerischen Landesanstalt für Wald und Forstwirtschaft, S. 4, unveröffentlicht. Nach der Auflösung der Forsthochschule hing das Geweih viele Jahre am Amtsgebäude des berühmten Spessartforstamtes Rohrbrunn und wurde nach einer Odyssee von der Stadt Aschaffenburg erworben und 2009 in der Fasanerie aufgestellt.

[24] Fürst (1894), S. 20. Allein in den ersten beiden Jahren nach der Wiedereröffnung der Lehranstalt musste die Schulleitung 71 Verweise, 96 Karzerstrafen, 21 Androhungen der Entlassung und 3 Entlassungen verhängen. Keiper (1932), S. 121.

[25] Fürst (1894), S. 21.

[26] Die tiefgreifenden Organisationsänderungen in der Bayerischen Staatsforstverwaltung in der zweiten Hälfte des 19. Jahrhunderts und der Aufstieg der Forstbeamten in die nächsthöhere Laufbahn ist im Kapitel 6.1, München: Forstorganisation, ausführlich dargestellt.

[27] Keiper (1932), S. 123.

[28] Keiper (1932), S. 123.

[29] Die Phänologie beobachtet die Einwirkung von Wetter und Klima auf die im Jahresverlauf alljährlich wiederkehrende Entwicklung von Pflanzen und Tieren. Sie registriert z. B. den Beginn der Apfelblüte oder den Laubfall bestimmter Bäume. Zeitreihen über die Veränderung dieser Termine sind wichtige Indikatoren für die Reaktion der Natur auf veränderte Umweltbedingungen, besonders den Klimawandel.

[30] Keiper (1932), S. 40 f.

[31] Keiper (1932), S. 41.

[32] Seit 1981 ist die Forstschule Lohr a. M. Standort der Bayerischen Technikerschule für Waldwirtschaft. Ihre Absolventen sind bundesweit vor allem im kommunalen und privaten Revierdienst tätig. Sie ist zudem an der Ausbildung der bayerischen Referendare und Forstanwärter beteiligt. – Die weitere Entwicklung der forstlichen Ausbildung und der forstlichen Forschung ist im Kapitel 6.3, Weihenstephan: Forstwissenschaft, dargestellt.

[33] Über Nieder- und Mittelwald berichtet schon Carlowitz in seiner Sylvicultura oeconomica von 1713 (Buch I, Kapitel 14). Hamberger (2013 a), S. 64 und 317 ff. In die forstliche Literatur eingeführt wurden die Begriffe Niederwald und Mittelwald von Heinrich Cotta. Cotta (1832), S. 84.

[34] Landkreis Kitzingen.

[35] Für die Gerbereien.

[36] Erläuterungen zum Begriff der Lex Baiuvariorum im Kapitel 1.6, Unterfranken: Forstrecht.

[37] Freundliche Mitteilung von Forstdirektor Klaus Behr, Amt für Ernährung, Landwirtschaft und Forsten Kitzingen vom 11.2.2016.

[38] Hamberger (2013 c), S. 429.

[39] Hamberger (1991), Anhang V/6, zitiert aus der Waldordnung Iphofens; Ratsprotokoll vom 3.12.1583.

[40] Gemeinbesitz der Dorfbewohner mit gemeinsamer Nutzung.

[41] Weidenbach (2001). S. 31.

[42] Bärnthol (2003), S. 81.

[43] Bärnthol (2003), S. 51 f.

[44] Hellmitzheim gehört seit 1972 zur Großgemeinde Iphofen.

[45] Alte Hutung bei Hellmitzheim. Internet.

[46] Um einen Herrenhof (Fronhof) liegen kleinere Bauernstellen (Hufen), die vom Grundherrn ausgegeben und von hörigen Bauern bewirtschaftet werden. – Lob (1978), S. 12.

[47] Küster (1999), S. 232.

[48] Eichhorn (1982), S. 18.

[49] Um 1300 erreichte die Besiedlung in Deutschland ihren Höhepunkt. Die Zahl der ländlichen Siedlungen wird auf etwa 170.000 geschätzt. Hasel und Schwartz (2002), S. 58.

[50] Eichhorn (1982), S. 18.

[51] Von manchen Forschern werden die sieben Hungerjahre (1315-1322) als Beginn der „Kleinen Eiszeit" gesehen, die bis ins 19. Jahrhundert reichte. Kleine Eiszeit. Internet.

[52] Lob (1978), S. 46.

[53] Henning (1991/96), S. 155.

[54] Abel (1978), S. 89. Solche Werte werden sonst nur im Solling und im Hessischen Bergland erreicht.

[55] Hamberger u. a. (2012), S. 18 f.

[56] Hasel und Schwartz (2002), S. 59.

[57] Die Geldwirtschaft verdrängte zunehmend die Naturalwirtschaft, Ritterheere wurden durch Söldnerheere ersetzt, die durch neue Waffen und Taktiken überlegen waren. Die Kriegerkaste war also arbeitslos geworden, gleichzeitig hatten sie noch keinen Anteil am prosperierenden Handel, der jedoch das Bürgertum erstarken ließ, das als Gegenspieler wahrgenommen wurde.

[58] Lob (1978), S. 46. Bischof Rudolf von Scherenberg hat viel Mühe darauf verwendet, seine Ritterschaft zu befrieden. Zudem trieb er im Hochstift Würzburg den Ausbau von Landwehren voran. Scherzer (1992), S. 71.

[59] Lob (1978), S. 43.

[60] Thierfelder (1986), S. 99 f.

[61] Bayer. Waldgesetz (BayWaldG) v. 22.7.2005, GVBl. S. 313.

[62] Bayerische Landesanstalt (2014), S. 5.

[63] Der Stadtwald von Iphofen (2 200 ha) enthält Nieder- und Mittelwälder, die in Bayern selten geworden sind. Die gesamte Waldfläche war ursprünglich (aus der Zeit der Allmende) mit Nutzungsrechten zur Brennholzgewinnung belastet. Der größte Teil davon wurde abgelöst. Heute bestehen noch ca. 120 Rechte auf 380 ha städtischer Waldfläche. Sie werden nach der Methode des Flächenfachwerks im 30jährigen Umtrieb ausgeübt.

[64] „Mark" bedeutet zunächst ein einzelnes Grenzzeichen, das dort, wo keine natürlichen Grenzen zur Verfügung standen, gesetzt wurde (Steine, Holzpflöcke, Erdhaufen, Gruben und Markierungen an Bäumen). Der Begriff wandelte sich über die Mark als Summe der Grenzzeichen zu „umgrenztes Land". Wiessner (1934), S. 98.

[65] Wiessner (1934), S. 258-261.

[66] Siedlungsverbände mit gemeinsamer Wirtschafts- und Gerichtsordnung, die mehrere Dörfer oder Einzelhöfe umfassen konnten.

[67] Wobst (1971), S. 28. Siehe auch Hamberger (1991), S. 27.

[68] Näheres dazu im Kapitel 1. 4, Würzburg: Forstrecht.

[69] Hasel u. Schwartz (2002), S. 118 f.

[70] Hasel u. Schwartz (2002), S. 119. – Mit der Gemeindegesetzgebung von 1818 wurde die Neuordnung der Gemeindewesen in Bayern endgültig durchgesetzt.

[71] In Altbayern wurde die liberale Idee der Privatisierung des Gemeineigentums unter dem Einfluss von Montgelas und Hazzi am Ende des 18. und zu Beginn des 19. Jahrhunderts energisch vollzogen. Ein großer Teil des bayerischen Kleinprivatwaldes entstand auf diese Weise.

[72] Besonders in Unterfranken haben sich solche Gemeinschaftswälder erhalten. So sind z. B. einige Waldflächen im Bereich der Stadt Iphofen Eigentum von Rechtlergemeinschaften, die die Bewirtschaftung eigenverantwortlich organisieren.

[73] Vorwiegend bei größeren Städten entstand Stadtwald aber nicht nur durch Übereignung von Allmendewald. Vielmehr wurde der Stadt bei ihrer Gründung durch den Landesherrn ein Waldgebiet zur Nutzung überlassen. Wachsende Städte begannen zudem, umliegende Waldflächen aufzukaufen, um damit die Bau- und Brennholzversorgung oder andere Bedürfnisse ihrer Bürger zu sichern. Volz, (2001), S. 52. – Ein Beispiel dafür bietet die Stadt München. Sie bezieht seit 1883 Trinkwasser aus dem Mangfalltal (Landkreis Miesbach). Seit 1893 hat sie immer wieder Waldgrundstücke auf dem Taubenberg und auf der Schotterebene erworben, um durch eine auf die besondere Funktion dieser Flächen ausgerichtete Bewirtschaftung die hohe Qualität des Münchener Trinkwassers zu sichern.

[74] Bayern (mit Unterfranken) =12,4 %. Bayerische Landesanstalt (2014), S. 5.

[75] Edikte vom 28.7.1808 und vom 24.9.1808. Weis (2003), S. 73 f. – In ihnen wurden besonders die Vorstellungen von Maximilian Joseph Graf von Montgelas verwirklicht.

[76] Hasel und Schwartz (2002), S. 121.

[77] Wobst (1971), S. 33.

[78] Auch in Iphofen wurde „die Markgenossenschaft ...von der politischen Gemeinde absorbiert". Hamberger (1991), S. 73.

[79] Hamberger (1991), S.73.

[80] Vorbeck (1965), S. 6 und 27.

[81] Gemeindedikt von 1818. Kirchner (1931). S. 26.

[82] Behlen und Laurop (1831), Bd. 2, §. 566.

[83] Hamberger (1991), S. 74.

[84] Bemühungen, Iphofens Wald als Bürgerwald getrennt von der Gemeindekasse verwalten zu lassen (das heißt, als privates Eigentum der Bürger und nicht als öffentliches Eigentum der Bürgerschaft) wurden vom zuständigen Landgericht zurückgewiesen. In der Vergangenheit sei stets die politische Gemeinde als Eigentümerin und Verwalterin des Waldes aufgetreten; die Bürger hätten nicht aktiv als Markgenossen gewirkt, sondern lediglich passiv Nutzungen bezogen. Hamberger (1991), S. 74.

[85] Im Stadtwald Iphofen waren ursprünglich ca. 400 Bürger berechtigt, den Niederwald zu nutzen; heute bestehen noch 170 Rechte. Ein Teil der Forstrechte wurde gegen Waldflächen abgelöst. Sie werden von den ehemaligen Rechtlern als Gemeinschaftswald bewirtschaftet. Freundliche Auskunft von Herrn Rainer Fell, Forstbetrieeb Iphofen.

[86] Von 2017 an können in Unterfranken Gemeindewälder mit einer Fläche von mehr als 200 ha die Betriebsleitung und Betriebsausführung nicht mehr auf die Bayerische Forstverwaltung übertragen.

[87] Bayerisches Waldgesetz (BayWaldG) v. 24.9.1974, GVBl. 1974, S. 551. In Kraft getreten am 1.1.1975.

[88] Die mit der Bewirtschaftung und Verwaltung des Körperschaftswaldes betrauten Stellen haben die Schutz- und Erholungsfunktionen des Waldes zu sichern und zu verbessern; bei allen Maßnahmen sind die Belange des Naturschutzes, der Landespflege und der Wasserwirtschaft zu berücksichtigen. Damit sollen die hohen Ansprüche an die Gemeinwohlfunktionen der Kommunalwälder nachhaltig gesichert werden. Gestützt auf Wirtschaftpläne oder (bei kleinem Waldbesitz) auf Forstbetriebsgutachten, sind die Wälder der Städte und Gemeinden planmäßig und nachhaltig zu bewirtschaften. Für die Betriebsleitung und Betriebsausführung ist geeignetes Fachpersonal aufzustellen. – Im Waldgesetz von 2005 (v. 22.7.2005. GVBl. S. 313) wurde der Begriff „Körperschaftswald" neu definiert; die finanziellen Aufwendungen des Staates zur Förderung des Körperschaftswaldes fasste man neu.

[89] So wurde z. B. im Jahr 1000 der Salzforst in der Rhön samt Bannrechten und Gerichtsbarkeit von Kaiser Otto III. dem Hochstift Würzburg übereignet.

[90] Julius Echter wurde 1545 im Wasserschloss Mespelbrunn im Spessart geboren und war der wohl bedeutendste aller Würzburger Fürstbischöfe. Er regierte von 1573–1617. Er war ein entschiedener Vertreter der Gegenreformation; zu verdanken sind ihm die Errichtung des Juliusspitals und die Wiedergründung der Universität Würzburg (erste Gründung 1402).

[91] Echter nennt das Gesetz selbst Waldordnung. Wir wollen hier aber Mantel folgen, der die Trennung der Begriffe Waldordnung und Forstordnung in die forstgeschichtliche Forschung eingeführt hat. Landesweite Vorschriften nennt er Forstordnungen, bei lokalen Ordnungen spricht er von Waldordnung. Mantel, K. (1980), S. 233–238.

[92] Die Regelungen von 1668, 1721 und 1747 haben die Vorschriften von 1574 nicht entscheidend verändert. Schenk (1998), S. 292.

[93] Eichhorn (1982), S. 19 f.

[94] Mantel, K. (1980), S. 233-238.

[95] Die Lex Baiuvariorum enthält in 23 Artikeln Gesetze und Verfahrensvorschriften für weite Bereiche des Straf-, Privat- und Prozessrechts. Sie stellt, ganz überwiegend in Latein verfasst, das älteste und wichtigste Denkmal der Bajuwaren dar. Die älteste erhaltene Handschrift der Lex Baiuvariorum, die sog. Ingolstädter Handschrift aus der Zeit um 800, wird in der Universitätsbibliothek München aufbewahrt. Hasel (1985), S. 191.

[96] Diese gaben häufig Herrschaftsrechte an andere Lehensträger in ihrem Herrschaftsbereich (niederer Adel, Inhaber von Grundherrschaften) weiter.

[97] Ausführlich dargestellt in Bauer (2002), S. 111-124.

[98] Das Jagdrecht war nicht mit dem Grundeigentum verbunden, sondern herrschaftliches Regal. Jahrhunderte lang herrschte ein deutliches Übergewicht der Jagd gegenüber der Forstwirtschaft – mit deutlichen Nachteilen für den Wald.

[99] Hasel und Schwartz (2012), S. 137.

[100] Siehe dazu die Kapitel 6.1, München: Forstorganisation, und 7.5, Ottobeuren: Jagd.

[101] Hasel und Schwarz (2012), S. 152.

[102] Gesetz vom 28.3.1852.

[103] FoG 1965 (entsprechend FoG 1852). – Zerle (2002), S. 158.

[104] Zerle (2002) S. 157 f.

[105] Ein Grund für das jahrzehntelange Zögern, ein neues Forstgesetz für Bayern zu schaffen, war der Wunsch, ein Reichsforstgesetz abzuwarten. Nach dem Ersten Weltkrieg hatte man mit Bemühungen begonnen, dass zersplitterte, uneinheitliche und großenteils veraltete Forstrecht der Länder aufzuheben zu vereinheitlichen und auf ein gemeinsames Ziel auszurichten. Die Arbeit an einem in der nationalso-

zialistischen Zeit geplanten Reichsforstgesetz wurde wegen des Zweiten Weltkrieges zurückgestellt.

[106] Wesentliche Akteure, die den Erlass eines neuen Forstgesetzes vorantrieben, waren Dr. Hans Eisenmann, der im März 1969 das Amt des Bayerischen Landwirtschafts- und Forstministers angetreten hatte, Rudolf Hanauer, Präsident des Bayerischen Landtages und Vorsitzender der Schutzgemeinschaft Deutscher Wald (Landesverband Bayern) und Dr. Erich Hornsmann, der Geschäftsführer der Schutzgemeinschaft.

[107] Bayerisches Waldgesetz (BayWaldG) v. 24.9.1974, GVBl. 1974, S. 551. In Kraft getreten am 1.1.1975.

[108] So sind etwa die Rodung und die Umwidmung von Waldflächen erst nach vorheriger Genehmigung gestattet. Kahl geschlagene oder infolge von Schadereignissen unbestockte Waldflächen müssen innerhalb von drei Jahren wieder aufgeforstet werden. Waldstücke mit außergewöhnlicher Bedeutung für die Umwelt und die Allgemeinheit, wie beispielsweise Schutz-, Bann- und Erholungswälder, sind besonders geschützt. Hier bedarf jeder Kahlschlag der Genehmigung.

[109] Nähere Erläuterungen zu den Verpflichtungen des Körperschafts- und Privatwaldes und zu ihrer Förderung in den Kapiteln 1.5, Iphofen: Körperschaftswald, und 3.5, Lange Meile: Privatwald.

[110] Art. 11 BayWaldG.

[111] „Bannwald" ist auch in den Forstgesetzen anderer Bundesländer geregelt. Dort ist aber mit der Bannwaldausweisung meist der Verzicht auf die Nutzung des Waldes verbunden. In Bayern werden solche Flächen Naturwaldreservate genannt.

[112] Insbesondere Dieterich (1953).

[113] Zerle, A., Hein, W., Brinkmann, D., Foerst, Ch., Stöckel, H. u. a. (1974), EinfBayWaldG, S. 8. – Nähere Ausführungen dazu im Kapitel 2.2, Stadtwald Weißenburg: Nachhaltigkeit.

[114] Schutzgemeinschaft Deutscher Wald, Zitatensammlung. Internet

[115] BayerWaldG v. 22.7.2005, GVBl. 2005, S. 313.

[116] Bayerisches Waldgesetz (BayerWaldG) v. 22.7.2005, GVBl. 2005, S. 313.

[117] Gesetz v. 9.5.2005, GVBl. 2005, S. 138.

[118] Die Änderungen betrafen im Wesentlichen die Neufassung des Begriffes „Körperschaftswald", die Stärkung der forstlichen Selbsthilfeeinrichtungen, die Änderung von staatlichen Aufgaben im Körperschaftswald, die Verankerung des Grundsatzes „Wald vor Wild" und den waldpädagogischen Bildungsauftrag der Staatsforstverwaltung. – Am 2.5.1975, also nach dem Erlass des Waldgesetzes für Bayern, trat das Bundeswaldgesetz in Kraft. Es war ein Rahmengesetz. In Bayern galten deshalb, gleichzeitig und sich ergänzend, das Bundeswaldgesetz und das Waldgesetz für Bayern. Vgl. dazu auch Zerle u. a., 13. Lieferung, S. 36. – Mit der Föderalismusreform von 2006 (Gesetz zur Änderung des Grundgesetzes v. 28.8.2006, GVBl. I, S. 2034) wurde aus der Rahmengesetzgebung des Bundes im Bereich der Forstwirtschaft eine konkurrierende Kompetenz. Das bedeutet, dass einige Neuregelungen des Bundeswaldgesetzes von 2010 in Bayern unmittelbar gelten und das entsprechende Landesrecht verdrängen. Der bayerische Landesgesetzgeber beabsichtigt nicht, das Waldgesetz für Bayern redaktionell anzupassen. Zerle u. a., 16. Lieferung, S. 5.

Mittelfranken

[1] Die Nürnberger ernährten sich zu jener Zeit zu einem bedeutenden Teil mit den Erzeugnissen des Reichswaldes (Zeidlerei, Schweinemast im Wald u. a.).

[2] Nürnberg liegt an der Pegnitz, die in einer Karstquelle im Jura entspringt. An ihrem Oberlauf fehlt das weit verzweigte Netz von Bächen, über die das Holz für die Flößerei konzentriert werden kann (wie etwa im Frankenwald). Floßteiche können nicht eingerichtet werden, weil das Wasser im zerklüfteten Fels versickern würde. Zudem dürfte der Jura in der damaligen Zeit v.a. mit Buche bestockt gewesen sein, die zu schwer zum Flößen ist.

[3] In den Städten herrscht Stapelpflicht, das heißt, alle Produkte die geflößt werden, müssen zuerst in der Stadt zum Verkauf angeboten werden, die gerade passiert wird, bevor sie weiter flussabwärts transportiert werden dürfen.

[4] König Heinrich VII befiehlt 1309 und 1310 dem Schultheißen, den Ratmannen und Bürgern in Nürnberg, seinen Getreuen, auf deren Ratschläge und Bitten nachdrücklich, seinen und des Reiches Wald bei Nürnberg beiderseits der Pegnitz, der innerhalb der letzten fünfzig Jahre durch Feuer oder auf irgendeine andere Weise zerstört oder verwüstet und anschließend von irgendwelchen Leuten in Ackerland verwandelt wurde, wieder aufzuforsten und mit königlicher Autorität in den ursprünglichen Zustand zurückzuversetzen. König Heinrich VII. Internet. Auch Carlowitz weist in seiner Sylvicultura oeconomica auf diese beiden Weisungen König Heinrich VII. hin. Er berichtet, Heinrich habe 1310 den Nürnberger Bürgern befohlen, sich durch einen Eid zu verpflichten, „... daß Ihr sothanen Forst ... wiederum mit Bäumen besetzet und ... in voriges Ansehen bringet". Carlowitz (1713), Buch I, Kapitel 8. Hamberger (2013 a), S. 228.

[5] Stromer, U. (1390/95). „Püchel von meim geslecht und von abentewr." Hegel (1862).

[6] Trocknungstechnik, die Temperatur und Trocknungszeit dosiert einsetzt um Saatgut schonend aus Koniferenzapfen zu lösen.

[7] Hamberger (2013 b). S. 575 f.

[8] Vielleicht vergleichbar mit den Erfolgen bei der Domestikation des Wildschweins und seiner Züchtung zum Hausschwein.

[9] Umfangreiche Rodungen für repräsentative Bauten und für Aufmarschplätze während der nationalsozialistischen Herrschaft.

[10] Sperber (1968).

[11] Hamberger (2013 b). S. 575 f.

[12] Nach der Mediatisierung wurde die Reichsstadt Weißenburg und ihr Wald 1805 Bayern zugeschlagen. 1821 gab König Max Josef Weißenburg den Stadtwald zurück. Plochmann (1988), S. 227.

[13] Plochmann (1988), S. 221-232. – Dingethal (1970), S. 45-67.

[14] Schmidt, O. (2012), S. 50.

[15] Folgt man Schanz (1996), ist der Begriff Nachhaltigkeit vom Kameralismus und seiner auf den „gemeinen Nutzen" ausgerichteten Sichtweise geprägt: „‚Nachhaltige Forstwirtschaft' wurde zum Ausdruck einer auf das Gemeinwohl gerichteten, über egoistische kurzfristige, erwerbswirtschaftliche Interessen erhabenen Waldwirtschaft." (S. 28). Heute ist forstliche Nachhaltigkeit mehrdimensional auf das gesamte Beziehungs- und Wirkungsgefüge zwischen Wald und Mensch und die darin enthaltenen Interessen bezogen. (S. 58). Sie „ergibt sich demnach nicht aus dem Handeln des Einzelnen, sondern aus der Summe des koordinierten Handelns vieler Akteure." (S. 86).

[16] Jede Waldfläche erfüllt eine ganze Reihe von Wirtschafts-, Schutz- und Sozialfunktionen. Das Waldgesetz für Bayern schreibt vor, sie zu erfassen und hinsichtlich ihrer Bedeutung für die künftige Gesellschaft gegeneinander abzuwägen (Waldfunktionsplanung). Entsprechend ihrem jeweiligen Gewicht (Vorrangfunktionen) sind sie in der forstlichen Planung zu berücksichtigen. Näheres dazu im Kapitel 1.6, Würzburg: Forstrecht.

[17] 1814 begegnete Friedrich Schiller bei Ilmenau im Thüringer Wald einem Forsteinrichter. Beeindruckt vom langfristigen, planvollen Handeln der Forstleute soll Schiller gesagt haben: „Eures stillen Fleißes Früchte reifen der späten Nachwelt noch."Hamberger (2013 d), S. 15-23.

[18] Förster werden trotz dieser Haltung nicht als progressive und abgehobene Ökospinner wahrgenommen, sondern als seriöse und konservative Allgemeinwohlerhalter.

[19] Die ältesten Regelungen der Waldnutzung finden sich in der Lex Baiuvariorum, den Weistümern und den Forstordnungen des Mittelalters. Früheste Form der nachhaltigen Waldwirtschaft sind die Mittelwaldungen, die jährlich gleiche Flächen und damit annähernd gleiche Holzmengen lieferten. Einen entscheidenden Beitrag zur nachhaltigen Holzversorgung leistete 1368 der Ratsherr Peter Stromer aus Nürnberg. Als erster Mensch säte er auf Kahlflächen (die durch den gewaltigen Holzbedarf Nürnbergs entstanden waren) gezielt Kiefernsamen aus, um Holz nachzuziehen. Hamberger (2013 d), S. 15-23. Stromers Erfindung sei eine „forstliche Kulturtat, die in der forstlichen Welt keine Parallele hat", urteilt Mantel. Mantel (1990), S. 345-349.

[20] Carlowitz (1713). Neu herausgegeben von Joachim Hamberger (2013 a).

[21] Hamberger (2013 a), Einführung zur Carlowitz-Edition, S. 28-29.

[22] Heute als Dreisäulenkonzept bezeichnet: Ökologische Tragfähigkeit, ökonomische Effizienz und soziale Gerechtigkeit. – Auch Heinrich Cotta hat zu Beginn des 19. Jahrhunderts den Nachhaltigkeitsbegriff nicht mehr nur auf die Holzerzeugung beschränkt, sondern auf jeden Nutzen bezogen, den der Wald dem Menschen gewähren kann.

[23] Engelhard (2017) hat die Arbeit Schwegelins für den Wald der Reichstadt Memmingen und seine Bedeutung für die Entwicklung des Grundsatzes der Nachhaltigkeit ausführlich gewürdigt. – Siehe auch Schwegelin. Internet

[24] Nach seinen Studien war er am kaiserlichen Reichskammergericht in Speyer, pfälzischer Hofgerichtsrat in Heidelberg und württembergischer Oberrat in Stuttgart.

[25] Mantel (1980) hat die Bedeutung Meurers als forstlicher Schriftsteller umfangreich untersucht und seinen Einfluss auf die Forstordnungen seiner Zeit gewürdigt. – Hasel (1985), S. 220. – Carlowitz (1713), das ist erstaunlich, kennt und zitiert Meurer nicht.

[26] Bindung des Treibhausgases CO_2 im Holz; Wald als natürliche Kohlenstoffsenke.

[27] In den bayerischen Wäldern wächst jede Sekunde ein Kubikmeter Holz zu, 29, 5 Millionen Kubikmeter pro Jahr. Zwischen 2002 und 2012 wurden jährlich 28,1 Millionen Kubikmeter genutzt. 3. Bundeswaldinventur. Bayerisches Staatsministerium (2014), S. 8 f.

[28] Zum Cluster Wald und Holz gehören Forstwirtschaft, holzbearbeitende Industrie (Sägewerke, Holzwerkstoffindustrie), holzverarbeitende Industrie (z. B. Möbelindustrie), Holzhandwerk, Papierwirtschaft, Verlags- und Druckereigewerbe, energetische Holznutzung und Holzhandel.

[29] Er ist jedoch schwer zu quantifizieren und in Geldwerten zu erfassen.

[30] Hans Carl von Carlowitz hat schon vor 300 Jahren betont, dass das Wohlergehen der Menschen von der Pflege des Waldes und vom aktiven, pfleglichen Umgang mit der Natur abhängig sei.

[31] In einem Waldgebiet in der Nähe einer Großstadt (wie z.B. dem Reichswald in der Umgebung von Nürnberg) wird die Erholungsfunktion im Vordergrund stehen, in einem Wasserschutzgebiet die Wir-

kung des Waldes auf den Wasserhaushalt. – Jede Waldfläche erfüllt eine ganze Reihe derartiger Funktionen. Sie werden in Waldfunktionsplänen erfasst und bei Aufbau, Pflege und Nutzung der Wälder berücksichtigt. Ausführlich dargestellt in: Bayer: Staatsministerium für Ernährung, Landwirtschaft und Forsten (1971). Siehe auch Kapitel 1.6, Würzburg: Forstrecht.

[32] Die Schlussfolgerungen des Berichtes lassen sich folgendermaßen zusammenfassen: Wenn die gegenwärtige Zunahme der Weltbevölkerung, der Industrialisierung, der Umweltverschmutzung, der Nahrungsmittelproduktion und der Ausbeutung von natürlichen Rohstoffen unverändert anhält, werden die absoluten Wachstumsgrenzen der Erde im Laufe der nächsten hundert Jahre erreicht.

[33] Bericht der Weltkommission für Umwelt und Entwicklung der Vereinten Nationen. (Die ehemalige norwegische Ministerpräsidentin Gro Harlem Brundtland war Vorsitzende dieser Kommission.) – Sie definierte die heute erforderliche nachhaltige Entwicklung (Our Common Future) folgendermaßen: „Dauerhafte Entwicklung ist die Entwicklung, die die Bedürfnisse der Gegenwart befriedigt, ohne zu riskieren, dass künftige Generationen ihre eigenen Bedürfnisse nicht befriedigen können."

[34] Die Waldnutzer hatten verschiedene, oft sogar gegensätzliche Ansprüche an den Wald. Für Weide und Mast sollten die Wälder zum Beispiel möglichst viele fruchtende Laubbäume und reichlich Futter am Boden bieten; auch vergraste Flächen waren erwünscht. Bäume mussten deshalb licht stehen, der Holzertrag war eher zweitrangig.

[35] Matthias von Schilcher berichtet, dass in die Wälder um München aus 22 Ortschaften 3 500 Stück Hornvieh, 1 000 Pferde und mehrere hundert Schafe eingetrieben wurden. Schilcher (1796), S. 231 r. – Im Gebirge war die Waldweide häufig das Rückgrat der bäuerlichen Betriebe. Die Verjüngungen galten den Bauern als „Maisalmen".

[36] Plochmann (1983), S. 188.

[37] In den zeitgenössischen Dokumenten oft auch „Eckerich" geschrieben.

[38] Plochmann (1983), S. 187.

[39] Einteilung Altbayerns in 20 Forstmeisterämter und Regelung ihrer Aufgaben. Mayr (1797), Bd. 5, S. 173-183.

[40] Durch die Stallhaltung und die Schweinemast wurde der Anbau von Kartoffeln wesentlich intensiviert.

[41] Handschriftliche Summa seines Berufslebens. Noch im 20. Jahrhundert glaubten also die Bauern, Streuentnahmen schadeten nicht, seien vielmehr etwas Gutes. Das Gegenteil trifft zu: Streurechen zehrt die Böden aus, raubt ihnen die Fruchtbarkeit.

[42] Schüpfer (1928), S. 8.

[43] Im Kapitel 3.2, Föllmar: Harznutzung (Pecheln), wird darauf näher eingegangen.

[44] Schuth (2016), S. 11-12.

[45] Schuth (2016), S. 12.

[46] Die Vorschriften über das Leseholzsammeln und zahlreiche weitere Regelungen über die Ausübungen der Nebennutzungen sind im Mandat über die Einrichtung von 20 Forstmeisterämtern in Altbayern und ihre Aufgaben von 1789 enthalten. Mayr (1797), Bd. 5, S. 173-183.

[47] Ernst (1951), S. 20-21.

[48] In den Salinenwaldungen von Reichenhall gewann man z. B. Zucker aus Ahornsaft. – Bülow (1962), S. 131.

[49] Sie schützte den Käse vor Würmern.

[50] Zerstoßene Kiefernsamen gegen Husten, Lungensucht und Nierenprobleme; gekaute Buchenblätter gegen Zahnschmerzen; Paste aus Kiefernharz gegen Ungeziefer beim Vieh und gegen Geschwüre. – Bauer (2002 a), S. 76-78.

[51] Welbhausen ist seit 1972 ein Ortsteil von Uffenheim im Landkreis Neustadt a.d. Aisch – Bad Windsheim.

[52] Rechtlerwald Welbhausen, Internet.

[53] Waldgesetz für Bayern (BayWaldG) v. 22.7.2005 (GVBl. S. 313), Art. 28: Den Forstbehörden obliegt im Vollzug dieses Gesetzes die Waldpädagogik als Bildungsauftrag.

[54] Seine Geschichte spiegelt die Entwicklung der forstlichen Bildungsarbeit beispielhaft wider: Erst war es Waldmuseum, dann wurde es Waldinfozentrum und heute ist es ein Schwerpunkt der Waldpädagogik.

[55] Riedelbauch (2006), S. 2-6.

[56] Viele Pädagogen, Erzieher und Eltern bringen Bildungsdefizite bei Kindern oder Orientierungslosigkeit bei Jugendlichen mit dem Mangel an festen Wurzeln und unverrückbaren Werten in Verbindung. Schmechel (2006), S. 8.

[57] Schmechel (2006), S. 8.

[58] Biermayer (2006), S. 1.

[59] Schmechel (2006), S. 8.

[60] Biermayer (2006), S. 1.

[61] Dobler und Biermayer (2010), S. 4. – Die wunderbaren Bäume zu fällen, ist für viele naturferne Zeitgenossen geradezu ein Verbrechen.

[62] Schmechel (2006), S. 8.

[63] Dobler und Biermayer (2010), S. 4 ff.

[64] Dobler und Biermayer (2010), S. 4 ff.

[65] Die Bildung für nachhaltige Entwicklung (BNE) soll es der einzelnen Persönlichkeit ermöglichen, aktiv an der Analyse und Bewertung von

Entwicklungsprozessen mit ökologischer, ökonomischer und soziokultureller Bedeutung teilzuhaben, sich an Kriterien der Nachhaltigkeit im eigenen Leben zu orientieren und nachhaltige Entwicklungsprozesse gemeinsam mit anderen lokal wie global in Gang zu setzen.

[66] Schmechel (2006), S. 9.

[67] Konferenz der Länderforstchefs vom 10. und 11. 10. 2013. – Zertifikat Waldpädagogik, Internet.

[68] Es sind die Walderlebniszentren: Gramschatzer Wald (AELF Würzburg), Grünwald (AELF Ebersberg), Oberschönenfeld (AELF Augsburg), Regensburg (AELF Regensburg), Roggenburg (AELF Krumbach), Schernfeld (AELF Ingolstadt), Tennenlohe (AELF Fürth), Ziegelwies (Füssen). – Walderlebniszentren mit besonderem Auftrag sind das Bergwalderlebniszentrum Ruhpolding (AELF Traunstein) und das Steigerwald-Zentrum – Nachhaltigkeit erleben (AELF Schweinfurt).

[69] Dr. Silvius-Wodarz-Stiftung.

[70] Aufstapeln von Holzscheitern.

[71] Kiefer (2012). Internet. – Waldjugendspiele in Ostbayern (2015). Internet. – Vangerow (1984).

[72] Kiefer (2012), S. 9 f. Internet.

[73] Salopp könnte man also sagen: Not macht erfinderisch!

[74] Mantel (1990), S. 345-349.

[75] Neuerdings rücken manche Vertreter des Waldbesitzes und der Holzwirtschaft die Interessen an der Holzproduktion und am wirtschaftlichen Ertrag des Waldes wieder in den Vordergrund. Ein vermehrter Laubholzanbau sei mit Blick auf die Bestandsstabilität und die Erhöhung der Biodiversität sicherlich erstrebenswert. Nadelholz habe aber einen um 50 % höheren Zuwachs als Laubholz. Nadelholz sei das wirtschaftliche Rückgrat der Forstbetriebe und auch in der Holzindustrie (insbesondere im Holzbau und in der Holzwerkstoffindustrie) sei es unersetzlich. Ein angemessener Anteil von Nadelholz (mit dem Leitbild nadelholzreicher, standortsangepasster Mischbestände) sei deshalb erforderlich. Möhring und v. Hatzfeld (2015), S. 10.

Oberfranken

[1] Herrmann (1989). Das Fichtelgebirge. Internet.

[2] Beim Seifen wird der Verwitterungsschutt mit Wasser ausgewaschen. Die schweren Metallkörner, die zurück bleiben, können dann verhüttet werden. Mayer (1998), S. 35. – Auch Goethe schildert in seinen Reisebeschreibungen die Technik des Zinnseifens, als er am 1. Juli 1785 das Fichtelgebirge durchwandert und dabei zum Seehaus kommt. Mayer (1998), S. 37.

[3] Eichhorn (1982), S. 41.

[4] Mayer berichtet, dass einige hundert Hektar des Fichtelgebirgswaldes auf diese Weise ausgebeutet wurden. Da die Eingriffe in den Wald aber an vielen kleineren Stellen entstanden und sich auf lange Zeiträume verteilten, konnten sich die in Anspruch genommenen Flächen natürlich verjüngen. Mayer (1998), S. 36-37.

[5] Mayer (1998), S. 35 f.

[6] Das Vorhaben, Handwerker aus der Oberpfalz, die dünnes Blech schmieden konnten, abzuwerben, wurde von der pfalz-bayerischen Regierung verhindert. So verheirateten sich verschiedene Blechzinner aus dem Fichtelgebirge mit den Töchtern oberpfälzischer Hammerwerksbesitzer und sicherten sich dadurch den kontinuierlichen Bezug von Schwarzblech. Mayer (1998), S. 113.

[7] Mayer (1998), S. 135.

[8] Mayer (1998), S. 169. – In den Hammerwerken, die die Wasserkraft nutzten, wurde das Eisen bearbeitet. Die vielen Namen mit der Endung „-hammer" an den Flüssen und Bächen geben noch heute Zeugnis vom ehemals Eisen verarbeitenden Gewerbe. Das Fichtelgebirge. Internet.

[9] Umwandlung des Roheisens in Stahl durch Reduktion des Kohlenstoffanteils mit Hilfe von Sauerstoff.

[10] Mayer (1998), S. 207.

[11] Mayer (1998), S. 137.

[12] Mayer (1998), S. 43.

[13] Mayer (1998), S. 169.

[14] Mayer (1998), S. 201. – Es ist die Zeit der Bodenreinertragslehre, in der man landwirtschaftliche Prinzipien auf den Wald überträgt. In dieser Zeit entstehen aus demselben Denken heraus weltweit Plantagen mit Nutzpflanzen, die als Monokulturen angelegt und intensiv bewirtschaftet werden (Kaffee, Tee, Zuckerrohr usw.).

[15] Pechsieder (Pechkratzer) im Fichtelgebirge. Internet. – Föllmar liegt in der Nähe von Bayreuth.

[16] Der Pechkratzer, das Handwerkszeug des Pechlers, bestand aus einem etwa 60 cm langen Holzstiel, an dem unten ein 5 bis 6 cm langer, winkelförmiger, scharfer eiserner Haken und oben zuweilen ein kleines Beil zum Durchschlagen harter Baumrinden befestigt waren. Pechsieder (Pechkratzer) im Fichtelgebirge. Internet.

[17] Baumharz enthält ca. 2,2 bis 6,4 % Schmutz, Holzsplitter u. ä., 5,0 bis 8,8 % Wasser und 13,4 bis 18,3 % Terpentinöl; der Rest ist Kolophonium. Harzung, Internet, S. 1.

[18] Die Pechsieder (Pechkratzer) im Fichtelgebirge. Internet. – Ausführliche Darstellung der Gewinnung und Verarbeitung des Harzes bei Weinberger (2000), S. 90 ff.

[19] Reichl (1953). In „Heimatkalender für Fichtelgebirge und Frankenwald". Zitiert nach Eichhorn (1982), S. 45.

[20] Mayer (1998), S. 49 f.

[21] Im kommunistisch beherrschen Ostdeutschland wurde die Harznutzung nach dem Zweiten Weltkrieg nochmals aufgenommen.

[22] Harznutzung, Internet, S. 17.

[23] Eichhorn (1982), S. 33.

[24] Der westliche Frankenwald gehörte zum Herrschaftsbezirk der Fürstbischöfe von Bamberg, der östliche unterstand den Bayreuther Markgrafen.

[25] Eichhorn (1982), S. 33 f.

[26] „Ohne Wassertransport kein Holzfernhandel." Mantel (1990), S. 77. Die Flößerei war vor der Erfindung der Eisenbahn im 19. Jahrhundert die einzige technische Möglichkeit, das sperrige Gut Holz über große Entfernungen zu transportieren. Auch aus dem waldreichen Fichtelgebirge wurde geflößt.

[27] Delfs (1985), S. 34 ff.

[28] Gunzelmann (2005), S. 80.

[29] Gunzelmann (2005), S. 80.

[30] Gunzelmann (2005), S. 80.

[31] Walther (2016), S. 11.

[32] Schreiber (1965), S. 6.

[33] Piot und Schweizer (1985), S. 119.

[34] Mayer (1998) S. 173. – Auch Grundkuppel genannt. Von kuppeln = verbinden.

[35] Zur Herstellung von Wieden wurden schwache, entastete Fichtenstämmchen in Wasser eingeweicht und im Wiedeofen erhitzt. Dann wurden sie im heißen Zustand am dickeren Ende eingespannt und so lange gedreht, bis aus dem Stämmchen eine Art Holzseil geworden war. Vor der Verwendung wurden sie nochmals gewässert. Mayer (2005), S. 172. – Siehe auch Keweloh (1985), S. 67.

[36] Flößereilandschaft Frankenwald (2010). Internet. – Keweloh (1985), S. 67 ff.

[37] Mayer (2005), S. 170.

[38] Z. B. die Floßordnung von 1611. Gunzelmann (2005), S. 81.

[39] Piot und Schweizer (1985), S. 134.

[40] Markmiller (2009), S. 43.

[41] Einst wurde das Wasser in 30 Teichen gestaut; heute sind noch 12 davon erhalten. Gunzelmann (2005), S. 81.

[42] In einem Protokoll der bischöflichen Verwaltung von 1605 werden 50 „Mühlen" aufgeführt. Flößereimuseum Unterrodach (1999). S. 17. – 1605 stand je etwa 1,8 Bachkilometer eine Mühle und im 19. Jahrhundert sogar ca. alle 700 Meter eine. Gunzelmann (2005), S. 84. Zahlen errechnet nach dortigen Angaben.

[43] Im östlichen und nördlichen Frankenwald der Markgraf von Bayreuth, im westlichen der Fürstbischof von Bamberg.

[44] Festmeter = Kubikmeter. Zu Beginn des 20. Jahrhunderts lagen die Bezugsmengen der Sägemühlen zwischen 32 und 499 Festmetern. Walther (2016), S. 10.

[45] Die einfachen Schneidemühlen mit den altdeutschen Gattern waren nicht mehr konkurrenzfähig. Walther (2016), S. 11.

[46] Das ist die mehr als 500 Jahre alte Teichmühle bei Steinwiesen, die vom Landkreis Kronach und der Marktgemeinde Steinwiesen erworben wurde. Sie bezieht weiterhin zu den althergebrachten Grundsätzen Mühlholz aus dem Staatswald. Walther (2016), S. 13.

[47] Piot und Schweizer (1985), S. 124. Auch Schindeln aus Schiefergestein wurden transportiert. Bierfässer für die lange Reise durften ebenfalls nicht fehlen, denn das Bier war flüssiges Brot. Mayer (2005), S. 174.

[48] Flößergemeinschaft Wallenfels. Internet.

[49] Der Zopfdurchmesser ist der Durchmesser des Rundholzes am oberen, dünneren Ende. Er spielt für die Ausbeute an Balken und Brettern eine wichtige Rolle. Heilbronn war einst ein wichtiger Holzumschlagplatz für Floßholz, das aus dem Schwarzwald kam und nach Holland ging.

[50] Mantel (1990), S. 197.

[51] König (1997), S. 124 ff.

[52] Schmidt, O. (2004), S. 42 ff.

[53] Darin schildert der Ökojournalist Horst Stern zusammen mit Hans Bibelriether, Leiter des Nationalparks Bayerischer Wald, und den vier Münchener Forstprofessoren Peter Burschel, Richard Plochmann, Wolfgang Schröder und Horst Schulz, welchen Bedrohungen der Wald in der Moderne ausgesetzt ist. Sie machen vor allem auf die Schäden durch überhöhte Schalenwildbestände aufmerksam und werben für mehr Natur und mehr Laubholz im noch sehr nadelholzorientierten Kunstforst. Stern u. a. (1979).

[54] Stimm (1986), S. 8.

[55] Bemmann (2013), S. 17.

[56] Schütt (1985), S. 10. – Stimm (1986), S. 8.

[57] v. Detten (2013), S. 10/11.

[58] DER SPIEGEL 7/1983, S. 72-92, über die Wahlkampfthemen Waldsterben und Säureregen.

[59] Die Merkmale des Waldsterbens umfassen zum einen Auflichtungen des Kronenbereichs aufgrund vorzeitigen Blattfalls, kleinerer und weniger zahlreicher Blattorgane, aber auch Verzweigungsanomalien. Zum anderen zeigen sich die Schäden am Wurzelsystem. So wurden ein starkes Absterben von Feinwurzeln, geringe Reproduktionsfähigkeit und verminderte Mykorrhizierung festgestellt. Zentral seien die komplexen Wirkungen verschiedener Luftschadstoffe, die über große Distanzen transportiert werden. Schütt, Schuck und Stimm (2002), S. 563 f.

[60] Z. B. Meister, Schütz und Sperber (1984).

[61] Bodenzustandserhebung. Internet.

[62] Bundesimmissionsschutzgesetz, Großfeuerungsanlagen-Verordnung und die Neufassung der so genannten TA Luft („Technische Anleitung zur Reinhaltung der Luft") von 1985 haben den größten Einfluss.

[63] Besonders Kohlenwasserstoffe, Kohlenmonoxid und Stickoxide.

[64] 1984 vom Bundeskabinett beschlossen, ab 1.1.1989 für alle Neuzulassungen verpflichtend.

[65] Von 1989 an „Waldzustandsberichte" genannt.

[66] Von Detten, (2013), S. 151, stellt dies als wesentlichen Unterschied zum amerikanischen System dar, das vorwiegend auf nachträgliche Entschädigung setzt: „Hier Vorsorge, die allerdings zu bürokratischem Aufwand führt, dort Abschreckung im Vorfeld durch nachträglich drohende erhebliche finanzielle und strafrechtliche Konsequenzen."

[67] Im Gegensatz dazu verringert die Rodung von Waldflächen, die vor allem in den Tropenwäldern großflächig betrieben wird, die Bindung des Kohlenstoffes im Holz und trägt damit wesentlich zum Anstieg von CO_2 in der Atmosphäre bei.

[68] Anders als bei der Verbrennung fossiler Energieträger.

[69] BWaldG v. 2.5.1975, BGBl. S. 103.

[70] Schmidt (2014), S. 5.

[71] Hastreiter (2012), S. 4 f. – Etwa 313 000 davon sind Alleineigentümern, die übrigen sind in circa 145 000 Eigentümergemeinschaften (mit unterschiedlicher Mitgliederzahl) organisiert. Dadurch ergeben sich etwa 458 000 Eigentumsverhältnisse im Privatwald.

[72] Bayer. Staatsministerium (2014), S. 21. – Schreiber u. a. (2012), S. 55.

[73] Schreiber u. a. (2012), S. 55-56.

[74] Kaiser, R. (2011), S. 4. – Außerdem umfangreiche schriftliche Unterlagen, übermittelt durch Forstamtsrat Richard Kaiser, Amt für Ernährung, Landwirtschaft und Forsten Bamberg.

[75] In Altbayern 6 % der Höfe und 4 % der Familien. Doeberl (1928), Bd. 2, S. 235. – In Franken 5 %. Franken wird bayrisch. Internet.

[76] In Franken gehörten gegen Ende des 18. Jahrhunderts von 100 Höfen 50 geistlichen Herrschaften, 25 dem Adel, 20 den Landesfürsten und nur 5 waren im Besitz von Bauern. Franken wird bayrisch. Internet. – In Altbayern besaß der Landesherr nur 15 % der Güter, mehr als die Hälfte des Bodens war Eigentum der Kirche. Bauer (2002 a), S. 15. – Der Grundherr war Obereigentümer des Bodens, der Bauer hatte nur Nutzungseigentum. Der Grundherr übte die Verwaltungshoheit und die Gerichtsbarkeit gegenüber seinen Untertanen aus und besaß das Jagdrecht. Der Untertan war dem Grundherrn gegenüber zu Diensten und Abgaben verpflichtet. Näheres dazu bei Bauer (2002 a), S. 13-21. Erst 1848 wurde das System der Grundherrschaft endgültig abgeschafft.

[77] Im Hochgebirge war bäuerlicher Privatwald bis zum Beginn des 19. Jahrhunderts nur mit geringen Flächen vertreten. Pechmann (1932), S. 650.

[78] Hamberger (2010), S. 29.

[79] Hasel u. Schwartz (2002), S. 118 f. – Hölzl (2010), S. 22, spricht von lokaler und regionaler Holznot, zudem von Waldressourcenmangel. Damit meint er auch den Mangel an Waldprodukten, die nicht Holz sind, wie Gras, Streu, Eichelmast, Honig etc., die für die Ernährung von Mensch und Vieh notwendig waren. Durch zunehmenden Bedarf (Bevölkerungsanstieg) entstand auch hier ein Mangel.

[80] Die im Sinne des Merkantilismus erlassenen alten Forstordnungen hatten den Forstbetrieb räumlich und zeitlich geregelt. Zudem hatte man zur sparsamen Verwendung des Rohstoffes Holz den Holzverkauf beschränkt, die Holzpreise festgelegt und die Verwendung der einzelnen Holzsortimente vorgeschrieben.

[81] Fröhlich (1990), S. 14-23, beschreibt detailliert die Mitwirkung Joseph von Hazzis bei dieser Aufteilung.

[82] Hamberger (1991).

[83] Beschluss eines Ausschusses des in Regensburg tagenden immerwährenden Reichstages. Vom Reichstag im März ratifiziert; im April vom Kaiser unterzeichnet und damit Reichsgesetz.

[84] Sie sind im Kapitel 7.1, Kempten: Säkularisation und Mediatisierung, näher erläutert.

[85] Treml (2011), S. 99-107.

[86] Besonders in Schwaben und Franken gab es viele freie Reichstädte und Reichsfürstentümer, die im neuen Bayern aufgingen. – Teile des großen Privatwaldes sind aber auch durch Waldankäufe entstanden (Fürstliches Haus Thurn und Taxis, finanzkräftige Unternehmer während der Zeit der Industrialisierung). Schmidt, U. E. (2010), S. 34.

[87] Das dabei angewandte Verfahren ist im Kapitel 7.1, Kempten: Säkularisation und Mediatisierung, ausführlich dargestellt.

[88] Adam Smith versprach goldene Zeiten durch den Verkauf der Kronländereien. Bauer (2002 a), S. 237. – Siehe dazu auch Endres (1922), S. 418.

[89] Hazzi trat entschieden für die Privatisierung der Staatswaldungen und für die Genehmigung zur Rodung der veräußerten Waldflächen ein. Hazzi (1805 a), S. 305 - 414. – „Verschmolzen also dieses Chaos von Wald und Wüsteney in mannigfaltiges Privateigentum, und alles wird bald eine andere Gestalt annehmen." Durch den Verkauf von Staatswaldungen und ihr Roden werde „eine Menge Gewerbe und Fabriken aus dem Nichts hervortreten und die Bevölkerung [...] schnell einen beträchtlichen Zuwachs erhalten. [...] Bäume werden sich in Menschen verwandeln [...] Man braucht Menschen, Thätigkeit, Munterkeit – nicht die ewige Nacht der Wälder." Hazzi (1805 a), S. 405. – Grünberger wirft Hazzi, seinem Kollegen in der Generallandesdirektion, Fehler in dessen statistischen Darstellungen vor, vertritt die Auffassung, man könne den Engpässen der Staatskasse auch ohne Staatwaldverkauf begegnen und spricht sich deshalb gegen die Veräußerung von Staatswald aus. – Die Behauptung Hazzis, die großen Wälder verursachten das ungünstige Klima in Bayern, das sich merklich mildern würde, wenn man die kurfürstlichen Wälder rode, nennt Grünberger eine „zu Hilfe gerufene Charlatanerie". Ausführlich dargestellt bei Bauer (2002 a), S. 237 - 243.

[90] Kurfürstliches Reskript v. 26.4.1805. Endres (1922), S. 423.

[91] Endres (1922), S. 424. – Die Einschätzung der Verkaufsfläche mag durch folgenden Umstand erleichtert werden: 1819 erteilte der Landtag den Auftrag, zur Schuldentilgung in den nächsten 6 Jahren rd. 48 000 ha Staatswald zu verkaufen; veräußert wurden aber nur 8 500 ha. Endres (1922), S. 424.

[92] Wald in Zahlen, Internet.

[93] Waldgesetz für Bayern (BayWaldG) v. 22.7.2005, GVBl. S. 313.

[94] In Unterfranken führte die fränkische Realteilung zu einer besonders starken Zersplitterung des Privatbesitzes. Hamberger (2010), S. 23 - 24. – Ein Beispiel für die Zersplitterung durch die Realteilung bietet Oberndorf im Spessart. Dort bestanden nach der Rodung im 13. Jahrhundert zunächst 17 Hofstellen. 1843 waren sie in 364 einzelne Parzellen zerfallen. Franken wird bayrisch. Internet.

[95] Einer der ersten derartigen Zusammenschlüsse in Bayern war die oben näher beschriebene Waldbaugenossenschaft Lange Meile.

[96] Durch das Bundesgesetz über Forstwirtschaftliche Zusammenschlüsse (ForstZG) sollte die Rechtsform forstlicher Zusammenschlüsse geregelt und deren Bildung vereinfacht werden. Das Gesetz unterscheidet Forstbetriebsgemeinschafen (privatrechtlich organisiert), Forstverbände (Körperschaften des öffentlichen Rechts) und Forstwirtschaftliche Vereinigungen (privatrechtlich organisiert). Diese Bestimmungen wurden unverändert in das Bundeswaldgesetz vom 2.5.1975 übernommen. Waldbesitzervereinigungen und Forstwirtschaftliche Vereinigungen in Bayern sind also juristische Personen des privaten Rechts.

[97] Ein wachsendes Tätigkeitsfeld der forstlichen Zusammenschlüsse ist die Bewirtschaftung von Waldflächen, deren Besitzer dazu selbst nicht in der Lage sind (sog. Waldpflegeverträge). – Strukturverbesserungen durch den Tausch von Grundstücken sind im Flurbereinigungsgesetz geregelt.

[98] Schreiber et al. (2012), S. 55.

[99] Bayerisches Staatsministerium (2014), S. 21 - 24. – Forstliche Förderung. Internet. – Hamberger (2010), S. 28 f.

[100] Zitiert nach Kraft (2004) S. 22.

[101] Leitenbacher und Perfler (2009), S. 7 - 9.

[102] Ein tiefer Einschnitt für die staatliche Betreuung des Privatwaldes war die Forstreform von 2005. Bis zu diesem Zeitpunkt hatten Beamte der Bayerischen Staatsforstverwaltung die mit der Privatwaldbetreuung verbundenen Aufgaben wahrgenommen. Nun wurden die Forstämter aufgelöst. Die Bewirtschaftung des Staatswaldes übernahmen die Bayerischen Staatsforsten (Anstalt des öffentlichen Rechts). Für die Privatwälder ist nun die Bayerische Forstverwaltung im Bayer. Staatsministerium für Ernährung, Landwirtschaft und Forsten zuständig.

[103] Suda u. a. (2013), S. 133 - 139.

[104] Das Durchschnittsalter der bayerischen Waldbesitzer liegt bei 53 Jahren (Stand 2009); ein Drittel ist älter als 65 Jahre. Schreiber u. a. (2012), S. 56.

[105] Hastreiter (2012), S. 4 – 6. und Schreiber u. a. (2012), S. 55 f. – Zur Zeit werden pro Jahr etwa 20 000 Mitbürger zu neuen Waldbesitzern. Staatsministerium (2014), S. 21 - 24.

[106] Hamberger (2010), S. 29 f.

[107] Der Bayerische Waldbesitzerverband wurde 1918 gegründet. 1934 ging er zwangsweise im Reichsnährstand auf, wurde aber schon 1945 als Landesverband für den bayerischen Nichtstaatswald neu begründet. 1964 nahm er seinen alten Namen wieder an. Der Verband war (und ist) als Beirat in zahlreichen Gremien für Landesplanung, Naturschutz, Jagd, Forstrecht etc. tätig und vertritt dort die Interessen der Waldbesitzer. Es gelang ihm (damals Landesverband für den bayerischen Nichtstaatswald genannt) in den Jahren von 1946 bis 1960 Umfang und Zustand des Kleinprivatwaldes zu erfassen, über den es bis dahin nur unzureichende Unterlagen gab. Damit schuf er eine wesentliche Grundlage für eine Forstpolitik zu Gunsten des Privatwaldes. Der Waldbesitzerverband ist als privatwirtschaftlicher

Verein tätig (anders als der Bauernverband, der als Körperschaft des öffentlichen Rechts organisiert ist). Nach eigenen Angaben hat er 110 000 Mitglieder. Waldbesitzerverband. Internet.

[108] Besonders der kleine Privatwald verfügt über hohe Holzvorräte; das Nutzungspotenzial ist dort bei weitem nicht ausgeschöpft. Deshalb sollte die Begründung standortgerechter Mischbestände deutlich beschleunigt werden. Bayerische Landesanstalt für Wald und Forstwirtschaft (2014), S. 7 ff.

[109] Dabei wurden bereits bedeutende Erfolge erzielt. Der Flächenanteil der Laubhölzer in den bayerischen Wäldern ist in den letzten 40 Jahren von 22 % auf 36 % angestiegen. Bayerische Landesanstalt für Wald und Forstwirtschaft (2014), S. 7 f.

Oberpfalz

[1] Fritsch (1974), S. 30.

[2] Fritsch (1974), S. 30.

[3] Fritsch (1974), S. 30. Das ist ein großer Anteil, wenn man bedenkt, dass das Leben im Mittelalter fast ausschließlich agrarisch geprägt war, besonders auf dem Land.

[4] Holzkohle brennt mit kurzer blauer Flamme, raucht nicht, reduziert Eisenoxide und bietet Verbrennungstemperaturen von 800 Grad.

[5] Von zerrinnen.

[6] Fritsch (1974), S. 27.

[7] Oberpfalz im Luftbild, Pfrentsch. Internet.

[8] Vor allem Lutz (1941), Ress (1950) und Fritsch (1974).

[9] Siehe dazu Bauer (2002 a), S. 40 ff.

[10] Fritsch (1974), S. 32.

[11] Lutz (1941), S. 281. Der jährliche Hiebssatz für den Staatswald in dem (von Lutz großzügig abgegrenzten) Gebiet, das durch die Hütten genutzt wurde (Holzbodenfläche: rd. 154 000 ha), betrug im Jahr 1937 534 000 Festmeter. (Das Holz für die Eisenwerke wurde fast ausschließlich aus dem Staatswald bezogen.) Die Leistungsfähigkeit des Waldes war dabei 1937 höher als in der Zeit der Eisenwerke, weil bereits zahlreiche Streurechte abgelöst und viele Waldflächen saniert waren.

[12] Schmidt (2011), S. 2.

[13] Fritsch (1974), S. 32.

[14] Vangerow (2007), S. 98.

[15] Fritsch (1974), S. 54.

[16] Kraus, A. (1995), S. 175.

[17] Reutäcker wurden auf gerodeten Waldflächen angelegt, der Boden also neu der landwirtschaftlichen Nutzung zugeführt. Da der Waldboden durch diese Nutzung sehr schnell ausgelaugt war, wurden die Flächen nach wenigen Ernten wieder dem Wald überlassen. Heute wird diese Art des Wirtschaftens noch in vielen Teilen der Welt praktiziert. Man spricht modern von Wanderfeldbau (englisch: shifting cultivation).

[18] Um die Mitte des 19. Jahrhunderts waren drei Viertel der Staatswaldfläche mit Streurechten belastet.

[19] Fritsch (1974), S. 32.

[20] Schmidt (2011), S. 2.

[21] Schmidt, A. (2011), S. 3 f.

[22] Die Verbrennung von Holz erfüllte diese Forderung nicht.

[23] Weinberger (2001), S. 129 ff.

[24] Waldköhlerei. Internet. – Ausführliche Darstellung der Köhlerei auch bei Weinberger (2001), S. 129 ff.

[25] Z. B. der Kohlenmunk-Peter im Märchen „Das kalte Herz" von Wilhelm Hauff.

[26] Die schwarze Zunft. Internet.

[27] Diese waren in die Jagdverwaltung eingegliedert und unterstanden der Finanzverwaltung.

[28] Fritsch (1974), S. 48.

[29] Vergleichbar mit dem heutigen Landrat.

[30] Georg Heim (1865 – 1938). Bayerischer Agrarpolitiker, Mitbegründer der Bayerischen Volkspartei.

[31] Rückewege sind unbefestigte Erdwege zum Transport des Holzes vom Fällungsort zur Forststraße.

[32] Löffler u. a. (2002), S. 361 ff. – Beer (2010).

[33] Davon sind 10 reine Holzerntemaschinen. Fernmündliche Auskunft vom Betriebsleiter Bodenwöhr, Bruno Starke, 23.3.2016.

[34] Im Durchschnitt der Jahre 1819/1855 betrug der Nutzholzanteil (Bau- und Sägeholz, Stangen, Pfähle u.dgl.) im bayerischen Staatswald nur 16 Prozent. Löffler u. a. (2002), S. 336.

[35] Löffler u. a. (2002), S. 336 u. 344.

[36] Löffler u. a. (2002), S. 357.

[37] Oft ließ man zur Arbeitserleichterung hohe Stöcke stehen oder nutzte nur die wertvollsten Teile des gefällten Stammes. Durch das Ablängen des Holzes mit der Axt gingen Teile der Holzmasse als Späne verloren. Beim Holzen der Bloche über Steilhänge ging viel

Holz zu Bruch; dazu kamen die Verluste durch Beschädigung des Holzes bei der Trift und das Absinken schwerer Hölzer.

[38] Für Altbayern und die Oberpfalz wurde 1760 angeordnet, beim Zerteilen der Stämme zu Brennholz zur Minderung des Holzverlustes die Säge zu verwenden. Mandat v. 28.4.1760. Mayr (1784), Bd. 2, S. 777. – 1762 wurde dann das Fällen mit der Axt an Stelle der Säge mit Strafe bedroht. Mandat v. 5.8.1762. Mayr (1784), Bd. 2, S. 786. – Gegen die Verwendung der Säge entwickelte sich anfangs erheblicher Widerstand. So befürchtete man z. B. in den Triftgebieten gegenüber den mit der Axt abgeschroteten Hölzern einen höheren Triftverlust, den Anfall von Brockenholz durch Verkeilen an vorstehenden Steinen und stärkere Beschädigung der Triftbäche. Man bevorzugte die Axt aber wohl auch deshalb, weil sie billiger anzuschaffen und leichter in Stand zu halten war, als die Säge. Um die Mitte des 20. Jahrhunderts wurde die Handsäge bei der Waldarbeit von der Motorsäge abgelöst.

[39] So wurde z. B. angeordnet, zu Bauholz und Schindeln taugliches, also wertvolles Holz auszusortieren und nicht als Brennholz aufzuschneiden. Mandat v. 9.11.1767. Mayr (1794), Bd. 2, S. 809. – Die Dimensionen, in denen Rund- und Schnittholz aufzuarbeiten und zu verkaufen waren, wurden streng geregelt. Mandat v. 5.8.1762. Mayr (1784), Bd. 2, S. 786. – 1760 schrieb man in Altbayern und in der Oberpfalz für alles Brennholz eine Scheiterlänge von 3 ½ Schuh vor. Mandat v. 28.4.1760. Mayr (1784), Bd. 2, S. 777. (1 Fuß = 29,186 cm.) – 1789 wurde verfügt, dass das Holz in den 20 neu errichteten Forstmeisterämtern nach dem Münchener Klaftermaß, „das Klafter sechs Schuh hoch und weit und das Scheit drei und einen halben Schuh lang", aufgemacht werden solle. Mandat v. 14.3.1789 Mayr (1797), Bd. 5, S. 173 - 184. (1 Klafter = 3,1 Raummeter = 2,1 Festmeter.)

[40] Dietz u. a. (1984), S. 17.

[41] Rinne, meist aus Holzstämmen gebaut, in der geschlagenes Holz aus steilem Gelände wie in einer Rutschbahn abtransportiert wird.

[42] Die damalige Bedeutung der Trift lässt sich auch am Budget der Bayerischen Staatsforstverwaltung ablesen: 1850/1860 betrugen die Aufwendungen für Trift und Holzhöfe, einschließlich des Einschlags, der Aufarbeitung und der Bringung des Holzes zu den Wasserläufen, fast 10 Prozent des Gesamtaufwands. Auf Waldwegebau und Wegeinstandhaltung entfielen dagegen nur 3,6 Prozent. Löffler u. a. (2002), S. 338 f.

[43] Bauer (2002 a), S. 62 - 69.

[44] Der Transport des Holzes durch Trift und Flößerei ist in den Abschnitten 3.3, Frankenwald: Flößerei und 6.4, Reichenhall: Saline, im Einzelnen dargestellt.

[45] Während früher zahlreiche Arbeitskräfte beim Holztransport beschäftigt waren, genügt heute ein Fahrer für den mit 30 und mehr Festmetern Holz beladenen Transporter.

[46] Forstliche Bildungstätten, S. 426 - 430. Dietz u. a. (1984), S. 15.

[47] Ein gefällter Baumstamm, der von Ästen befreit ist und für eine hochwertige Verwendung als Bauholz vorgesehen ist. Es kann auch als Rundholz bezeichnet werden und steht dem Begriff Scheitholz (Brennholz, Schleifholz, Papierholz) gegenüber.

[48] Auch wissenschaftlich beschäftigte man sich jetzt mit den Nutzungen im Wald und ihren Voraussetzungen. Wichtigstes Werk ist die „Forstbenutzung" von Karl Gayer, konzipiert als Lehr- und Handbuch. Es erschien erstmals 1863 in Aschaffenburg. Bis 1949 wurde es insgesamt 14mal aufgelegt. Allein bis 1894 erschienen sieben Neuauflagen. Das zeigt das Interesse an Gayers Ansichten und die wachsenden Ansprüche an die Waldnutzung. Gayer selbst schreibt im Vorwort der ersten Auflage, dass das Werk zum einen ein Lehrbuch sein solle, zum anderen solle es aber auch ein Ratgeber für die tagtägliche Praxis des Forstbeamten darstellen. „[...] denn bei keiner Berufsbildung, am wenigsten bei einem technischen Fache, ist die Wissenschaft sich selbst Zweck, sie muß immer der Praxis dienen."

[49] Gestück, auch Setzpacklage genannt, besteht aus möglichst pyramidenförmigen, 20 bis 25 cm hohen Steinen. Sie werden in dem vorher im Boden angelegten „Koffer" im engen Pflasterverband von Hand gesetzt. Überstehende Spitzen köpft man und nutzt sie zum Verkeilen der Packlage. Auf das Gestück wird eine Schicht aus grobem Schotter aufgebracht und mit einer Glattwalze verdichtet. Dietz u. a. (1984), S. 368.

[50] Daneben wurde aber auch die reine Schotter- oder Makadam-Bauweise angewandt. – John Laudon McAdam entwickelte im frühen 19. Jahrhundert eine Technik, bei der die Straße aus drei Schichten Schotter unterschiedlicher Körnung aufgebaut wurde. Die Schichten wurden jeweils einzeln mit schweren Walzen unter Zugabe von Wasser verdichtet, damit sich die Schottersteine ineinander verkeilten.

[51] Konnten zwischen 1900 und 1914 im bayerischen Staatswald aus dem Durchschnittserlös für einen Festmeter Derbholz noch 80 - 100 Waldarbeiterstunden finanziert werden, so waren es in den 1920er Jahren noch etwa 60 Stunden, um 1950 noch 40 - 45 Stunden und Ende der 1980er Jahre schließlich nur noch 2 bis 3 Stunden. 1950/55 betrugen die Kosten für die Holzernte (Fällen, Aufarbeiten, Rücken) je Festmeter 12 - 15 Prozent des Durchschnittserlöses je Festmeter, 1985/90 35 - 40 Prozent. Löffler u. a (2002), S. 355.

[52] Blank (2002), S. 372. Löffler u. a. (2002), S. 356.

[53] Die Steigerung der Leistung bei der Holzernte (ohne Rücken) von 0,36 Festmeter/Arbeitskraftstunde im Jahre 1954 auf 0,99 Festmeter im Jahre 1975, also um fast das Dreifache, war zu einem wesentlichen Teil der Einmann-Motorsäge zuzuschreiben. Löffler u. a. (2002), S. 356.

[54] Der „Unimog" mit funkgesteuerter Doppeltrommelwinde wurde für Jahrzehnte zum leistungsfähigen Rückegerät, diente aber auch als universelles Transportfahrzeug.

[55] Dietz u. a. (1984), S. 123.

[56] In Deutschland wurden sie erstmals in großem Umfang zur Aufarbeitung der durch die Orkane „Vivian" und „Wiebke" (1990) verursachten Windwürfe eingesetzt.

[57] Forstliche Bildungstätten, S. 883 ff.

[58] Löffler u. a. (2002), S. 364.

[59] Forstliche Bildungstätten, S. 221 f.

[60] Forstliche Bildungstätten, S. 201 ff.

[61] Forstliche Bildungstätten, S. 519 f.

[62] Forstliche Bildungstätten, S. 22.

[63] Forstliche Bildungstätten, S. 22.

[64] Lehrrevier der forstlichen Hochschule Eberswalde bei der preußischen Oberförsterei Biesenthal.

[65] Kuratorium für Waldarbeit und Forsttechnik. Internet.

[66] Bauer, Daffner (2015), S. 26.

[67] Das Regierungshandeln von Thatcher in Großbritannien und Reagan in den USA galt als wegweisend.

[68] Entstaatlichung und Verwaltungsreform Ministerpräsident Stoibers. Internet. – Insgesamt hat er Beteiligungen im Wert von 6,6 Milliarden Euro verkauft. Die Erlöse wurden in die sogenannte "Offensive Zukunft Bayern" investiert, die vier Abschnitte umfasste. Der dritte wurde "Hightech-Offensive" benannt.

[69] Erwin Huber, Staatsinister für Verwaltungsreform a.D., mündl. Mitteilung 12.1.2017.

[70] Hübner, Bernhardt (2015), S. 12.

[71] Hübner, Bernhardt (2015), S. 12.

[72] Ministerratsbeschluss vom 14.12.1999 bei Hübner (2015), S. 12.

[73] Hübner, Bernhardt (2015), S. 12.

[74] Das Volksbegehren „Aus Liebe zum Wald", durchgeführt im November 2004, verfehlte die vorgeschriebene Marke von einem Zehntel der wahlberechtigten Bürger mit 9,3 % (= 854 000 Unterschriften) knapp.

[75] Details bei Hübner (2015), S. 12 - 13.

[76] Hübner, Bernhardt (2015), S. 13.

[77] Windisch (2015), S. 11.

[78] Neumayer, Neft (2015), S. 16.

[79] Deutscher Forstverein (2017), S. 9.

[80] Hübner, Bernhardt (2015), S. 15.

Niederbayern

[1] Schöller u. Volland (2002), S. 41.

[2] Der Bayerische Wald und sein Glas. Internet.

[3] In der umgekehrten Richtung diente der Weg zum Transport von Salz aus Reichenhall nach Böhmen. – Die Fugger betrieben Handel mit aller Welt.

[4] Weinberger (2001), S. 107.

[5] Weinberger (2001), S. 107 f.

[6] Die schwarze Asche kochte man etwa 24 Stunden in Wasser, bis sie zu einem festen Körper wurde. Sie wurde dann gebrannt (um noch vorhandene organische Beimischungen zu entfernen) und kalziniert. Der Rückstand wurde nochmals in kaltem Wasser gelöst und eingedampft. Nach dieser Behandlung war die Pottasche weiß und für die Glaserzeugung geeignet. Nach Dirscherl (1938), S. 15.

[7] Weinberger (2001), S. 108 f.

[8] Mantel (1990), S. 226.

[9] Dirscherl (1938), S. 5. – Die zahlreichen Ortsnamen im Bayerischen Wald, die auf „-hütte" oder „-hütten" enden, erinnern an diese Entwicklung.

[10] Schmöller u. Volland (2002), S. 41.

[11] Vangerow (2007), S. 96 - 110, und Schmidt (2011), S. 2.

[12] Bauer (2002 a), S. 29.

[13] Bauer (2002 b). S. 33.

[14] Bauer (2002 a), S. 46 f.

[15] Hamberger (2003 b), S. 19 - 21.

[16] An die Trift im Bayerischen Wald erinnert heute noch das sog. Schwellhäusl in der Nähe von Bayerisch Eisenstein. Im Jahr 1798 errichtete die Forstverwaltung am Schmalzbach eine Wasserstauanlage (Klause), die Schmalzbachschwelle. Drei Jahrzehnte später baute man daneben eine Unterkunftshütte für die Triftarbeiter, die später erweitert wurde: Das Schwellhäusl. Es stellt heute ein beliebtes Ausflugs- und Wanderziel im Bayerischen Wald dar. Schwellhäusl, Internet.

[17] Raesfeld (1898), S. 73 - 77.

[18] Reiner u. a. (2005), S. 13.

[19] Reiner u. a. (2005), S. 14.

[20] Reiner u. a. (2005), S. 16.

[21] Bis zu knapp 1 000 m.

[22] Sliwinski (2007), S. 8 - 10.

[23] Alle transportierten Sortimente in Raummeter umgerechnet. Reiht man diese Raummeter (1 m x 1 m x 1 m) gedanklich aneinander, ergibt sich ein rd. 1 450 km langer Holzstapel; eine Strecke wie von München nach Hamburg und zurück. Reiner u.a. (2005), S. 136.

[24] Reiner u. a. (2005), S. 64 und 131.

[25] Reiner u. a. (2005), S. 139.

[26] Reiner u. a. (2005), S. 149. – Die Entwicklung der Maschinenbetriebe ist im Abschnitt Oberpfalz, Kapitel Bodenwöhr: Holznutzung und Walderschließung, ausführlich dargestellt. – Außer im Ebersberger Forst, im Nürnberger Reichswald und in Spiegelau waren in Bayern noch einige weitere Waldbahnen in Betrieb. Die wichtigsten waren: Zwieselau – Buchenau (14,5 km, 1930 - 1958), Ruhpolding – Reit im Winkl (23 km, 1922 - 1936/37) und die Bächentalbahn bei Fall (10 km, 1930 - 1956, zum Teil in Österreich).

[27] Reiner u.a. (2005), S. 141. – Die Glashüttenherrn hatten in der ersten Hälfte des 19. Jahrhunderts die durch Ablösung ihrer Nutzungsrechte erworbenen Waldflächen an die Staatsforstverwaltung verkauft.

[28] Cotta (1828) S. 2.

[29] Köstler (1950), S. 394.

[30] Neuessing, Ortsteil des Marktes Essing, liegt im Altmühltal (Südlicher Fränkischer Jura), einige Kilometer nordwestlich von Kelheim.

[31] Finsterer (1985), S. 163 - 169. – Heinrich Huber, damals Oberforstrat in der Bayerischen Ministerialforstabteilung (und später Leiter der Bayerischen Staatsforstverwaltung), bestimmte am 23.2.1884 im Rahmen seiner Beurteilung der Forsteinrichtung für den Frauenforst, dass „auf der zur Verjüngung bestimmten Fläche sofort der Angriff nach den Grundsätzen des Femelschlagbetriebes einzulegen sein möchte". Dieser Auftrag wurde in die Neuessinger Wirtschaftsregeln und (insbesondere in den Varianten des Saumfemelschlags und des Bayerischen kombinierten Verfahrens), in zahlreiche Waldbaurichtlinien übernommen. Huber berichtete 1901, er sei schon „vor 34 Jahren Femelschlagwirtschaftler" gewesen (also 1867), und zwar in Neuessing, wo er als junger Beamter dem dortigen Revierförster Franz Schmidt als Gehilfe beigegeben war. Finsterer (1985), S. 167 - 168.

[32] Nieder- und Mittelwälder sind im Abschnitt Unterfranken, Kapitel Biebelried: Nieder- und Mittelwald, ausführlich dargestellt.

[33] Unter Umtriebszeit versteht man in der Forstwirtschaft den Zeitraum von der Begründung eines Waldbestandes bis zu seinem Einschlag.

[34] Hasel und Schwartz (2002), S. 264.

[35] Man nutzte ja in der Regel nicht den eigenen Wald, sondern übte Nutzungsrechte in fremdem Waldbesitz aus, für den man keine Verantwortung trug.

[36] Backmund (1941), S.79.

[37] In seinem Bericht über die Zustände im Forst Hagenau klagt Kosteletzky darüber, dass dort „mit abgab des Holzes an solchen Orten ohne examinierung des Erdbodens und Observierung, ob sich des ortens ein wiederwuchs ansetzt, dennoch von Jahr zu Jahr unvorsichtig fortgefahren werde". Backmund (1941), S. 78.

[38] Pechmann (1932), S. 695.

[39] Siehe dazu die Abschnitte über die Forstorganisation und über die Sicherung der Nachhaltigkeit.

[40] Gleichzeitig mit der Einrichtung von 20 Forstmeisterämtern.

[41] Mayr (1797), Bd. 5, S. 173 - 184.

[42] Mandat v. 16.3.1793. Mayr (1797), Bd. 5, S. 265 - 267.

[43] Bülow (1962), S. 156.

[44] Bülow (1962), S. 156.

[45] Bülow (1962), S. 203.

[46] Ernst (1932), S. 140.

[47] Die Buche wurde darüber hinaus in den Triftgebieten aus betriebstechnischen Gründen (das schwere Buchenholz bereitete bei der Trift Schwierigkeiten) gezielt zurückgedrängt.

[48] Bülow (1962), S. 201 f.

[49] Pechmann (1932), S. 701. Aus heutiger Sicht erscheint es merkwürdig, dass auf die geradlinige Begrenzung der Schläge so besonderer Wert gelegt wurde.

[50] So führte z. B. Matthias von Schilcher bei seiner Einrichtung des Ebersberger Forstes am Ende des 18. Jahrhunderts zur Verjüngung der Fichte lange, ganz schmale Schläge ein, parallel mit den neuen, von Südost nach Nordwest laufenden Geräumten (Hiebsrichtung also von Nordost nach Südwest). Bauer (2002 a), S. 85 f.

[51] Möglicherweise hat sich dabei der Einfluss des „Lehrbuch für die pfalzbairischen Förster" von Grünberger und Däzel bemerkbar gemacht, das für die Kiefernverjüngung 12 Samenbäume je Juchart (ca. 36 je ha) empfohlen hatte. – 1 Juchart (in den Dokumenten des 18. Jahrhunderts auch Jauchart, Juchert, Jauchert und Jochert, aber auch Morgen, genannt), wurden 1791 durch kurfürstliches Mandat mit dem Tagwerk „gleich gesetzt". (1 Juchart = 1 Morgen = 1 Tagwerk = 40 000 Quadratfuß = 0,340727 ha.)

[52] Johann Christian Karl Gayer wurde am 15.10.1822 in Speyer geboren. Er studierte zunächst Architektur und Mathematik am Polytech-

nikum München, musste das Studium aber aus finanziellen Gründen aufgeben. 1843 begann er seine Forstlaufbahn in der pfalzbayerischen Forstverwaltung als Forstgehilfe, machte aber rasch Karriere. 1855 wurde er Professor an der Bayerischen Forstlehranstalt Aschaffenburg. Im Jahr 1878 berief man ihn anlässlich der Verlegung eines Teils der Ausbildung von Aschaffenburg als Professor an die Universität München. 1889/90 war er ihr Rektor. Am 1. März 1907 ist Gayer in München gestorben.

[53] Gayer (1886).

[54] Gayer (1891), S. 105 - 107.

[55] Die Bodenreinertragslehre, 1858 von Max Pressler begründet, geht von dem Grundsatz aus, dass das wirtschaftliche Ziel der Forstwirtschaft eine möglichst hohe Verzinsung des Waldbodenwertes sei.

[56] Auch die Idee der „Naturgemäßen Waldwirtschaft" hat wichtige Wurzeln in den Überzeugungen Gayers.

[57] Nähere Ausführungen dazu im Kapitel 7.2, Antrag Toerring.

[58] Rebel (1924/25).

[59] Professor für Waldbau an der Universität München und 1953/54 deren Rektor. Seine Rolle in der Zeit des Nationalsozialismus an der Forstfakultät der Universität Göttingen hat Steinsiek (2015) kritisch beleuchtet.

[60] Köstler (1953), S. 17. Hochtanner (1979), S. 65 - 66. Mosandl (2007), S. 17.

[61] Köstler (1953), S. 14.

[62] Bauer (2002 a), S. 87 f.

[63] Bundesweit werden heute etwa 50 % der Verjüngungsflächen künstlich verjüngt mit einem geringen Anteil der Saat. Forstliche Bildungsstätten, S. 107.

[64] Es kam zur Verdrängung der Laubhölzer und zum Vordringen von Fichte und Tanne. Siehe dazu das Kapitel 7,3, Roggenburger Forst: Waldumbau. Ausführlich dargestellt auch in Bauer (2002), S. 99 - 108.

[65] Stromer war dem Verständnis, den Traditionen und der Denkweise seiner Zeit weit voraus. Hamberger (2011), S. 50.

[66] Mantel (1990), S. 284.

[67] Förster, die sich beim Sammeln des Saatgutes und bei der Ansaat der Kulturen besonders ausgezeichnet hatten, sollten öffentlich belohnt und in ein einträglicheres Amt befördert werden.

[68] Im Revier Ruhpoldung sollen 1808 778 Tagwerk Saaten angelegt worden sein. Pechmann (1932), S. 703.

[69] In den Salinengebieten wurden vom Ende des 18. Jahrhunderts an riesige Kahlschlagflächen wieder in Bestockung gebracht, meist durch Mischsaaten von Fichte, Tanne (5 - 10 %) und Lärche (5 %). – Nach der Instruktion für die altbayerischen Forstbeamten von 1796 waren bei der Verjüngung von Eichen im Schirmschlag auf Flächen, auf denen die Verjüngung nicht ausreichend auflief, Eicheln einzustufen. Zur Vergrößerung des Kiefernanteils in den Beständen sollte auf Fichtenschlägen „und wo sonst thunlich (Laubholzschläge ausgenommen)" Kiefer gesät werden. Mayr (1799), Bd. 6, S. 99 - 104. – In den Wäldern um München war um diese Zeit die Einstufung von Eicheln und Bucheln und die Saat von Hasel, Rüster, Birke und Aspe vorgeschrieben. Es war in diesem Waldgebiet aber auch üblich, Kahlflächen durch Fichtensaaten aufzuforsten. Schilcher (1797/98), Forsteinrichtungswerk für den Hofoldinger Forst. – Aus den für die Eisenindustrie wichtigen Gebieten der Oberpfalz wird um diese Zeit von Kiefernsaaten berichtet. Auf den großen Schlagflächen seien im allgemeinen Kiefer und Birke die einzigen Baumarten gewesen, die sich in dem Heidefilz ansamen und trotz des Verbisses durch Schafe durchsetzen konnten. Die Ansamung wurde zuweilen durch Stockrodung und Bodenbearbeitung unterstützt. Ernst (1951), S.28.

[70] Gegen Ende des 18. Jahrhunders wurden im Gebirge z. B. durchschnittlich 46 kg des teuren Fichtensamens je ha ausgesät – das Vierfache der von Pechmann für notwendig gehaltenen Menge. Pechmann (1932 a), S. 164 - 167.

[71] Die Saat ist aber immer noch das wichtigste Verfahren zur Begründung von Eichenbeständen.

[72] Dazu gehören auch die Kahlflächen, die durch die Übernutzungen während des Zweiten Weltkrieges und die Zwangseinschläge auf Weisung der Besatzungsmächte entstanden. Am 1. Oktober 1948 waren 4,7 % der Waldfläche Bayerns kahl geschlagen (Staatswald = 6,6 %, Gemeinde- und Stiftungswald = 3,7 %, Privatwald = 3,8 %). Schlögl (1954), S. 751.

[73] In Nadelholzbeständen werden Laubhölzer (besonders Buche und Tanne) einige Jahrzehnte vor dem Einschlag des Altbestandes eingebracht, um ihnen einen Wuchsvorsprung vor der Nadelbaumverjüngung zu sichern.

[74] U. E. Schmidt beschreibt eine derartige Anlage aus dem Jahr 1784. Schmidt, U. E. (1997), S. 230.

[75] Der Salzmeier war damals sowohl für die Salinen, als auch für die ihrer Versorgung dienenden Wälder zuständig. Brosinger (2002), Bd. II, S. 510 ff.

[76] Pechmann (1932 a), S. 165 - 167.

[77] Der Österreicher Adolf Cieslar, der Schweizer Adolf Engler und der Deutsche Peter Schott haben im ersten Jahrzehnt des 20. Jahrhunderts die forstliche Öffentlichkeit für dieses Thema interessiert. Endres erklärte 1910: „Ich halte diese Samenfragen für die wichtigsten der ganzen Forstwirtschaft." Gesellschaft für forstliches Vermehrungsgut, Internet.

[78] Ein eindrucksvolles Beispiel für das Problem der Saatgutherkunft ist die Verwendung des Saatguts der Alpenlärche in Mittel- und Norddeutschland. Die damit begründeten Lärchenbestände zeigten starken Befall durch den Lärchenkrebs.

[79] Forstvermehrungsgutgesetz (FoVG) v. 22.5.2002, BGBl. I, S. 1658.

[80] Stecklinge sind Pflanzenteile, die gepflanzt werden, und Wurzeln bilden und sich zu einer selbständigen Pflanze entwickeln (vegetative Vermehrung).

[81] Köstler (1950), S. 225.

[82] Holz mit einem Durchmesser von mehr als sieben Zentimetern.

[83] Hartig (1791), S. 16.

[84] Cotta definiert die Durchforstung folgendermaßen: „Unter Durchforstungen versteht man die Auslichtung der noch nicht haubaren Bestände. Sie unterscheiden sich von den Plänterhauungen wesentlich dadurch, daß bei ihnen nur dasjenige Holz weggenommen werden muß, welches dem herrschen sollenden im Wachsthum nachtheilig ist, anstatt daß bei der Plänterhaung das stärkste genommen wird, oder auch das, was man ebenbraucht." Cotta (1817), 7. Kap., § 52, S. 42. – Cotta hat eine originelle Begründung für die Durchforstung gewählt: „Der abgenutzte Einwurf, daß man der Natur nicht vorgreifen dürfe, daß sie alles am besten mache, und schon selbst entfernen würde, was zu viel da wäre, ist ebenso klug als der Rath, daß man den Wolf unter den Schafen nicht stören dürfe, weil ihm die Natur den Trieb zum Schaffressen nicht umsonst gegeben habe." Cotta (1817), Kap 7, § 53, S. 43.

[85] Z. B. die „Holz- und Kohlordnung vor dem Gebürg an Isar und Loisach" von 1536 und die Forstordnung für die Oberpfalz von 1600.

[86] Die „Holz- und Kohlordnung vor dem Gebürg an Isar und Loisach" von 1536 verbot z. B. junges, gerades Holz zu fällen und legte Mindestmaße für die Floßstämme fest.

[87] In der Forstordnung für die Oberpfalz wurde z. B. angeordnet, Holz heraus zu hauen, wo es zu dicht stehe. Ernst (1951), S. 30 - 33.

[88] Schilcher, F. S. v. (1778): Forsteinrichtungswerk für den Abensberger Forst.

[89] Z. B. durch Kraft, Borggreve, Michaelis, Gerhardt, Heck, Schädelin und Assmann.

[90] Zukunftsbäume, auch Zuwachsbäume.

[91] Nähere Ausführungen zum Maschineneinsatz in der Waldarbeit im Kapitel 4.4, Bodenwöhr: Holznutzung und Walderschließung.

[92] Biermayer und Tretter (2016) haben kürzlich Vorschläge für die Bewirtschaftung von Fichtenbeständen bei fortschreitendem Klimawandel entwickelt, die sich wie folgt zusammenfassen lassen: Die Fichtenbestände in Bayern sind – abgesehen von einigen Sonderstandorten – immer noch durch hohe Holzvorräte und sehr positive Wirtschaftsergebnisse gekennzeichnet. Die Forstwirtschaft hat deshalb die klimatischen und standörtlichen Möglichkeiten des Fichtenanbaus oft bis an ihre biologischen Grenzen ausgenutzt. Die Risiken der Fichtenwirtschaft (Sturm, Schneebruch, Borkenkäfer, Trockenheit und Hallimasch) wurden in Kauf genommen. In Anbetracht des Klimawandels muss dieses Vorgehen dringend kritisch überprüft werden. So lange auf guten Standorten ausreichende Sommerniederschläge die Wasserversorgung sicherten, hat die Erderwärmung den Zuwachs der Fichten im Dickungs- und Stangenholzalter bisher nicht beeinträchtigt, sondern oft sogar gefördert. Bei weiter fortschreitendem Klimawandel ist aber nicht zu erwarten, dass die heutigen Jungbestände sich künftig so entwickeln werden, wie die heutigen Altbestände. Auf günstigen Standorten mit ausreichenden Niederschlägen in der Vegetationszeit kann durch zielgerichtete Pflege (Erhöhung der Niederschläge, die den Boden erreichen) die in den ersten Jahrzehnten besonders hohe Wuchsleistung unterstützt werden. Auf den weniger guten Standorten ist aber damit zu rechnen, dass bei Fortschreiten des Klimawandels Fichtenbestände – ähnlich wie in Mittelfranken ab Mitte des vorigen Jahrzehnts erlebt – schon in so frühem Alter dem Borkenkäfer zum Opfer fallen werden, dass wertvolle Dimensionen nicht mehr regelmäßig erreicht werden können. Die Forstwirtschaft sollte deshalb vorsorglich mit waldbaulichen Mitteln das Entstehen fichtenreicher Nachfolgebestockungen auf Standorten, die schon jetzt nicht mehr fichtentauglich sind oder es voraussichtlich werden, unbedingt verhindern. Hier sollte die Fichte nicht mehr führend sein, sondern nur noch Mischbaumart. Biermayer und Tretter (2016), S. 44 - 49.

[93] Bayer. Staatsministerium für Ernährung, Landwirtschaft und Forsten (2011), S. 1.

[94] Hamberger und Irlinger (2012), S. 5.

[95] Es ist hilfreich, Vertreter öffentlicher Belange (z. B. Bürgermeister) oder interessierte Laien aus der Region in diese, dem Schutz der Bodendenkmäler dienende Informationen einzubeziehen. Hamberger (2009 c), S. 81 - 83.

[96] Durch den unsachgemäßen Einsatz schwerer Maschinen können Bodendenkmäler stark beschädigt oder auch ganz vernichtet werden. Es kommt deshalb entscheidend darauf an, Maschinenführer über das Vorkommen von Bodendenkmälern in den von ihnen zu bearbeitenden Gebieten zu informieren und sie zu rücksichtsvollem Vorgehen anzuhalten. Hamberger und Irlinger (2016).

[97] Die Naturzone umfasst das gesamte Gebiet des alten Nationalparks, und rd. 30 Prozent des Erweiterungsgebietes. Seit 1.1.2017 ist diese um 2 000 ha erweitert.

[98] § 12 a der Verordnung zur Änderung der Verordnung über den Nationalpark Bayerischer Wald vom 17.9.2007. GVBl. S. 671.

[99] § 14 der Verordnung zur Änderung der Verordnung über den Nationalpark Bayerischer Wald v. 17.9.2007. GVBl. S. 671.

[100] Die gefällten Stämme werden entweder rasch abgefahren oder bleiben entrindet im Wald liegen.

[101] Forschung im Bayerischen Wald. Internet.

[102] Nationalpark Bayerischer Wald (2009).

[103] Nationalpark Bayerischer Wald (2008).

[104] Biebelriether (1979), S. 38.

[105] Biebelriether (1979), S. 47.

[106] Tubeuf (1921).

[107] Normal ist es umgekehrt: der Rohstoff kommt ins Gewerbegebiet.

[108] Glashütten des Bayerischen Waldes. Internet.

[109] Kahlschlag, Saumschlag, Schirmschlag, Femelschlag, Saumfemelschlag.

[110] Rebel (1924/25). Auch die Idee der „Naturgemäßen Waldwirtschaft" hat wichtige Wurzeln in den Überzeugungen Gayers.

[111] Rebel (1924/25).

[112] Köstler (1950), S. 400.

Oberbayern

[1] Bauer (2007). S. 6 f.

[2] Schmidt, U. E. (1997), S. 304 ff. und Bauer (2002 a), S. 111 - 116.

[3] Es ist schwierig, die Entwicklung der Forstorganisation in Bayern auf beschränktem Raum darzustellen. Die Grenzen des hier als „Bayern" bezeichneten Gebietes haben sich in dem dargestellten Zeitraum wesentlich verändert. Mit dem Regierungsantritt des Kurfürsten Karl Theodor als bayerischer Landesherr im Jahr 1777 kamen die Herzogtümer Pfalz-Neuburg und Pfalz-Sulzbach sowie die Kurpfalz an Bayern; durch Säkularisation und Mediatisierung wurde Bayern erheblich erweitert. Es wurde darauf verzichtet, die Behördenstruktur in der Oberpfalz, in Neuburg, Sulzbach und in den nach 1803 angegliederten Gebieten vor dem Jahr 1803 (in dem das Finanzministerium oberste Forstbehörde für alle Landesteile Bayerns wurde), zu schildern. Im Mittelpunkt steht wegen seines überwiegenden Flächenanteils Altbayern, also Ober- und Niederbayern.

[4] Bayerisches Hauptstaatsarchiv, Staatsverwaltung, Nr. 414, Fol. 17.

[5] Mayr (1784), Bd. 2, S. 749 - 757.

[6] Die Generalbaudirektion, 1688 - 1895.

[7] Sie sind in etwa unseren Finanzämtern vergleichbar.

[8] Ausführliche Darstellungen dazu in Bauer (2002 a), S. 125 ff. und Bauer (2007), S. 1.

[9] „Gesetz über Marktordnungen auf dem Gebiet der Forst- und Holzwirtschaft" v. 16.10.1935. RGBl. I. S. 1239.

[10] Gesetz über die Landesforstverwaltung v. 7.2.1935. GVBl., S. 93.

[11] VO v. 18.6.1946. GVBl., S. 216.

[12] Schuster (1926), S. 53.

[13] Es gab ja noch kaum forstliche Ausbildungsstätten.

[14] Der Kastner war mit der Verwaltung des herrschaftlichen Kammergutes beauftragt, insbesondere hinsichtlich des Kastens, des Speichers, wo die Naturalabgaben der Untertanen verwahrt wurden.

[15] Graf La Rosée legte z. B. in seiner Denkschrift über die Geschichte des Forstwesens von 1794 dar, dass „die Förste Baierns größten Theils denen rohesten und unwißensten Jagdbedienten unter der Oberaufsicht theils des Oberstjägermeisteramtes, theils der Gerichts- und Kastenbeamten – auch Wildmeistern anvertraut war". Bayerisches Hauptstaatsarchiv, GR 496/117.

[16] Einteilung Altbayerns in 20 Forstmeisterämter und Regelung ihrer Aufgaben. Mayr (1797), Bd. 5, S. 173 - 183. Siehe auch Bauer (2002 a), S. 202 - 205.

[17] Die Förster wurden mancherorts von Unterförstern, Forstjungen (junge Forstleute, die eine bestimmte Praxiszeit ableisten mussten) und Hacklförstern (meist Bauern, die im Nebenberuf bestimmte forstliche Aufgaben erfüllten) unterstützt, vor allem in der Forstaufsicht.

[18] Mayr (1799), Bd. 6, S. 99 - 104.

[19] Die Organisationsübersichten für die neuen Forstämter geben Auskunft über die Namen der Reviere, die zugehörigen Waldungen, ihre Flächen, das eingesetzte Forstpersonal (ohne Hacklförster) und dessen Wohnorte, sowie über die zuständigen Kastenämter und Forstgerichte. Die Fläche der Waldungen, die man den Forstmeisterämtern zugeteilt hatte, war sehr verschieden. Bei der Ausstattung der Ämter mit Personal lässt sich keine systematische Beziehung zu ihrer Waldfläche oder der Ertragsfähigkeit der Waldungen erkennen. Der größte Teil der Waldflächen war ja noch nicht vermessen.

[20] Bauer (2002 a), S. 271 - 276 und 307 - 309.

[21] Rottmanner (1778), S. 3 - 7. Rottmanner (1780), besonders S. 13 - 15, 62 - 63, 472 und 603. Rottmanner (1783 - 1787), Kap. 1.- 6. Hazzi (1805 a), vor allem S. 386 - 388. La Rosèe (1794), Denkschrift. Utzschneider (1791). Dienstreise.

[22] Schanz (1917), S. 180.

[23] Unter Forstschutz versteht man in der Forstwirtschaft alle Maßnahmen zum Schutz von Wäldern vor Schäden jeder Art. In der Vergan-

genheit verstand man darunter besonders den hoheitlich-polizeilichen Einsatz des Forstpersonals gegen sog. Forstfrevler (z. B. Holzdiebstahl, unerlaubte Waldweide, Wilderei). Heute umfasst der Forstschutz vor allem den Schutz des Waldes gegen schädliche Tiere und Pflanzen und gegen negative Umwelteinflüsse.

[24] Wie im Kapitel 1.1., Aschaffenburg: Ausbildung, bereits kurz dargestellt.

[25] Verordnung v. 9.2.1885. Gesetz- und Verordnungsblatt 1885, S. 29.

[26] Einschließlich der drei in Österreich liegenden Saalforstämter.

[27] Soweit sie vertraglich vereinbart war auch für Betriebsleitung und Betriebsausführung.

[28] Manch einer hält die schematische Einteilung der Wälder für eine technokratische Regelung aus neuerer Zeit. Sie begann 1763 mit der Einteilung des Anzinger Forstes durch den Ingenieur-Hauptmann Xav. Pusch. Schilcher verfeinerte diese Einteilung, wie aus seiner Karte von 1798 hervorgeht. Schilcher (1798). Beck (2003, S. 116) spricht im Zusammenhang mit der Anlage dieser linearen Schneisen von „kartographischer Kolonisation der Wälder".

[29] Zudem erfüllte der Wald seine immer wichtigere Funktion als Quelle ständiger Einnahmen für die stark verschuldete kurfürstliche Kasse nur sehr unzureichend.

[30] Ein prominenter Zeitzeuge, Johann Wolfgang von Goethe, hat dieses Gefühl der Unsicherheit 1795 folgendermaßen ausgedrückt: „Wie unser Forstwesen zuerst eingerichtet worden und wie es erhalten wird, verdient von einem jeden gekannt zu werden, zu einer Zeit, in welcher die Holzconsumption immer stärker wird und man gegründete und ungegründete Sorgen für die Zukunft gar oft hören muss." Schmidt, U. E. (1997), S. 261. Bauer (2005), S. 1 - 14.

[31] Klings „Vorschläge" wurden entscheidend für Forstplanung und Waldbewirtschaftung in Bayern. Kurfürst Karl Theodor hatte Kling, damals kurpfälzischer Hofkammerrat, 1795 nach München berufen. In der Pfalz war auf Betreiben Klings schon 1787 als forstliche Zentralstelle für die Leitung der Staatswaldungen ein „Hofkammerforstamt" (1788 zur „Hofforstkammer" erhoben) eingerichtet worden. 1790 hatte er bei einer öffentlichen Sitzung der Akademie der Wissenschaften in Mannheim eine Vorlesung zum Thema „Vorschriftsmäsige Behandlung der Domainenwaldungen in der Churpfalz" gehalten. Im Mittelpunkt seiner Ausführungen stand sein Forsteinrichtungsverfahren. Darin setzte er sich für eine strenge Nachhaltigkeit der Nutzung ein. Durch seinen Einfluss wurden wesentliche Grundsätze und Erfahrungen aus der kurpfälzischen Forstwirtschaft und Forstverwaltung auf Bayern übertragen. Bauer (2002 a), S. 198 ff. und 315 - 320. – Außerdem Bauer (2007 b).

[32] Treutlein (1990), S. 16 - 25. – Bauer (2002 a), S. 211.

[33] Hier wird der allgemein bekannte Begriff „Ebersberger Forst" verwendet. Das von Schilcher bearbeitete Gebiet wäre geographisch genau als Anzinger-Eglhartinger Forst zu bezeichnen. Es handelt sich dabei um den West- und Nordteil des Ebersberger Forstes; der Ostteil befand sich bis zur Säkularisation im Besitz des Klosters Ebersberg.

[34] Bauer (2002 a), Anhang XVIII, Seite 313.

[35] Mandat v. 20.11.1789. Mayr, (1797), Bd. 5, S. 173 - 184.

[36] Mandat v. 16.11.1790. Mayr (1797), Bd. 5, S. 203 - 208 und Mandat v. 23.6.1796. Mayr (1797), Bd. 5, S. 93 - 104.

[37] Auch daran hat Johann Peter Kling entscheidend mitgewirkt.

[38] Hasel u. Schwartz (2002), S. 306.

[39] Hamberger (2013 c) S. 429.

[40] Bauer (2002 a), S. 313 f. – Etwa gleichzeitig mit dem Fachwerk entstanden die Vorrats- und Zuwachsmethoden. Sie wollten einen Waldzustand erreichen, bei dem die Nutzung ständig dem Zuwachs entsprach. Der auf zahlreichen Vorrats- und Zuwachsberechnungen beruhende Hiebsatz bestand deshalb aus dem Zuwachs zuzüglich oder abzüglich eines Ausgleichs zur Anpassung des derzeitigen Vorrats an den angestrebten. Diese Verfahren haben in Deutschland keine weite Verbreitung gefunden In Österreich gewannen sie dagegen große Bedeutung („Kameraltaxe"); auch in der Schweiz wurden sie angewandt.

[41] Normalwald ist der idealisierte Zustand eines Waldes mit genau gleich großen Reinbeständen in allen Altersklassen, gleichem Bestockungsgrad, gleichem Pflegezustand, gleicher Qualität (Bonität) und Kahlschlag bei Erreichen der festgesetzten Umtriebszeit. Normalwald. Internet. Der Vergleich des realen Waldzustandes mit dem Normalwaldmodell bietet eine Grundlage für die forstliche Planung.

[42] Vorgetragen bei der 328. Sitzung der Kammer der Abgeordneten des Bayerischen Landtags. Zitiert nach Vanselow (1911), S. 179 - 182.

[43] Rehfueß (1978), S. 1194.

[44] Rehfueß (1978), S. 1194.

[45] Langfristiges Monitoring umfasst z. B. Waldklimastationen, Betreuung des Testbetriebsnetzes, Bodendauerbeobachtungsflächen, den jährlichen Waldzustandsbericht und die in Dekaden durchgeführte Bundeswaldinventur.

[46] Außer Forstwissenschaft noch Agrarwissenschaften, Biowissenschaften, Brautechnologie, Ernährungswissenschaften und Landschaftsarchitektur.

[47] Studienfakultät für Forstwissenschaft und Ressourcenmanagement, Leitbild. Internet.

[48] Grüne Hochschule, Leitbild. Internet.

[49] Hamberger (2009 b), S. 29-33. Mit Unternehmertagen, Waldbesitzertagen, Bündelung forstlicher Verbände und Popularisierung forstlichen Wissens, will das Zentrum Forstpraktiker aus ganz Bayern an sich binden.

[50] Brosinger (2002), S. 505.

[51] Der Salzhandel führte auch zur Gründung Münchens. 1156 zerstörte Heinrich der Löwe die bei Föhring gelegene Zollbrücke des Bischofs Otto von Freising und errichtete bei der kleinen Mönchssiedlung Munichen eine neue Brücke über die Isar. Die damals wirtschaftlich bedeutsame Salzhandelsstraße führte nun nicht mehr über Föhring, sondern über München. Am 14. Juni 1158 sanktionierte Kaiser Friedrich I. Barbarossa die Brückenverlegung und bestätige das Zoll-, Münz- und Marktrecht für München, was zur Grundlage des wirtschaftlichen Aufstiegs wurde.

[52] Zierhut (1995), S. 240 f.

[53] Holz, das zur Verpackung und zum Versand des Salzes benötigt wird, also vor allem zur Herstellung von Fässern.

[54] Brosinger (2002), S. 505.

[55] Salzkrieg (1611). Internet.

[56] Bülow (1992), S. 159 ff.

[57] Nun konnte man das Holz von einer Waldfläche von 180 000 ha für die Salzgewinnung nutzen und damit die Sole verdampfen. Hasel (1985), S. 166.

[58] Man spricht auch beim Transport des Holzes z.B. über den Tegernsee von Trift. Dabei wurden eine größere Menge schwimmenden Holzes durch locker verbundene Stämme zu sog. Scheeren zusammengefasst und mit Booten über den See geschleppt. Das war äußerst energie- und arbeitsaufwändig.

[59] Aus Holzstämmen gebaute Rutschbahnen, auf denen das Holz zu Tal glitt.

[60] Im Salinengebiet wurde zu Anfang des 16. Jahrhunderts eine Länge von 3 Schuh für die Scheite vorgeschrieben.

[61] Um 1600 stammten 20 % der Staatseinnahmen Bayerns aus der Reichenhaller Saline. Vogel (1995), S. 61.

[62] Heydenreuter (2008), S. 180.

[63] Brosinger (2002), S. 510 f.

[64] Brosinger (2002), Königl. Entschließung v. 29.1.1867.

[65] Brosinger (2002), S. 516.

[66] Z. B. der Vinzenzi-Verein in Ruhpolding.

[67] Am 11.6.1986 beschloss der Bayerische Landtag den Zustand der Schutzwälder zu erfassen und wo nötig Sanierungsmaßnahmen einzuleiten. Dieser Beschluss gilt als die Geburtsstunde der Schutzwaldsanierung in Bayern. StMELF (2016), S. 51.

[68] Hildebrandt (2006); S. 55.

[69] Art. 5 des BayWaldG.v. 22.7.2005.

[70] Schutzwald, Internet.

[71] Schutzwald, Internet.

[72] Schutzfunktion des Waldes, Internet.

[73] Bergwaldoffensive, Internet.

[74] Schutzwaldsanierung, Internet.

[75] Hauke (1988), S. 6.

[76] Hauke (1988), S. 177.

[77] Hauke (1988), S. 179.

[78] Oberammergauer Museum. Internet.

[79] Untersuchung Hauke. Im Gegensatz dazu wurde im Grödnertal vorwiegend Zirbe verarbeitet.

[80] Im Jahr 1806 wurden die Forstrechte an den bis zur Säkularisation zum Kloster Ettal, jetzt zum Königreich Bayern, gehörenden Waldungen abgelöst. Von den 40 000 Tagwerk Wald wurden 24 000 Tagwerk Eigentum der bisher Forstberechtigten. 800 Rechtler erhielten je 300 Tagwerk. Von den 16 000 Tagwerk, von Rechten befreiter Wald, die dem Staat verblieben, wurde die Bestockung von 11 369 Tagwerk für die Trift auf der Ammer vorgesehen. Es ist deshalb wohl davon auszugehen, dass auch schon vorher erhebliche Holzmengen aus den Wäldern um Oberammergau außer Landes getriftet worden waren. Hauke (1988), S. 55-57. 1 Tagwerk = 0,340727 ha.

[81] Strelow (2003), S. 127 f.

[82] Für 1746 wird über einen Verbrauch von 10 324 Klafter Brennholz durch die Ettaler Untertanen berichtet.

[83] Hauke (1988), S. 179.

[84] Zwischenhändler.

[85] Hauke (1988), S. 170.

[86] Siehe dazu Bauer (2002 a), S. 111 ff. und Bauer (2005), S. 1 ff.

[87] Anstalt des öffentlichen Rechts.

[88] Carlowitz (1713). Neu herausgegeben von Joachim Hamberger (2013 a), S. 216 (Original S. 105/106).

[89] Hamberger (2013 a), Einführung zur Carlowitz-Edition, S. 29.

[1] Die Aufklärung hatte die Vernunft zum allgemein gültigen Maßstab für das gesellschaftliche und persönliche Handeln erhoben und wollte das Zusammenleben der Menschen nach neuen Grundsätzen ordnen. Die Ständegesellschaft und das Feudalsystem sollten überwunden werden; man wandte sich den Naturwissenschaften zu, trat für religiöse Toleranz, Bürgerrechte und allgemeine Menschenrechte ein und forderte vom Staat, das Gemeinwohl zu sichern.

[2] Beschluss eines Ausschusses des in Regensburg tagenden Immerwährenden Reichstages. Vom Reichstag im März 1803 ratifiziert; im April vom Kaiser unterzeichnet und damit Reichsgesetz.

[3] Treml (2011), S. 99 - 107.

[4] Maximilian Carl Joseph Franz de Paula Hieronymus Graf von Montgelas (1759 –1838) – von 1799 bis 1817 Minister des Kurfürsten und späteren Königs Maximilian – war der bedeutendste bayerische Politiker des 19. Jahrhunderts. Ihm zu verdanken sind neben der Eingliederung der neu gewonnenen Gebiete eine tiefgreifende Reform der öffentlichen Verwaltung, des öffentlichen Finanz- und Steuerwesens und der Rechtspflege, sowie die Gleichstellung der christlichen Konfessionen. Es war eine „Revolution von oben". Treml (2011), S. 99 - 107.

[5] Hazzi (1805), S. 472 - 474.

[6] Mitteilung von Thomas Groll, Bistumshistoriker des Bistums Augsburg, vom 7.9.2015. Die Informationen finden sich auch in den alten Operaten des Forstamtes.

[7] Hamberger (2010), S. 22. – Nach Endres entfielen 44 % der Staatswaldfläche Bayerns auf die säkularisierten Forste. Endres (1922), S. 411.

[8] Diese Rechte waren ursprünglich in der Regel auf den Bedarf des Berechtigten abgestellte Vergünstigungen (precaria). Im Lauf der Zeit verschoben sich die Abhängigkeitsverhältnisse zwischen Waldbesitzern und Waldnutzern. Unter dem Einfluss des Römischen Rechts wurden zudem die „aus Gnaden" gewährten Bezüge zu Servituten. Bauer (2002 a), S. 247.

[9] Man hatte versucht, die Ausübung der Forstrechte durch administrative Maßnahmen (z. B. Abgabe von Holz mit geringerem Wert, Beschränkung der Anzahl der Weidetiere und der Weidezeiten) zu begrenzen. Das hatte aber bei weitem nicht genügt, um die Lasten der Forstrechte entscheidend zu verringern. Bauer (2002 a), S. 247.

[10] Fröhlich (1990), S. 24 - 29. Bauer (2002 a), S. 247 ff.

[11] Hazzi war damals Oberlandesdirektionsrat in der fünften, auch für den Wald zuständigen Deputation der Oberlandesdirektion München. In seiner 1805 erschienenen Schrift „Die echten Ansichten der Waldungen und Förste, gegenwärtig über die Purifikation sammt der Geschichte des Forstwesens im Allgemeinen, vorzüglich in Bayern", hat er seine Meinung dargestellt: „Es gibt hier kein anderes Mittel als die Abscheidung der bisherigen Gesamtnutzung durch Grund und Boden. Man theile daher nach diesem Grundsatz den Wald und jeder kann dann für den Erwerb seiner Nutzung, für die Kultur selbst sorgen, oder muß den Schaden büßen und aller Streit hat ein Ende." Hazzi (1805), S. 74.

[12] Mandat v. 17.12.1804. Döllinger (1831), Bd. 1, S. 438.

[13] Döllinger (1831), Bd. 1, S. 442.

[14] Dabei waren dem Rechtler je Klafter Holzrecht 1 Tagwerk Wald von gutem Zustand, 1 ½ Tagwerk mittlerer Güte oder 2 Tagwerk von geringer Wuchsleistung zu übereignen. (1 Klafter = 3,13249 Raummeter. Die Ablösungsflächen pro Klafter Rechtholz betrugen also 0,34 ha, 0,51 ha und 0,68 ha.)

[15] Das Eigentum war aber nicht wirklich frei. Noch immer lag auf dem zu Beginn des 19. Jahrhunderts geschaffenen privaten Waldeigentum das alte Jagdregal des Adels, das zur Jagd auf fremdem Grund und Boden berechtigte. Erst nach der Revolution von 1848 wurde das Jagdrecht an das Grundeigentum gebunden und das Revierjagdsystem eingeführt. Hamberger (2010), S. 24.

[16] Besonders die Bauern im bayerischen Gebirge mit ihren zum Teil uralten Rechten auf Waldweide kämpften beharrlich für ihre Nutzungsrechte. Bauer (2014), S. 8 f. – Die Grundsätze des Mandats über die Forstrechtsablösung von 1805 blieben im Wesentlichen bis zum Erlass des Forstgesetzes 1852 in Kraft.

[17] Die Hoffnung Hazzis und seiner liberalistischen Gesinnungsgenossen auf einen schnellen Erfolg der Purifikation erfüllte sich allerdings nicht.

[18] Dass die Ansprüche der Rechtler und das, was der Wald in Wirklichkeit bot, zuweilen weit auseinander lagen, kann man an der Purifikation des Kollegiatstiftes Habach (Landkreis Weilheim) studieren. Für ein Klafter Holzrecht sollten die Rechtler ein Tagwerk Wald bekommen. Das Stift besaß 1 180,5 Tagwerk Wald. Zur Abfindung aller Bezugsberechtigten wären aber 1 490 Tagwerk notwendig gewesen. Nach Verhandlungen einigte man sich auf einen Kompromiss. Die Rechtler reduzierten ihre Ansprüche. Daraufhin wurden 90 % des ehemaligen Stiftswaldes unter Ihnen verteilt; knapp 10 % gingen in Staatsbesitz über. Hamberger (2003 c), S. 37 - 40. – Bauer (2014), S. 9. – Das Bayerische Bergbauernprogramm (BBP) soll auf anerkannten Almen, Alpen und Heimweiden die Freihaltung von Weideflächen, z. B. von natürlichem Holzaufwuchs, gewährleisten. Das ist ein finanzieller Anreiz, die alten Rechte nicht abzulösen.

[19] Grundlage dafür waren Säkularisation und Mediatisierung, einheitliche Forstverwaltung, bessere Ausbildung der Forstleute, Forstrechtsablösung, die Beachtung des Grundsatzes der Nachhaltigkeit und die Verbesserung der Waldbautechnik.

[20] Endres (1922), S. 72. Das gilt auch für andere deutsche Staatswaldungen.

[21] Erst die um 1870 einsetzende Tätigkeit der Forstlichen Versuchsanstalten brachten Klarheit über die Beziehung von Vorrat und Zuwachs.

[22] Hasel und Schwartz (2002), S. 97 f.

[23] Siehe dazu das Kapitel 5,2, Neuessing: Waldbau, im Abschnitt Niederbayern. – Rebel war später lange Jahre Waldbaureferent der Bayerischen Staatsforstverwaltung und in dieser Funktion entschiedener Vertreter des naturnahen Waldbaues.

[24] FlNr. 1689 und 1693 ½, Gemarkung Niederrieden. – Rubner (1994), S. 75 ff. – Mitteilung Staatsarchiv Augsburg v. 20.4.2016. – Information durch Wilfried Schwarz, Niederrieden, v. 21.4.2016. – Bei Arbeiten in seinem Wald zog sich der 75jährige Rebel im Sommer 1939 eine Lungenentzündung zu und starb wenige Tage später im Krankenhaus in Memmingen.

[25] Endres war ein entschiedener Verfechter der Bodenreinertragslehre. Endres (1922), S. 63.

[26] Text der Rede wiedergegeben in Endres (1922), S. 453.

[27] Endres (1922), S. 453.

[28] Endres (1922), S. 454.

[29] Bartelheimer (2002), S. 114.

[30] Der Leiter der Staatsforstverwaltung Heinrich von Huber trat zurück. – Wilhelm Mantel berichtet, der Antrag Toerring und seine Begleitumstände seien in das Gebälk der Staatsforstverwaltung eingeschlagen wie ein Föhnsturm, habe Haupt und Glieder umgerissen, das Betriebsklima gereinigt und sei rasch wieder verflogen, wie jeder Föhn. Dennoch habe sich Endres der bayerischen Staatsforstverwaltung eng verbunden gefühlt. Er sei in der Ministerialforstabteilung als gerne gesehener Gast oft aus und eingegangen. Mantel, K. (1941), S. 35.

[31] Pressler (1858/59). – Max Robert Pressler wurde 1840 Professor des land- und forstwirtschaftlichen Ingenieurwesens und der Mathematik an der Forstakademie Tharandt (Sachsen). In seinem erstmals 1858 veröffentlichen Buch „Der Rationelle Waldwirth und sein Waldbau des höchsten Ertrages" vertrat er das Ziel einer maximalen Verzinsung des Bodenkapitals. Er wurde zum Vater der Bodenreinertragslehre.

[32] Die Umtriebszeit ist der Zeitraum zwischen der Begründung und der Ernte eines Waldbestandes. – Die Bodenreinertragswirtschaft kommt bei ihren Berechnungen zu einer optimalen Umtriebszeit von 70 - 80 Jahren für Nadelholzbestände. Endres (1922), S. 63.

[33] Endres (1922), S. 62. – „Die neue Lehre war keine Verirrung eines Mathematikers auf fachfremdem Gebiet, sie lag ganz im Zug des wirtschaftlichen Denkens jener Zeit und wurde von zahlreichen Forstwissenschaftlern begierig aufgegriffen. Ein Einzelner sprach nur aus, was viele meinten und dachten: Es entwickelte sich ein über Jahrzehnte dauernder leidenschaftlicher und oft gehässiger Streit der Schulen (Bodenreinertrag gegen Waldreinertrag)." Hasel und Schwartz (2002), S. 96.

[34] Endres (1922), S. 63 f.

[35] Hasel und Schwartz (2002), S. 96.

[36] Näheres dazu im Kapitel 5.2, Neuessing: Waldbau.

[37] Endres (1922), S. 454.

[38] Ohne Berechnung von Zinsen. Eine Vorstellung von der damaligen Kaufkraft dieser Summen gewinnt man, wenn man berücksichtigt, dass Endres bei dieser Rechnung einen Reinerlös von 12 Mark je Festmeter Holz ansetzte. Endres (1922), S. 456.

[39] Endres (1922), S. 457.

[40] Endres (1922), S. 460.

[41] Mantel, W. (2008), S. 59 f.

[42] Endres (1922), S. 458, nennt die Stellungnahme der Forstverwaltung „nicht beweiskräftig und verfehlt".

[43] Weil sie keinen Zuwachs mehr liefern.

[44] Mantel, K. (1941), S. 34 f.

[45] Waldbauprofessor an der Universität München.

[46] Plentern, heute in der Fachsprache ein positv belegter Begriff (Geregeltes Plentern), hängt mit Plündern (= ungeregeltes Plentern) sprachlich eng zusammen.

[47] Sie wurde durch die straffere Organisation, die bessere Ausbildung der Forstleute und den Ausbau der Forstplanung immer wirksamer.

[48] Zu den entschiedensten Fürsprechern des Laubholzes gehörten gegen Ende des 18. Jahrhunderts Johann Heinrich Kosteletzki von Sladowa, Bauer (2002 a), S. 134 u. 187 und Matthias von Schilcher (1796) und (1797), Bayer. Hauptstaatsarchiv.

[49] Mayr (1797) Bd. 5, S. 93 - 104. – Wegen der großen technischen und wirtschaftlichen Bedeutung des Eichenholzes widmete man der Nachzucht der Eiche besondere Aufmerksamkeit; trotzdem nahm ihr Anteil in den Beständen stetig ab. Für den Ebersberger Forst wurde angeordnet, die Bestände zur Förderung der Buche im Dunkelschlag zu verjüngen. 1751 wurde der Förster von Anzing beauftragt, Fichtensamenbäume in den Eichenbeständen zu fällen und ankommende Fichtenverjüngung herauszuhauen, um die Verbreitung der Fichte möglichst zu verhindern. Johann Peter Kling schrieb 1795 über die Grammersau bei Fall, die heute fast ausschließlich mit Fichte bestockt ist: „Ein Hauptaugenmerk in diesem Forste verdient das Buchenholz, welches baynahe durchgängig zerstreut unter dem

Fichtenholz vorhanden." Pechmann (1932), S. 727.

[50] Schwarzholz = Nadelholz. Es wurde dort weit höher geschätzt als die Buche – besonders wegen seiner Vorteile bei der Trift. In Reichenhall und Berchtesgaden bestand die Vorschrift, die nicht nutzholztauglichen Buchen auf den Schlägen zu schwenden, damit die Buche das Schwarzholz nicht verdrängte. Im Isartriftgebirge waren vorwüchsige Buchen und auch Tannen gründlich zu beseitigen. Pechmann (1931), S. 700.

[51] Bodenreinertragslehre. Siehe die Ausführungen im Kapitel 7,2: Antrag Toerring.

[52] Der Wandel der Bestockung wurde von der Wissenschaft eingehend untersucht. Ausführliche Darstellung dazu mit umfangreichen Quellenangaben bei Bauer (2002 a), S. 99 - 109.

[53] Bauer (2002 a), S. 104. – Backmund (1941) hat den Bestockungswandel in den Waldungen um München ausführlich dargestellt.

[54] Backmund fasst den beschriebenen Wandel der Bestockung wie folgt zusammen: Die Wende vom 18. zum 19. Jahrhundert sei für große Teile Bayerns geradezu ein Markstein in der Waldgeschichte. Sie habe zwar im Allgemeinen ein Ende des Niederganges der Wälder gebracht, aber auch den Wechsel von Laub- zum Nadelholz beschleunigt und damit eine Entwicklung vollendet, die sich bereits vorher langsam, aber stetig vorbereitet hatte. Am Ende des 18. Jahrhunderts sei die negative Entwicklung der Wälder nicht mehr tragbar erschienen. Man habe sich mit Tatkraft bemüht, an Stelle verlichteter, ertragsarmer Waldungen geschlossene, zuwachsfrohe Bestände zu schaffen. Das habe aber zum Anbau von Nadelholz in großem Umfange geführt. Backmund (1941), S 125.

[55] Plochmann und Hieke (1986), S. 24 - 121, haben die Schadensereignisse in den bayerischen Wäldern umfassend zusammengestellt.

[56] Hasel und Schwartz (2002), S. 297 f.

[57] Schüpfer hat die Situation und ihre Folgen wie folgt beschrieben: „Es galt damals, die chaotischen Waldzustände in Ordnung zu bringen. In radikaler Weise geschah das durch Kahlschlag und Aufforstung, durch Saat und Pflanzung, meist mit Nadelholz. So entstanden auf großer Fläche sich aneinanderreihende Reinbestände, die meist gutes Wachstum zeigten und hohen Massen- und Geldertrag zu liefern versprachen und schließlich meist lieferten. Daran, daß solche mit oft nicht standortsgemäßen Holzarten dicht begründeten ausgedehnten Reinbestände ihre Nachteile hätten, von großen Gefahren bedroht seien, dachte man ursprünglich nicht oder unterschätzte die Gefahren." Schüpfer (1928 b), S. 16.

[58] Hasel und Schwartz (2002), S. 299.

[59] Karl Gayer, Forstprofessor in Aschaffenburg und München, hat sich schon in der zweiten Hälfte des 19. Jahrhunderts entschieden für den gemischten Wald eingesetzt. Gayer (1886). – Im Kapitel 5.1, Neuessing: Waldbau, ausführlich dargestellt.

[60] Der Roggenburger Forst liegt zwischen den Flüssen Iller und Günz, südöstlich von Neu-Ulm.

[61] Horndasch (1987) hat das Problem der Fichtenbestände auf den windwurfgefährdeten Standorten des Roggenburger Forstes eingehend untersucht und Richtlinien für ihre Sanierung und Stabilisierung entwickelt.

[62] Horndasch (1987), S. 19.

[63] Horndasch (1987), S. 23 und 35.

[64] Horndasch (1987), S. 118 - 122.

[65] Horndasch (1987), S. 267.

[66] Horndasch (1987), S. 130.

[67] Meist wurden die Tannen in mehreren Streifen eingebracht; so sollte die kollektive Stabilität der Gesamtbestände erhöht werden.

[68] Mündliche Auskunft Forstdirektor Fiedler, 1.4.2011.

[69] Mündliche Auskunft Forstdirektor Fiedler, 1.4.2011.

[70] Forstamt Zusmarshausen, Forstwirtschaftsplan 1989, Geschichtsteil, S. 18.

[71] Fangbäume sind gesunde Fichten, die gefällt wurden. Sie senden nach einigen Tagen Zersetzungsdüfte aus. Die Borkenkäfer werden dadurch angelockt und legen auf den Fangbäumen ihre Eier ab. Wird die Rinde während der Entwicklungszeit der Larven (innerhalb von etwa sechs Wochen nach dem Befall) geschält, vertrocknen die Larven. Das Vervielfachungspotenzial der Käfer wird dadurch gebrochen.

[72] Der Wirkstoff des Gesarols, Dichlordiphenyltrichlorethan (abgekürzt DDT), ist ein Insektizid, das seit Anfang der 1940er Jahre in großem Umfang als Kontakt- und Fraßgift eingesetzt wurde. Im Laufe der Zeit geriet es in Verdacht, beim Menschen Krebs auszulösen. Seine Verwendung wurde deshalb in den 1970er Jahren in den meisten Industrieländern verboten.

[73] Freundliche Mitteilung von Hubert Droste, Leiter des Forstbetriebes Zusmarshausen der Bayerischen Staatsforsten, 31.3.2016.

[74] Vor allem die organisatorische Planung und der entschiedene Einsatz des Oberforstmeisters Weiss aus Zusmarshausen haben diesen Erfolg möglich gemacht.

[75] Nützel (2012), Internet. – „Jagd" ist das erste Wort im Titel der umfassenden Verordnung; auch dass ihre ersten sieben Artikel die Jagd regeln, zeigt deutlich das Primat des Waidwerks im 18. Jahrhundert.

[76] Nützel (2012), Internet.

[77] Hamberger, J. (2004), S. 27.

[78] Die Zwölf Artikel gehören zu den Forderungen, die von den Memminger Bauern gegenüber dem Schwäbischen Bund erhoben wurden. Sie betonen im 4. Artikel, es sei unbrüderlich und dem Wort Gottes nicht gemäß, dass es dem armen Mann nicht erlaubt sei, zu jagen und zu fischen. Im 5. Artikel werden die Grundherrn aufgefordert, die Wälder, die sie sich angeeignet haben, zurückzugeben, damit jeder seinen Bedarf an Brenn- und Bauholz decken könne.

[79] Franz (1976), S. 150.

[80] Fortin, F. (1696). „Adelicher Zeit-Vertreiber, oder neu erfundene Jagd-Ergötzungen: in fünff Büchern bestehend; deren das Erste handelt: Wie man allerhand Netze und Garn stricken solle, Vögel, vierfüssige Thier und Fische damit zu fahen. Das Andere: Der Bauern listige Räncke, [...] sowohl bey Tag als Nacht zu fahen. Das Dritte: Wie man allerley Streich-Vögel fahen solle. Das Vierdte: Wie man den vierfüssigen Thieren nachstellen. Das Fünffte [...] wie man in Flüssen und Teichen fischen solle [...] Aus dem Französischen in das Teutsche übersetzet, und um besserer Erläuterung willen, mit sehr vielen hierzu dienlichen Kupffern gezieret."

[81] Hamberger, J. (2004), S. 28.

[82] Die Hunde der Bauern mussten hölzerne Prügel am Hals tragen, um ihnen das Hetzen des Wildes zu erschweren.

[83] Diese Beschwerden erscheinen durchaus begründet. Der zuständige Forstmeister berichtet, dass der Wildstand im Hirschwald in der Oberpfalz im Jahr 1776 auf 2 100 ha 220 Stück Rotwild, 136 Sauen und 50 Rehe erreicht habe. Auch Schäden am Wald waren bei diesen Wildständen nicht zu vermeiden. Fritsch (1974), S. 82.

[84] Die Forstleute jener Zeit waren ganz überwiegend als Jäger ausgebildet worden („Holzgerechte Jäger").

[85] La Rosée war zu dieser Zeit Vizepräsident der Forstkammer, der damaligen Obersten Forstbehörde. Bauer (2002 a), S. 151.

[86] La Rosée (1794), Denkschrift, Bayer. Hauptstaatsarchiv.

[87] Hazzi (1805 b), S. 386 - 388. Hazzi war damals Oberlandesdirektionsrat in der für das Forstwesen zuständigen Deputation der Generallandesdirektion München.

[88] „Anmerkungen über das baierische Mandat, welches in Betref der Wildschützen und Landeskultur den 1ten August 1778 erschlichen, aber vom Churfürstlichen Hofrath, und Hofkammer zu Ehre und zum Nutzen des Vaterlandes unterdrückt worden." Rottmanner (1778), S. 1 - 9. – Die Kritik richtet sich gegen das kurfürstliche Mandat vom 1. August 1778. Mayr (1784), Bd. 1, S. 109. – Bauer (2002 a), S. 179-184.

[89] Die Forstdeputation der Hofkammer war damals Oberste Forstbehörde.

[90] Stubenrauch (1779): „Recht und Billigkeit in Forst- und Jagdsachen zwischen dem Landesherrn und seinen Unterthanen. Zur unpartheyschen Beurtheilung aufgestellt von Franz Anton Edlen von Stubenrauch." – Das Buch wurde offensichtlich auf Veranlassung einflussreicher Stellen, vermutlich sogar des Kurfürsten, veröffentlicht. Dafür spricht besonders der Umstand, dass Verleger und Drucker der Rottmannschen Schrift erheblichen Bestrafungen ausgesetzt waren, die der Kurfürst persönlich veranlasst hatte.

[91] Bauer (2002 a), S. 176 - 83.

[92] Bundesjagdgesetz v. 29.11.1952 in der Fassung vom 29.9.1976. BGBl. I, S. 2849.

[93] Waldgesetz für Bayern (BayWaldG) in der Fassung vom 22.7.2005,

[94] Waldgesetz für Bayern (BayWaldG) in der Fassung der Bekanntmachung vom 22.7.2005. GVBl., S. 313.

[95] Ammer et al. (2010), S. 12.

[96] Ammer et al. (2010), S. 4.

[97] Bosl (1971), S. 216.

[98] Im Prinzip ist die *Bodenreinertragswirtschaft* die Übertragung moderner landwirtschaftlicher Grundsätze auf den Wald: Eine Frucht, eine Umtriebszeit = möglichst hohe Verzinsung des Bodenkapitals. Die Begründung von Reinbeständen bedeutet den Verzicht auf die Streuung des Betriebsrisikos über einen Zeitraum von vielen Jahrzehnten.

[99] Die *Waldreinertragswirtschaft* entwickelt dagegen ein Konzept, das nicht vom nackten Bodenkapital ausgeht, sondern den Wald als Ganzes betrachtet. Das gesamte System Wald wird als Kapital gesehen, bei dem – unter Schonung des Systems – der Ertrag nachhaltig fließen soll.

Quellenverzeichnis

1. Literatur

Abel, W. (1978): *Agrarkrisen und Agrarkonjunktur: Eine Geschichte der Land- und Ernährungswirtschaft Mitteleuropas seit dem hohen Mittelalter.* 3. Aufl. Hamburg und Berlin: Paul Parey.

Agricola, G. (1556): De re metallica libri XII. [Deutsch: Schiffner, C. und Darmstaedter, E. (1928): Zwölf Bücher vom Berg-und Hüttenwesen. Berlin: DVI.

Ambronn, K. O. und Sagstetter, M. R. (2004): *Das Fürstentum der Oberen Pfalz: Ein wittelsbachisches Territorium im alten Reich.* Ausstellung des Staatsarchivs Amberg in Zusammenarbeit mit der Kommission für bayerische Landesgeschichte und der Bayerischen Akademie der Wissenschaften. München: Generaldirektion der Staatlichen Archive Bayerns.

Ammer, Ch., Vor, Th., Knoke, Th. und Wagner, St. (2010): *Der Wald-Wild-Konflikt: Analysen und Lösungsansätze vor dem Hintergrund rechtlicher, ökologischer und ökonomischer Zusammenhänge.* In: Göttinger Forstwissenschaften, Band 5, S. 184 ff.

Arzberger, M., Gaggermeier, E. und Suda, M. (2015): *Der Wald – ein Wohlfühlraum: Die Wahrnehmung von Wald und Waldbewirtschaftung in der Bevölkerung – Folgerungen für die Kommunikation der forstlichen Akteure.* LWF aktuell, Nr. 107, S. 9-13. Freising: Bayer. Landesanstalt für Wald und Forstwirtschaft.

Augsburger Allgemeine, Exklusiv (2016): *Wunderwaffe aus dem Wald.* Augsburg: Presse-Druck- und Verlags GmbH.

Backmund, F. (1941): *Der Wandel des Waldes im Alpenvorland.* Schriftenreihe der Akademie der deutschen Forstwissenschaft, Bd. 4, S. 75-125. Frankfurt a. M.: J. D. Sauerländer.

Bartelheimer, P. (2002): *Der „Antrag Toerring" und seine Auswirkungen auf den Staatswald in Bayern.* In: H. Bleymüller, E. Gundermann und R. Beck (Hrsg.). 250 Jahre Bayerische Staatsforstverwaltung. Mitteilungen aus der Bayerischen Staatsforstverwaltung, Heft 51, Band I, S. 111-122. München: StMELF.

Bärnthol, R. (2003): *Nieder- und Mittelwald in Franken: Waldwirtschaftsformen aus dem Mittelalter.* Schriften und Kataloge des Fränkischen Freilandmuseums, Band 40. Bad Windsheim: Fränkisches Freilandmuseum.

Bauer, O. (1997): *Eine grüne Menschenfreude? Der Wald gestern und heute.* In: Bayerischer Forstverein (Hrsg.). Bäume und Wälder in Bayern: Geschichtliche, naturkundliche und kulturelle Darstellung der Baumarten und Waldlandschaften, S. 15-19. Landsberg: ecomed.

Bauer, O. (2002 a): *Von der ungeregelten Waldnutzung zur nachhaltigen Forstwirtschaft: Eine Analyse der Prozesse in Bayern an der Schwelle zum 19. Jahrhundert.* Forstliche Forschungsberichte München, Nr. 189. Wissenschaftszentrum Weihenstephan und Bayer. Landesanstalt für Wald und Forstwirtschaft.

Bauer, O. (2002 b): *Die Entwicklung der Forstorganisation in Bayern in der zweiten Hälfte des 18. und zu Beginn des 19. Jahrhunderts.* In: H. Bleymüller, E. Gundermann und R. Beck (Hrsg.). 250 Jahre Bayerische Staatsforstverwaltung. Heft. 51, Band I, S. 25-36. München: StMELF.

Bauer, O. (2003): *Johann Peter Kling: Ein Wegbereiter der nachhaltigen Forstwirtschaft in Bayern.* In: E. Gundermann und R. Beck (Hrsg.). Forstliche Forschungsberichte München, Nr. 191. Ergebnisse des Arbeitskreises Forstgeschichte in Bayern 2000-2002, S. 5-22. Freising: Wissenschaftszentrum Weihenstephan und Bayer. Landesanstalt für Wald und Forstwirtschaft.

Bauer, O. (2005): *Die Furcht vor dem Holzmangel: Ein wesentlicher Anstoß für die Einführung der nachhaltigen Forstwirtschaft.* In: E. Gundermann, O. Schmidt und R. Beck (Hrsg.). Forstliche Forschungsberichte München, Nr. 198. Ergebnisse des Arbeitskreises Forstgeschichte in Bayern 2003-2004, S. 1-14. Freising: Wissenschaftszentrum Weihenstephan und Bayer. Landesanstalt für Wald und Forstwirtschaft.

Bauer, O. (2007 a): *Die Organisation der Bayerischen Staatsforstverwaltung im 20. Jahrhundert und ihre Auflösung 2005.* In: E. Gundermann und O. Schmidt (Hrsg.). Forstliche Forschungsberichte München, Nr. 205. Ergebnisse des Arbeitskreises Forstgeschichte in Bayern 2005-2007, S. 1-24. Freising: Wissenschaftszentrum Weihenstephan und Bayer. Landesanstalt für Wald und Forstwirtschaft.

Bauer, O. (2007 b): *Johann Peter Kling (1749-1808).* In: H. Harthausen (Hrsg.). Pfälzer Lebensbilder, Band 7, S. 65-84. Speyer: Verlag der Pfälzischen Gesellschaft zur Förderung der Wissenschaften in Speyer.

Bauer, O. (2009): *Maximilian Graf Basselet de La Rosée: Ein Wegbereiter der nachhaltigen Waldnutzung in Bayern.* In: J. Hamberger (Hrsg.). Forstliche Forschungsberichte München, Nr. 206. Festschrift zum 65. Geburtstag von Prof. Dr. Egon Gundermann, S. 6-10. Freising: Zentrum Wald-Forst-Holz Weihenstephan.

Bauer, O. (2014): *Geschichte der Forstrechte.* In: Baystfintern, Mitarbeitermagazin der Bayerischen Staatsforsten, Ausgabe 83, S. 8 f. Regensburg: Bayerische Staatsforsten.

Bauer, P. und Daffner, B. (2015): *Das Berufsbild Förster in/bei den Bayerischen Staatsforsten.* Allgemeine Forstzeitschrift, Nr. 15. München: Deutscher Landwirtschaftsverlag.

Bayerische Landesanstalt für Wald und Forstwirtschaft (2007): *Der gemischte Wald – fit für die Zukunft: Zum 100. Todestag von Karl Gayer.* LWF Wissen, Nr. 58, S. 3. Freising: LWF.

Bayerische Landesanstalt für Wald und Forstwirtschaft (2014): *Nachhaltig und naturnah: Ergebnisse der dritten Bundeswaldinventur.* Freising: LWF.

Bayerischer Forstverein (1997): *Bäume und Wälder in Bayern: Geschichtliche, naturkundliche und kulturelle Darstellung der Baumarten und Landschaften.* Hamburg: ecomed Umweltinformation.

Bayerisches Staatsministerium für Ernährung, Landwirtschaft und Forsten (1968): *Die Reichswälder bei Nürnberg: aus der Geschichte des ältesten Kunstforstes.* München: StMELF.

Bayerisches Staatsministerium für Ernährung, Landwirtschaft und Forsten (1971): *Grüne Umwelt – lebenswerte Welt: Der Waldfunktionsplan.* München: StMELF.

Bayerisches Staatsministerium für Ernährung, Landwirtschaft und Forsten (2011): *Die Bayerische Forstverwaltung: Der Zukunft gewachsen.* München: StMELF.

Bayerisches Staatsministerium für Ernährung, Landwirtschaft und Forsten (2014): *Bayerische Forstverwaltung: Jahresbericht 2014.* München: StMELF.

Bayerisches Staatsministerium für Ernährung, Landwirtschaft und Forsten (2015): *Forstliches Gutachten zur Situation der Waldverjüngung.* München: StMELF.

Beck, R. (2003): *Ebersberg oder das Ende der Wildnis: Eine Landschaftsgeschichte.* München: C. H. Beck.

Beck, R., Bernhart, A., Fleder, W. und Schmidt, A. (2002): *Geheimrat Dr. Karl Rebel: Leben und Wirken eines Waldbaumeisters in Bayern.* In: H. Bleymüller, E. Gundermann und R. Beck (Hrsg.). 250 Jahre Bayerische Staatsforstverwaltung. Mitteilungen aus der Bayerischen Staatsforstverwaltung, Heft 51, Band II, S. 581-596. München: StMELF.

Beer, K. (2010): *Wandel vom Wegebau zur Holzernte: Forsttechnik wird von Bodenwöhr aus gelenkt.* Schwandorf: Mittelbayerische Zeitung, 16.1.2010.

Behlen, St. und Laurop, Ch. P. (1831): *Handbuch der Forst- und Jagdgesetzgebung im Königreich Bayern.* 2 Bd. (Bände 3-5 der Reihe: Systematische Sammlung der Forst- und Jagdgesetzgebung der deutschen Bundesstaaten, von den ältesten bis auf die neuesten Zeiten.) Karlsruhe und Baden: D. R. Marx.

Bemmann, M. (2013): *Das Waldsterben: ein „modernes" Umweltproblem.* In: R. v. Detten (Hrsg.). Das Waldsterben: Rückblick auf einen Ausnahmezustand. München.

Bendix, B. (2010): *Noe Meurer: Jag und Forstrecht.* Remagen-Oberwinter: oecom Kessel.

Bibelriether, H. (1979): *Nationalpark Bayerischer Wald.* Greven: Gilda.

Biermayer, G. (2006): *Waldpädagogik: Unzeitgemäßer Luxus oder unverzichtbarer Vorsorgeauftrag?* LWF aktuell, Nr. 75, S. 1. Freising: Bayer. Landesanstalt für Wald und Forstwirtschaft.

Biermayer; G. (2011): *Zukunftsmodell Naturnahe Forstwirtschaft: Gedanken und Visionen zur Wertschätzung von Natur und über den Nutzen nachhaltiger Waldbewirtschaftung.* LWF aktuell, Nr. 81, S. 4 ff. Freising: Bayer. Landesanstalt für Wald und Forstwirtschaft.

Biermayer, G., Tretter, St. (2016): *Wie viel Fichte geht noch im Klimawandel? Vorschlag für eine Übergangsstrategie für Hochleistungsstandorte.* LWF aktuell, Nr. 108, S. 44-49. Freising: Bayer. Landesanstalt für Wald und Forstwirtschaft.

Blank, R. (2002): *Gesundheit und Ergonomie in der Waldarbeit.* In: H. Bleymüller, E. Gundermann und R. Beck (Hrsg.). 250 Jahre Bayerische Staatsforstverwaltung. Mitteilungen aus der Bayerischen Staatsforstverwaltung, Heft 51, Band II, S. 369-376. München: StMELF.

Bleymüller, H., Gundermann, E. und Beck, R. (Hrsg.) (2002): *250 Jahre Bayerische Staatsforstverwaltung.* Mitteilungen aus der Bayerischen Staatsforstverwaltung, Heft 51, 2 Bände. München: StMELF.

Borchert, H. und Reitenspieß, B. (2009): *Organisation der Mittelwaldbewirtschaftung: Schlüssel zu ihrem Erhalt.* Allgemeine Forstzeitschrift, S. 304-306. München: Deutscher Landwirtschaftsverlag.

Bosl, K. (1949): *Forsthoheit als Grundlage der Landeshoheit in Bayern.* In: A. Schwerd (Hrsg.): Gymnasium und Wissenschaft. Festgabe zur Hundertjahrfeier des Maximiliansgymnasiums in München. München: C. H. Beck.

Böswald, K. (1996): *Die Rolle von Wald und Forstwirtschaft im Kohlenstoffhaushalt: Eine Analyse am Beispiel des Bundeslandes Bayern.* Forstliche Forschungsberichte München, Nr. 159. Freising: Wissenschaftszentrum Weihenstephan und Bayer. Landesanstalt für Wald und Forstwirtschaft.

Brosinger, F. (2002): *Das Wald- und Triftwesen in den bayerischen*

Salinenwäldern. In: H. Bleymüller, E. Gundermann und R. Beck (Hrsg.): 250 Jahre Bayerische Staatsforstverwaltung. Mitteilungen aus der Bayerischen Staatsforstverwaltung, Heft 51, Band II, S. 505-522. München: StMELF.

Brunner, G. (2007): *Die Flächenentwicklung des Nürnberger Reichswaldes von 1830 bis 2000*. Mitteilungen der fränkischen geographischen Gesellschaft. Bd. 53/54, S. 123-152.

Bülow, G. von (1962): *Die Salinenwälder von Reichenhall: Ihr ursprüngliches Waldbild und ihre Bestockungsentwicklung unter der Wirkung des Massenholzbedarfes der Saline Reichenhall während der letzten 800 Jahre salinarisch-forstlichen Betriebes*. Mitteilungen aus der Staatsforstverwaltung Bayerns, Heft 33. München: StMELF.

Burschel, P., Kürsten, E. und Larson, B. C. (1993): *Die Rolle von Wald und Forstwirtschaft im Kohlenstoffhaushalt: Eine Betrachtung für die Bundesrepublik Deutschland*. Forstliche Forschungsberichte München, Nr. 126, S. 27 ff. Freising: Wissenschaftszentrum Weihenstephan und Bayer. Landesanstalt für Wald und Forstwirtschaft.

Burschel, P. und Huss, J. (1997): *Grundriss des Waldbaus: Ein Leitfaden für Studium und Praxis*. Berlin: Paul Parey.

Burschel, P. (2007): *Karl Gayer und sein Lebenswerk*. LWF Wissen, Nr. 58, S. 8-13. Freising: Bayerische Landesanstalt für Wald und Forstwirtschaft.

Carlowitz, H. C. von (1713): *Sylvicultura oeconomica oder Hauß wirthliche Nachricht und Naturmäßige Anweisung zur Wilden Baum-Zucht*. Leipzig: Johann Friedrich Braun. Neu herausgegeben von J. Hamberger (2013). München: oecom.

Cotta, H. (1817): *Anweisung zum Waldbau*. Dresden und Leipzig: Arnoldische Buchhandlung.

Cotta, H. (1832): *Grundriß der Forstwissenschaft*. Dresden und Leipzig: Arnoldische Buchhandlung.

Däzel, G. A. (1788/90): *Lehrbuch für die pfalzbaierischen Förster*. Bd. 2 und 3. München: Johann Baptist Strobel. [Siehe: Grünberger, G. und Däzel, G. A. (1788/90). Lehrbuch für die pfalz-baierischen Förster. 3 Bd. München: Johann Baptist Strobel.]

Delfs, J. (1985): *Die Flößerei in Deutschland und ihre Bedeutung für die Volks- und Forstwirtschaft*. In: H-W. Keweloh (Hrsg.). Flößerei in Deutschland, S. 34 ff. Stuttgart: Theiss.

Der Spiegel [DER SPIEGEL] (1982). Hamburg: Spiegelverlag.

Detten, R. v. (2013): *Am Anfang stand die Wissenschaft: Chronologie der Waldsterbensdebatte*. In: R. v. Detten (Hrsg.). Das Waldsterben: Rückblick auf einen Ausnahmezustand. München: oecom.

Deuschel, R. (2016): *Fichtenwirtschaft Oberschwaben – nie ohne zufällige Nutzungen!* Allgemeine Forstzeitschrift, Nr. 19, S. 45-49. München: Deutscher Landwirtschaftsverlag.

Deutscher Forstverein (2017): *Die Welt braucht Wald*. Programmheft zur 68. Tagung des Deutschen Forstvereins e. V. in Regensburg vom 17.5. bis 21.5.2017. Göttingen: Deutscher Forstverein e. V. und ID Wald GmbH.

Dieterich, V. (1939): *Forstliche Betriebswirtschaftslehre, ein Lehr- und Handbuch: 1. Die wissenschaftliche Grundlegung*. Berlin: Paul Parey.

Dieterich, V. (1940): *Forstliche Betriebswirtschaftslehre, ein Lehr- und Handbuch: Waldwertschätzung*. Berlin: Paul Parey.

Dieterich, V. (1941): *Forstliche Betriebswirtschaftslehre, ein Lehr- und Handbuch: Erfolgsrechnung, Zielsetzung*. Berlin: Paul Parey.

Dieterich, V. (1953): *Forstpolitik: Eine Einführung*. Hamburg und Berlin: Paul Parey.

Dietz, P., Knigge, W. und Löffler, H. (1984): *Walderschließung: Ein Lehrbuch für Studium und Praxis unter besonderer Berücksichtigung des Waldwegebaus*. Hamburg und Berlin: Paul Parey.

Dingethal, F. J. (1970): *Der Wald der Stadt Weißenburg (Bayern)*. Forstwissenschaftliches Zentralblatt, Nr. 89. Hamburg und Berlin: Paul Parey.

Dirscherl, J. F. (1938): *Das ostbayerische Grenzgebirge als Standort der Glasindustrie*. In: Mitteilungen der Geographischen Gesellschaft in München, 31. Band. München: Lindauer.

Dobler, G. (2015): *Streit ohne Ende: Warum Waldwirtschaft immer ein Konfliktfeld bleiben wird und wie man kommunikativ damit umgeht*. LWF aktuell, Nr. 107, S. 4-8. Freising: Bayer. Landesanstalt für Wald und Forstwirtschaft.

Dobler, G. und Biermayer, G. (2010): *Freunde gewinnen – für Wald und Forstwirtschaft*. LWF aktuell, Nr. 75, S. 4 ff. Freising: Bayer. Landesanstalt für Wald und Forstwirtschaft.

Doeberl, M. (1916 – 1928): *Entwicklungsgeschichte Bayerns*, 4 Bd. (herausgegeben von M. Spindler). München: Oldenbourg.

Döllinger, G. F. (1831): *Sammlung der im Königreich Bayern bestehenden Forst- und Jagdverordnungen*. 5 Bd. (XV.-IXX. Band der Reihe Repertorium der Staats-Verwaltung des Königreichs Bayern.) München: Verlag der literarisch artistischen Anstalt (1.-4. Bd.), Franz Seraph Hübsch (5. Bd.).

Drobny, N. und Böhm, J. (2015): *Neue Waldbesitzer-Generation –*

Neue Wege in der Kommunikation: Veränderungen der Waldbesitzerstrukturen erfordern neue Informationstechniken. LWF aktuell, Nr. 107, S. 21-23. Freising: Bayer. Landesanstalt für Wald und Forstwirtschaft.

Ebermayer, E. (1873): *Die physikalischen Einwirkungen des Waldes auf Luft und Boden und seine klimatologische und hygienische Bedeutung, begründet durch die Beobachtungen der forstl.-meteorolog. Stationen im Königreich Bayern.* Aschaffenburg: Krebs.

Ebermayer, E. (1876): *Die gesamte Lehre der Waldstreu mit Rücksicht auf die chemische Statik des Waldbaues unter Zugrundelegung der in den Königl. Staatsforsten Bayerns angestellten Untersuchungen.* Berlin: Springer.

Eichhorn, L. (1982): *Bayerische Waldlandschaften im Wandel der Zeit.* Mitteilungen aus der Staatsforstverwaltung Bayerns. München: StMELF.

Endres, M. (1907): *Die Leistungsfähigkeit der Forstwirtschaft: Rede bei Antritt des Rektorats der Ludwig-Maximilians-Universität.* München: Kgl. Hof- und Universitätsbuchdruckerei Wolf & Sohn.

Endres, M. (1922): *Handbuch der Forstpolitik: Mit besonderer Berücksichtigung der Gesetzgebung und Statistik.* 2. Auflage. Berlin: Julius Springer.

Engelhard, Ch. (2017): *Sie hetten lieber mich unnd den kay mit ainander gefrezt: Michael Schwegelins Sorgen und Nöte um die Wälder der Reichsstadt Memmingen.* Manuskript.

Ernst, F. (1951): *Aus der Waldgeschichte der schlechtwüchsigen Kieferngebiete der Bayer. Oberpfalz (und Oberfrankens) vom ausgehenden Mittelalter bis zum Dreißigjährigen Krieg.* Mitteilungen aus der Staatsforstverwaltung Bayerns, Heft 26. München: StMELF.

Eschenlohr, H. (1921): *Der Anfang einer geordneten Forstwirtschaft im Hoheitsgebiet der freien Reichsstadt Memmingen.* Forstwissenschaftliches Zentralblatt, Nr. 43, Jg. 65, S. 297-319. Hamburg und Berlin: Paul Parey.

Finsterer, A. (1984): *100 Jahre Neuessinger Wirtschaftsregeln.* Jahresbericht des Bayerischen Forstvereins 1984/85, S. 163-169. München: Bayer. Forstverein.

Flößereimuseum Unterrodach. (Hrsg.) (1999): *Denkmäler der Flößerei im Frankenwald: Ein Gewerbe prägt eine Kulturlandschaft.* Bamberg: Karl Urlaub.

Foerster, R. G. (1999): *Bauer – Bürger – Edelmann: Die sozio-ökonomische Rolle der Jagd im 17. und 18. Jahrhundert.* In: Landesjagdverband Bayern. (Hrsg.). Die Jagd in Kunst und Literatur. München: Landesjagdverband Bayern.

Forstliche Bildungsstätten der Bundesrepublik Deutschland (Hrsg.) (2015): *Der Forstwirt.* 6. Auflage. Stuttgart: Ulmer.

Fortin, F. (1696): *Adelicher Zeit-Vertreiber, oder neu-erfundene Jagd-Ergötzungen: in fünff Büchern bestehend; deren das Erste handelt: Wie man allerhand Netze und Garn stricken solle, Vögel, vierfüssige Thier und Fische damit zu fahen. Das Andere: Der Bauern listige Ränncke, [...] sowohl bey Tag als Nacht zu fahen. Das Dritte: Wie man allerley Streich-Vögel fahen solle. Das Vierdte: Wie man den vierfüssigen Thieren nachstellen. Das Fünffte [...] wie man in Flüssen und Teichen fischen solle. [...] Aus dem Französischen in das Teutsche übersetzet, und um besserer Erläuterung willen, mit sehr vielen hierzu dienlichen Kupffern gezieret.* Augsburg: Kroniger und Göbel.

Franz, G. (1976): *Geschichte des deutschen Bauernstandes.* Bd. IV der Deutschen Agrargeschichte. 2. Auflage. Stuttgart: Ulmer.

Fritsch, F. X. (1974): *Geschichte der oberpfälzischen Forstorganisation: Ihre Entwicklung vom Mittelalter bis zur Jetztzeit (1973) im Zusammenhang mit der Oberpfälzer Eisenindustrie.* Mitteilungen aus der Staatsforstverwaltung Bayerns, 39. Heft. München: StMELF.

Fröhlich, M. (1990): *Leben und Werk Joseph von Hazzis: Sein Einfluß auf die Forstwirtschaft.* Mitteilungen aus der Staatsforstverwaltung Bayerns, 45. Heft, Teil 1, S. 7-87. München: StMELF.

Fürst, H. von (1894): *Chronik der Königlich Bayer. Forstlehranstalt Aschaffenburg für die Jahre 1844-1894.* Aschaffenburg: C. Krebs.

Gayer, K. (1863): *Die Forstbenutzung.* Aschaffenburg: Carl Krebs.

Gayer, K. (1880): *Der Waldbau: Mit 94 in den Text gedruckten Holzschnitten.* Berlin: Wiegand, Hempel und Parey.

Gayer, K. (1886): *Der gemischte Wald: Seine Begründung und Pflege, insbesondere durch Horst- und Gruppenwirtschaft.* Hamburg: Paul Parey.

Gayer, K. (1889): *Der Wald im Wechsel der Zeiten: Rede beim Antritt des Rektorats der Ludwig-Maximilians-Universität, gehalten am 23. November 1889.* München: Wolf.

Gayer, K. (1891): *Waldbauliches Bekenntnis.* Aus dem Walde, Nr. 27, S. 105-107. Hannover: Rümpler.

Gayer, K. (1895): *Über den Femelschlag und seine Ausgestaltung in Bayern.* Berlin: Paul Parey.

Göldner, A. (1992): *Entwicklung von Hiebsatz und Einschlag in den mittelschwäbischen Forstämtern Zusmarshausen, Schwabmünchen und Krumbach in der Zeit zwischen 1950 und 1980: Eine forsteinrichtungstechnisch-ertragskundliche*

Analyse unter besonderer Berücksichtigung der außerplanmäßigen Nutzungen. Dissertation der Forstwissenschaftlichen Fakultät der Universität München. München: Selbstverlag.

Grandjot, W., Künneth, W. (1973): Waldwirtschaft. München: BLV-Verlagsgesellschaft.

Grober, U. (2010): *Die Entdeckung der Nachhaltigkeit: Kulturge-schichte eines Begriffes.* München: Kunstmann.

Großkopff, J. A. (1759): *Neues und wohl eingerichtetes Forst-Jagd- und Weidwercks-Lexikon.* Langensalza: Johann Christian Martini. (Neudruck 1980). Birsfelden bei Basel: Schibli-Doppler.

Grünberger, G. (1805): *Einige Ansichten von dem Forstwesen in Baiern: mit Bemerkungen über die echten Ansichten der Waldungen und Förste des Landesdirektionsraths Joseph von Hazzi.* München: Joseph Lindauer.

Grünberger, G. und Däzel, G. A. (1788/90): *Lehrbuch für die pfalzbaierischen Förster.* 3 Bd. München: Johann Baptist Strobel.

Gunzelmann, Th. (2005): *Historische Kulturlandschaft und Denkmalpflege am Beispiel des Flößerei-Erbes im Frankenwald.* In: Bayerischer Landesverband für Heimatpflege (Hrsg.). Historische Kulturlandschaft: Erhaltung und Pflege. München: Bayer. Landesverband für Heimatpflege e.V.

Hamberger, J. (1991): *Geschichte des Waldes der Stadt Iphofen.* Forstliche Forschungsberichte München, Nr. 112. Forstwissenschaftliche Fakultät der Universität München und Forstliche Versuchs- und Forschungsanstalt München.

Hamberger, J. (1997): *Geschichte der forstlich akademischen Ausbildung in Bayern: Unter besonderer Berücksichtigung der Forstschule Weihenstephan.* Forstliche Forschungsberichte München, Nr. 161, S. 35-53. München: Forstwissenschaftliche Fakultät der Universität München und Bayer. Landesanstalt für Wald und Forstwirtschaft.

Hamberger, J. (2003 a): *Nachhaltigkeit – eine Idee aus dem Mittelalter?* LWF aktuell, Nr. 37, S. 38-41. Freising: Bayer. Landesanstalt für Wald und Forstwirtschaft.

Hamberger, J. (2003 b): *Die Ilz: Schwarze Perle aus dem Bayerischen Wald.* LWF aktuell, Nr. 41, S. 19 – 21. Freising: Bayer. Landesanstalt für Wald und Forstwirtschaft.

Hamberger, J. (2003 c): *Vor 200 Jahren wurden Bayerns Klöster säkularisiert.* LWF aktuell, Nr. 38, S. 37-40. Freising: Bayer. Landesanstalt für Wald und Forstwirtschaft.

Hamberger, J. (2004): *Von Hirschen und Menschen.* LWF aktuell, Nr. 44, S. 27 – 29. Freising: Bayer. Landesanstalt für Wald und Forstwirtschaft.

Hamberger, J. (2007): *Der gemischte Wald – fit für die Zukunft.* Zum 100. Todestag von Karl Gayer. In: LWF Wissen, Nr. 58, S. 4-5. Freising: Bayer. Landesanstalt für Wald und Forstwirtschaft.

Hamberger, J. (2009 a): *Von der Nachlässigkeit zur Nachhaltigkeit: Etymologische und forsthistorische Annäherung an Schlüsselbegriffe bei Hans Carl von Carlowitz.* In: J. Hamberger (Hrsg.). Forstliche Forschungsberichte München, Nr. 206. Festschrift zum 65. Geburtstag von Prof. Dr. Egon Gundermann, S. 31-38. Freising: Schriftenreihe des Zentrums Wald-Forst-Holz Weihenstephan.

Hamberger, J. (2009 b): *Das Zentrum Wald Forst Holz Weihenstephan: Management zwischen Universität, Fachhochschule und Ressortforschung.* Wissenschaftsmanagement, Nr. 2, Jhrg. 15, S. 29-33. Bonn.

Hamberger, J. (2009 c): *Denkmäler im Wald.* Der Bayerische Bürgermeister, Jahrgang 62, Nr. 92, S. 81-83. München: Hüthig-Rehle-Rehm.

Hamberger, J. (2010): *Vom Holzrecht zur Waldwirtschaft: Der bäuerliche Privatwald in Bayern, ein Gang durch die Geschichte.* Landwirtschaftliches Wochenblatt, Nr. 41, S. 22-30. München: Bayerischer Landwirtschaftsverlag.

Hamberger, J. (2011): *Der Tannensäer von Nürnberg.* LWF aktuell, Nr. 82, S. 50. Freising: Bayer. Landesanstalt für Wald und Forstwirtschaft.

Hamberger, J. (2013 a): Neuherausgabe von: Carlowitz, H. C. von (1713): *Sylvicultura oeconomica oder Haußwirthliche Nachricht und Naturmäßige Anweisung zur Wilden Baum-Zucht.* Verlag der Originalausgabe: Johann Friedrich Braun in Leipzig. Neuausgabe: München: oecom.

Hamberger, J. (2013 b): *Peter Stromer (1310/15-388).* In: Neue Deutsche Biographie, Bd. 25, S. 575 f. Historische Kommission bei der Bayerischen Akademie der Wissenschaften (Hrsg.). Berlin: Duncker und Humblot.

Hamberger, J. (2013 c): *Nachhaltigkeit: Entstehung und Formung eines Begriffs im Forstbereich.* In: Wo steht die Umweltethik? Argumentationsmuster im Wandel. Beiträge zur sozialwissenschaftlichen Nachhaltigkeitsforschung, Bd. 5, S. 427-445. Marburg: metropolis.

Hamberger, J., (2013 d): *Von der Sylvicultura zur Waldkultur: Die Entwicklung und Umsetzung des Nachhaltigkeitsgedankens in der Forstwirtschaft.* LWF Wissen, Nr. 72, S. 15 – 23. Freising: Bayer. Landesanstalt für Wald und Forstwirtschaft.

Hamberger, J., Irlinger, W. und Suhr, G. (2012): *Boden und Stein: Denkmäler im Wald.* LWF spezial, Nr. 3, 3. Auflage. Freising: Bayer. Landesanstalt für Wald und Forstwirtschaft.

Hamberger, J. und Irlinger, W. (2017): *Historic monument conservation and forestry - forestry measures on and around archaeological monuments.* S. 117-124; in: W. Irlinger/G. Suhr (editors), Archaeological Sites in Forests – Strategies for their Protection. Inhalte – Projekte – Dokumentationen. Schriftenreihe 15, München Bayer. Landesamt für Denkmalpflege.

Hartig, G. L. (1791): *Anweisung zur Holzzucht für Förster.* Marburg: Neue akademische Buchhandlung.

Hasel, K. (1985): *Forstgeschichte: Ein Grundriß für Studium und Praxis.* Hamburg und Berlin: Paul Parey.

Hasel, K. und Schwartz, E. (2002): *Forstgeschichte: Ein Grundriß für Studium und Praxis.* Remagen: Kessel.

Hastreiter, H. (2012): *Die Eigentumsstruktur des Privatwaldes.* LWF aktuell, Nr. 91, S. 5 f. Freising: Bayer Landesanstalt für Wald und Forstwirtschaft.

Hauke, W. (1988): *Die Geschichte des Schnitzhandwerks und der Waldnutzung in Oberammergau und im Werdenfelser Land im Vergleich zu anderen traditionellen Schnitzlandschaften.* Forstliche Forschungsberichte München, Nr. 93. Forstwissenschaftliche Fakultät der Universität München und Bayerische Versuchs- und Forschungsanstalt.

Hausrath, H. (1982): *Geschichte des deutschen Waldbaus: Von seinen Anfängen bis 1950.* Freiburg i. Br.: Universitätsverlag.

Hazzi, J. von (1805 a): *Die echten Ansichten der Waldungen und Förste, gegenwärtig über die Purifikation, sammt der Geschichte des Fortwesens im Allgemeinen, vorzüglich in Baiern.* München: Josef Lentner.

Hazzi, J. von (1805 b): *Die echten Ansichten der Waldungen und Förste; gegenwärtig über das Gemeinschädliche der Beybehaltung der Staatsförste, oder der sogenannten Kammeralforstregie; mit dem Detail der baierischen Kammeralforststatistik zur Beleuchtung der Kammeralforststatistik im Allgemeinen.* München: Josef Lentner.

Hazzi, J. von (1808): *Statistische Aufschlüsse über das Herzogthum Baiern aus ächten Quellen geschöpft: Ein allgemeiner Beitrag zur Länder- und Menschenkunde.* Nürnberg, Stein'sche Buchhandlung.

Hegel, K. (1862): *Die Chroniken der fränkischen Städte: Nürnberg.* In: K. Hegel (Hrsg.). Die Chronik der deutschen Städte, 1. Band. Leipzig: S. Hirzel.

Henning, F.-W. (1991/96): *Handbuch der Wirtschafts- und Sozialgeschichte Deutschlands.* 2. Band. Paderborn: Ferdinand Schöningh.

Herrmann, D. (1989): *Vom Bergbau im Fichtelgebirge.* Teil 1. In: R. v. Schmeisser (Hrsg.). Beiträge zur Geschichts- und Landeskultur des Fichtelgebirges, Band 11. Wunsiedel: Kohler.

Herrmann, D. (1990): *Vom Bergbau im Fichtelgebirge.* Teil 2. In: R. v. Schmeisser (Hrsg.). Beiträge zur Geschichts- und Landeskultur des Fichtelgebirges, Band 12. Wunsiedel: Kohler.

Heuer, E., Baldauf, Th., Schmitz, F. und Rüter, S. (2016): *Was tragen Wald und Holz zum Klimaschutz in Deutschland bei?* Allgemeine Forstzeitschrift, Nr. 15. München: Deutscher Landwirtschaftsverlag.

Heydenreuter, R. (2002): *Die Forstorganisation im Königreich Bayern 1806-1908.* In: H. Bleymüller, E. Gundermann und R. Beck (Hrsg.). 250 Jahre Bayerische Staatsforstverwaltung. Mitteilungen aus der Bayerischen Staatsforstverwaltung, Heft 51, Band I, S. 37-48. München: StMELF.

Heydenreuter, R. (2008): *Die Hüter des Schatzes: 200 Jahre staatliche Finanzverwaltung in Bayern.* München: Bayerisches Staatsministerium der Finanzen.

Hildebrand, M. (2006): *Schutzwaldmanagement – ein Beitrag zum Hochwasserschutz.* LWF Wissen, Nr. 53, S. 55-61. Freising: Bayer. Landesanstalt für Wald und Forstwirtschaft.

Hilf, R. B. (1938): *Der Wald.* Potsdam: Akademische Verlagsgesellschaft Athenaion.

Hochtanner, G. (1979): *Waldbauliche Wanderungen in Bayern.* Bad Erlbach: Selbstverlag.

Höltermann, A. und Oesten, G. (2001): *Forstliche Nachhaltigkeit.* In: Der Bürger im Staat, 51. Jahrgang, Heft 1, S. 39-45. Stuttgart: Landeszentrale für politische Bildung Baden-Württemberg.

Hölzl, R. (2010): Umkämpfte Wälder: *Die Geschichte einer ökologischen Reform in Deutschland 1760-1860.* Frankfurt: Campus.

Horndasch, M. (1987): *Stabilisierung der Fichtenbestände auf windwurfgefährdeten Standorten: Dargestellt am Beispiel des Roggenburger Forstes.* Selbstverlag.

Hornsmann, E. (1958): *Allen hilft der Wald.* München, Bonn, Wien: Bayerischer Landwirtschaftsverlag.

Hübner, H. und Bernhard, G. (2015): *Die Bayerische Forstverwaltung in neuen Strukturen.* Allgemeine Forstzeitschrift, Nr. 15. München: Deutscher Landwirtschaftsverlag.

Kaiser, R. (2011): *Älteste Waldbesitzervereinigung gesucht.* Forstinfo, 01/2011, S. 4. München: StMELF.

Kaltenstadler, W. (2017): *Wald und Forstwirtschaft der Oberpfalz in der Frühindustrialisierung: Umwelt-, Rohstoff- und Energieperspektiven.* Manuskript.

Keiper, J. (1932): *Der forstliche Unterricht in Bayern 1819 bis 1908 und sein Einfluß auf die Staatsforstverwaltung während dieser Zeit.* Bayer. Forst- und Jagdzeitung, 39. Jahrgang, S. 117-126.

Keweloh, H.-W. (1985): *Vom Baum zum „schwimmenden Dorf": Der Bau der Flöße.* In: H.– W. Keweloh. Flößerei in Deutschland, S. 67 ff. Stuttgart: Theiss.

Keweloh, H.-W. (2014): *Fachwörterbuch der Flößerei.* Bremerhaven: Deutsches Schifffahrtsmuseum.

Kirchner, R. (1931): *Die Allmenden und ihre Schicksale in Unterfranken.* Würzburg: Universität, Dissertation.

Kling, J. P. (1791): *Vorschriftsmäßige Behandlung der Domainen-Waldungen in der Churpfalz, eine Vorlesung am Höchsten Namensfeste des Durchlauchstigsten Churfürsten Carl Theodors. Gelesen in einer öffentlichen Sitzung der Churpfälzischen Akademie der Wissenschaften, den 6. November 1790.* Mannheim: Hof- und akademische Buchdruckerei. (Veröffentlicht auch in W. G. Mosers Forstarchiv, 1790, 9. Bd., S. 281-319).

Kmiotek, B. (1900): *Siedlung und Waldwirtschaft im Salzforst: Ein Beitrag zur fränkischen Wirtschaftsgeschichte.* Naumburg a. S.: Lippert & Co.

Knoke, Th., Schneider, Th., Hahn, A., Griess, V. C. und Rößiger, J. (2012): *Forstbetriebsplanung als Entscheidungshilfe.* Stuttgart: Eugen Ulmer.

König, W. (Hrsg.) (1997): *Propyläen Technikgeschichte: Mechanisierung und Maschinisierung 1600-1840.* Berlin: Propyläen.

Königlich Bayerisches Ministerial-Forstbureau (1860): *Darstellung der in den Gebirgswaldungen des oberbayerischen Salinen-Forstbezirkes in Anwendung kommenden Holzbringungs-Mittel: Von den verschiedenen Bringungsweisen des Holzes zu Lande.* München: Joh. Palm's Hofbuchhandlung.

Königlich Bayerisches Ministerial-Forstbureau (1862): *Darstellung der in den Gebirgswaldungen des oberbayerischen Salinen-Forstbezirkes in Anwendung kommenden Holzbringungs-Mittel: Von den verschiedenen Bringungsweisen des Holzes zu Wasser, nebst den Triftbauten.* München: Joh. Palm's Hofbuchhandlung.

Königlich Bayerisches Ministerial-Forstbureau (1861): *Die Forstverwaltung Bayerns, beschrieben nach ihrem derzeitigen Stande.* München: Bayerisches Staatsministerium der Finanzen.

Köstler, J. (1934): *Geschichte des Waldes in Altbayern.* München: C.H. Beck.

Köstler, J. (1950): Waldbau: *Grundriss und Einführung als Leitfaden zu Vorlesungen über Bestandsdiagnose und Waldtherapie.* Berlin und Hamburg: Paul Parey.

Köstler, J. N. (1953 a): *Waldpflege: Waldbauleistung und Waldgesinnung in süddeutschem Privatwald; zugleich ein Wegweiser für die Waldbaupraxis.* Hamburg und Berlin: Paul Parey.

Köstler, J. N. (1953 b): *Waldwege und Holzwege der Wissenschaft: Vortrag anlässlich der feierlichen Rektoratsübergabe im Herkulessaal der Residenz in München am 21. November 1953.* Hamburg und Berlin: Paul Parey.

Kraus, A. (1995): *Handbuch der bayerischen Geschichte: Geschichte der Oberpfalz und des bayerischen Reichskreises bis zum Ausgang des 18. Jahrhunderts.* 3. Aufl., 3/3. München: C.H. Beck.

Kraus, A. (2004): *Bayerische Geschichte: Von den Anfängen bis zur Gegenwart.* 3. neu bearb. Auflage. München: C.H. Beck.

Kremer, H. und Wach, A. (1979): *Rückblick auf die Revierförsterausbildung in Bayern: Die Zeit von 1803 bis 1945.* In: Bayerisches Staatsministerium für Ernährung, Landwirtschaft und Forsten (Hrsg.). Der bayerische Revierförster: Seine Ausbildung in den letzten zwei Jahrhunderten. München: StMELF.

Küster, H. (2013): *Geschichte des Waldes: Von der Urzeit bis zur Gegenwart.* 3. Aufl. München: C.H. Beck.

Leitenbacher, A. und Perfler, R. (2009): *Mit Kompetenz und Fingerspitzengefühl.* LWF aktuell, Nr.70, S. 4-6. Freising: Bayer. Landesanstalt für Wald und Forstwirtschaft.

Linke, J. (1957): *Wälder und Wäldler: Ein Bilderbuch aus dem Bayerischen Wald.* Bamberg: L. Staakmann.

Lob, R. (1978): *Die Wüstungen der bayerischen Rhön und des nord-westlichen Grabfeldes und ihre Bedeutung für die Periodisierung der Kulturlandschaftsgeschichte.* In: Mainfränkische Studien. Würzburg: Freunde Mainfränkischer Kunst und Geschichte.

Löffler, H., Hamberger, J. und Warkotsch, W. (2002): *Wie in Bayern das Holz aus dem Wald kam: Holzernte, Walderschließung und Holztransport einst und jetzt.* In: H. Bleymüller, E. Gundermann und R. Beck (Hrsg.). 250 Jahre Bayerische Staatsforstverwaltung. Mitteilungen aus der Bayerischen Staatsforstverwaltung, Heft 51, Band II, S. 335-368. München: StMELF.

Lutz, J. (1941): *Die ehemaligen Eisenhämmer und Hüttenwerke und die Waldentwicklung im nordöstlichen Bayern.* Mitteilungen aus Forstwirtschaft und Forstwissenschaft, XII. Jahrgang, Heft 3. Hannover: M. & H. Schaper.

Mantel, K. (1930): *Geschichte des Ebersberger Forstes: Eine historisch-kritische Studie des Holzartenwechsels auf der Münchener Schotterebene*. Mitteilungen aus der Staatsforstverwaltung Bayerns, 21. Heft, S. 1-104. München: Bayer. Staatsministerium der Finanzen, Ministerialforstabteilung.

Mantel, K. (1941): *Max Endres: Eine Darstellung seines Lebens und Wirkens als Beitrag zur Geschichte der Forstwissenschaft*. Forstwissenschaftliches Zentralblatt 1941, Heft 1/2, S. 35 ff.

Mantel, K. (1980): *Forstgeschichte des 16. Jahrhunderts unter dem Einfluß der Forstordnungen und Noe Meurers*. Hamburg und Berlin: Paul Parey.

Mantel, K. (1990): *Wald und Forst in der Geschichte: Ein Lehr- und Handbuch*. Alfeld-Hannover: M. & H. Schaper.

Mantel, W. (1959 a): *Vor 50 Jahren: Antrag Toerring*. Allgemeine Forst- und Jagdzeitung, 130. Jhrg., Heft 4/5, S. 87-92.

Mantel, W. (1959 b): *Forsteinrichtung*. Frankfurt a. M.: Sauerländer.

Mantel, W. (2008): *Ein Manifest für die Bodenreinertragslehre. Vor hundert Jahren schied der „Antrag Toerring" die forstlichen Geister*. LWF aktuell, Nr. 67, S. 59 ff. Freising: Bayer. Landesanstalt für Wald und Forstwirtschaft.

Markmiller, F. (2009): *Hochwasser und Brückenheiliger*. In: D. Vogel (Hrsg.). Dingolfing-Landau: Portrait eines niederbayerischen Landkreises. Dingolfing: Kiebitz-Buch.

Mayer, K. H. (1998): *Die Forstgeschichte des Fichtelgebirges*. Forstliche Forschungsberichte München, Nr. 167. Freising: Forstwissenschaftliche Fakultät der Universität München und Bayer. Landesanstalt für Wald und Forstwirtschaft.

Mayer, K. H. (2005): *Die Forst- und Jagdgeschichte des ehemals bambergischen Frankenwaldes und seines Lichtenfelser Vorlandes*. Bamberg: Selbstverlag.

Mayr (Meyr), G. K., Edler von (1784 – 1799): *Sammlung der churpfalzbaierischen allgemeinen und besonderen Landesverordnungen*. 6 Bd. München: Anna Maria Vötterin (1. u. 2. Bd.), Anton Franz (3. u. 4. Bd.), Franz Seraph Hübschmann (5. u. 6. Bd.). (Im 1. und 2. Band ist der Name des Autos „Meyr" geschrieben.)

Meister, G., Schütz, Ch. und Sperber, G. (1984): *Die Lage des Waldes: Ein Atlas der Bundesrepublik – Daten, Analysen, Konsequenzen*. Hamburg: Gruner und Jahr.

Meurer, N. (1560): *Von Forstlicher Oberherrligkeit und Gerechtigkeit: Was die Recht, der Gebrauch und die Billigkeit deßhalb vermögen*. Pforzheim: Raab.

Meurer, N. (1576): *Jag- und Forstrecht, Das ist ... etliche gute Consilia*. Frankfurt: Feyerabend.

Miller, J. (1999): *Der Körperschaftswald in Bayern und die Bayerische Staatsforstverwaltung*. In: J. Bachler (Hrsg.). Privat- und Körperschaftswald. Alzenau: Schriftenreihe des Bayerischen Forstvereins, Nr. 15, S. 3.

Möhring, B. und Hatzfeld, H., Graf von (2015): *Wissen statt meinen, sein statt scheinen*. Allgemeine Forstzeitschrift, Nr. 23, S. 10.

Mosandl, R. (2007): *Waldbauwissenschaft auf den Spuren Karl Gayers*. LWF Wissen, Nr. 58, S. 8-13. Freising: Bayer. Landesanstalt für Wald und Forstwirtschaft.

Nationalpark Bayerischer Wald. (Hrsg.) (2008): *Der Nationalpark Bayerischer Wald als regionaler Wirtschaftsfaktor*. Grafenau: Berichte aus dem Nationalpark, Heft 4.

Nationalpark Bayerischer Wald. (Hrsg.) (2009): *Die Akzeptanz des Nationalparks bei der örtlichen Bevölkerung*. Grafenau: Berichte aus dem Nationalpark, Heft 5.

Nazet, E. (2004): *Die Wälder der Menzinger Schotterzunge: Forstgeschichte am Beispiel einiger Wälder im Münchner Stadtgebiet*. Remagen-Oberwinter: Kessel.

Neidlinger, M. (1967): *Handbuch des Forstrechts in Bayern: Sammlung des in Bayern geltenden Forstrechts mit Erläuterungen und Verweisungen, Anhang und Stichwortverzeichnis*. München: Deutscher Gemeindeverlag.

Neue Deutsche Biographie (1953-2013): 25 Bd. Historische Kommission der Bayerischen Akademie der Wissenschaften (Hrsg.). Berlin: Duncker und Humblot.

Neumeyer, M. und Neft, R. (2015): *10 Jahre Bayerische Staatsforsten*. Allgemeine Forstzeitschrift, Nr. 15. München: Deutscher Landwirtschaftsverlag.

Pausch, R. (2005): *Ein Systemansatz zur Darstellung des Zusammenhangs zwischen Waldstruktur, Arbeitsvolumen und Kosten in naturnahen Wäldern Bayerns*. Forstliche Forschungsberichte München, Nr. 199. Freising: Wissenschaftszentrum Weihenstephan und Bayer. Landesanstalt für Wald und Forstwirtschaft.

Pechmann, H. Frh. v. (1928): *Die Forstrechte eines oberpfälzischen Forstamtes: Ihre Entwicklung und ihre Bedeutung für die Forstwirtschaft*. Forstwissenschaftliches Zentralblatt, S. 644-660, 669-687, 705-725. Hamburg und Berlin: Paul Parey.

Pechmann, H. Frh. v. (1932 a): *Beiträge zur Geschichte der Forstwirtschaft im oberbayerischen Hochgebirge*. Forstwissenschaftliches Zentralblatt, S. 602-622, 645-661, 693-709, 721-734. Hamburg und Berlin: Paul Parey.

Pechmann, H. Frh. v. (1932 b): *Saatgutprovenienzfragen*. Forstwissenschaftliches Zentralblatt, S. 164-167. Hamburg und Berlin: Paul Parey.

Piot, G. und Schweizer, B. (1985): *Arbeits- und Lebensverhältnisse eines Flößerdorfes am Beispiel von Unterrodach.* In: H.-W. Keweloh (Hrsg.). Flößerei in Deutschland, S. 111 ff. Stuttgart: Theiss.

Plochmann, R. (1970): *650 Jahre Stadtwald Weißenburg.* In: Villa nostra, Beiträge zur Weißenburger Stadtgeschichte. Weißenburg: Stadt Weißenburg.

Plochmann, R. (1989): *Mensch und Wald.* In: H. Stern, H. Bibelriether, P. Burschel, R. Plochmann, W. Schröder und H. Schulz. (Hrsg.). Rettet den Wald. München: Wilhelm Heyne.

Plochmann, R. und Hieke, Ch. (1986): *Schadensereignisse in den Wäldern Bayerns: Eine Zusammenstellung der forstlichen Literatur seit Beginn des 18. Jahrhunderts.* Forstliche Forschungsberichte München, Nr. 71. München: Forstwissenschaftliche Fakultät der Universität München und Bayer. Forstliche Versuchs- und Forschungsanstalt.

Pressler, M. R. (1858): *Der rationelle Waldwirth und sein Waldbau des höchsten Ertrags.* Dresden: Türk.

Radkau, J. und Schäfer, I. (1987): *Holz: Ein Naturstoff in der Technikgeschichte.* Reinbek bei Hamburg: Rowohlt.

Raesfeld, v. (1898): *Der Wald in Niederbayern nach seinen Standortsverhältnissen.* Landshut: Botanischer Verein.

Rebel, K. (1924/25): *Waldbauliches aus Bayern.* 2 Bd. Dießen vor München: Huber. [Auch Nachdruck ders. Ausgabe (1982): Bremen: Roland Repro]

Rehfueß, K. E. (1978): *100 Jahre Forstwissenschaft in München.* In: Allgemeine Forstzeitschrift, Nr. 40, S. 1193 f. München: Bayer. Landwirtschaftsverlag.

Reiner, L., Beiler, H. und Slivinski, R. (2005): *Die Spiegelauer Waldbahn: Die Geschichte der Spiegelauer Waldbahn und des Maschinenbetriebes Spiegelau von der Planung bis zur Auflösung mit über 200 historischen Fotos, Zeichnungen und Plänen und Berichten von Zeitzeugen.* Riedlhütte: Ohetaler-Verlag.

Ress, F. M. (1950): *Geschichte und wirtschaftliche Bedeutung der oberpfälzischen Eisenindustrie von den Anfängen bis zur Zeit des 30-jährigen Krieges.* Verhandlungen des Historischen Vereins für die Oberpfalz und Regensburg, 91. Band. Regensburg: Historischer Verein.

Ress, F. M. (1951): *Der Eisenhandel der Oberpfalz in alter Zeit.* Deutsches Museum, Abhandlungen und Berichte, 19. Jahrgang, Heft 1. München: R. Oldenbourg und Düsseldorf: Deutscher Ingenieur-Verlag.

Riedelbauch, A. (2006): *Vom Waldmuseum zum Erfolgsmodell.* LWF aktuell, Nr. 54, S. 2-6. Freising: Bayer. Landesanstalt für Wald und Forstwirtschaft.

Rottmanner, S. (1778): [Pseudonym: Johann Theodor Freyherr zu Schollenberg und Reutha]: *Anmerkungen über das baierische Mandat, welches in Betref der Wildschützen und Landcultur den 1ten August erschlichen, aber von den churfürstlichen Hofrath, und Hofkammer zu Ehre und zum Nutzen des Vaterlandes unterdrückt worden.* Original ohne Angabe von Verlagsort und Verlag. (Tatsächlich: München: Strobel).

Rottmanner, S. (1780): *Nothwendige Kenntniße und Erläuterungen des Forst- und Jagdwesens in Baiern.* München: Ohne Verlagsangabe.

Rottmanner, S, (1783-1787). [Anonym erschienen, Verfasser ist Simon Rottmanner.]: *Unterricht eines alten Beamten an junge Beamte, Kandidaten und Praktikanten.* 3 Bd. Linz: Ohne Verlagsangabe.

Rubner, H. (1959): *Der Baumartenwandel in den Forsten der Münchener Schotterebene.* Mitteilungen der geographischen Gesellschaft München, Bd. 44, S. 9 ff. München: Geographische Gesellschaft.

Rubner, H. (1967): *Forstgeschichte im Zeitalter der industriellen Revolution.* Berlin: Duncker und Humblot.

Rubner, H. (1994): *Hundert bedeutende Forstleute Bayerns: 1875-1970.* Mitteilungen aus der Staatsforstverwaltung Bayerns, Heft 47. München: StMELF.

Rubner, H. (1997): *Deutsche Forstgeschichte 1933-1945: Forstwirtschaft, Jagd und Umwelt im NS-Staat.* St. Katharinen: Scripta-Mercaturae.

Rubner, H. (2002): *Die Bayerische Landesforstverwaltung im „Dritten Reich" – eine Betrachtung: Die Bayerische Landesforstverwaltung unter dem Druck der nationalsozialistischen Kaderpolitik.* In: H. Bleymüller, E. Gundermann und R. Beck (Hrsg.). 250 Jahre Bayerische Staatsforstverwaltung, Heft 51, Band I, S. 121-128. München: StMELF.

Schanz, G. (1917): *Zur Entwicklung des staatlichen Besoldungswesens in Bayern.* Finanzarchiv, 34. Jahrgang, S. 179-218. Tübingen: Mohr-Siebeck.

Schanz, H. (1996): *Forstliche Nachhaltigkeit.* Schriften aus dem Institut für Forstökonomie, Bd. 4. Freiburg.

Schenk, W. (1998): *Ländliche Gesellschaft und Raumnutzung.* In: E. G. Krenig und P. Kolb (Hrsg.). Unterfränkische Geschichte. Bd. 4/1. Würzburg: Echter.

Schilcher, F. S. von (1796): *Über die zweckmäßigste Methode den Ertrag der Waldungen zu bestimmen*. Stuttgart: Erhard und Löflund.

Schmechel, D. (2006): *175 000 Kinder lernen vom Ökosystem Wald*. LWF aktuell, Nr. 54, S. 8 f. Freising: Bayer. Landesanstalt für Wald und Forstwirtschaft.

Schmechel, D. (2015): *Vom Waldwissen zum verantwortlichen Handeln: Rolle und Stellenwert der Waldpädagogik im gesellschaftlichen Dialog*. LWF aktuell, Nr. 107, S. 14-17. Freising: Bayer. Landesanstalt für Wald und Forstwirtschaft.

Schmidt, A. (2011): *Der Wald in der Geschichte der Oberpfalz*. Regensburg: Oberpfälzer Kulturbund e. V.

Schmidt, O. (2004): *Die Tanne im Frankenland*. In: Beiträge zur Tanne. LWF Wissen, Nr. 45. Freising: Bayer. Landesanstalt für Wald und Forstwirtschaft.

Schmidt, O. (2012): *Von den Wurzeln der Nachhaltigkeit: Vor drei Jahrhunderten erfand die Forstwirtschaft das Prinzip der Nachhaltigkeit*. LWF aktuell, Nr. 82, S. 50 ff. Freising: Bayer. Landesanstalt für Wald und Forstwirtschaft.

Schmidt; O. (2013): *Die Wurzeln der Nachhaltigkeit liegen im Wald*. LWF Wissen, Nr. 72, S. 11-14. Freising: Bayer. Landesanstalt für Wald und Forstwirtschaft.

Schmidt, U. E. (1997): *Das Problem der Ressourcenknappheit: Dargestellt am Beispiel der Ressourcenknappheit in Deutschland im 18. und 19. Jahrhundert*. Selbstverlag. (Habilitationsschrift der Forstwissenschaftlichen Fakultät der Universität München.)

Schmidt, U. E. (2010): *Geschichte des Waldeigentums und der Forstwirtschaft*. In: O. Depenheuer und B. Möhring (Hrsg.). Waldeigentum: Dimension und Perspektiven, S. 23-42. Berlin und Heidelberg: Springer.

Schmöller, C. und Volland, J. A. (2002): *Bayerns Wälder: 250 Jahre Bayerische Staatsforstverwaltung*. Hefte zur bayerischen Kultur und Geschichte, Bd. 27. Augsburg: Haus der Bayerischen Geschichte.

Schneider, K. H. (2010): *Geschichte der Bauernbefreiung*. Stuttgart: Reclam.

Schollenberg und Reutha, J. Th. Freyherr zu (1778). [Pseudonym für Simon Rottmanner]: *Anmerkungen über das baierische Mandat, welches in Betref der Wildschützen und Landcultur den 1ten August erschlichen , aber von den churfürstlichen Hofrath, und Hofkammer zu Ehre und zum Nutzen des Vaterlandes unterdrückt worden*. Original ohne Angabe von Verlagsort und Verlag. (Tatsächlich: München: Strobl).

Schreiber, W. (1965): *Die Flößerei im Frankenwald*. Heimatbeilage zum Amtlichen Schulanzeiger der Regierung von Oberfranken. Bayreuth: Regierung von Oberfranken.

Schreiber, R., Schaffner, St. und Hastreiter, H. (2012): *Der Wandel in der Besitzstruktur im Privatwald Bayerns: Herausforderungen und Folgerungen für die Praxis*. LWF aktuell, Nr. 88, Nr. 55-57. Freising: Bayer. Landesanstalt für Wald und Forstwirtschaft.

Schütt, P. (1985): *So stirbt der Wald: Schadbilder und Krankheitsverlauf*. München: Bayerischer Landwirtschaftsverlag.

Schuh, A. und Bauer, O. (Hrsg.) (1988): *Dr. Hans Eisenmann: Ein Leben für seine bayerische Heimat*. Pfaffenhofen: W. Ludwig.

Schüpfer, V. (1919): *Zur Geschichte der Forsteinrichtung in Bayern*. Forstwissenschaftliches Zentralblatt, 41. Jahrgang, S. 281-302.

Schüpfer, V. (1928 a): *Die Bedeutung des Waldes und der Forstwirtschaft für die Kultur im Wechsel der Zeiten*. Münchener Universitätsreden, Nr. 10. München: Max Hüber.

Schüpfer, V. (1928 b): *Zur Geschichte des Forstwissenschaftlichen Unterrichts in Bayern*. Münchener Universitätsreden, Nr. 14. München: Max Hüber.

Schuster, J. (1926): *Rückblick auf die Entwicklung der bayer. Behörden und Stellen der Justiz-, Inneren-, Finanz- und Forstverwaltung*. Regensburg-Stadtamhof: Selbstverlag.

Schuth, U. (2016): *Zeidlerei: Waldimkern seit dem Mittelalter*. Unser Wald, Nr. 1, S. 11-12. Bonn: Verlagsgesellschaft Unser Wald mbH.

Schutzgemeinschaft Deutscher Wald, Landesverband Bayern (2003): *Der Wald im Zitat*. München: Schutzgemeinschaft Deutscher Wald.

Schwarz, E., Wegner, J. (1978): *Bayerisches Salz: Salinen, Salzschiffe und Soleleitungen*. Freilassing: Pannonia.

Schwemmer, G. (1989): *Die Geschichte der Eisengewinnung in der mittleren Oberpfalz im 19. und 20. Jahrhundert*. Hamburg: Diplomica.

Seidl, A. (2002): *Georg Anton Däzel: Erster Lehrer und Direktor der Kurfürstlichen Forstschule zu Weihenstephan*. In: H. Bleymüller, E. Gundermann und R. Beck (Hrsg.). 250 Jahre Bayerische Staatsforstverwaltung. Mitteilungen aus der Bayerischen Staatsforstverwaltung, Heft 51, Band II, S. 405-424. München: StMELF.

Sierstorpff, C. H. von (1813): *Über die forstmäßige Erziehung, Erhaltung und Benutzung der vorzüglichen inländischen Holzarten*. Hannover: Gebrüder Hahn.

Sliwinski, R. (2007): *60 Jahre zuverlässiger Holztransport aus dem Bayerischen Wald.* LWF aktuell, Nr. 56. Freising: Bayer. Landesanstalt für Wald und Forstwirtschaft.

Sperber, G. (1968): *Die Reichswälder bei Nürnberg: Aus der Geschichte des ältesten Kunstforstes.* Mitteilungen aus der Staatsforstverwaltung Bayerns, 37. Heft. München: StMELF.

Steinle, M. (2002): *Die Aufgaben der Bayerischen Staatsforstverwaltung im Wandel der Zeiten.* In: H. Bleymüller, E. Gundermann und R. Beck (Hrsg.). 250 Jahre Bayerische Staatsforstverwaltung. Mitteilungen aus der Bayerischen Staatsforstverwaltung, Heft 51, Band I, S. 171 - 182. München: StMELF.

Stern, H., Bibelriether, H., Burschel, P., Plochmann, R., Schröder, W. und Schulz, H. (1989): *Rettet den Wald.* München: Wilhelm Heyne.

Stimm, B. (1986): *Waldsterben, eine aktuelle Berichterstattung: Schadbilder und Schadensumfang.* Landsberg a. Lech: ecomed.

Strelow, H. (2003): *Eine Forstverwaltung fährt zur See: Die Holztrift auf Ammer und Amper.* In: E. Gundermann und R. Beck (Hrsg.). Forstliche Forschungsberichte München, Nr. 191. Ergebnisse des Arbeitskreises Forstgeschichte in Bayern 2000 - 2002, S. 127 - 138. Freising: Wissenschaftszentrum Weihenstephan und Bayer. Landesanstalt für Wald und Forstwirtschaft.

Steinsiek, P. M. (2015): Die Forstliche Fakultät der Universität Göttingen im Nationalsozialismus. Eine Erinnerung an ihre ehemaligen jüdischen Angehörigen. Göttinger Forstwissenschaften. Bd. 6 Göttingen: Universitätsverlag.

Stromer, U. (1349 - 1407): *Püchel von meim geslecht und von abentewr.* In: Karl Hegel (1862): Die Chroniken der fränkischen Städte: Nürnberg. Bd. 1, Leipzig: S. Hirzel.

Stubenrauch, F. A. Edler von (1779): *Recht und Billigkeit in Forst- und Jagdsachen zwischen dem Landesherrn und seinen Unterthanen.* Keine Angabe von Verlagsort und Verlag.

Suda, M., Schreiber, R., Schaffner, St., Koch, M. und Gaggermeier, A. (2013): *Beratung und Kooperation einer nachhaltigen Waldbewirtschaftung in Bayern.* LWF Wissen Nr. 72, S. 133 - 139. Bayer. Landesanstalt für Wald und Forstwirtschaft.

Thierfelder, St. (1986): *Die Hellmuthaufforstungen auf der Langen Rhön im III. Reich.* Diplomarbeit der Forstwissenschaftlichen Fakultät der Ludwig-Maximilians-Universität München. München: Selbstverlag.

Treml, M. (Hrsg.) (1995): *Salz macht Geschichte.* Katalog zur gleichnamigen Landesausstellung 1995. 2. Bd. Veröffentlichungen zur Bayerischen Geschichte und Kultur, Nr. 21. München: Haus der Bayerischen Geschichte.

Treml, M. (2011): *Der bayerischen Geschichte auf der Spur.* Regensburg: Pustet.

Treutlein, U. (1990): *Leben und Werk der Gebrüder Schilcher: Ihre Bedeutung für die Forstwirtschaft.* Mitteilungen aus der Staatsforstverwaltung Bayerns, 45. Heft, Teil 2, S.1 - 81. München: StMELF.

Tubeuf, C. Frh. v. (1921): *Das Naturschutzgebiet am Königssee in den Berchtesgadener Alpen.* München: Verlag des Bundes Naturschutz.

Vangerow, H.-H. (1982): *Wald und Holz in der Oberpfalz.* In: Geschichte und Landeskunde der Oberpfalz. Regensburg: Pustet.

Vangerow, H. -H. (1984 a): *Politik und Wirtschaft in ihrer Auswirkung auf den ostbayerischen Wald seit dem 15. Jahrhundert.* Jahresbericht des Bayerischen Forstvereins, 1984/85, S. 107-147. München: Bayerischer Forstverein.

Vangerow, H.-H. (1984 b): *Schule im Wald: Eine waldkundliche Handreichung.* München: Schutzgemeinschaft Deutscher Wald – Landesverband Bayern.

Vangerow, H.-H. (2002): *Von den Anfängen der Bayerischen Staatsforstverwaltung.* In: H. Bleymüller, E. Gundermann und R. Beck (Hrsg.). 250 Jahre Bayerische Staatforstverwaltung. Mitteilungen aus der Bayerischen Staatsforstverwaltung, Heft 51, Band I, S. 3 - 24. München: StMELF.

Vangerow, H.-H. (2005): *Johann Heinrich Kosteletzky von Sladowa (1688 - 1769). Ein böhmisches Schicksal: Vom königlichen Hofjäger in Böhmen zum kurfürstlichen Oberwaldmeister in Bayern.* Regensburg: Selbstverlag. (Habilitationsschrift, Albert-Ludwigs-Universität Freiburg i. Br.)

Vangerow, H.-H. (2007): *Gedanken zur Holznot in der oberen Pfalz um die Mitte des 18. Jahrhunderts.* In: E. Gundermann, O. Schmidt und R. Beck (Hrsg.). Forstliche Forschungsberichte München, Nr. 205. Ergebnisse des Arbeitskreises Forstgeschichte in Bayern 2005 - 2007, S. 96 - 110. Freising: Wissenschaftszentrum Weihenstephan und Bayer. Landesanstalt für Wald und Forstwirtschaft.

Vanselow, K. (1911): *Die Anweisung für die Forsteinrichtung in den Kgl. Bayerischen Staatswaldungen vom 30. Juni 1910.* Forstwissenschaftliches Zentralblatt, Nr. 55. Hamburg und Berlin: Paul Parey.

Vogel, H. (1995): *Geschichte von Bad Reichenhall: Stadt der Sole-*

quellen und der Solebäder. Reichenhall: Stadt Reichenhall.

Vogl, R., Meixner, M., Klatt, St. und Mandl, H. (2015): *Innovative Waldprojekte: Bildung für nachhaltige Entwicklung erfolgreich und zukunftweisend in Schule und Wald.* LWF aktuell, S. 18 - 21. Freising: Bayer. Landesanstalt für Wald und Forstwirtschaft.

Volz, K.-R. (2001): *Wem gehört eigentlich der Wald?* In: Der Bürger im Staat, 51. Jahrgang, Heft 1, S. 51 - 58. Stuttgart: Landeszentrale für politische Bildung Baden-Württemberg.

Vorbeck, M. (1965): *Wesen und Inhalt gemeindlicher Nutzungsrechte.* München: Boorberg.

Wach, A. (1977): *Die Forstschule Aschaffenburg als Ausbildungsstätte für den „niederen Forstdienst".* In: Bayerisches Staatsministerium für Ernährung, Landwirtschaft und Forsten (Hrsg.): Der Bayerische Revierförster: Seine Ausbildung in den letzten zwei Jahrhunderten. München: StMELF.

Walther, G. (2016): *Das Mühlholz: Eine Besonderheit, nur im Frankenwald.* Heimatkundliches Jahrbuch des Landkreises Kronach, Nr. 28. Kronach: Landkreis Kronach.

Weidenbach, P. (2001): *Der deutsche Wald.* In: Der Bürger im Staat, 51. Jahrgang, Heft 1, S. 30 - 38. Stuttgart: Landeszentrale für politische Bildung Baden-Württemberg.

Weimann, H. J. (2003): *Wurzeln der Nachhaltigkeit.* LWF aktuell, S. 34 - 37. Freising: Bayer. Landesanstalt für Wald und Forstwirtschaft.

Weinberger, E. (2000): *Pecheln und Pottaschesieden: Gewerbliche Waldnutzung in Altbayern im 18. Jahrhundert.* Forstliche Forschungsberichte München, Bd. 180, S. 113 - 138. Freising: Forstwissenschaftliche Fakultät der Universität München und Bayer. Landesanstalt für Wald und Forstwirtschaft.

Weinberger, E. (2001): *Waldnutzung und Waldgewerbe in Altbayern im 18. und beginnenden 19. Jahrhundert.* Vierteljahresschrift für Sozial- und Wirtschaftsgeschichte, Bd. 157. Stuttgart: Franz Steiner.

Weinberger, E. (2011): *Waldweide und Dechel.* In: Hetzer, G. und Kruse, Ch. (Hrsg.). Waldgeschichte: Forst und Holz in Bayern. S. 85 - 103. München: Generaldirektion der Staatlichen Archive Bayerns.

Weis, E. (1997): *Montgelas, Maximilian Joseph.* In: Neue Deutsche Biographie Band 18, S. 55 - 63.

Weis, A. (2003): *Die Begründung des modernen Bayerischen Staates unter König Max I. (1799 - 1825).* In: Max Spindler (Hrsg.: Alois Schmidt): Band 4.1. München: C. H. Beck.

Weiss, J. A. (1986): *Die Integration der Gemeinden in den modernen bayerischen Staat: Zur Entstehung der kommunalen Selbstverwaltung in Bayern (1799 - 1818).* In: Studien zur bayerischen Verfassungs- und Sozialgeschichte, Band XI. München: Kommission für bayerische Landesgeschichte.

Weizenbeck, G. A. (1790): *Einige zufällige Bemerkungen über den dermaligen Holzzustand in Baiern: Veranlasst durch die fast allgemeine Klage über Holzmangel.* Regensburg: Ohne Verlagsangabe.

Wiessner, H. (1934): *Sachinhalt und wirtschaftliche Bedeutung der Weistümer im deutschen Kulturgebiet.* Veröffentlichungen des Seminars für Wirtschafts- und Kulturgeschichte an der Universität Wien, Nr. 9/10. Baden–Wien–Leipzig–Brünn: Rudolf M. Rohrer.

Windisch, G. (2015): *Forstwirtschaft – vom Rand- zum Kernthema der Gesellschaft.* Allgemeine Forstzeitschrift, Nr. 15. München: Deutscher Landwirtschaftsverlag.

Wismüller, F. X. (1904): *Geschichte der Teilung der Gemeindeländereien in Bayern.* In: Brentano, L. und Lotz, W. (Hrsg.). Münchner volkwirtschaftliche Studien, zweiundsechzigstes Stück. Stuttgart und Berlin: J. G. Cotta'sche Nachfolger.

Wobst, A. (1971): *Der Markwald: Rechtsverhältnisse, wirtschaftliche und soziale Bedeutung der deutschrechtlichen Gemeinschaftswaldungen in der Bundesrepublik Deutschland.* Stuttgart: G. Fischer.

Wolfsteiner, A. (1993): *Die Fuchsmühler Holzschlacht 1894: Chronologie eines Skandals.* Pressath: Brodner.

Wurlitzer, B. (1989): Historische Werkstätten. Berlin: Verlag Die Wirtschaft.

Zerle, A. (2002): *Das Waldgesetz für Bayern: Zäsur und Chance.* In: H. Bleymüller, E. Gundermann und R. Beck (Hrsg.). 250 Jahre Bayerische Staatsforstverwaltung. Mitteilungen aus der Bayerischen Staatsforstverwaltung, Heft 51, Band I, S. 157 - 170. München: StMELF.

Zerle, A., Hein, W., Brinkmann, D., Foerst, Ch., Stöckel, H. u. a. (1974 - 2016, Loseblattsammlung): *Forstrecht in Bayern: Kommentar.* Köln: Deutscher Gemeindeverlag.

Zierhut, M. (1994): *Die Geschichte der Traunsteiner Salinenwälder.* Forstliche Forschungsberichte, Bd. 194. Freising: Wissenschaftszentrum Weihenstephan und Bayer. Landesanstalt für Wald und Forstwirtschaft.

Zierl, H. (1972): *Der Hochwald: Untersuchungen über die Fichtenbestände in den Hochlagen des Bayerischen Waldes.* Forstwissenschaftliche Forschungen (Beiheft zum Forstwissenschaftlichen Zentralblatt), Heft 33. Hamburg und Berlin: Paul Parey.

2. Internet

Bayerischer Wald und sein Glas: Abgerufen am 5.4.2015 unter: URL: http://www. poschinger.de/geschichte.html.

Beer, K. (2010): *Wandel vom Wegebau zur Holzernte. Forsttechnik wird von Bodenwöhr aus gelenkt.* Abgerufen am 8.4.2016 unter: URL: http://www.mittelbayerische.de/region/schwandorf-nachrichten/wandel-vom-wegebau-zur-holzernte-21416-art510531.html.

Bergwaldoffensive. Abgerufen am 20.2.2027 unter: URL: http://www.aelf-wm.bayern.de/fostwirtschaft/wald/096629/index.php.

Bodenzustandserhebung: Deutscher Bundestag, Drucksache 13/9442 v. 10.12.1997. Abgerufen am 12.12.2015 unter: URL: http://www.dip21.bundestag.de/dip21/btd/13/094/1309442.pdf.

Der Wald im Zitat, Schutzgemeinschaft Deutscher Wald, 2003. Abgerufen am 5.2.2017 unter: URL: http://www.sdw-bayern.de/index.php?StoryID=237.

Ebert, H. P. (2014): *Begriff der „Nachhaltigkeit" in der Forstwirtschaft.* Abgerufen am 7.7.2015 unter: URL: http://www.muenchen-querbeet.de.author/ebert.

Entstaatlichung und Verwaltungsreform Ministerpräsident Steubers. Abgerufen am 7.3.2017 unter: URL: http://www.sueddeutsche.de/bayern/ende-der-aera-stoiber-der-treibstoff-des-erfolgs-1.793863.

Ersatzpflanzungen im Fichtelgebirge: Abgerufen am 25.11.2015 unter: URL: http://www.wunsiedel.bund-naturschutz.de/lebensraeume-im-Fichtelgebirge/waldgesellschaften/wald-im-fichtelgebirge.html.

Fichtelgebirge: Abgerufen 5.6.2015 unter: URL: http://www.bayern-fichtelgebirge.de/bergbau/index.html.

Flößereilandschaft Frankenwald: Bayerisches Landesamt für Umwelt (2015). Abgerufen am 7.7.2015 unter: URL: http://www.lfu.bayern.de/natur/historische_kulturlandschaft/frankenwald/index. htm.

Forschung im Bayerischen Wald: Abgerufen am 16.7.2015 unter: URL: http:/www.nationalpark-bayerischer wald.de/nationalpark/forschung/index.htm.

Forstliche Förderung: Abgerufen am 15.3.2016 unter: URL: http://www.lwf.bayern.de/waldbesitz-forstpolitik/foerderung/index.php.

Forstordnung 1616: *Gemeine durchgehende Forstordnung für die Füstenthumen Obern und Nidern Bayern.* In: Landrecht/Policey-Gerichts-Malefiz und andere Ordnung für die Fürstenthumen Obern und Nidern Bayern. Abgerufen am 12.2.2016 unter: URL: http://www.ub.uni-heidelberg.de/helios/diglit/drwBayernLR1616/0001.

Franken wird bayrisch: Abgerufen am 15.4.2016 unter: URL: http://www.historisches-franken.de/epochen/10bayrisch.htm.

Freitag, W. (2012): *Wald, Waldnutzung.* Historisches Lexikon Bayerns. Abgerufen am 15.5.2016 unter: URL: http://www.historisches-lexikon-bayerns.de/Lexikon/Wald, Waldnutzung.

Fuchsmühler Holzschlacht: Abgerufen am 6.11.2015 unter: URL: http://www.aelfti.bayern.de/forstwirtschaft/wald/069271/index.php?layer=print&.

Gesellschaft für forstliches Vermehrungsgut, Historie: Abgerufen am 5.10.2016 unter: URL: http://www.dkv-net.de

Glashütten des Bayerischen Waldes: Abgerufen am 5.6.2015 unter: URL: http://www.gobayern.eu/glas.html.

Grüne Hochschule, Leitbild: Abgerufen am 24.8.2015 unter: URL: http://www.hswt.de/hochschule/hochschulprofil.html.

Hamberger, J. (2014): *Erinnerungsort „Nachhaltige Waldwirtschaft".* Abgerufen am 15.10.2015 unter: URL: http://www.umweltunderinnerung.de/index.php/kapitelseiten/vormoderne-umwelten/22-nachhaltige-waldwirtschaft.

Harzung: *Von Pechlern, Pichern, Pechscharrern, Teerbrennern und Harzern.* Abgerufen am 17.7.2016 unter URL: http://www.forstwirtin.bplaced.net/filemanager/harzung.htm.

Hellmuth-Aufforstungen: Abgerufen am 9.10.2015 unter: URL: htpp://www.rhoenline.de/forstgeschichte_html.

Iphofen: Viehweide auf der alten Hutung bei Hellmitzheim. Abgerufen am 13.5.2015 unter: URL: http://www.life-steigerwald.eu/?content=showpage&id=41435700-1322841373&p.

Kiefer, S. (2012): *Die Waldjugendspiele im Wandel der Zeit.* Bachelorarbeit. Hochschule Weihenstephan-Triesdorf, Fakultät Wald und Forstwirtschaft. Abgerufen am 10.5.2016 unter: URL: http://www.sdw-bayern.de/sdw-bayern.de/index.php?StoryID=998.

Kleine Eiszeit: Abgerufen am 27.1.2017 unter: URL: http://www.umweltunderinnerung.de/index.php/kapitelseiten/vormoderne-umwelten/23-die-kleine-eiszeit#nr2.

König Heinrich VII. (1309/10): Befehl zur Wiederaufforstung im Nürnberger Reichswald. MGH, Regesta Imperii VI, 4, 1. Abgerufen am 12.8.2015 unter: URL: http://www.regesta-imperii.de/regesten/6-4-1-heinrich-vii/nr/1309-08-26_2_0_6_4_1_311_269.html.

Kuratorium für Waldarbeit und Forsttechnik. Abgerufen am 12.8.2015 unter: URL: http://www.kwf-online.de.

Lebenswerk Karl Gayers: Abgerufen am 15.2.2017 unter: URL: http://.www.karlgayer.de/index.php?p=Lebenswerk.

Metzger, B. (2015): *Waldsterben*. In: Historisches Lexikon Bayerns. Abgerufen am 6.1.2016 unter: URL: http://www.historisches-lexikon-bayerns.de/Lexikon/Waldsterben.

Mosandl, R. (2008): *Geschichte der forstwissenschaftlichen Ausbildung in Bayern*. Abgerufen am 17.7.2015 unter: URL: http://www.forst.wzw.tum.de/index.php?id=29.

Naturwaldreservate: Abgerufen am 5.2.23017 unter: URL: http://www.lwf.bayern.de/biodiversitaet/naturwaldreservate/index.php?layer-rrs.

Normalwald: Forstliches Glossar – Forstwirtschaft in Deutschland. Abgerufen am 18.5.2016 unter: URL: http://www.forstwirtschaft-in-deutschland.de/waelder-entdecken/forstliches-glossar.

Nützel, R. (2012): *Jagd-, Forst-, Holz- und Fischordnung für Ottobeuren*. Neuherausgabe und Kommentierung der „Reichs Gottshaus Ottobeurische Jagd- Forst- und Holzordnung" von Abt Honorat Göhl (1787). Abgerufen am 23.11.2015 unter: URL: http://www.ottobeuren-macht-geschichte.de/items/show/124?fileindex=3&imageid=460.

Oberammergauer Museum: Abgerufen am 15.8.2015 unter: URL: http://www.oberammergaumuseum.de.

Pechsieder (Pechkratzer) im Fichtelgebirge. Abgerufen am 20.4.2016 unter: URL: http://www.escherlich.de/geschichte-pechsieder.htm.

Rechtlerwald Welbhausen: Abgerufen am 10.11.2016 unter: URL: http:/www.forstpraxis.de/die-bewahrung-von-eichenwald-lebensraumtypen.

Salzkrieg (1611): Abgerufen am 26.6.2015 unter: URL: http://www.salzburg.com/wiki/index.php/Salzkrieg_1611.

Sapie: Abgerufen am 12.2.2016 unter: URL: https://www.de.wikipedia.org/wiki/sapie.

Schutzfunktionen des Waldes: Abgerufen am 20.2.2017 unter: http://www.stmelf.bayern.de/wald/waldfunktionen/schutzwald.

Schutzwald in Bayern. Abgerufen am 20.2.2017 unter: URL: https://www.de.wikipedia.org/wiki/Schutzwald.

Schutzwaldsanierung: Abgerufen am 4.2.1017 unter: URL: http://www.stmelf.bayern.de/service/presse/pm/2016/141374.

Schwarze Zunft: Abgerufen am 2.8.2015 unter: URL: http://www.swr.de/schwarzwald/geschichte/swr-schwarzwaldgeschichten/-/id=107446.

Schwegelin, M.: *Die erst eInventur in den Memminger Wäldern*. Abgerufen am 15.11.2016 unter URL: http://www.wald.lauftext.de/vom-wald-zum-forst/geschichte-der forstwirtschaft/die-erste-inventur-in-den-memminger-waeldern.html.

Sliwinski, R. (2011): *60 Jahre Holztransport mit der Spiegelauer Waldbahn*. Abgerufen am 2.6.2015 unter: URL: http://www.waldwissen.net/lernen/forstgeschichte/lwf_waldbahn_spiegelau/index_de.

Studienfakultät für Forstwissenschaft und Ressourcenmanagement, Leitbild: Abgerufen am 24.8.2015 unter: URL: http://www.forst.tu-muenchen.de/index.php?id=28.

Trepl, U.: *Die Pechsieder (Pechkratzer) in Völlmar und im Fichtelgebirge*. Abgerufen am 15.5.2015 unter: URL: http://www.escherlich.de/geschichte_pechsieder.htm.

Waldbesitzerverband; Abgerufen am 13.3.2016 unter: URL: http://www.bayer-waldbesitzerverband.de/wirueberuns.html.

Wald in Zahlen. Abgerufen am 27.8.2016 unter URL: http://www.stmelf.bayern.de/cms01/wald/waldfunkionen/index.vhp.

Waldführungen. Abgerufen am 15.5.2016 unter: URL: http://www.stmelf.bayern.de/wald/waldpaedagogik/waldfuehrungen/index.php.

Waldjugendspiele in Ostbayern. Abgerufen am 10.5.2016 unter: URL: http://www.sdw-bayern.de/sdw-bayern.de/index.php?storyID=998.

Waldköhlerei: Abgerufen am 2.8.2015 unter: URL: http://www.heidenheim.de/grosskuchen/freizeit-und-erholung/koehlerei/die waldköhlerei-auf-der ostalb.htlm.

Waldschäden im Fichtelgebirge: Abgerufen am 25.11.2015 unter: URL: http://www.wunsiedel.bund-naturschutz.de/lebensraeume-im-fichtelgebirge/waldgesellschaften/wald-im-fichtelgebirge.html.

Weber, R.: *Das historische Erbrecht im Südwesten: Die Erbsitten*. Stuttgart: Landeszentrale für politische Bildung. Abgerufen am 15.4.2016 unter: URL: http.//www.landeskunde-baden-wuerttemberg.de/regionen_erbrecht.html.

Zentrum Wald-Forst-Holz Weihenstephan: Abgerufen am 24.8.2015 unter: URL: http:/www.forstzentrum.de/images/stories/downloads/flyer_zentrum-wfh.pdf.

Zertifikat Waldpädagogik: Abgerufen am 10.11.2016 unter: URL: http://www.waldpädagogik.de/pdf/produkte/wissenschafts-boerse/zertifikat_wp_rahmenregelungen.pdf.

3. Archivalien

Einrichtung der Forstschule: Kurfürstliches Mandat v. 13. März 1790. Bayerisches Hauptstaatsarchiv: Kurbayern Generaliensammlung, GR 463/20 a.

Einrichtung von 20 Forstmeisterämtern: Kurfürstliches Mandat v. 14.3.1789. Mayr, 1797, Bd. 5, S. 173 – 184.

Errichtung der Forstkammer: Kurfürstliches Mandat vom 14.3.1752. Bayerisches Hauptstaatsarchiv: Staatsverwaltung, Nr. 414, Fol. 17.

Kling, J. P. (1795): Inspektionsreise in den Bayerischen Wald. Gutachten für den Kurfürsten. Bayerisches Hauptstaatsarchiv: Kurbayern Generaliensammlung, GR 478/67.

La Rosée, M., Reichsgraf Basselet de (1794): Denkschrift über die Geschichte des Forstwesens in Bayern. Bayerisches Hauptstaatsarchiv: Kurbayern Generaliensammlung, GR 496/117.

Schilcher, F. S. von (1778): Forsteinrichtungswerk für den Abensberger Forst. Bayerisches Hauptstaatsarchiv: Kurbayern Generaliensammlung, GR 490/78.

Schilcher, M. von (1796): Forsteinrichtungswerk für den Grünwalder Forst. Bayerisches Hauptstaatsarchiv: Kurbayern Generaliensammlung, GR 491/88.

Schilcher, M. von (1797): Forsteinrichtungswerk für den Forstenrieder Forst. Bayerisches Hauptstaatsarchiv: Kurbayern Generaliensammlung, GR 490/83.

Schilcher, M. von (1798): Forsteinrichtungswerk für den Ebersberger Forst. Bayerisches Hauptstaatsarchiv: Kurbayern Generaliensammlung, GR 478/66.

Utzschneider, J. von (1788): Inspektionsreise in den Bayerischen Wald. Nachlass Utzschneider, Archiv des Deutschen Museums, StrNr. 5340.

Utzschneider, J. von (1791): Inspektionsreise. Bayerisches Hauptstaatsarchiv: Kurbayern Generaliensammlung, GR 456/3b.

Bildnachweis

Wir haben uns bemüht alle Rechteinhaber zu ermitteln. Wenn uns ein Fehler unterlaufen ist, bitten wir Sie freundlich sich mit uns in Verbindung zu setzen.

l = links, r = rechts, m = mitte, o = oben, u = unten

S. 4: Joachim Hamberger, Stadtwald Dingolfing;

S. 5 l: Cornelia Sick;

S. 5 r: Wenzel Schicho;

S. 8/9: Ully Schweizer;

S. 10 ol: Stephan Thierfelder;

S. 10 om: Joachim Hamberger;

S. 10 or: Joachim Hamberger;

S. 10 ml: Moritz Neumann;

S. 10 mr: Dr. Sivius Wodarz Stiftung;

S. 10 ul: Joachim Hamberger;

S. 10 ur: Ulrich Sauter;

S. 11: Bayer. LWF;

S. 12: Christian KöllingBayer. LWF, auf Basis geologische Karte des LfU;

S. 14: Stephan Thierfelder;

S. 15 l: Gerd Rothe;

S. 15 r: Quelle: LWF und LA für St. u. DV;

S. 17: Grünberger (1788): Lehrbuch der pfalzbaierischen Förster. Titelblatt.;

S. 18: Däzel (1802): Anleitung zur Forstwissenschaft. Titelblatt.;

S. 19 links: Fürst, H. von (1894): Chronik der Königlich Bayer. Forstlehranstalt;

S. 19 rechts: Hubert Rößner;

S. 20: Fürst, H. von (1894): Chronik der Königlich Bayer. Forstlehranstalt;

S. 21: Forstschule Lohr;

S. 22: LWF, Ludwig Albrecht und Alexander Abt;

S. 23: Renate Bärnthol, Freilichtmuseum Bad Windsheim;

S. 24: Matthias Mend;

S. 25: Joachim Hamberger; S. 26: Joachim Hamberger;

S. 27: Joachim Hamberger;

S. 29: Stadt Iphofen;

S. 30: Matthias Mend;

S. 31: LWF, Ludwig Albrecht;

S. 33 l: Gräfin Ingelheim, Mespelbrunn;

S. 33 r: Juliusspitalstiftung Würzburg;

S. 35: Schuh, A., Bauer, O. (1988): Dr. Hans Eisenmann: EinLeben für seine bayerische Heimat;

S. 36: Rubner, H. (1994): Hundert bedeutende Forstleute Bayerns;

S. 37: Joachim Hamberger;

S. 40: Joachim Hamberger;

S. 41 l: Gerd Rothe;

S. 41 r: Quelle: LWF und LA für St. u. DV;

S. 42: Germanisches Nationalmuseum Nürnberg;

S. 43: Joachim Hamberger;

S. 44: Germanisches Nationalmuseum, Nürnberger Waldplan 1516;

S. 45: Sperber, G. (1968): Mitteilungen der Staatsforstverwaltung Bayerns, Nr. 37;

S. 46 l: LWF; S. 46 r: LWF;

S. 48: Joachim Hamberger;

S. 49: Stadtarchiv Memmingen;

S. 52: Bauer, O. (2014): Geschichte der Forstrechte. In: BaySF intern.;

S. 53: Landesforsten Baden-Württemberg;

S. 54: WEZ Tennenlohe;

S. 55: Heinrich Bürkel: Winterlicher Kalkofen bei Großhesselohe 1869;

S. 56: Gerhard Walther;

S. 58: Joachim Hamberger;

S. 60: Joachim Hamberger;

S. 61: Hubert Hobmaier;

S. 63: Joachim Hamberger;

S. 64 l: Gerd Rothe;

S. 64 r: Quelle: LWF und LA für St. u. DV;

S. 64: Agricola, Berg- und Hüttenwesen;

S. 65: Bayer. Landesamt für Denkmalpflege;

S. 66: Joachim Hamberger;

S. 68: Münchener Stadtmuseum;

S. 70: Gerhard Walther;

S. 71: Landesamt für Umwelt;

S. 72: Keweloh (1985): Flößerei in Deutschland;

S. 73: Der Spiegel: SPIEGEL-Verlag Rudolf Augstein GmbH & Co. KG;
S. 74: Martin Hertel, Forstbetrieb Fichtelberg;
S. 75: Joachim Hamberger;
S. 77: Richard Kaiser, AELF Bamberg;
S. 78: Richard Kaiser, AELF Bamberg;
S. 79: Joachim Hamberger;
S. 80: ALE Mittelfranken;
S. 84: Moritz Neumann;
S. 85 l: Gerd Rothe;
S. 85 r: Quelle: LWF und LA für St. u. DV;
S. 87 l: Fritsch, Opf. Forstorg., S. 29 (verändert);
S. 87 r: Wurlitzer, B. (1989): Historische Werkstätten;
S. 90: Gerhard Walther;
S. 91: Landesforstverwaltung Baden Württemberg;
S. 92: Joachim Hamberger;
S. 93: Quelle: Sammlung Stiftung Historische Museen Hamburg – Altonaer Museum, Foto Elke Schneider;
S. 94: Lehrstuhl Arb.wiss TUM;
S. 95: Lehrstuhl Arb.wiss TUM;
S. 96: Lehrstuhl Arb.wiss TUM;
S. 97: Lehrstuhl Arb.wiss TUM;
S. 98: Lehrstuhl Arb.wiss TUM;
S. 99 l: Lehrstuhl Arb.wiss TUM;
S. 99 r: Lehrstuhl Arb.wiss TUM;
S. 100: BaySF;
S. 101: Lehrstuhl Arb.wiss TUM;
S. 102: LWF, Ludwig Müller;
S. 103: BaySF;
S. 103: BaySF;
S. 104: BaySF;
S. 108: Dr. Silvius Wodarz Stiftung;
S. 109 l: Gerd Rothe;
S. 109 r: Quelle: LWF und LA für St. u. DV;
S. 110: LWF, Tobias Bosch;
S. 111: Landesamt für Denkmalpflege;
S. 112: Joachim Hamberger;
S. 113: Hermann Beiler;
S. 114: Lehrstuhl Arb.wiss TUM;
S. 115: AELF Erlangen;
S. 116 l: Hermann Beiler;
S. 116 r: Sammlung J. Hamberger;
S. 117: Postkarte, Sammlung J. Hamberger;
S. 118: Grandjot, Künneth (1973): Waldwirtschaft, S. 73;
S. 119: Ulmer-Verlag;
S. 120 l: Ulmer-Verlag;
S. 120 r: Ulmer-Verlag;
S. 121 l: Ulmer-Verlag;
S. 121 r: Ulmer-Verlag;
S. 122 l: Sammlung J. Hamberger;
S. 122 m: Rubner (1994);
S. 122 r: Rubner (1994);
S. 123: Joachim Hamberger;
S. 124: Joachim Hamberger;
S. 125: Joachim Hamberger;
S. 126: ASP, Gerhard Huber;
S. 127: Sammlung J. Hamberger;
S. 128: Landesamt für Denkmalpflege, Bearbeitung Hermann Kerscher;
S. 129: Joachim Hamberger;
S. 130: NP Bayer. Wald, Franz Leibel;
S. 131: NP Bayer. Wald;
S. 132: NP Bayer. Wald;
S. 133: NP Berchtesgaden;
S. 136: Joachim Hamberger;
S. 137 l: Gerd Rothe;
S. 137 r: Quelle: LWF und LA für St. u. DV;
S. 139: Otto Bauer;
S. 140: Hauptstaatsarchiv München, Plansammlung 21077;
S. 141: Lithogaraphie Hubertus Wild;
S. 142: LWF, Martin Piepenburg;
S. 143: StMELF, Robert Götzfried;
S. 144 l: Bayer. Forstverwaltung;
S. 144: Hauptstaatsarchiv München;

Bildnachweis

S. 145: Hauptstaatsarchiv München;

S. 146: Grünberger, G. und Däzel, G. A. (1788/90): Lehrbuch für die pfalzbaierischen Förster;

S. 147: Münchener Stadtmuseum;

S. 148: Joachim Hamberger;

S. 149: ZWFH, D. Scharvogel, T. Scharvogel, F. Zeller;

S. 150 ol: Sammlung J. Hamberger;

S. 150 or: Sammlung J. Hamberger;

S. 150 ml: Sammlung J. Hamberger;

S. 150 mr: Sammlung J. Hamberger;

S. 150 ul: TUM Studienfak. Forst;

S. 150 ur: TUM Studienfak. Forst;

S. 151: Zentrum Wald Forst Holz Weihenstephan;

S. 152: Museum Wald und Umwelt, Ebersberg;

S. 153: Bayer. Nationalmuseum;

S. 154: Bayer. Nationalmuseum;

S. 155: Joachim Hamberger;

S. 156: Joachim Hamberger;

S. 157: Lehrstuhl Arb.wiss TUM;

S. 158: Markus Hildebrandt;

S. 159: Markus Hildebrandt;

S. 160: Oberammergauer Museum;

S. 161: Oberammergauer Museum;

S. 164: Ulrich Sauter;

S. 165 r: Gerd Rothe;

S. 165 l: Quelle: LWF und LA für St. u. DV;

S. 166: Bayer. Schlösserverwaltung;

S. 167: BR, Basis wikipedia;

S. 168: Landesforstverwaltung Baden-Württemberg;

S. 169: Foto: Tobias Hammerl, Stadtmuseum Abensberg;

S. 170: Rebel, Waldbauliches aus Bayern, Repro, 1982;

S. 171 l: Rubner (1994);

S. 171 r: Rubner (1994);

S. 172: Dr. Sivius Wodarz Stiftung / Andreas Gomolka;

S. 173: AELF Landau;

S. 175: FB Weißenhorn, Foto Design Armin Hofmann Kempten;

S. 176 l und r: FB Weißenhorn, Foto Design Armin Hofmann Kempten;

S. 177: FB Weißenhorn, Foto Design Armin Hofmann Kempten;

S. 178/179: Dr. Silvius Wodarz Stiftung / Andreas Roloff;

S. 180 l: LWF / Ralf Petercord;

S. 180 ml: Joachim Hamberger;

S. 180 mr: LWF / Hannes Lemme;

S. 180 r: LWF / Florian Stahl;

S. 180 u: Augsburger Allgemeine/Presse-Druck- und Verlags-GmbH;

S. 181: Benediktinerabtei Ottobeuren;

S. 182: Sammlung J. Hamberger;

S. 183: Stadtmuseum München;

S. 184: Georg Adam Eger, 1727-1808, Dianaburg bei Darmstadt; Museum Jadschloss Kranichstein;

S. 185: Dt. Jagd- u. Fischereimuseum;

S. 186: LWF;

S. 190: Joachim Hamberger, Main bei Homburg vom Kallmuth aus.

Personen- und Ortsregister

Angegeben sind die jeweiligen Seitenzahlen